工业和信息化部“十四五”规划教材

互换性与测量技术基础

（第3版）

庞学慧　崔宝珍　主　编

成云平　吴淑芳　赵丽琴　秦慧斌　副主编

電子工業出版社

Publishing House of Electronics Industry

北京 · BEIJING

内 容 简 介

伴随着第四次工业革命的浪潮，机械制造业正在逐渐由数字时代向智能时代迈进。高等教育也同步进行着深刻的变革，新工科、新专业、新的教学关系，要求以学生为中心，以能力培养为抓手，以解决复杂工程问题为目标。在这样的背景下，结合全新的国家标准，我们对本书进行了全面修订。

全书分为10章，包括绪论、尺寸公差与圆柱结合的互换性、测量技术基础、几何公差、表面结构、光滑工件尺寸的检验、滚动轴承的互换性、常用结合件的互换性与检测、渐开线圆柱齿轮传动的互换性及尺寸链。

本书以两个工程实例贯穿始终，精度设计、误差检验乃至课后作业都围绕其零件图、装配图展开。“几何公差”一章增加了大量三维设计模型中的精度表达示例；“表面结构”一章拓展了轮廓法评定参数的内容，增加了区域法评定等内容；“光滑工件尺寸的检验”一章增加了验收质量评估等内容。另外，本书还精选了来自计量领域知名企业的14个测量技术视频、21篇微信公众号文章，供读者扫码观看和阅读。

本书应用性强、符合现代设计需要，既可作为大学本科机械类及相关专业的教学用书，也可供从事设计、制造、管理、服务等相关工作的专业人员使用。

图书在版编目（CIP）数据

互换性与测量技术基础 / 庞学慧，崔宝珍主编. —3版. —北京：电子工业出版社，2023.12
ISBN 978-7-121-46758-5

Ⅰ. ①互…　Ⅱ. ①庞…　②崔…　Ⅲ. ①零部件－互换性－高等学校－教材②零部件－测量－高等学校－教材　Ⅳ. ①TG801

中国国家版本馆CIP数据核字（2023）第226917号

责任编辑：陈韦凯　　文字编辑：康　霞
印　　刷：三河市良远印务有限公司
装　　订：三河市良远印务有限公司
出版发行：电子工业出版社
　　　　　北京市海淀区万寿路173信箱　邮编：100036
开　　本：787×1 092　1/16　印张：18.5　字数：473.6千字
版　　次：2009年7月第1版
　　　　　2023年12月第3版
印　　次：2023年12月第1次印刷
定　　价：68.00元

凡所购买电子工业出版社图书有缺损问题，请向购买书店调换。若书店售缺，请与本社发行部联系，联系及邮购电话：（010）88254888，88258888。

质量投诉请发邮件至zlts@phei.com.cn，盗版侵权举报请发邮件至dbqq@phei.com.cn。

本书咨询联系方式：chenwk@phei.com.cn，（010）88254441。

前　言

伴随着第四次工业革命的浪潮，机械制造业正在逐渐由数字时代向智能时代迈进。高等教育也同步进行着深刻的变革，新工科、新专业不断涌现，在数字技术、网络技术的夹持下，多媒体教学、线上教学、移动视频教学等手段快速翻新。教学工作正在从单纯的知识传授，向“以学生为中心，以能力培养为抓手，以解决复杂工程问题为目标”发展。在这样的时代背景下，我们不断探索和努力实践着教改工作，并且取得了一定的成效。总结近年来教学工作的新成果、新体会，结合不断升级、更新的国家标准，我们对本书进行了全面修订。

修订工作在以下几个方面比较突出：

- 精选了铣削动力头和拖拉机带轮两个精度、生产批量各有特点的部件，将其中的主要零件、装配关系融入到各章的尺寸精度、几何精度、表面粗糙度的设计和检验，乃至课后作业中，强化了本书的实用性。
- 在“几何精度”一章，增加了大量三维设计模型几何精度的标注示例，以满足越来越多的 3D 设计需求；在“表面结构”一章，增加了轮廓法评定参数和区域法评定等内容，这是考虑到高性能制造和非传统加工的需要。
- 增加了“线性尺寸规范修饰符与符号标注”、“误判概率与验收质量评估”及“梯形螺纹的公差、配合及其选用”等内容，主要是考虑到设计、检验技术的升级和实用的需要。
- 精选了 14 个测量技术视频、21 篇图文并茂的微信公众号文章，读者可以扫码观看和阅读。这些拓展内容加强了测量技术的讲解效果，也提升了本书的可读性。
- 每章首页增加了“本章结构与主要知识点”思维导图，特别有利于教师和学生使用。

修订工作由 6 位作者共同完成。吴淑芳负责撰写第 1 章和第 2 章；崔宝珍负责撰写第 3 章、第 6 章和第 10 章；秦慧斌负责撰写第 4 章；成云平负责撰写第 7 章和第 9 章，赵丽琴负责撰写第 8 章；庞学慧负责撰写第 5 章，并对全书进行统稿和修改审定。

本书的修订得到了中北大学教务处、机械工程学院的大力支持和帮助。特别感谢苏州英示测量科技有限公司（及沃秀和彭晓桥女士）提供视频文件并按要求重新编辑，感谢马尔精密量仪（苏州）有限公司（及应茜茜女士）提供公众号文章。

本书配有 PPT 课件及相关资料，读者如有需要请登录电子工业出版社华信教育资源网（www.hxedu.com）查找本书，注册后免费下载。

本书未注明单位均为 mm。

限于作者的学术水平，书中难免会存在不妥或错误，恳请读者给予批评指正。批评、意见或建议请发至电子邮箱：pang_x_h@163.com，不胜感激。

编者

2023 年 9 月

目 录

Chapter 1

第 1 章 绪 论

本章结构与主要知识点

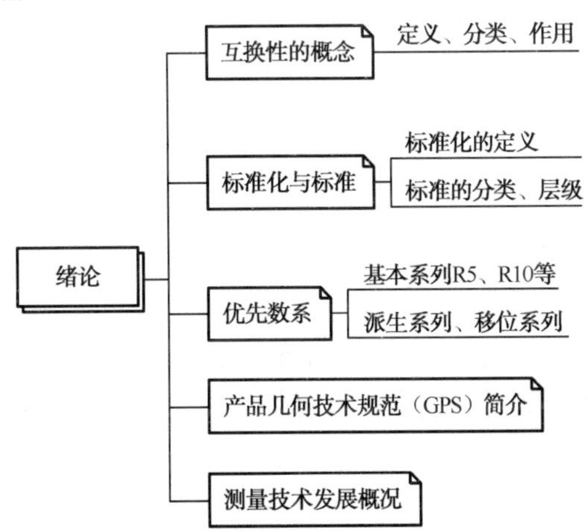

“互换性与测量技术基础”课程主要研究机械设计过程中几何量的精度设计相关问题，通过后续制造过程中对偏差、误差的控制，共同保证零部件的互换性。

几何量的精度设计是根据机械的功能要求，正确地对机械零件的尺寸精度、几何精度及表面微观轮廓精度要求进行设计，并将精度要求准确地标注在零件图上，以及将机械零件的装配精度要求标注在装配图上。在二维图、三维 CAD 模型及技术文件中，依据标准规范地表达。

测量是检验零件是否满足设计精度、是否具有互换性的技术手段。测量技术研究零部件各种宏观、微观误差的测量原理及测量方法，从而满足生产过程的质量监控与检验需求。

通过对本书互换性原理、测量原理与检测技术的学习，结合不断的设计与工艺实践，希望读者能具备较强的精度设计能力。

1.1 互换性概述

1.1.1 互换性的含义

如果机械产品的零件坏了，我们常常会购买一个新的，更换与装配之后，大多都能很好地满足使用要求。之所以能这样方便，就是因为这些零件都具有互换性。

要使零件具有互换性，不仅要求决定零件特性的技术参数的公称值相同，而且要求将其实际值的变动限制在一定范围内，以保证零件充分近似，即应按“公差”来制造。公差是实际参数值的最大允许变动范围。

由此可将互换性（interchangeability）的含义阐述如下：“机械制造中的互换性，是指按规定的几何、物理及其他质量参数的公差，来分别制造机械的各个组成部分，使其在装配与更换时，不需要辅助加工及修配便能很好地满足使用和生产上的要求。”

1.1.2 互换性的分类

1）几何参数互换性与功能互换性

按决定参数或使用要求，可将互换性分为几何参数互换性与功能互换性。

几何参数互换性是指规定几何参数的公差，以保证合格零件的几何参数充分近似所达到的互换性。此为狭义的互换性，即通常所讲的互换性，有时也局限于保证零件尺寸配合要求的互换性。

功能互换性是指规定功能参数的公差所达到的互换性。功能参数既包括几何参数，也包括其他一些参数，如材料机械性能参数，化学、光学、电学、流体力学等参数。此为广义的互换性，且着重于保证除尺寸配合要求以外的其他功能要求。

2）完全互换与不完全互换

按互换程度，可将互换性分为完全互换与不完全互换。

若零部件在装配或更换时，不需要辅助加工与修配，并且不需要选择，则为完全互换。当装配精度要求很高时，采用完全互换将使零件尺寸公差很小，加工困难甚至无法加工。对于批量较大的零件，这时可将其制造公差适当放大，待加工完毕后，通过测量将零件按实际尺寸大小分为若干组，使同组相配零件间的差别减小，组内零件进行装配。这种仅组内零件可以互换，组与组之间不可互换的方式，称为不完全互换。一般而言，不完全互换只限用于部件或机构制造厂内部的装配。至于厂外协作，即使产量不大，往往也要求完全互换。

3）外互换与内互换

对标准件或机构来说，互换性可分为外互换与内互换。

外互换是指部件或机构与其相配件间的互换性，如滚动轴承与相配的轴颈、轴承座孔的配合。外互换应为完全互换。

内互换是指部件或机构内部组成零件间的互换性，如滚动轴承内圈、外圈、滚动体等的配合。内互换可以是完全互换，也可以是不完全互换。

1.1.3　互换性的作用

从使用上看，若零件具有互换性，则在磨损或损坏后，可用新的备件代替。由于备件具有互换性，所以不仅维修方便，而且可以使机器的修理时间和费用显著减少，可保证机器工作的连续性和持久性，从而显著提高机器的使用价值。在一些特殊行业，如发电厂、通信系统，其设备零部件具有互换性所起的作用，往往很难用经济价值来衡量。对于兵器这样的特殊器械，保证零部件的互换性也是绝对必要的。

从制造上看，互换性是提高生产水平和进行文明生产的有力手段。加工时，由于规定有公差，同一部机器上的各个零件可以同时分别加工。成批、大规模生产的零件还可由专门车间或工厂，采用高效率的专用设备加工。装配时，由于零部件具有互换性，所以无须进行辅助加工和修配，不仅能减小装配工的劳动量、缩短装配周期，而且可以使装配工作按流水作业的方式进行，以至进行自动装配，从而使装配生产率大大提高。因此，产量和质量必然会得到提高，成本也会显著降低。

从设计上看，采用按互换性原则设计和生产的标准零件和部件，可简化绘图、计算等工作，缩短设计周期，并提高设计的可靠性。这对发展系列产品和促进产品结构、性能的不断改进，均有重大意义。

总之，在机械制造中遵循互换性原则，不仅能显著提高劳动生产率，而且能有效保证产品质量和降低成本。因此，互换性是机械制造中的重要生产原则与有效技术措施。

1.2　标准化与优先数

1.2.1　标准化概述

在机械制造中，标准化是广泛实现互换性生产的前提，而公差、偏差与配合等互换性标准是重要的基础标准。

国家标准 GB/T 20000.1—2014 对标准化给出的定义是“为了在既定范围内获得最佳秩序，促进共同效益，对现实问题或潜在问题确立共同使用和重复使用的条款，以及编制、发布和应用文件的活动”。由此定义应认识到，标准化不是一个孤立的概念，而是一个活动过程。这个过程包括制定、修订、贯彻标准，循环往复，不断提高；制定、修订、贯彻标准是标准化活动的主要任务；在标准化的全部活动中，贯彻标准是核心环节。同时还应注意到，标准化在深度上是没有止境的，无论是一个标准，还是整个标准系统，都在向更深的层次发展，不断提高和完善。

GB/T 20000.1—2014 对标准给出的定义是“通过标准化活动，按照规定的程序经协商一致制定，为各种活动或其结果提供规则、指南或特性，供共同使用和重复使用的文件”。该文件经协商一致制定并经一个公认机构的批准。由此可见，标准的制定与当前科学技术水平和生产实践相关，通过一段时间的执行，要根据实际使用情况，对标准加以修订和更新。因此，在执行各项标准时，应以最新颁布的标准为准则。近二十年来，为了适应科学技术与工程的快速发展，我国国家标准更新很快，同时为了便于和国际接轨，新的国家标准基本是等同采用国际标准的。

标准的分类方法很多，各种分类的侧重点不同，常见的分类有以下几种。

1）按标准作用的层次和范围分类

按作用的层次和范围，可将标准分为国际标准、区域标准、国家标准、行业标准、地方标准、团体标准和企业标准等。

2）按标准的法律属性分类

按法律属性，可将标准分为强制性标准和推荐性标准。强制性标准必须执行，推荐性标准国家鼓励采用。行业标准、地方标准属于推荐性标准；团体标准由本团体成员约定采用，或者按照本团体的规定供社会自愿采用；企业标准由企业根据需要自行制定，或者与其他企业联合制定。

3）按标准在标准系统中的地位和作用分类

按在标准系统中的地位和作用，可将标准分为基础标准和一般标准。习惯上，还可分为技术标准、管理标准和工作标准等。其中，技术标准种类繁多，按照标准化对象的特征，大致可归纳为以下几类：

（1）基础技术标准。基础技术标准是以标准化共性要求和前提条件为对象的标准，包括计量单位、术语、符号、优先数系、机械制图、极限与配合、零件结构要素等标准，例如：

① 中华人民共和国国家标准 GB 3100—1993 国际单位制及其应用。

② 中华人民共和国国家标准 GB/T 13361—2012 技术制图 通用术语。

③ 中华人民共和国国家标准 GB/T 324—2008 焊缝符号表示法。

（2）产品标准。产品标准是以产品及其构成部分为对象的标准，包括机电设备、仪器仪表、工艺装备、零部件、毛坯、半成品及原材料等基本产品或辅助产品的标准。产品标准包括产品品种系列标准和产品质量标准，例如：

① 中华人民共和国机械行业标准 JB/T 4368.1—2013 数控卧式车床和车削中心 第 1 部分：技术条件。

② 中华人民共和国国家标准 GB/T 997—2008 旋转电机结构型式、安装型式及接线盒位置的分类（IM 代码）。

③ 中华人民共和国国家标准 GB/T 12974—2012 交流电梯电动机通用技术条件。

（3）方法标准。方法标准是以生产技术活动中重要程序、规划、方法为对象的标准，包括设计计算方法、工艺规程、测试方法、验收规则及包装运输方法等标准，例如：

① 中华人民共和国国家标准 GB/T 23935—2009 圆柱螺旋弹簧设计计算。

② 中华人民共和国国家标准 GB/T 16462.1—2007 数控车床和车削中心检验条件 第 1 部分：卧式机床几何精度检验。

③ 中华人民共和国国家标准 GB/T 15464—1995 仪器仪表包装通用技术条件。

（4）安全与环境保护标准。安全与环境保护标准是专门为安全与环境保护而制定的标准，例如：

① 中华人民共和国国家标准 GB 12348—2008 工业企业厂界环境噪声排放标准。

② 中华人民共和国国家标准 GB 15760—2004 金属切削机床 安全防护通用技术条件。

标准化的作用和影响是多方面的，其既是组织现代化大生产的重要手段，又是实现专业化协作生产的必要前提，还是科学管理的重要组成部分。标准化同时是联系科研、设计、生产、流通和使用等方面的技术纽带，是使整个社会经济合理化的技术基础。标准化也是发展贸易，提高产品在国际市场中竞争能力的技术保证。

保证零部件的互换性，不仅要按照国家标准确定零件的制造公差，还必须对影响生产质量的各个工艺环节实现标准化，诸如技术参数及数值系列的标准化、几何公差及表面质量参数的标准化、原材料及热处理方法的标准化、工艺装备及工艺规程的标准化、计量单位及检测规范的标准化等。可见，在机械产品及制造过程中，要使零部件具有互换性，就必须首先实现标准化，没有标准化，就没有互换性。

1.2.2　优先数系和优先数

工程上各种技术参数必须协调、简化和统一，这是标准化的重要内容。

当选定某种产品的参数指标时，其参数值就会按照一定的规律向一切相关制品、材料等的有关参数指标传播扩散。例如，电动机的功率和转速的数值确定后，不仅会传播到有关机器的相应参数上，而且会传播到相连轴、轴承、键、齿轮、联轴节等一整套零部件的尺寸和材料特性参数上，并将传播到加工和检验这些零部件的刀具、量具、夹具及机床等的相应参数上。因此，对于各种技术参数，必须从全局出发加以协调。另外，从方便设计、制造、管理、使用和维修等方面考虑，对技术参数的数值也应进行适当简化和统一。

优先数系和优先数是对各种技术参数的数值进行协调、简化和统一的一种科学的数值制度。

1．优先数系和优先数的定义

1）优先数系

国家标准 GB/T 321—2005 规定，优先数系是公比为 $\sqrt[5]{10}$、$\sqrt[10]{10}$、$\sqrt[20]{10}$、$\sqrt[40]{10}$ 和 $\sqrt[80]{10}$，且项值中含有 10 的整数幂的几何级数的常用圆整值。分别用 R5、R10、R20、R40 和 R80 表示，其中，前四个为基本系列，最后一个为补充系列。优先数系可向两个方向无限延伸，表 1-1 仅为基本系列 1～10 范围的圆整值，表中值乘以 10 的正整数幂或负整数幂后即可得到其他十进制项值。

2）优先数

优先数有理论值、计算值、常用值和圆整值之分。符合 R5、R10、R20、R40 和 R80 系列的圆整值即为优先数。

优先数的理论值一般是无理数，不便于实际应用。在进行参数系列的精确计算时可采用计算值，即对理论值取五位有效数字。计算值对理论值的相对误差小于 1/20000。

基本系列 R5、R10、R20 和 R40 中的优先数常用值，对计算值的相对误差为−1.01%～1.26%。各系列的公比分别为：

R5 系列的公比　$q_5=\sqrt[5]{10}\approx 1.60$。

R10 系列的公比　$q_{10}=\sqrt[10]{10}\approx 1.25$。

R20 系列的公比　$q_{20}=\sqrt[20]{10}\approx 1.12$。

R40 系列的公比　$q_{40}=\sqrt[40]{10}\approx 1.06$。

表 1-1　优先数系的基本系列（常用值）

R5	R10	R20	R40	R5	R10	R20	R40	R5	R10	R20	R40
1.00	1.00	1.00	1.00			2.24	2.24		5.00	5.00	5.00
			1.06				2.36				5.30
		1.12	1.12	2.50	2.50	2.50	2.50			5.60	5.60
			1.18				2.65				6.00
	1.25	1.25	1.25			2.8	2.80	6.30	6.30	6.30	6.30
			1.32				3.00				6.70
		1.40	1.40		3.15	3.15	3.15			7.10	7.10
			1.50				3.35				7.50
1.60	1.60	1.60	1.60			3.55	3.55		8.00	8.00	8.00
			1.70				3.75				8.50
		1.80	1.80	4.00	4.00	4.00	4.00			9.00	9.00
			1.90				4.25				9.50
	2.00	2.00	2.00			4.50	4.50	10.00	10.00	10.00	10.00
			2.12				4.75				

工程应用中，一般机械产品的主要参数通常采用 R5 系列和 R10 系列，专用工具的主要尺寸采用 R10 系列。

3）优先数系的派生系列

当优先数系的基本系列无一能满足分级要求时，还会用到派生系列。派生系列是从基本系列或补充系列 R*r* 中，每 *p* 项取值导出的系列，以 R*r*/*p* 表示，比值 *r*/*p* 是 1～10、10～100 等各个十进制数内项值的分级数。可见，派生系列的公比应为

$$q_{r/p} = q_r^p = (\sqrt[r]{10})^p = 10^{p/r}$$

比值 *r*/*p* 相等的派生系列具有相同的公比，但其项值是多义的。例如，派生系列 R10/3 的公比 $q_{10/3} = 10^{3/10} \approx 2$，可导出三种不同项值的系列：

1.00，2.00，4.00，8.00，…

1.25，2.50，5.00，10.0，…

1.60，3.15，6.30，12.5，…

4）优先数系的移位系列

国家标准 GB/T 19763—2005 中规定，移位系列是指与某一基本系列有相同分级（公比相同），但起始项不属于该基本系列的一种系列。它只用于因变量参数的系列。

如表 1-2 所示，R40/4 系列（26.5，33.5，…，170）与 R10 系列有同样的分级，但从 R40 系列的 26.5 开始，相当于由 25 开始的 R10 系列的移位。

表 1-2　移位系列（R40/4 系列与 R10 系列）

R40/4 系列	26.5	33.5	42.5	53	67	85	106	132	170
R10 系列	25	31.5	40	50	63	80	100	125	160

设计中，在所有需要数值分级的场合，首先是按一个或几个数系对特征值的分级标准化，以尽量少的项数满足全部要求。优先数系则正好符合这些要求。优先数与优先数系的主要优点如下：

① 相临两项的相对差均匀，疏密适中，且计算方便，容易记忆。

② 同一系列中优先数的积、商、整数（正或负）次乘方仍为优先数。

③ 包含任一项值的全部十进倍数和十进分数。

④ 可以向大、小数值两端无限延伸。

2. 优先数系和优先数的应用

鉴于优先数系和优先数会给机械设计及制造过程带来许多便利，颁布国家标准 GB/T 321—2005《优先数和优先数系》的同时，颁布了 GB/T 19763—2005《优先数和优先数系的应用指南》和 GB/T 19764—2005《优先数和优先数化整值系列的选用指南》。

制定参数分级方案时，系列值的选择取决于对制造、使用综合考虑的技术与经济的合理性。对于参数系列化尚无明确要求的单个参数值，也应采用优先数，并随着生产的发展逐步形成有规律的系列。

在确定自变量参数（项值的选择不受已有标准或配套产品等因素限制的参数）的系列方案时，只要能满足技术与经济上的要求，就应当按照 R5、R10、R20、R40 的顺序，优先选用公比较大的基本系列。以后如有必要，可插入中间值变成公比较小的系列。

当基本系列的公比不能满足分级要求时，可选用派生系列。选用时，应优先采用公比较大和延伸项中含有项值 1 的派生系列。移位系列只宜用于因变量参数的系列。

当参数系列的延伸范围很大，从制造和使用的经济性考虑，在不同的参数区间需要采用公比不同的系列时，可分段选用最适宜的基本系列或派生系列，从而构成复合系列。

1.3 产品几何技术规范简介

1.3.1 产品几何技术规范概述

产品几何技术规范（Geometrical Product Specification and Verification，GPS）是一套关于产品几何参数完整性的技术标准体系，其覆盖了工件尺度、几何形状、位置关系及表面形貌等各个方面，贯穿于产品的研究、设计、制造、验收、使用及维修等全过程。

第一代产品几何技术规范是以几何学为基础的标准，包括尺寸公差、形状和位置公差、表面粗糙度、测量仪器、测量器具、测量不确定度等标准，是由原 ISO/TC3（极限与配合，尺寸公差及相关检测）、ISO/TC10/SC5（几何公差与相关检测）和 ISO/TC57（表面纹理与相关检测）三个技术委员会各自独立制定的。三者间出现了重复、空缺和不足，产生了术语定义、基本规则及综合要求的差异和矛盾，使得标准之间出现众多不衔接和矛盾之处。同时，基于几何学的标准体系，虽然为几何产品的设计、制造及检验提供了技术规范，但因其局限于描述理想几何形状的工件，没有考虑几何规范与产品功能要求的联系，缺乏表达各种功能和控制要求的图形语言，不能充分、精确地表述对几何特征误差控制的要求，从而造成功能要求失控；在设计规范中没有给出测量评定方法，检验过程缺乏误差控制的设计信息，使得产品合格评定缺乏唯一的准则，从而造成测量评估失控，导致产品质量评定纠纷。

1996 年 6 月，ISO 技术管理局（ISO/TMB）成立了新的技术委员会 ISO/TC213，全面负责构建一个新的、完整的产品几何技术规范国际标准体系，即新一代 GPS 标准体系。新一代 GPS 以数学作为基础语言结构，以计量数学为根基，给出产品功能、技术规范、制造与检验之间的量值传递的数学方法，其蕴含了工业化大生产的基本特征，反映了技术发展的内在需要，为产品技术评估提供了“通用语言”，为设计、制造、产品开发及计量检验人员建立了一个交流平台。

新一代 GPS 是引领世界制造业前进方向的、基础性的新型国际标准体系，是实现数字化制造和发展先进制造技术的关键。这一标准体系与现代设计制造技术相结合，是对传统公差设计和检验的一次大变革。GPS 的发展与应用有多种原因，其中，最根本的原因是使产品的一些基本性能得到保证，体现在产品的功能性、安全性、独立性及互换性等方面。

GPS 的应用不仅局限于工业领域，它早已渗透到商业领域及国民经济的各个部门。随着制造与经济的全球化，基于“标准和计量”的新一代 GPS 标准体系的重要作用日益得到国际社会的认同，其发展和应用水平不但影响一个国家的经济发展，而且对一个国家的科学技术和制造水平有着决定性的作用。

1.3.2 产品几何技术规范的体系结构

我国现行标准 GB/T 20308—2020《产品几何技术规范（GPS） 矩阵模型》，等同采用国际标准 ISO 14638：2015。

GB/T 20308—2020 中明确定义：GPS 是用于描述产品在其生命周期不同阶段（如设计、制造、检验等）几何特征的体系。在该体系中定义了 9 种几何特征，包括尺寸、距离、形状、方向、位置、跳动、轮廓表面结构、区域表面结构、表面缺陷。对于每种几何特征，应有能够定义该特征的规范，能够测量，并且能够将测量结果与规范进行比较。与这些要求相关的 GPS 标准被定义在一组由七个链环组成的标准链中，包括链环 A-符号与标注、链环 B-要素要求、链环 C-要素特征、链环 D-符合与不符合、链环 E-测量、链环 F-测量设备和链环 G-校准。由此共同形成 GPS 标准矩阵模型，如表 1-3 所示。

表 1-3 GPS 标准矩阵模型

几何特征	链环 A-符号和标注	链环 B-要素要求	链环 C-要素特征	链环 D-符合与不符合	链环 E-测量	链环 F-测量设备	链环 G-校准
尺寸							
距离							
形状							
方向							
位置							
跳动							
轮廓表面结构							
区域表面结构							
表面缺陷							

GPS 体系的总体结构包括 GPS 基础标准、GPS 通用标准和 GPS 补充标准。

（1）GPS 基础标准定义的规则和原则适用于 GPS 矩阵中的所有类（几何特征类和其他类）和所有链环。

（2）GPS 通用标准适用于一种或多种几何特征类，以及一个或多个链环，但不是 GPS 基础标准。

（3）GPS 补充标准涉及特定的制造过程或典型的机械零部件。

产品几何技术规范（GPS）是一个复杂而庞大的技术系统，也在不断地研究、发展和完善中。本教材所介绍的内容，仅仅是 GPS 的基本知识。

1.4 测量技术发展概况

测量技术是保证机械零部件精度的重要手段，也是贯彻执行几何量公差标准的技术保证。测量技术的水平在一定程度上反映了机械加工精度的水平。“现代热力学之父”——开尔文有一句名言“只有测量出来，才能制造出来”。

测量技术的历史非常久远。据记载，公元前 1400 年古埃及就有了地产边界的测量；公元前 2 世纪，我国司马迁在《史记·夏本纪》中记叙了禹受命治水的情况，“左准绳，右规矩，载四时，以开九州、通九道、陂九泽、度九山”。这里规、矩、准、绳就是当时的测量工具。规是校正圆形的工具，类似现在的圆规；矩是折成直角的尺，用来画方形；准是水准器，可用于检测是否水平；绳可用于画直线和检测直线，还能测量距离、定平等。

工业革命以来，特别是第一次世界大战以后，欧美等工业发达国家，在发展工业，特别是发展军事工业的推动下，制造技术、测量技术都得到快速发展。根据国际计量大会的统计，在 20 世纪机械零件加工精度大约每十年提高一个数量级，这些都离不开测量技术的不断发展。例如，20 世纪 40 年代有了机械式比较仪，使机械加工精度从过去的 3μm 提高到 1.5μm；20 世纪 50 年代，有了光学比较仪，使加工精度提高到 0.2μm；20 世纪 60 年代，有了圆度仪，使加工精度提高到 0.1μm；1969 年，出现了激光干涉仪，使加工精度进一步提高到 0.01μm。

1949 年以前，我国处于半封建半殖民地阶段，检测与计量技术十分落后。1950—1959 年间，在苏联的帮助下，我国初步形成了装备制造能力，并且在某些点上迈向精密工程，在局部形成精密测量能力。经过几十年的发展，我国已拥有一批骨干计量仪器制造厂，可以生产许多品种的精密仪器，如万能工具显微镜、万能渐开线检查仪、齿距综合检查仪等，已由机械、光学时代进入数字、智能时代。此外，还研制出一些达到世界先进水平的测量仪，如坐标测量机、激光光电比较仪、光栅式齿轮整体误差测量仪等。我国最新报道的纳米时栅角度传感器，基于“以时间测量空间”的学术思想，突破了光学衍射的极限分辨力，精度达到±0.06 角秒，精度水平已经达到现有检测仪器水平的极限。

2010 年我国成为世界第一制造大国，2018 年我国的制造业总量已经超过美国、日本、德国的总和。但是，我国的制造业，特别是装备制造还处于中低端，只是部分领域跨进超精密工程，如在航天工业领域和国防工业领域，局部形成超精密制造和测量能力。

2018 年 11 月在巴黎召开的第 26 届国际计量大会做出了一个具有深远历史意义的决议，即国际单位制中的 7 个基本单位均采用基于物理常数的新定义。这是我国计量领域实现跨越的一个千载难逢的发展机遇。由于之前的长度量值传递体系，中间传递环节冗长，企业、车间级的测量器具的精度难以支撑高质量产品的生产。包含长度“米”在内的基本单位采用物理常数重新定义以后，从理论上讲，标准量值传递体系的中间环节都可以去掉。只要满足定义条件，任何部门都可以把基本量复现出来，无须逐级溯源。在新的定义面前，我们和发达国家处于同一个起点，抓住这一难得的历史机遇，就可以率先建立起最简洁、高效的国家计量体系和国家工业测量体系。

作业题

1．按要求写出优先数系列：

（1）第一项为 10，写出 R5 系列随后的五项优先数。

（2）第一项为 100，写出 R20/3 系列随后的五项优先数。

2．下面两列数据属于哪种系列？公比为多少？

（1）电动机转速（单位：r/min）：375，750，1500，3000，…

（2）摇臂钻床的最大钻孔直径（单位：mm）：25，40，63，80，100，125。

3．列出“画法几何与机械制图”课程中涉及的至少 3 项国家标准代号，并简要介绍其主要内容。

思考题

1．简述互换性的基本含义。按互换性组织生产活动有哪些优越性？

2．完全互换与不完全互换有何区别？各用于何种场合？

3．标准的种类和级别各有哪些？

4．试述标准化与互换性及测量技术的关系。

主要相关国家标准

1．GB/T 20000.1—2014 标准化工作指南 第 1 部分：标准化和相关活动的通用术语

2．GB/T 321—2005 优先数和优先数系

3．GB/T 19763—2005 优先数和优先数系的应用指南

4．GB/T 20308—2020 产品几何技术规范（GPS）矩阵模型

Chapter 2

第 2 章

尺寸公差与圆柱结合的互换性

本章结构与主要知识点

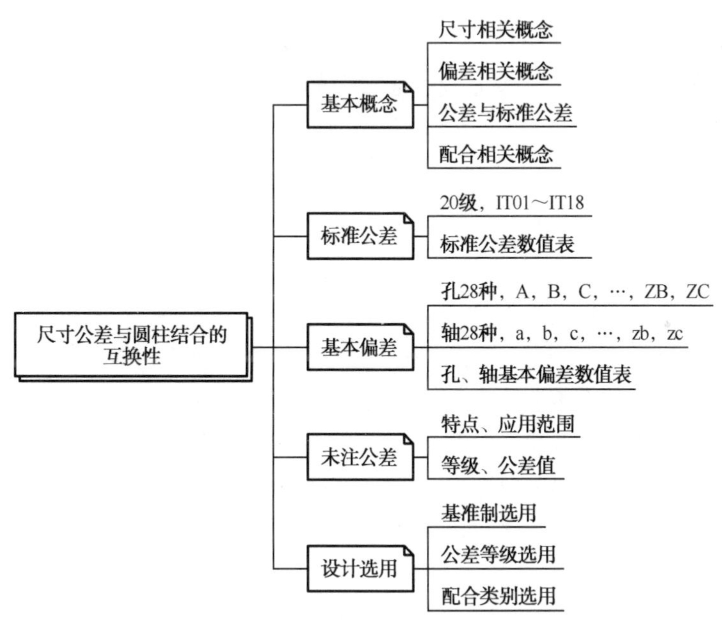

圆柱结合是机械制造中应用最广泛的一种结合，由孔和轴构成。这种结合由结合直径与结合长度两个参数确定。从使用要求看，直径通常更重要，并且长径比可规定在一定范围内，沿长度方向的误差还可通过第 4 章的几何公差加以约束。因此，对圆柱结合可简化为按直径这一主参数考虑。

零件对极限与配合标准化的需求主要是由于零件加工方法不精确产生的。为了满足配合功能，对于制造过程，应限定工件尺寸位于两个允许极限值之间。这就是在保证产品配合要求下制造中可接受的尺寸变动量，即公差。可见，公差主要反映机器零件使用要求与制造要求的矛盾；配合则反映组成机器的相结合零件之间的关系。公差与配合的标准化有利于机器的设计、制造、使用和维修。

本章主要学习圆柱结合中线性尺寸精度设计相关的术语、标准及其选用。

2.1 术语及定义

国家标准 GB/T 1800 建立了线性尺寸公差的 ISO 代号体系，其适用于以下类型的尺寸要素：

（1）圆柱面；

（2）两个相对平行面。

2.1.1 要素

1）几何要素

几何要素简称要素，是指点、线、面、体，或者它们的集合，包括理想要素和非理想要素，可将其视为一个单一要素或组合要素。

2）组成要素

组成要素是指属于工件的实际表面或表面模型的几何要素。

3）尺寸要素

尺寸要素是以一个尺寸作为变量参数的组成要素，包括线性尺寸要素和角度尺寸要素。

4）线性尺寸要素

线性尺寸要素是指具有线性尺寸的尺寸要素。

这里的尺寸要素可以是一个球体、一个圆、两条直线、两个相对平行面、一个圆柱体、一个圆环等。比如，一个圆柱孔或轴是线性尺寸要素，线性尺寸是其直径；由两个平行平面（如凹槽或键）组成的组合要素是一个线性尺寸要素，其线性尺寸为（凹槽或键的）宽度。

此外，在 4.1.2 节中还对公称组成要素、实际组成要素、提取组成要素、拟合组成要素，以及与测量有关的要素概念进行了定义。如有需要，读者可自行查阅。

2.1.2 孔和轴

1）孔

孔是指工件的内尺寸要素，包括非圆柱面形的内尺寸要素，一般用 D 表示。

2）轴

轴是指工件的外尺寸要素，包括非圆柱面形的外尺寸要素，一般用 d 表示。

虽然孔和轴通常被用于表示圆柱面型要素（如孔或轴直径的标注），但为了简化，这些术语也被用于两个相对平行面型的要素。如图 2-1 所示，键槽宽度 D_1、D_2 及尺寸 D_3 和 D_4 均可视为孔，即内尺寸要素；而轴的直径 d_1、键槽底部尺寸 d_2 及尺寸 d_3 均可视为轴，即外尺寸要素。另外，从切削加工过程来看，孔是越加工越大，轴是越加工越小；从装配关系来看，孔是包容面，轴是被包容面。

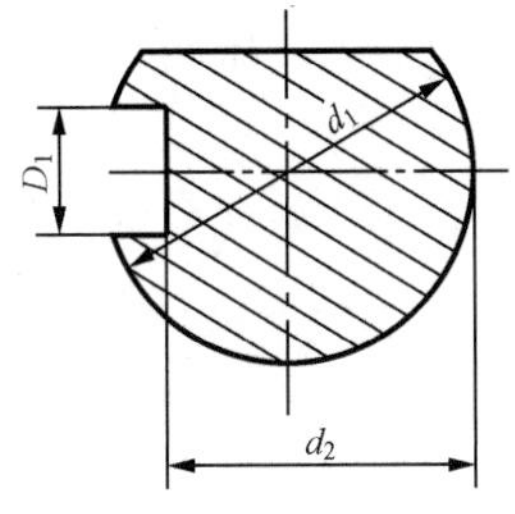

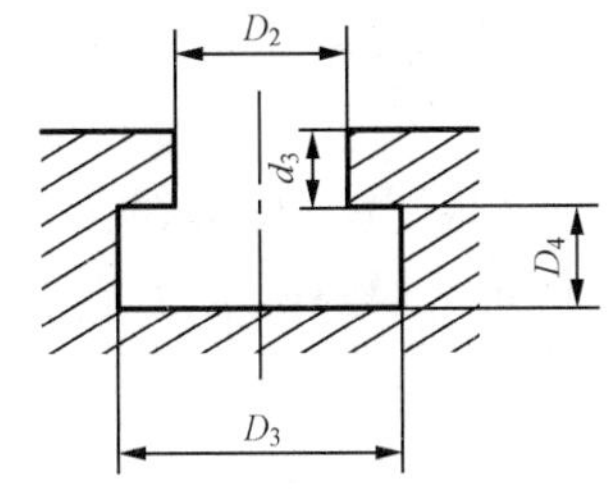

图 2-1　孔与轴

2.1.3　尺寸

1）公称尺寸

公称尺寸是指由图样规范定义的理想形状要素的尺寸。曾经被称为“基本尺寸”。

公称尺寸通常是设计者经过强度、刚度计算，或根据经验对结构进行考虑，并参照标准尺寸数值系列而确定的。孔和轴的公称尺寸分别用 D 和 d 表示。

2）实际尺寸

实际尺寸是指拟合组成要素的尺寸。它是通过测量得到的。

由于存在测量误差，实际尺寸并非尺寸的真值。同时，零件同一表面上的不同部位，其实际尺寸往往并不相等。通常用 D_a 和 d_a 表示孔与轴的实际尺寸。

3）极限尺寸

极限尺寸是指尺寸要素的尺寸所允许的极限值，包括上极限尺寸和下极限尺寸。

上极限尺寸（Upper Limit of Size，ULS）是指尺寸要素允许的最大尺寸。孔用 D_{max} 表示，轴用 d_{max} 表示。

下极限尺寸（Lower Limit of Size，LLS）是指尺寸要素允许的最小尺寸。孔用 D_{min} 表示，轴用 d_{min} 表示。

合格零件的实际尺寸位于上、下极限尺寸之间（含极限尺寸）。

2.1.4　偏差与公差

1）偏差

偏差是指某值与参考值之差。

工程中，偏差通常是尺寸实际偏差的简称。在此，“某值”指实际尺寸，“参考值”指公称尺寸。

2）极限偏差

极限偏差是指相对于公称尺寸的上极限偏差和下极限偏差。

上极限偏差是指上极限尺寸减去其公称尺寸所得的代数差，用 ES（用于内尺寸要素）或 es（用于外尺寸要素）表示。

下极限偏差是指下极限尺寸减去其公称尺寸所得的代数差，用 EI（用于内尺寸要素）或 ei（用于外尺寸要素）表示。

偏差、上极限偏差和下极限偏差都是一个带有符号的值，可以是负值、零值或正值。合格零件的实际偏差应在规定的极限偏差范围内。

3）公差

公差是指上极限尺寸与下极限尺寸之差，也可以说，是上极限偏差与下极限偏差之差。这是一个没有正负号的绝对值。

通常，孔的公差用 T_h 表示，轴的公差用 T_s 表示，用公式可表示为：

$$T_h = |D_{max} - D_{min}| = |ES - EI| \tag{2-1}$$

$$T_s = |d_{max} - d_{min}| = |es - ei| \tag{2-2}$$

公差是用来限制误差的，工件的实际尺寸在极限尺寸范围内，或者说，实际偏差在极限偏差范围内即为合格。也就是说，公差代表制造精度的要求，反映加工的难易程度。这一点必须与偏差区别开来，因为偏差仅仅表示实际尺寸与公称尺寸偏离的程度，与加工难易程度无关。

【例 2-1】已知孔、轴的公称尺寸为 ϕ50mm，孔的上极限尺寸为 ϕ50.030mm，下极限尺寸为 ϕ50mm；轴的上极限尺寸为 ϕ49.990mm，下极限尺寸为 ϕ49.970mm。试问：孔、轴的极限偏差和公差是多少。请写出孔与轴的极限偏差在图样上的标注。

解：孔的上极限偏差 $ES = D_{max} - D = (50.030-50)mm = +0.030mm$

孔的下极限偏差 $EI = D_{min} - D = (50-50)mm = 0$

轴的上极限偏差 $es = d_{max} - d = (49.990-50)mm = -0.010mm$

轴的下极限偏差 $ei = d_{min} - d = (49.970-50)mm = -0.030mm$

孔的公差 $T_h = |D_{max} - D_{min}| = |50.030 - 50|mm = 0.030mm$

轴的公差 $T_s = |d_{max} - d_{min}| = |49.990 - 49.970|mm = 0.020mm$

在图样上的标注：孔为 $\phi 50_{0}^{+0.030}$，轴为 $\phi 50_{-0.030}^{-0.010}$。

4）标准公差（IT）

标准公差是指线性尺寸公差 ISO 代号体系中的任一公差。字母“IT”是“international tolerance”的缩写，代表“国际公差”。

5）公差带

公差带是指极限尺寸之间（包括极限尺寸）的变动值。

公差带包含在上极限尺寸和下极限尺寸之间，由公差大小和相对于公称尺寸的位置确定，如图 2-2（a）所示。删除孔的实体后简化为图 2-2（b）所示的公差带图。

公差带不是必须包容公称尺寸的，即两个极限偏差可以是双边的（均为正或均为负）或单边的（一正一负）。当一个极限偏差位于一边，而另一个极限偏差为零时，是单边标示的特例。

6）基本偏差

基本偏差是指确定公差带相对公称尺寸位置的那个极限偏差。它既可以是上极限偏差，也可以是下极限偏差，是接近公称尺寸的那个极限偏差。图 2-2 中，下极限偏差为基本偏差。

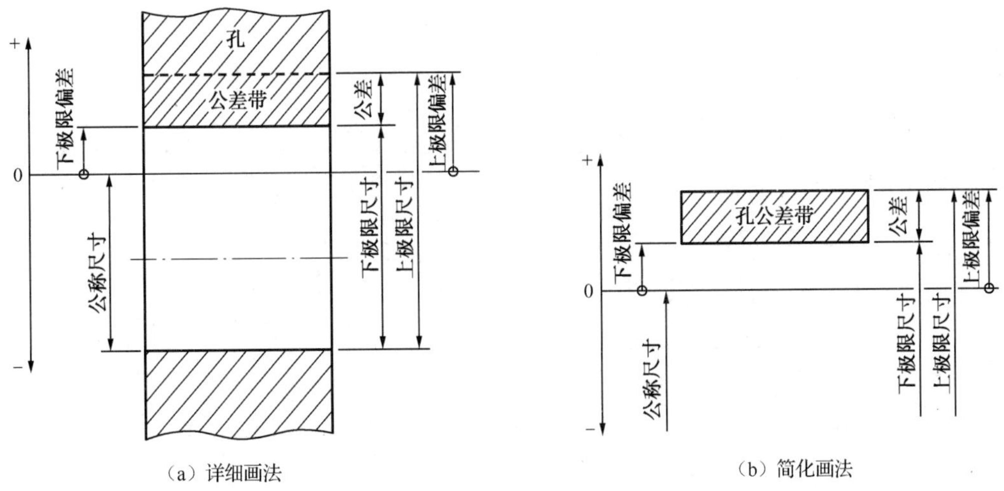

图 2-2　孔公差带图解

2.1.5　配合

配合是指类型相同且待装配的外尺寸要素（轴）和内尺寸要素（孔）之间的关系，分为间隙配合、过盈配合和过渡配合。配合的外尺寸要素和内尺寸要素的公称尺寸应相同。

1）间隙配合

间隙配合是指孔和轴装配时总是存在间隙的配合。此时，孔的下极限尺寸大于或在极端情况下等于轴的上极限尺寸，如图 2-3 所示。本书规定，计算中以“X”表示间隙。

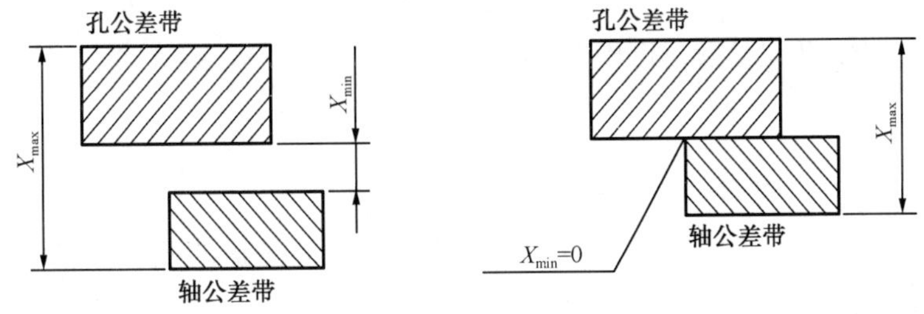

图 2-3　间隙配合

应当指出，“间隙”是指当轴的直径小于孔的直径时，孔和轴的尺寸之差。在间隙计算中，所得到的值是正值。“间隙配合”是指相配合的一组孔与一组轴之间的装配关系，用公差带图表示比较直观。此时，孔的公差带一定在轴的公差带上。

当孔为上极限尺寸而轴为下极限尺寸时，两者之差最大，装配后产生最大间隙，用 X_{max} 表示；当孔为下极限尺寸而轴为上极限尺寸时，两者之差最小，装配后产生最小间隙，用 X_{min} 表示。最大间隙 X_{max} 与最小间隙 X_{min} 统称为极限间隙，计算式分别为：

$$X_{max} = D_{max} - d_{min} = \mathrm{ES} - \mathrm{ei} \quad (2\text{-}3)$$

$$X_{min} = D_{min} - d_{max} = \mathrm{EI} - \mathrm{es} \quad (2\text{-}4)$$

计算中有时会用到平均间隙，可用 X_{av} 表示：

$$X_{av}=(X_{max}+X_{min})/2 \quad (2\text{-}5)$$

2）过盈配合

过盈配合是指孔和轴装配时总是存在过盈的配合。此时，孔的上极限尺寸小于或在极端情况下等于轴的下极限尺寸，如图2-4所示。本书规定，计算中以“Y”表示过盈。

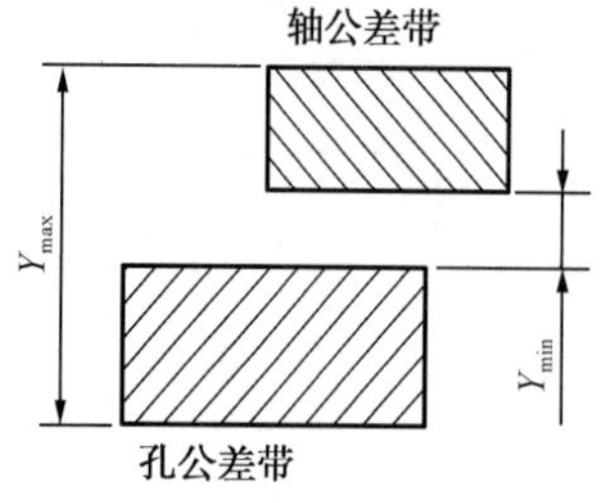

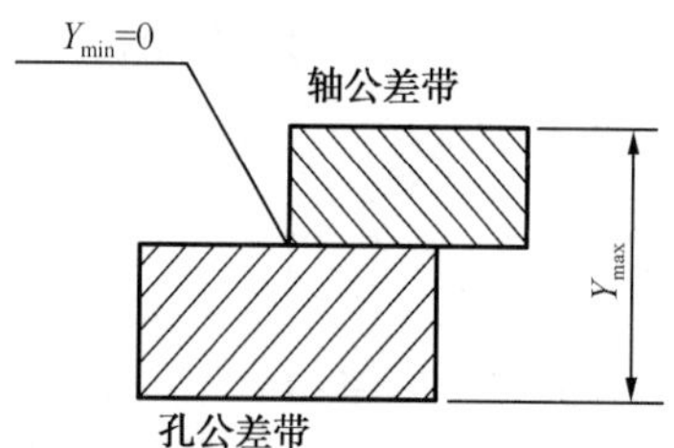

图2-4 过盈配合

应当指出，“过盈”是当轴的直径大于孔的直径时，相配孔和轴的尺寸之差。在过盈计算中，所得到的值是负值；“过盈配合”则是指相配合的一组孔与一组轴之间的装配关系，用公差带图表示比较直观。此时，孔的公差带一定在轴的公差带之下。

当孔为下极限尺寸而轴为上极限尺寸时，两者之差最大，装配后产生最大过盈，用Y_{max}表示；当孔为上极限尺寸而轴为下极限尺寸时，两者之差最小，装配后产生最小过盈，用Y_{min}表示。最大过盈Y_{max}与最小过盈Y_{min}统称为极限过盈，计算式分别为：

$$\begin{aligned}Y_{max}&=D_{min}-d_{max}\\&=\mathrm{EI}-\mathrm{es}\end{aligned} \quad (2\text{-}6)$$

$$\begin{aligned}Y_{min}&=D_{max}-d_{min}\\&=\mathrm{ES}-\mathrm{ei}\end{aligned} \quad (2\text{-}7)$$

计算中有时会用到平均过盈，可用Y_{av}表示：

$$Y_{av}=(Y_{max}+Y_{min})/2 \quad (2\text{-}8)$$

3）过渡配合

过渡配合是指孔和轴装配时可能具有间隙，也可能具有过盈的配合。在过渡配合中，孔和轴的公差带或完全重叠或部分重叠，如图2-5所示。

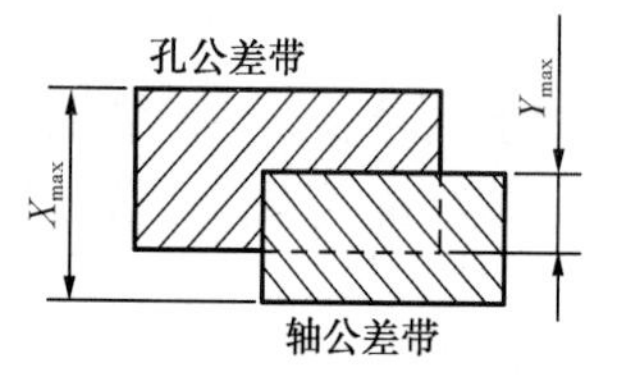

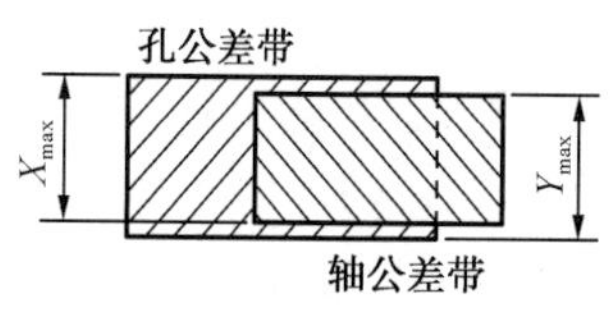

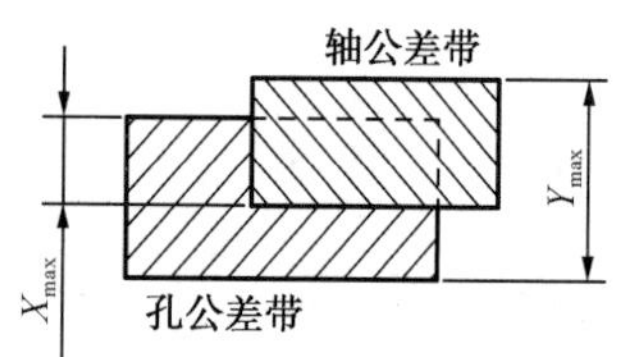

图2-5 过渡配合

由于孔、轴的公差带相互交叠，因此既可能出现间隙，也可能出现过盈，取决于孔和轴的实际尺寸。两种极端情况是：孔为上极限尺寸而轴为下极限尺寸时，出现最大间隙X_{max}，按式（2-3）计算；孔为下极限尺寸而轴为上极限尺寸时，出现最大过盈Y_{max}，按式（2-6）计算。

过渡配合中最大间隙与最大过盈平均的结果可能为正，也可能为负，若为正，记为X_{av}，称为平均间隙；若为负，记为Y_{av}，称为平均过盈。计算式为：

$$X_{av}(\text{或 } Y_{av})=(X_{max}+Y_{max})/2 \quad (2\text{-}9)$$

【例 2-2】试确定孔 $\phi30_{0}^{+0.033}$ 与轴 $\phi30_{-0.008}^{+0.013}$ 的配合属于哪种配合，并计算极限间隙或极限过盈、平均过盈或平均间隙。

解：由题知，孔轴的极限偏差分别为：

$$ES= +0.033\text{mm}，EI = 0； \qquad es = +0.013\text{mm}，ei = -0.008\text{mm}$$

轴的上极限偏差大于孔的下极限偏差，即 es>EI，因此孔轴构成过渡配合。

根据式（2-3）和式（2-6），可得：

$$X_{max} = ES - ei =[(+0.033) - (- 0.008)]\text{mm}= + 0.041\text{mm}$$

$$Y_{max} = EI - es = [0 - (+0.013)]\text{mm}= -0.013\text{mm}$$

将两者比较，显然最大间隙 X_{max} 的绝对值较大，平均的结果必为正值。由式（2-9）得

$$X_{av} =(X_{max} + Y_{max})/2 =\left[\frac{(+0.041)+(-0.013)}{2}\right]\text{mm} =+0.014\text{mm}$$

4）配合公差

配合公差是指组成配合的两个尺寸要素的尺寸公差之和。配合公差是一个没有符号的绝对值，表示配合所允许的变动量，用 T_f 表示。

配合公差本质上是允许间隙或过盈的变化范围。对于间隙配合，其值等于最大间隙与最小间隙之代数差的绝对值；对于过盈配合，其值等于最大过盈与最小过盈之代数差的绝对值；对于过渡配合，其值等于最大间隙与最大过盈之代数差的绝对值。配合公差的计算式为：

$$T_f = T_h + T_s \tag{2-10}$$

或

$$\begin{aligned} T_f &= |X_{max} - X_{min}| \\ &= |Y_{max} - Y_{min}| \\ &= |X_{max} - Y_{max}| \end{aligned} \tag{2-11}$$

【例 2-3】已知孔为 $\phi50_{0}^{+0.025}$，与 $\phi50_{+0.002}^{+0.018}$ 的轴形成配合。试根据极限尺寸求该配合的极限间隙、极限过盈及配合公差，并画出公差带图。

解：孔的上极限偏差　ES=+0.025，　　孔的上极限尺寸　$D_{max} = 50.025$

孔的下极限偏差　EI=0，　　孔的下极限尺寸　$D_{min} = 50$

轴的上极限偏差　es=+0.018，　　轴的上极限尺寸　$d_{max} = 50.018$

轴的下极限偏差　ei+0.002，　　轴的下极限尺寸　$d_{min} = 50.002$

轴的上、下极限尺寸在孔的上、下极限尺寸之间，显然二者构成过渡配合，因此有

最大间隙　$X_{max} = D_{max} - d_{min} = (50.025 - 50.002)\text{mm} = +0.023\text{mm}$

最大过盈　$Y_{max} = D_{min} - d_{max} = (50 - 50.018)\text{mm} = -0.018\text{mm}$

配合公差　$T_f = |X_{max} - Y_{max}| = |+0.023 + 0.018|\text{mm} = 0.041\text{mm}$

公差带图如图 2-6 所示。

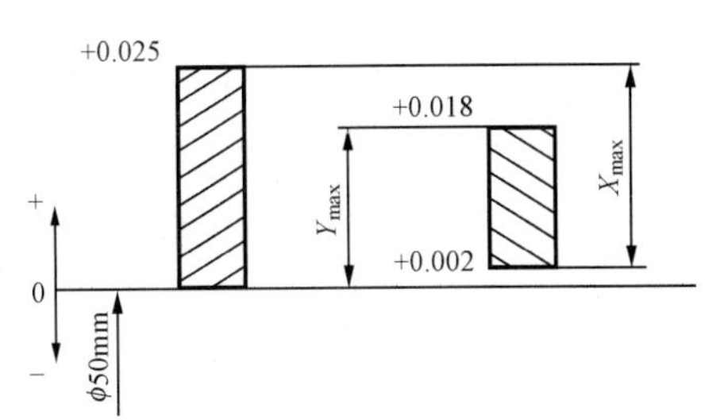

图 2-6　公差带图

【例 2-4】设三组配合的使用要求分别如下：

（1）$X_{max} = +0.089\text{mm}$，$X_{min}= +0.025\text{mm}$。

（2）$X_{max} = +0.008\text{mm}$，$Y_{max} = -0.033\text{mm}$。

（3）$Y_{max} = -0.059\text{mm}$，$Y_{min}= -0.018\text{mm}$。

试求出各自的配合公差，并作图表达。

解：根据式（2-11），有

间隙配合（1）的配合公差为

$$T_f = |X_{max} - X_{min}| = |+0.089-0.025|mm = 0.064mm$$

过渡配合（2）的配合公差为

$$T_f = |X_{max} - Y_{max}| = |+0.008+0.033|mm = 0.041mm$$

过盈配合（3）的配合公差为

$$T_f = |Y_{max} - Y_{min}| = |-0.059+0.018|mm = 0.041mm$$

配合公差如图 2-7 表示：

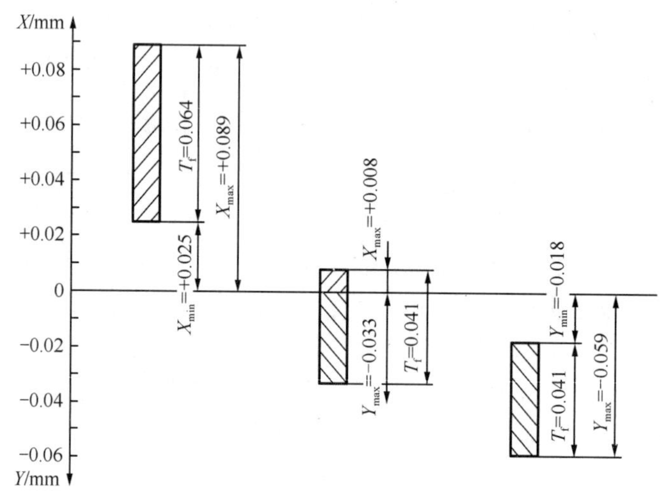

图 2-7　配合公差

2.1.6　ISO 配合制

ISO 配合制是由线性尺寸公差 ISO 代号体系确定公差的孔和轴组成的一种配合制度。形成配合的前提条件是孔和轴的公称尺寸相同。

GB/T 1800.1—2020 对配合制规定了两种等同的配合形式：基孔制配合与基轴制配合。

1）基孔制配合

基孔制配合是指基本偏差为零的孔与轴组成的配合，即孔的下极限偏差等于零。

下极限偏差等于零的孔称为基准孔，代号为“H”，配合中选其为基准件。基孔制配合中要求不同的间隙或过盈，可由不同基本偏差的轴与基准孔相配合得到。图 2-8（a）所示为基孔制的间隙配合、过渡配合与过盈配合。

2）基轴制配合

基轴制配合是指基本偏差为零的轴与孔组成的配合，即轴的上极限偏差等于零。

上极限偏差等于零的轴称为基准轴，代号为“h”，配合中选其为基准件。基轴制配合中要求不同的间隙或过盈，可由不同基本偏差的孔与基准轴相配合得到。图 2-8（b）所示为基轴制的间隙配合、过渡配合与过盈配合。

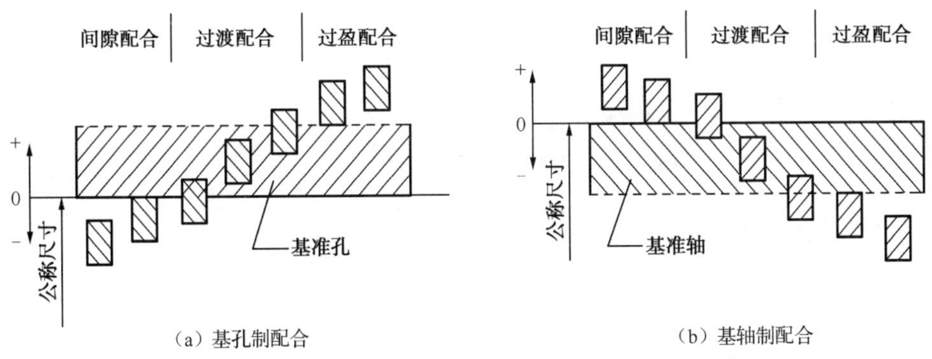

(a) 基孔制配合　　(b) 基轴制配合

图 2-8　基孔制配合与基轴制配合

2.2 线性尺寸公差 ISO 代号体系

尺寸要素可以用 ISO 代号体系进行公差标注，应包含表示公差值大小和公差带相对于公称尺寸位置的信息。

2.2.1 标准公差等级

标准公差等级用字符 IT 和等级数字表示。国家标准规定了 20 个标准公差等级，分别为 IT01，IT0，IT1，…，IT18。其中，IT01 公差等级最高，公差值最小；IT18 公差等级最低，公差值最大。当公称尺寸大于 500～3150mm 时，国家标准仅为 IT1～IT18 级规定了标准公差。

工程实践中，公差等级也常被称为精度等级，同一公差等级下，公称尺寸越大，则标准公差越大，但因为是同一精度等级，所以加工难度基本相当。制定标准公差数值表时，充分注意到了加工的难易程度及尺寸误差规律，并进行了统计分析与实践经验的量化，因此，公差值是公差等级与被测要素公称尺寸的函数。使用中应特别注意每一行的尺寸分段范围。表 2-1 为公称尺寸至 3150mm 的标准公差数值。

表 2-1　公称尺寸至 3150mm 的标准公差数值　（摘自 GB/T 1800.1—2020）

公称尺寸/mm		标准公差等级																			
		IT01	IT0	IT1	IT2	IT3	IT4	IT5	IT6	IT7	IT8	IT9	IT10	IT11	IT12	IT13	IT14	IT15	IT16	IT17	IT18
大于	至	标准公差数值																			
		μm													mm						
—	3	0.3	0.5	0.8	1.2	2	3	4	6	10	14	25	40	60	0.1	0.14	0.25	0.4	0.6	1	1.4
3	6	0.4	0.6	1	1.5	2.5	4	5	8	12	18	30	48	75	0.12	0.18	0.3	0.48	0.75	1.2	1.8
6	10	0.4	0.6	1	1.5	2.5	4	6	9	15	22	36	58	90	0.15	0.22	0.36	0.58	0.9	1.5	2.2
10	18	0.5	0.8	1.2	2	3	5	8	11	18	27	43	70	110	0.18	0.27	0.43	0.7	1.1	1.8	2.7
18	30	0.6	1	1.5	2.5	4	6	9	13	21	33	52	84	130	0.21	0.33	0.52	0.84	1.3	2.1	3.3
30	50	0.6	1	1.5	2.5	4	7	11	16	25	39	62	100	160	0.25	0.39	0.62	1	1.6	2.5	3.9
50	80	0.8	1.2	2	3	5	8	13	19	30	46	74	120	190	0.3	0.46	0.74	1.2	1.9	3	4.6
80	120	1	1.5	2.5	4	6	10	15	22	35	54	87	140	220	0.35	0.54	0.87	1.4	2.2	3.5	5.4

续表

公称尺寸/mm		标准公差等级																			
		IT01	IT0	IT1	IT2	IT3	IT4	IT5	IT6	IT7	IT8	IT9	IT10	IT11	IT12	IT13	IT14	IT15	IT16	IT17	IT18
大于	至	标准公差数值																			
		μm													mm						
120	180	1.2	2	3.5	5	8	12	18	25	40	63	100	160	250	0.4	0.63	1	1.6	2.5	4	6.3
180	250	2	3	4.5	7	10	14	20	29	46	72	115	185	290	0.46	0.72	1.15	1.85	2.9	4.6	7.2
250	315	2.5	4	6	8	12	16	23	32	52	81	130	210	320	0.52	0.81	1.3	2.1	3.2	5.2	8.1
315	400	3	5	7	9	13	18	25	36	57	89	140	230	360	0.57	0.89	1.4	2.3	3.6	5.7	8.9
400	500	4	6	8	10	15	20	27	40	63	97	155	250	400	0.63	0.97	1.55	2.5	4	6.3	9.7
500	630			9	11	16	22	30	44	70	110	175	280	440	0.7	1.1	1.75	2.8	4.4	7	11
630	800			10	13	18	25	36	50	80	125	200	320	500	0.8	1.25	2	3.2	5	8	12.5
800	1000			11	15	21	28	40	56	90	140	230	360	560	0.9	1.4	2.3	3.6	5.6	9	14
1000	1250			13	18	24	33	47	66	105	165	260	420	660	1.05	1.65	2.6	4.2	6.6	10.5	16.5
1250	1600			15	21	29	39	55	78	125	195	310	500	780	1.25	1.95	3.1	5	7.8	12.5	19.5
1600	2000			18	25	35	46	65	92	150	230	370	600	920	1.5	2.3	3.7	6	9.2	15	23
2000	2500			22	30	41	55	78	110	175	280	440	700	1100	1.75	2.8	4.4	7	11	17.5	28
2500	3150			26	36	50	68	96	135	210	330	540	860	1350	2.1	3.3	5.4	8	13.5	21	33

【例 2-5】已知两轴的公称尺寸分别为：$d_1=\phi100$mm，$d_2=\phi8$mm。标准公差分别为：$T_{d1}=35\mu m$，$T_{d2}=22\mu m$。试从公差等级比较两轴精度的高低。

解：对于轴 I，公称尺寸 $\phi100$mm 属于 80～120mm 尺寸段，查表 2-1 知，该轴标准公差 $T_{d1}=35\mu m$ 为 IT7 级；

对于轴 II，公称尺寸 $\phi8$mm 属于 6～10mm 尺寸段，查表 2-1 知，该轴标准公差 $T_{d2}=22\mu m$ 为 IT8 级。

可见，虽然轴 II 的公差值比轴 I 小，但轴 II 比轴 I 的公差等级低，因而可以认为轴 II 的精度低于轴 I。

2.2.2 基本偏差及其代号

基本偏差是确定公差带相对于公称尺寸位置的那个极限偏差，它可以是上极限偏差，也可以是下极限偏差，一般为接近公称尺寸的那个极限偏差。

国家标准对孔和轴分别规定了 28 种基本偏差，其中，大写拉丁字母用于孔，小写拉丁字母用于轴。28 种字母是在 26 个基本字母中，去掉 5 个容易引起书写混淆的 I、L、O、Q 和 W（i、l、o、q、w），加入 7 个双写字母 CD、EF、FG、JS、ZA、ZB 和 ZC（cd、ef、fg、js、za、zb、zc）得到的。28 种基本偏差都可用于基孔制或基轴制，以形成不同松紧的间隙配合、过渡配合和过盈配合。孔、轴基本偏差的变化规律如图 2-9 所示。

对于孔：A～H 的基本偏差为下极限偏差 EI，其绝对值依次减小；J～ZC 的基本偏差为上极限偏差 ES，其绝对值依次增大；H 用于基准孔，其下极限偏差为零；JS 的上、下极限偏差绝对值相等，均可称为基本偏差。

对于轴：a～h 的基本偏差为上极限偏差 es，其绝对值依次减小；j～zc 的基本偏差为下极限偏差 ei，其绝对值逐渐增大；h 用于基准轴，其上极限偏差为零；js 的上、下极限偏差绝对值相等，均可称为基本偏差。

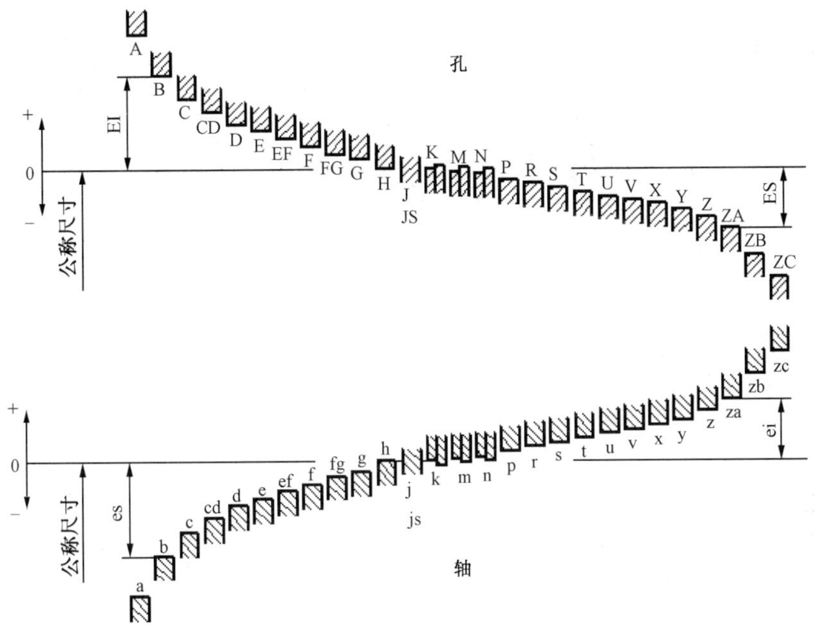

图 2-9　孔、轴基本偏差的变化规律

为了充分满足工程中对各种配合的需求，在统计分析与经验量化的基础上，国家标准规定了基本偏差数值表，如表 2-2 和表 2-3 所示。因此，基本偏差值也被称为特定的标示符（字母）和公称尺寸的函数。使用中应特别注意每一行的尺寸分段范围。

尽管表 2-2 和表 2-3 已给出轴、孔的基本偏差数值，但出于设计考虑，还应对轴、孔基本偏差的标准化有进一步了解。

轴的基本偏差是以基孔制为前提制定的，其数值往往决定着孔、轴的配合性质，因此它体现了设计和使用方面的要求。

a～h 用于间隙配合，基本偏差为上偏差，其绝对值等于最小间隙。其中，a、b、c 三种用于大间隙热动配合，基本偏差考虑了零件热膨胀的影响；d、e、f 主要用于旋转运动，可以保证良好的液体摩擦；g 主要用于滑动和半液体摩擦或用于定位，间隙很小；cd、ef、fg 三种是中间插入，适用于小尺寸的旋转运动零件。

j、k、m、n 用于过渡配合，基本偏差为下偏差，与基准孔形成的间隙或过盈都不大。

p～zc 用于过盈配合，其基本偏差为下极限偏差，用于保证所需要的最小过盈量。

确定基本偏差后，另一个极限偏差可根据基本偏差与选用的标准公差计算得到：

$$\left.\begin{aligned} ei &= es - IT_s \quad (\text{基本偏差为a～js}) \\ es &= ei + IT_s \quad (\text{基本偏差为j～zc}) \end{aligned}\right\} \tag{2-12}$$

孔的基本偏差是以基轴制为前提制定的。基孔制或基轴制均能得到间隙配合、过盈配合和过渡配合，为了简化计算，孔的基本偏差直接从轴的基本偏差换算得到。换算遵循以下两种规则。

通用规则：同一字母表示的孔的基本偏差与轴的基本偏差的绝对值相等，而符号相反，即

$$\left.\begin{aligned} EI &= es \\ ES &= ei \end{aligned}\right\} \tag{2-13}$$

表 2-2　公称尺寸至 500mm 轴的基本偏差数值　　（摘自 GB/T 1800.1—2020）

公称尺寸/mm		上极限偏差（es）												下极限偏差（ei）				
		所有公差等级												IT5，IT6	IT7	IT8	IT4～IT7	≤IT3 >IT7
大于	至	a	b	c	cd	d	e	ef	f	fg	g	h	js	j			k	
—	3	−270	−140	−60	−34	−20	−14	−10	−6	−4	−2	0	±$IT_n/2$	−2	−4	−6	0	0
3	6	−270	−140	−70	−46	−30	−20	−14	−10	−6	−4	0		−2	−4		+1	0
6	10	−280	−150	−80	−56	−40	−25	−18	−13	−8	−5	0		−2	−5		+1	0
10	14	−290	−150	−95	−70	−50	−32	−23	−16	−10	−6	0		−3	−6		+1	0
14	18																	
18	24	−300	−160	−110	−85	−65	−40	−25	−20	−12	−7	0		−4	−8		+2	0
24	30																	
30	40	−310	−170	−120	−100	−80	−50	−35	−25	−15	−9	0		−5	−10		+2	0
40	50	−320	−180	−130														
50	65	−340	−190	−140		−100	−60		−30		−10	0		−7	−12		+2	0
65	80	−360	−200	−150														
80	100	−380	−220	−170		−120	−72		−36		−12	0		−9	−15		+3	0
100	120	−410	−240	−180														
120	140	−460	−260	−200		−145	−85		−43		−14	0		−11	−18		+3	0
140	160	−520	−280	−210														
160	180	−580	−310	−230														
180	200	−660	−340	−240		−170	−100		−50		−15	0		−13	−21		+4	0
200	225	−740	−380	−260														
225	250	−820	−420	−280														
250	280	−920	−480	−300		−190	−110		−56		−17	0		−16	−26		+4	0
280	315	−1050	−540	−330														
315	355	−1200	−600	−360		−210	−125		−62		−18	0		−18	−28		+4	0
355	400	−1350	−680	−400														
400	450	−1500	−760	−440		−230	−135		−68		−20	0		−20	−32		+5	0
450	500	−1650	−840	−480														

续表

公称尺寸/mm		下极限偏差（ei）													
		所有公差等级													
大于	至	m	n	p	r	s	t	u	v	x	y	z	za	zb	zc
—	3	+2	+4	+6	+10	+14		+18		+20		+26	+32	+40	+60
3	6	+4	+8	+12	+15	+19		+23		+28		+35	+42	+50	+80
6	10	+6	+10	+15	+19	+23		+28		+34		+42	+52	+67	+97
10	14	+7	+12	+18	+23	+28		+33		+40		+50	+64	+90	+130
14	18								+39	+45		+60	+77	+108	+150
18	24	+8	+15	+22	+28	+35		+41	+47	+54	+63	+73	+98	+136	+183
24	30						+41	+48	+55	+64	+75	+88	+118	+160	+218
30	40	+9	+17	+26	+34	+43	+48	+60	+68	+80	+94	+112	+148	+200	+274
40	50						+54	+70	+81	+97	+114	+136	+180	+242	+325
50	65	+11	+20	+32	+41	+53	+66	+87	+102	+122	+144	+172	+226	+300	+405
65	80				+43	+59	+75	+102	+120	+146	+174	+210	+274	+360	+480
80	100	+13	+23	+37	+51	+71	+91	+124	+146	+178	+214	+258	+335	+445	+585
100	120				+54	+79	+104	+144	+172	+210	+254	+310	+400	+525	+690
120	140	+15	+27	+43	+63	+92	+122	+170	+202	+248	+300	+365	+470	+620	+800
140	160				+65	+100	+134	+190	+228	+280	+340	+415	+535	+700	+900
160	180				+68	+108	+146	+210	+252	+310	+380	+465	+600	+780	+1000
180	200	+17	+31	+50	+77	+122	+166	+236	+284	+350	+425	+520	+670	+880	+1150
200	225				+80	+130	+180	+258	+310	+385	+470	+575	+740	+960	+1250
225	250				+84	+140	+196	+284	+340	+425	+520	+640	+820	+1050	+1350
250	280	+20	+34	+56	+94	+158	+218	+315	+385	+475	+580	+710	+920	+1200	+1550
280	315				+98	+170	+240	++350	+425	+525	+650	+790	+1000	+1300	+1700
315	355	+21	+37	+62	+108	+190	+268	+390	+475	+590	+730	+900	+1150	+1500	+1900
355	400				+114	+208	+294	+435	+530	+660	+820	+1000	+1300	+1650	+2100
400	450	+23	+40	+68	+126	+232	+330	+490	+595	+740	+920	+1100	+1450	+1850	+2400
450	500				+132	+252	+360	+540	+660	+820	+1000	+1250	+1600	+2100	+2600

注：① 公称尺寸小于或等于 1mm 时，基本偏差 a 和 b 均不被采用。

② 公差带 js7～js11，若 IT_n 的数值是奇数，则取偏差=±(IT_n−1)/2。

表 2-3 公称尺寸至 500mm 孔的基本偏差数值 （摘自 GB/T 1800.1—2020）

公称尺寸/mm		下极限偏差（EI）												上极限偏差（ES）								
		所有公差等级												IT6	IT7	IT8	≤IT8	>IT8	≤IT8	>IT8	≤IT8	>IT8
大于	至	A	B	C	CD	D	E	EF	F	FG	G	H	JS	J			K		M		N	
—	3	+270	+140	+60	+34	+20	+14	+10	+6	+4	+2	0	$\pm IT_n/2$	+2	+4	+6	0	0	−2	−2	−4	−4
3	6	+270	+140	+70	+46	+30	+20	+14	+10	+6	+4	0		+5	+6	+10	−1+Δ		−4+Δ	−4	−8+Δ	0
6	10	+280	+150	+80	+56	+40	+25	+18	+13	+8	+5	0		+5	+8	+12	−1+Δ		−6+Δ	−6	−10+Δ	0
10	14	+290	+150	+95	+70	+50	+32	+23	+16	+10	+6	0		+6	+10	+15	−1+Δ		−7+Δ	−7	−12+Δ	0
14	18																					
18	24	+300	+160	+110	+85	+65	+40	+28	+20	+12	+7	0		+8	+12	+20	−2+Δ		−8+Δ	−8	−15+Δ	0
24	30																					
30	40	+310	+170	+120	+100	+80	+50	+35	+25	+15	+9	0		+10	+14	+24	−2+Δ		−9+Δ	−9	−17+Δ	0
40	50	+320	+180	+130																		
50	65	+340	+190	+140		+100	+60		+30		+10	0		+13	+18	+28	−2+Δ		−11+Δ	−11	−20+Δ	0
65	80	+360	+200	+150																		
80	100	+380	+220	+170		+120	+72		+36		+12	0		+16	+22	+34	−3+Δ		−13+Δ	−13	−23+Δ	0
100	120	+410	+240	+180																		
120	140	+460	+260	+200		+145	+85		+43		+14	0		+18	+26	+41	−3+Δ		−15+Δ	−15	−27+Δ	0
140	160	+520	+280	+210																		
160	180	+580	+310	+230																		
180	200	+660	+340	+240		+170	+100		+50		+15	0		+22	+30	+47	−4+Δ		−17+Δ	−17	−31+Δ	0
200	225	+740	+380	+260																		
225	250	+820	+420	+280																		
250	280	+920	+480	+300		+190	+110		+56		+17	0		+25	+36	+55	−4+Δ		−20+Δ	−20	−34+Δ	0
280	315	+1050	+540	+330																		
315	355	+1200	+600	+360		+210	+125		+62		+18	0		+29	+39	+60	−4+Δ		−21+Δ	−21	−37+Δ	0
355	400	+1350	+680	+400																		
400	450	+1500	+760	+440		+230	+135		+68		+20	0		+33	+43	+66	−5+Δ		−23+Δ	−23	−40+Δ	0
450	500	+1650	+840	+480																		

续表

公称尺寸/mm		上极限偏差（ES）													Δ值					
		≤IT7	公差等级>IT7																	
大于	至	P～ZC	P	R	S	T	U	V	X	Y	Z	ZA	ZB	ZC	IT3	IT4	IT5	IT6	IT7	IT8
—	3	在大于IT7级的相应数值上增加一个Δ值	−6	−10	−14		−18		−20		−26	−32	−40	−60	0					
3	6		−12	−15	−19		−23		−28		−35	−42	−50	−80	1	1.5	1	3	4	6
6	10		−15	−19	−23		−28		−34		−42	−52	−67	−97	1	1.5	2	3	6	7
10	14		−18	−23	−28		−33		−40		−50	−64	−90	−130	1	2	3	3	7	9
14	18							−39	−45		−60	−77	−108	−150						
18	24		−22	−28	−35		−41	−47	−54	−63	−73	−98	−136	−183	1.5	2	3	4	8	12
24	30					−41	−48	−55	−64	−75	−88	−118	−160	−218						
30	40		−26	−34	−43	−48	−60	−68	−80	−94	−112	−148	−200	−274	1.5	3	4	5	9	14
40	50					−54	−70	−81	−97	−114	−136	−180	−242	−325						
50	65		−32	−41	−53	−66	−87	−102	−122	−144	−172	−226	−300	−405	2	3	5	6	11	16
65	80			−43	−59	−75	−102	−120	−146	−174	−210	−274	−360	−480						
80	100		−37	−51	−71	−91	−124	−146	−178	−214	−258	−335	−445	−585	2	4	5	7	13	19
100	120			−54	−79	−104	−144	−172	−210	−254	−310	−400	−525	−690						
120	140		−43	−63	−92	−122	−170	−202	−248	−300	−365	−470	−620	−800	3	4	6	7	15	23
140	160			−65	−100	−134	−190	−228	−280	−340	−415	−535	−700	−900						
160	180			−68	−108	−146	−210	−252	−310	−380	−465	−600	−780	−1000						
180	200		−50	−77	−122	−165	−236	−284	−350	−425	−520	−670	−880	−1150	3	4	6	9	17	26
200	225			−80	−130	−180	−258	−310	−385	−470	−575	−470	−960	−1250						
225	250			−84	−140	−196	−284	−340	−425	−520	−640	−820	−1050	−1350						
250	280		−56	−94	−158	−218	−315	−385	−475	−580	−710	−920	−1200	−1550	4	4	7	9	20	29
280	315			−98	−170	−240	−350	−425	−525	−650	−790	−1000	−1300	−1700						
315	355		−62	−108	−190	−268	−390	−475	−590	−730	−900	−1150	−1500	−1900	4	5	7	11	21	32
355	400			−114	−208	−294	−435	−530	−660	−820	−1000	−1300	−1650	−2100						
400	450		−68	−126	−232	−330	−490	−595	−740	−920	−1100	−1450	−1850	−2400	5	5	7	13	23	34
450	500			−132	−252	−360	−540	−660	−820	−1000	−1250	−1600	−2100	−2600						

注：① 公称尺寸小于或等于 1mm 时，基本偏差 A 和 B 及大于 IT8 的 N 均不被采用；

② 公差带 JS7～JS11，若 IT_n 的数值是奇数，则取偏差=$\pm(IT_n-1)/2$。

通用规则的适用范围是：任意公差等级的 A～H、公差等级低于 IT8 级的 K、M、N 及低于 IT7 级的 P～ZC。

特殊规则：同一字母表示的孔的基本偏差与轴的基本偏差的符号相反，而绝对值需增加一个 Δ 值，即

$$ES=-ei+\Delta \tag{2-14}$$

式中，Δ 为相配合的孔的标准公差 IT_n 与高一级的轴的标准公差 IT_{n-1} 之差，即

$$\Delta = IT_n - IT_{n-1} \tag{2-15}$$

特殊规则的适用范围是：公称尺寸≤500mm，且标准公差等级高于或等于 IT8 级的 K、M、N，以及标准公差等级高于或等于 IT7 级的 P～ZC。

确定基本偏差后，另一极限偏差可根据基本偏差与选用的标准公差计算得到：

$$\left.\begin{aligned} ES &= EI + IT_{孔} \quad （基本偏差为A\sim JS） \\ EI &= ES - IT_{孔} \quad （基本偏差为J \sim ZC） \end{aligned}\right\} \tag{2-16}$$

【例 2-6】 试查表确定 ϕ30H8/p8 和 ϕ30P8/h8 配合中孔与轴的极限偏差。

解：由表 2-1 查得，标准公差 IT8=33μm。

（1）配合 ϕ30H8/p8

轴 p8 的基本偏差为下极限偏差，查表 2-2 得

$$ei=+22\mu m$$

轴 p8 的上极限偏差

$$es=ei+IT8=(+22+33)\mu m=+55\mu m$$

基准孔 H8 的下极限偏差

$$EI=0$$

基准孔 H8 的上极限偏差

$$ES=EI+IT8=+33\mu m$$

由此可得：$\phi 30H8(^{+0.033}_{\ \ 0})$，$\phi 30p8(^{+0.055}_{+0.022})$。

（2）配合 ϕ30P8/h8

孔 P8 的基本偏差为上极限偏差，查表 2-3 得

$$ES=-22\mu m$$

孔 P8 的下极限偏差

$$EI=ES-IT8=(-22-33)\mu m=-55\mu m$$

基准轴 h8 的上极限偏差

$$es=0$$

基准轴 h8 的下极限偏差

$$ei=es-IT8=-33\mu m$$

由此可得：$\phi 30P8(^{-0.022}_{-0.055})$，$\phi 30h8(^{\ \ 0}_{-0.033})$。

公差带图解如图 2-10（a）所示。

本例中，孔 $\phi 30P8(^{-0.022}_{-0.055})$ 的基本偏差与轴 $\phi 30p8(^{+0.055}_{+0.022})$ 的基本偏差大小相等、符号相反，即孔的基本偏差的换算遵从通用规则。

【例 2-7】 试查表确定 ϕ30H7/p6 和 ϕ30P7/h6 配合中孔与轴的极限偏差。

解：由表 2-1 查得，标准公差　IT7=21μm，IT6=13μm。

轴 p6 的基本偏差为下极限偏差，由表 2-2 查得

$$ei = +22\mu m$$

轴 p6 的上极限偏差

$$es = ei+IT6 = (+22+13)\mu m=+35\mu m$$

孔 P7 的基本偏差为上极限偏差，查表 2-3 得

$$ES = -22\mu m + \Delta = -14\mu m$$

孔 P7 的下极限偏差

$$EI = ES - IT7 = (-14 - 21)\mu m= -35\mu m$$

由此可得：$\phi30p6(^{+0.035}_{+0.022})$，$\phi30P7(^{-0.014}_{-0.035})$。

基准孔 ϕ30H7、基准轴 ϕ30h6 的基本偏差都为 0，有

$$\phi30H7(^{+0.021}_{0})，\quad \phi30h6(^{0}_{-0.013})$$

公差带图解如图 2-10（b）所示。

显然，本例中孔 $\phi30P7(^{-0.014}_{-0.035})$ 的基本偏差与轴 $\phi30p6(^{+0.035}_{+0.022})$ 的基本偏差的换算遵从特殊规则。

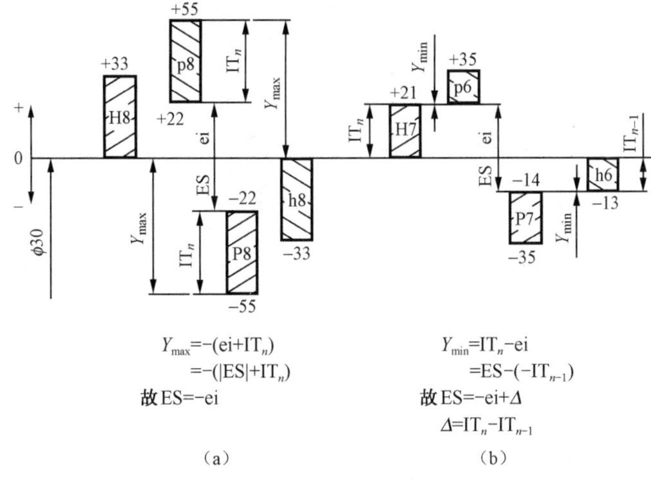

图 2-10　基本偏差换算规则

2.3 公差带与配合的标准化

国家标准规定，孔、轴各有 20 个等级的标准公差和 28 种基本偏差。理论上讲，公差带可由任一等级的标准公差与任意一种基本偏差组合而成，这样孔、轴各自有多达 543 和 544 种公差带。不同的孔、轴公差带又可组成大量的配合。如此多的公差带与配合全部使用显然是不经济的，并且有些公差带如 g12、a5 显然是不合理的，生产实践中也不可能用到。另外，为减少定尺寸刀具、量具的品种及规格，对公差带与配合的选用应加以限制。

国家标准《产品几何技术规范（GPS）　线性尺寸公差 ISO 代号体系》（GB/T 1800.1—2020）对孔推荐了 45 种公差带，其中，17 种框中的公差带代号应优先选用，如图 2-11 所示；对轴推荐了 50 种公差带，同样要求对框中的 17 种公差带代号应优先选用，如图 2-12 所示。

GB/T 1800.1—2020 还推荐了基孔制、基轴制的配合代号。表 2-4 为基孔制配合的优先配合，表 2-5 为基轴制配合的优先配合，应优先选用框中的公差带代号。

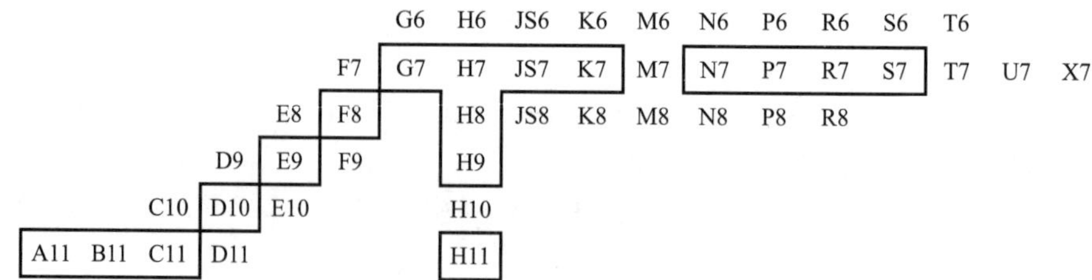

图 2-11　推荐及优先选用的孔公差带代号（摘自 GB/T 1800.1—2020）

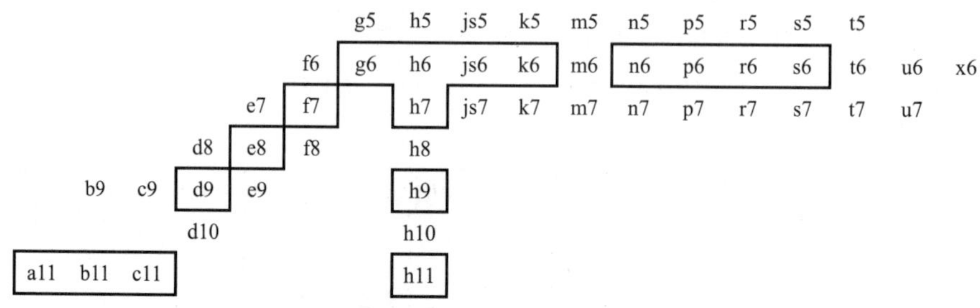

图 2-12　推荐及优先选用的轴公差带代号（摘自 GB/T 1800.1—2020）

表 2-4　推荐及优先选用的基孔制配合　（摘自 GB/T 1800.1—2020）

基准孔	轴公差带代号																	
	间隙配合							过渡配合				过盈配合						
H6						g5	h5	js5	k5	m5		n5	p5					
H7					f6	g6	h6	js6	k6	m6	n6		p6	r6	s6	t6	u6	x6
H8				e7	f7		h7	js7	k7	m7					s7		u7	
			d8	e8	f8		h8											
H9			d8	e8	f8		h8											
H10	b9	c9	d9	e9			h9											
H11	b11	c11	d10				h10											

表 2-5　推荐及优先选用的基轴制配合　（摘自 GB/T 1800.1—2020）

基准轴	孔公差带代号																	
	间隙配合							过渡配合				过盈配合						
h5						G6	H6	JS6	K6	M6		N6	P6					
h6					F7	G7	H7	JS7	K7	M7	N7		P7	R7	S7	T7	U7	X7
h7				E8	F8		H8											
h8			D9	E9	F9		H9											
h9				E8	F8		H8											
			D9	E9	F9		H9											
	B11	C10	D10				H10											

2.4 线性尺寸的未注公差

构成零件的所有要素总是具有一定的尺寸和几何形状，由于尺寸误差和几何特征（形状、方向、位置）误差的存在，为保证零件的使用功能就必须对它们加以限制，超出限制将会损害其功能。因此，零件在图样上表达的所有要素都有一定的公差要求。

对功能上无特殊要求的要素，应采用一般公差，可不必一一注出。一般公差可应用在线性尺寸、角度尺寸、形状和位置等几何要素中。

国家标准《一般公差 未注公差的线性和角度尺寸的公差》（GB/T 1804－2000）规定了未注公差的线性尺寸和角度尺寸的一般公差的公差等级和极限偏差数值。

2.4.1 一般公差的概念

“一般公差”是指在车间通常加工条件下可保证的公差。采用一般公差的尺寸不需注出其极限偏差数值，零件加工完成后该尺寸一般也不需要检验。

一般公差代表通常的加工精度，即在普通工艺条件下，机床设备可保证的公差。采用一般公差的优点主要包括：

（1）简化制图，使图面清晰易读；

（2）节省图样设计时间，提高效率；

（3）突出图样上注出公差的尺寸，这些尺寸大多是重要，且需要加以控制的；

（4）简化检验要求，有助于质量管理。

一般公差适用于以下几类尺寸：

（1）长度尺寸，包括孔、轴直径，台阶尺寸，距离，倒圆半径和倒角尺寸等。

（2）工序尺寸。

（3）零件组装后，再经过加工所形成的尺寸。

2.4.2 一般公差的公差等级和极限偏差

GB/T 1804－2000 规定，一般公差分为精密 f、中等 m、粗糙 c 和最粗 v 四个公差等级。表 2-6 给出线性尺寸的极限偏差数值，表 2-7 给出倒圆半径和倒角高度尺寸的极限偏差数值。设计时，若采用一般公差，应在图样标题栏附近或技术要求、技术文件中注明标准号及公差等级代号，例如，选用中等级时，应注为 GB/T 1804-m。

表 2-6　线性尺寸的极限偏差数值　　单位：mm

公差等级	公称尺寸分段							
	0.5～3	>3～6	>6～30	>30～120	>120～400	>400～1000	>1000～2000	>2000～4000
精密 f	±0.05	±0.05	±0.1	±0.15	±0.2	±0.3	±0.5	—
中等 m	±0.1	±0.1	±0.2	±0.3	±0.5	±0.8	±1.2	±2
粗糙 c	±0.2	±0.3	±0.5	±0.8	±1.2	±2	±3	±4
最粗 v	—	±0.5	±1	±1.5	±2.5	±4	±6	±8

表 2-7 倒圆半径和倒角高度尺寸的极限偏差数值

单位：mm

公差等级	公称尺寸分段			
	0.5～3	>3～6	>6～30	>30
精密 f 中等 m	±0.2	±0.5	±1	±2
粗糙 c 最粗 v	±0.4	±1	±2	±4

【例 2-8】 试查表确定图 2-13 中未注公差线性尺寸和倒角高度尺寸的极限偏差数值。

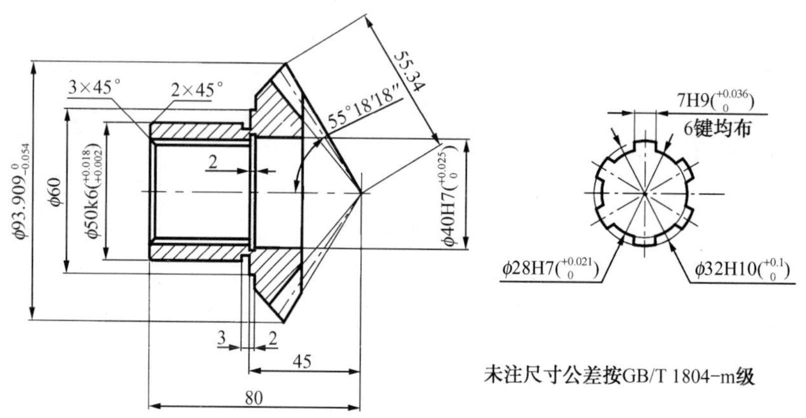

图 2-13 主动锥齿轮

解：图 2-13 中，未注公差的线性尺寸有 7 个：ϕ60、80、55.34、45、3、2（两处），倒角尺寸有两个：3×45°和 2×45°。按图中要求的 m 级，即中等级，查表 2-6 和表 2-7 得：

线性尺寸 ϕ60、80、55.34、45 属>30～120 尺寸段，极限偏差均为±0.3；

线性尺寸 3 和 2 属 0.5～3 尺寸段，极限偏差均为±0.1；

倒角高度尺寸 3 和 2 属 0.5～3 尺寸段，极限偏差均为±0.2。

本例中，7 个线性尺寸均为非配合尺寸，倒角主要是为了去毛刺及装配方便，因此精度都不高，采用一般公差是合理的。需要强调的是，线性尺寸若超出规定的一般公差，但未达到损害其功能的程度，通常不应判定拒收产品。

2.5 公差与配合的选用

公差与配合的选用是机械设计中重要的一环，包括配合制、公差等级与配合种类的选取。公差与配合的选用是否合理，对机械的使用性能和制造成本都有很大影响，有时甚至是起决定性作用的。

选用公差与配合的基本原则是必须保证机械产品的性能优良和制造上的经济可行。或者说，公差与配合的选择应使机械产品的使用价值与制造成本的综合经济效果最好。

公差与配合的选用方法主要有计算法、试验法、类比法等。

（1）计算法是按一定的理论和公式，通过计算确定公差与配合，其关键是要确定所需极限间隙或极限过盈。由于机械产品的多样性与复杂性，目前的计算理论还不十分成熟和完善，因此计算法是近似的，只能作为重要的参考。

（2）试验法就是通过专门的试验或统计分析来确定所需的极限间隙或极限过盈。用试验法选取配合最为可靠，但成本较高，故一般只用于重要的、关键性配合的选取。

（3）类比法是以经过生产验证的、类似的机械、机构和零部件为参照，同时考虑所设计机器的使用条件来选取公差与配合，即凭经验来选取公差与配合。类比法一直是选择公差与配合的主要方法，今后用计算法和试验法的情况会有所增加，但类比法仍然是最常用的一种方法。

2.5.1 ISO 配合制的选用

同国际标准一样，国家标准也规定了基孔制与基轴制两种基准制度。两种基准制既可得到各种间隙、过盈和过渡配合，又统一了基准件的极限偏差，从而避免了零件极限尺寸数目过多和制造不便等问题。配合制的选用应从结构、工艺及经济性等方面综合考虑。

一般情况下应优先选用基孔制。这是因为加工孔通常比加工轴困难，而采用基孔制可以减少定值刀具、定值量具的规格和数量，有利于刀具、量具的标准化和通用化，具有较好的经济性，但下列情况除外。

（1）公差等级要求不高，而采用冷拉钢材做轴的配合。因冷拉钢表层材料的机械性能、表面质量都较好，所以不应对其进行机械加工，从而采用基轴制免去对轴的加工，显然更加合理。

（2）公称尺寸不变的一段轴上装配多个不同配合的零件。图 2-14（a）所示为活塞销 2 与连杆 3 及活塞 1 的配合，根据使用要求，活塞销与活塞应为稍紧的过渡配合，避免二者的相对运动，而活塞销与连杆之间有相对运动，应为间隙配合。如果三段配合均选基孔制，则应为 ϕ30H6/m5、ϕ30H6/h5 和 ϕ30H6/m5，如图 2-14（b）所示。此时，必须将轴做成台阶状才能满足各部分的配合要求，但这样既不便于加工，又不利于装配。如果改用基轴制，则三段的配合可为 ϕ30M6/h5、ϕ30H6/h5 和 ϕ30M6/h5，如图 2-14（c）所示。活塞销做成“光销”，既便于加工又便于装配。

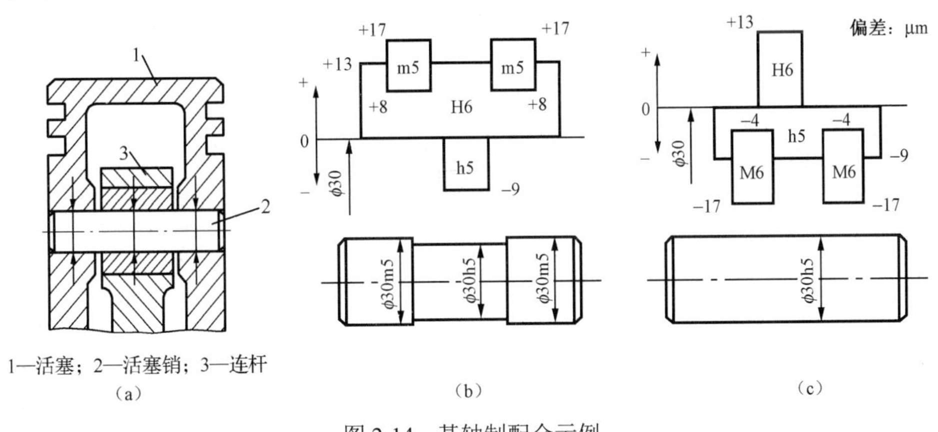

1—活塞；2—活塞销；3—连杆
（a）　（b）　（c）

图 2-14　基轴制配合示例

（3）与标准件配合时，基准制的选择应由标准件决定，标准件是基准件。例如，滚动轴承内圈与轴颈配合应为基孔制配合，而滚动轴承外圈与壳体孔配合应为基轴制配合。

（4）为满足配合的特殊要求，允许采用任意孔、轴公差带组成的配合，既非基孔制又非基轴制。图 2-15 所示为 C616 车床主轴组件的一部分，由于轴颈 1 与两轴承内圈孔相配合，已选定轴颈为 ϕ60js6，而隔套 2 只起间隔两个轴承并轴向定位的作用，为了装拆方便，只要松套在轴颈上即可，公差等级要求也不高，因而隔套内孔选 ϕ60D10 与轴颈相配，即 ϕ60D10/js6。同样，隔套 3 与床头箱孔的配合采用 ϕ95K7/d11。这类配合既不采用基孔制，也不采用基轴制。

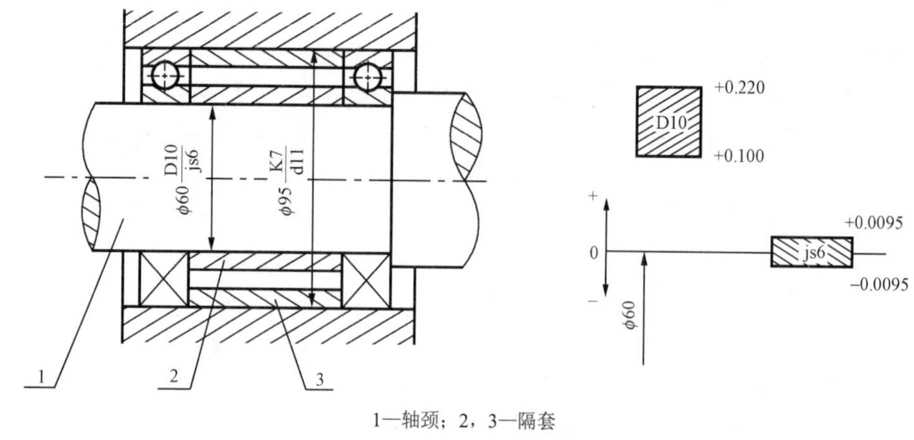

1—轴颈；2，3—隔套

图 2-15 非基准制配合示例

2.5.2 标准公差等级的选用

合理地选择标准公差等级，就是要解决机械零件、部件的使用要求与制造工艺成本之间的矛盾。首先要保证使用要求，其次要考虑工艺的可能性和经济性，即在满足使用要求的前提下，尽量采用较低的公差等级。

对于公称尺寸≤500mm 的较高等级的配合，由于孔比同级的轴加工困难，当标准公差等级高于 IT8 级时，推荐孔比轴低一级配合，但对于标准公差等级低于 IT8 级或公称尺寸>500mm 的配合，由于孔的加工并不比轴困难，而测量精度又比轴容易保证，故推荐采用同级孔、轴配合。

表 2-8 为根据经验推荐的各标准公差等级的应用范围，表 2-9 列举了多种加工工艺所能达到的经济精度，可供设计时参考。

表 2-8 标准公差等级的应用

应　用	公差等级（IT）																			
	01	0	1	2	3	4	5	6	7	8	9	10	11	12	13	14	15	16	17	18
量块	—	—	—																	
量规			—	—	—	—	—	—	—											
配合尺寸							—	—	—	—	—	—	—	—	—					
特别精密的零件				—	—	—	—													
非配合尺寸														—	—	—	—	—	—	—
原材料公差										—	—	—	—	—	—	—				

表 2-9 各种加工工艺的经济精度

加工方法	公差等级（IT）																			
	01	0	1	2	3	4	5	6	7	8	9	10	11	12	13	14	15	16	17	18
研磨	—	—	—	—	—	—	—													
珩						—	—	—	—											

续表

加工方法	公差等级（IT）																			
	01	0	1	2	3	4	5	6	7	8	9	10	11	12	13	14	15	16	17	18
圆磨							—	—	—	—										
平磨							—	—	—	—										
金刚石车							—	—	—											
金刚石镗							—	—	—											
拉削							—	—	—	—										
铰孔									—	—	—	—								
车									—	—	—	—	—							
镗									—	—	—	—	—							
铣										—	—	—	—							
刨、插												—	—							
钻												—	—	—	—					
滚压、挤压												—	—							
冲压												—	—	—	—	—				
压铸													—	—	—	—				
粉末冶金成形								—	—	—										
粉末冶金烧结									—	—	—	—								
砂型铸造、气割																		—	—	—
锻造																	—	—		

特殊情况下，如果能根据使用要求确定配合允许的极限间隙或极限过盈，则可借助式（2-11）和表 2-1 确定孔轴的公差等级。下面举例说明。

【例 2-9】 某一公称尺寸为 ϕ95mm 的滑动轴承机构，根据使用要求，其允许的最大间隙为 $[X_{max}]= +55\mu m$，最小间隙为 $[X_{min}] = +10\mu m$，试确定该轴承轴颈和轴瓦的标准公差等级。

解:（1）根据式（2-11）计算题意允许的配合公差为：

$$[T_f] = \|[X_{max}] - [X_{min}]\|$$
$$= |+55-(+10)|\mu m$$
$$= 45\mu m$$

（2）确定孔、轴的标准公差等级

若孔、轴公差能满足式 $T_h + T_s \leqslant [T_f]$，则表明孔、轴有较高的精度。查表 2-1 有：

$$IT5=15\mu m，IT6=22\mu m，IT7=35\mu m$$

可见孔、轴都必须有较高的公差等级，且孔比轴应低一级相配合。

因此，选择结果应为：

孔选 IT6，轴选 IT5，配合公差 $T_f = IT6 + IT5 = 37\mu m < [T_f]$

本例中，最终确定的孔、轴公差等级及其标准公差，使得其配合公差略小于按使用要求求得的配合公差，说明所选择的孔、轴精度较高，具有一定的精度储备。从设计的角度讲这是合理的。

2.5.3 配合的选用

配合的选用就是要确定非基准件的基本偏差代号，解决结合零件孔与轴在工作时的相互关系，以保证极限间隙或极限过盈满足机器的正常工作。在设计中，应根据使用要求，尽量选用标准中推荐的配合，如不能满足要求，则可根据具体情况从标准公差和基本偏差中选取合适的孔、轴公差带组成配合。

孔和轴之间有相对运动，必须选择间隙配合。若孔和轴之间无相对运动，而又有键、销等紧固件使之紧固，也可以选用间隙配合。若无紧固而又要求零件间不产生相对运动，则应选用过盈配合或较紧的过渡配合。受力大时，必须选用过盈配合；受力不大或基本不受力，而主要要求零件间的相互定位，应选用过渡配合。

确定了配合类别以后，就是要根据使用要求，即配合公差（间隙或过盈的变动量）的大小，确定与基准件相配的孔或轴的基本偏差代号。对间隙配合而言，最小间隙等于非基准件基本偏差的绝对值，因此可按最小间隙确定非基准件的基本偏差代号；对于过盈配合，应先由配合公差确定孔、轴的公差等级，然后由基准件的标准公差值与最小过盈之和确定非基准件的基本偏差及其代号。过渡配合的选取，以试验法为主，以经验法和类比法为辅。

下面以计算法为例，简要说明根据配合的使用要求，确定孔、轴的配合代号。

【例 2-10】某孔、轴配合的公称尺寸为 ϕ50mm，要求配合的间隙范围为+0.025～+0.066mm，试确定孔、轴的公差等级及配合代号，并画出公差带图。

解：（1）确定孔、轴的公差等级

根据式（2-10）和式（2-11），配合公差为：

$$\begin{aligned}T_{\mathrm{f}} &= T_{\mathrm{h}} + T_{\mathrm{s}}\\ &= |X_{\max} - X_{\min}|\\ &= |+0.066-(+0.025)|\,\mathrm{mm}\\ &= 0.041\mathrm{mm}\end{aligned}$$

对于较精密的配合，通常孔的公差等级比轴低一级，所以可查表 2-1 中尺寸段为>30～50一行，取两相邻的公差值，使其之和刚好不超过 0.041mm，即为孔、轴的标准公差值。选：

孔为 IT7 级，公差 $T_{\mathrm{h}} = 0.025\mathrm{mm}$；轴为 IT6 级，公差 $T_{\mathrm{s}} = 0.016\mathrm{mm}$

（2）确定孔、轴的配合代号

通常多数配合应优先选用基孔制，本例无特殊说明，故也采用基孔制（采用基轴制的计算过程完全类似，读者可自行推导），则有：

基准孔为 $\phi 50\mathrm{H7}(^{+0.025}_{\ \ 0})$ mm，下极限偏差 EI=0，上极限偏差 ES=+0.025mm

由于间隙配合中，非基准件的基本偏差与最小间隙在数值上相等，根据式（2-4）有：

$$X_{\min} = \mathrm{EI} - \mathrm{es} = +0.025\mathrm{mm}$$

所以，轴的基本偏差为：

$$\mathrm{es} = \mathrm{EI} - X_{\min} = [0-(+0.025)]\,\mathrm{mm} = -0.025\mathrm{mm}$$

查表 2-2，可确定轴的基本偏差代号为 f。

轴的下极限偏差为：

$$\mathrm{ei} = \mathrm{es} - T_{\mathrm{s}} = (-0.025-0.016)\mathrm{mm} = -0.041\mathrm{mm}$$

轴可记为 $\phi 50\mathrm{f6}(^{-0.025}_{-0.041})\mathrm{mm}$。

孔、轴的配合代号为：$\phi 50\dfrac{H7}{f6}$。

（3）孔、轴公差带图如图 2-16 所示。

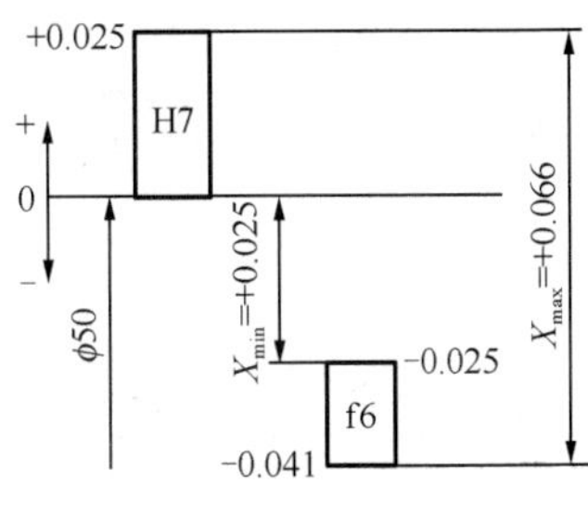

图 2-16　孔、轴公差带图

由图 2-11 和图 2-12 可见，孔 ϕ50H7、轴 ϕ50 f6 都属于标准推荐的公差带，H7 还属于建议优先选用的公差带。

本例若采用基轴制，读者可以自行推导，孔、轴的配合代号应为 ϕ50F7/h6。

表 2-10 列举了基孔制前提下轴的基本偏差选用说明，表 2-11 为优先配合的选用说明，都是长期设计经验的总结，可供配合选用时参考。当选定配合之后，需要按工作条件，并参考机器或机构工作时结合件的相对状态（如运动速度、运动方向、停歇时间、运动精度等）、承载情况、润滑条件、温度变化、配合的重要性、装卸条件，以及材料的物理机械性能等，根据具体条件，对配合的间隙或过盈的大小参照表 2-12 进行修正。

表 2-10　基孔制前提下轴的基本偏差选用说明

配　合	基本偏差	特性及应用
间隙配合	a、b	可得到特别大的间隙，应用很少
	c	可得到很大的间隙，一般用于缓慢、松弛的动配合，以及工作条件较差（如农业机械），受力变形，或为了便于装配，而必须保证有较大间隙的地方
	d	一般用于 IT7～IT11 级，适用于松的转动配合，如密封盖、滑轮等与轴的配合，也适用于大直径滑动轴承配合
	e	多用于 IT7～IT9 级，通常用于要求有明显间隙，易于转动的轴承配合，如大跨距轴承、多支点轴承等的配合；高等级的 e 轴，适用于高速重载支撑
	f	多用于 IT6～IT8 级的一般转动配合，当温度影响不大时，广泛用于普通润滑油润滑的支撑，如齿轮箱、小电动机、泵等的转轴与滑动轴承的配合
	g	间隙很小，制造成本高，除很轻负荷的精密装置外，不推荐用于转动配合。多用于 IT5、IT6、IT7 级，最适合不回转的精密滑动配合
	h	多用于 IT4～IT11 级，广泛用于无相对转动的零件，作为一般的定位配合。若无温度、变形影响，也用于精密滑动配合
过渡配合	js	偏差完全对称，平均间隙较小，多用于 IT4～IT7 级，要求间隙比 h 轴小，并允许略有过盈的配合，如联轴节、齿圈与钢制轮毂，可用木锤装配
	k	平均间隙接近于零的配合，适用于 IT4～IT7 级，推荐用于稍有过盈的定位配合，一般用木锤装配
	m	平均过盈较小的配合，适用于 IT4～IT7 级，一般可用木锤装配，但在最大过盈时，要求有相当的压入力
	n	平均过盈比 m 稍大，很少得到间隙，适用于 IT4～IT7 级，用锤或压力机装配，一般推荐用于紧密的组件配合。H6/n5 的配合为过盈配合
过盈配合	p	与 H6 或 H7 配合时是过盈配合，与 H8 配合时为过渡配合。对非铁类零件，为较轻的压入配合，需要时易于拆卸；对钢、铸铁或铜钢组件，为标准压入配合
	r	对铁类零件，为中等打入配合；对非铁类零件，为轻打入配合。需要时可以拆卸，与 H8 孔配合，直径在 100mm 以上时为过盈配合，直径小时为过渡配合
	s	用于钢和铁制零件的永久、半永久装配，可产生相当大的结合力。当用弹性材料，如轻合金，配合性质与铁类零件的 p 轴相当，如套环压装在轴上。尺寸较大时，为了避免损伤配合表面，需用热胀或冷缩法装配
	t	过盈较大的配合。对钢和铸铁零件适于做永久性结合，不用键可传递力矩，需用热胀或冷缩法装配，如联轴节与轴的配合

续表

配合	基本偏差	特性及应用
过盈配合	u	过盈大，一般应验算在最大过盈时工件材料是否损坏，用热胀或冷缩法装配，如火车轮毂与轴的配合
	v、x、y、z	过盈很大，须经试验后才能应用。一般不推荐

表 2-11　优先配合的选用说明

优先配合		说明
基孔制	基轴制	
$\frac{H11}{c11}$	$\frac{C11}{h11}$	间隙非常大，用于很松、转动很慢的间隙配合，以及用于装配方便的很松的配合
$\frac{H9}{d9}$	$\frac{D9}{h9}$	间隙很大的自由转动配合，用于精度要求不高，有大的温度变化、高转速或大的轴径压力时
$\frac{H8}{f7}$	$\frac{F8}{h7}$	间隙不大的转动配合，用于中等转速与中等轴径压力的精确转动，也用于装配较容易的中等定位配合
$\frac{H7}{g6}$	$\frac{G7}{h6}$	间隙很小的滑动配合，用于不希望自由转动，但可自由移动和滑动并精密定位时，也可用于要求明确的定位配合
$\frac{H7}{h6}$ $\frac{H8}{h7}$ $\frac{H9}{h9}$ $\frac{H11}{h11}$	$\frac{H7}{h6}$ $\frac{H8}{h7}$ $\frac{H9}{h9}$ $\frac{H11}{h11}$	均为间隙定位配合，零件可自由拆卸，而工作时，一般相对静止不动，在最大实体条件下的间隙为零，在最小实体条件下的间隙由标准公差决定
$\frac{H7}{k6}$	$\frac{K7}{h6}$	过渡配合，用于精密定位
$\frac{H7}{n6}$	$\frac{N7}{h6}$	过渡配合，用于允许有较大过盈的更精密定位
$\frac{H7}{p6}$	$\frac{P7}{h6}$	过盈定位配合，即小过盈配合，用于定位精度特别重要时，能以最好的定位精度达到部件的刚性及对中要求
$\frac{H7}{s6}$	$\frac{S7}{h6}$	中等压入配合，适用于一般钢件，或用于薄壁件的冷缩配合，用于铸铁件时可得到最紧的配合
$\frac{H7}{u6}$	$\frac{U7}{h6}$	压入配合，适用于可以承受高压入力的零件，或不宜承受大压入力的冷缩配合

表 2-12　工作情况对过盈和间隙的影响

具体情况	过盈应增大或减小	间隙应增大或减小
材料许用应力小	减小	—
经常拆卸	减小	—
工作时，孔温高于轴温	增大	减小
工作时，轴温高于孔温	减小	增大
有冲击载荷	增大	减小
配合长度较大	减小	增大
配合面几何误差较大	减小	增大
装配时可能歪斜	减小	增大
旋转速度高	增大	增大

续表

具 体 情 况	过盈应增大或减小	间隙应增大或减小
有轴向运动	—	增大
润滑油黏度增大	—	增大
装配精度高	减小	减小
表面粗糙度高度参数值大	增大	减小

2.6 线性尺寸规范修饰符与符号标注

线性尺寸的 ISO 默认规范操作集（无规范修饰符）是两点尺寸。若上、下极限尺寸都为两点尺寸，则无须标注修饰符(LP)。线性尺寸的规范修饰符见表 2-13，线性尺寸的补充规范修饰符见表 2-14。当某种规范操作集作为图样中的默认标注而应用于尺寸规范时，应在标题栏内或标题栏附近进行统一注释，如在标题栏上方写有“线性尺寸 GB/T 38762(CC)”，即认为默认规范操作集为周长直径。

表 2-13　线性尺寸的规范修饰符　（摘自 GB/T 38762.1—2020）

修 饰 符	描 述	修 饰 符	描 述
(LP)	两点尺寸	(CV)	体积直径（计算尺寸）
(LS)	由球面定义的局部尺寸	(SX)	最大尺寸*
(GG)	最小二乘拟合准则	(SN)	最小尺寸*
(GX)	最大内切拟合准则	(SA)	平均尺寸*
(GN)	最小外径拟合准则	(SM)	中位尺寸*
(GC)	最小区域（切比雪夫）拟合准则	(SD)	极值平均尺寸*
(CC)	周长直径（计算尺寸）	(SR)	尺寸范围*
(CA)	面积直径（计算尺寸）	(SQ)	尺寸的标准偏差*

*统计尺寸可用作计算部分尺寸、全局部分尺寸和局部尺寸的补充。

表 2-14　线性尺寸的补充规范修饰符　（摘自 GB/T 38762.1—2020）

描 述	符 号	标 注 示 例
联合尺寸要素	UF	UF 3×ϕ10±0.1(GN)
要素的任意限定部分	/Length	10±0.1(GG)/5
任意横截面	ACS	10±0.1(GX)ACS
特定横截面	SCS	10±0.1(GX)SCS
任意纵向截面	ALS	10±0.1(GX)ALS
多个要素	数字×	2×10±0.1
公共被测尺寸要素	CT	2×10±0.1 CT
区间	←→	10±0.1←→B

1）带有修饰符的一般尺寸规范的标注规则

当尺寸特征的ISO默认规范操作集不适用时，应采用规范修饰符标明所采用的规范操作集。修饰符与尺寸的一般GPS规范同时使用，如图2-17中的标注示例。

规范修饰符应按如下顺序标注在公差值、公差代号或极限尺寸值之后：

（1）尺寸特征类型的修饰符，如局部尺寸、全局尺寸或计算尺寸等。例如，(LP)、(GG)或(CC)。

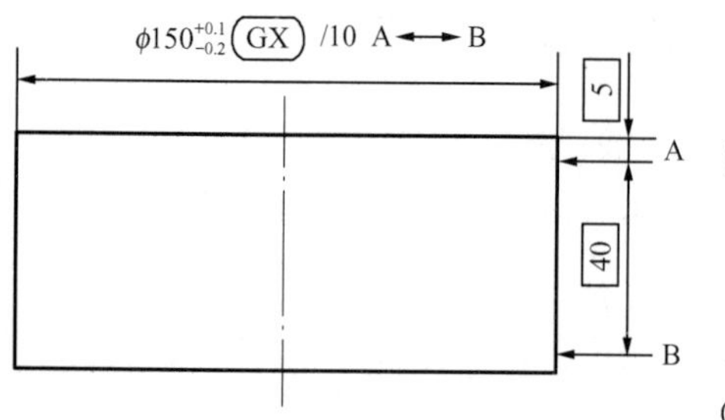

图2-17 特定长度的尺寸要素的任一限定部分标注

（2）完整要素任意限定部分、任意横截面或任意纵向截面的修饰符。

例如，“/25”、“ACS”和“ALS”。

（3）用区间符号←→特定部分。

如图2-17所示，其标注应理解为：A—B限定范围（由理论正确尺寸标示）内的任一指定长度（10）的圆柱形要素，其上、下极限尺寸应用相同的规范操作集，即“最大内切直径”。

若尺寸规范应用于几何要素的任意限定部分、任意横截面或任意纵向截面，则相应修饰符应位于统计尺寸修饰符之后，例如，用(SX)、(SN)或(SA)定义每个限定部分或每个截面的全局特征；修饰符序列“(LP) (SD) ACS”表示局部两点尺寸的极值平均（统计）尺寸由每个横截面分别计算所得，该序列定义了每个横截面的局部特征。

2）特定横截面内的尺寸特征

图2-18为锥体特定横截面标注示例，修饰符“SCS”明确定义了此规范仅用于特定位置，理论正确尺寸10用来指明规范的具体位置，上、下极限尺寸均采用最小二乘直径规范。

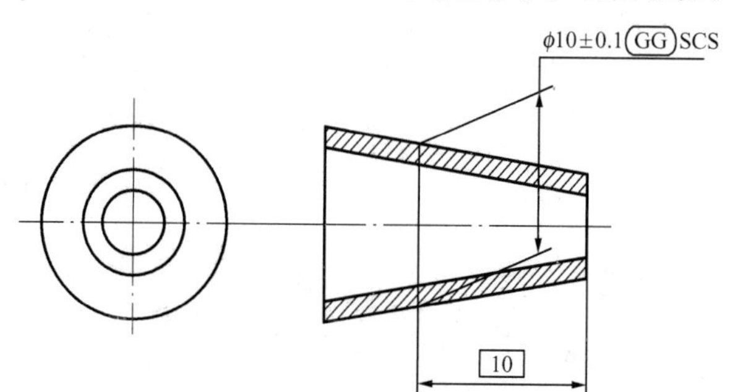

图2-18 锥体特定横截面标注示例

3）应用于多个尺寸要素的要求

若规范应用于多个尺寸要素，则规范修饰符“数字×”应作为规范的第一组成部分，注明规范应用的要素数目，如图2-19所示。这里要注意，仅当规范适用的要素明确无误时，才可以使用规范修饰符“n×”。

当规范作为独立要求应用于多个尺寸要素时，标注如图2-19（a）所示，此时“最小外接直径”规范分别应用于两个圆柱面的上、下极限尺寸。

当规范应用于多个尺寸要素的集合，且此集合可视为一个尺寸要素时，规范修饰符“CT”应按照其位置标注在规范中，如图2-19（b）所示，此时“最小外接直径”规范用于两个圆柱面的上、下极限尺寸，且两个圆柱面可视为一个尺寸要素。

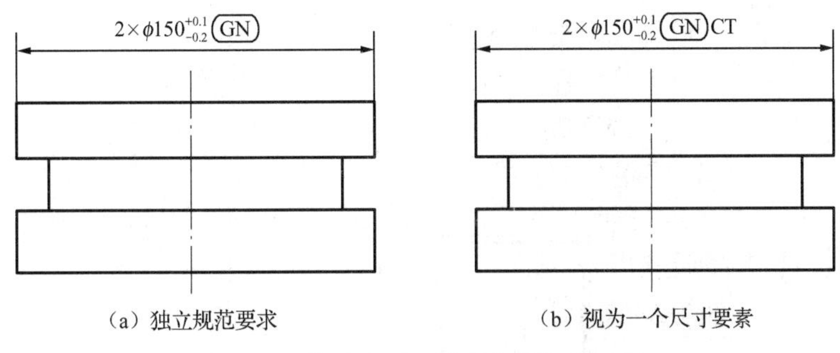

图 2-19　两个尺寸要素的规范标注示例

作业题

1．试画出下列各孔、轴配合的公差带图，并计算它们的极限尺寸、尺寸公差、配合公差及极限间隙或极限过盈。

（1）孔 $\phi40_{0}^{+0.039}$ mm，轴 $\phi40_{+0.002}^{+0.027}$ mm。

（2）孔 $\phi60_{0}^{+0.074}$ mm，轴 $\phi60_{-0.140}^{-0.030}$ mm。

2．试根据表 2-15 中已给数值，计算并填写空格中的数值。

表 2-15　作业题 2 表　　单位：mm

公称尺寸	上极限尺寸	下极限尺寸	上极限偏差	下极限偏差	公　差	标　注
孔 ϕ8	8.040	8.025				
轴 ϕ60			−0.060		0.046	
孔 ϕ30		30.020			0.130	
轴 ϕ50			−0.050	−0.112		
孔 ϕ18						$\phi18_{0}^{+0.017}$

3．试查相关表确定下列孔、轴公差带代号。

（1）轴 $\phi40_{+0.017}^{+0.033}$　（2）轴 $\phi18_{+0.028}^{+0.046}$　（3）孔 $\phi65_{-0.06}^{-0.03}$　（4）孔 $\phi240_{+0.170}^{+0.285}$

4．设下列三组配合的公称尺寸和使用要求如下：

（1）$D(d)=\phi35$ mm，$X_{max}=+120$ μm，$X_{min}=+50$ μm。

（2）$D(d)=\phi40$ mm，$Y_{max}=-80$ μm，$Y_{min}=-35$ μm。

（3）$D(d)=\phi60$ mm，$X_{max}=+50$ μm，$Y_{max}=-32$ μm。

试按基孔制/基轴制分别确定各配合孔、轴的公差等级，以及所选用的配合，并画出公差带图。

5．图 2-20 为铣削动力头主轴部件。动力由电动机经变速后再由斜齿轮输入。加工时，滑套由其侧面的齿条（图中未画出）带动，可连带主轴做轴向运动。

（1）判断图中两个圆锥滚子轴承的内圈与主轴上 ϕ80 处的配合、外圈与滑套上 ϕ140 孔的配合是哪种基准制，为什么？

（2）画出隔圈的零件图，并标出内径（ϕ130）、外径、宽度（20）的基本尺寸及极限偏差。

（3）分析下列配合的合理性：滑套外径与箱体上 ϕ180 孔的配合 ϕ180H7/g6。轴承座与箱体上 ϕ185、ϕ180 孔的配合 ϕ185H7/js6 和 ϕ180H7/ js6。双键套与平衡轮上 ϕ100 孔的配合 ϕ100H8/h6。

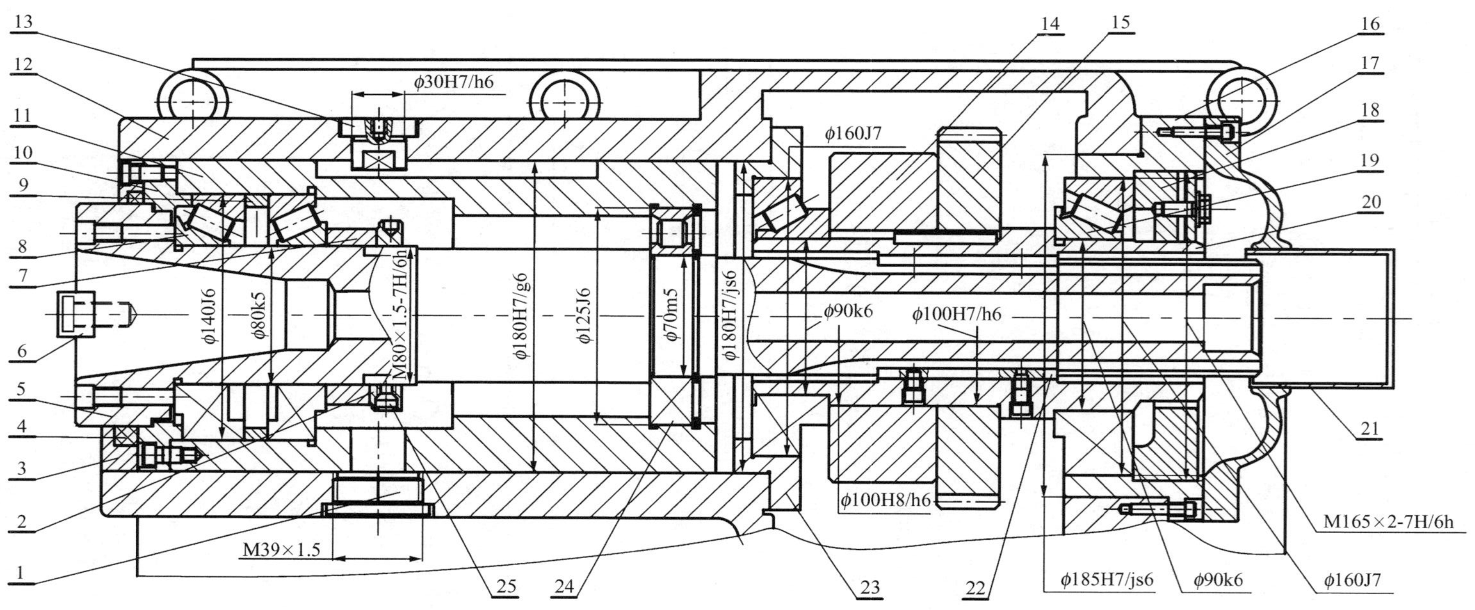

1—螺塞；2—螺母；3—主轴油封盖；4—毛毡圈；5—主轴；6—键；7—垫圈；8—圆锥滚子轴承；9—隔圈；10—前轴承压板；11—滑套；12—箱体；13—定位键；14—平衡轮；15—齿轮；16—轴承座；17—主轴后盖；18—螺母；19—圆锥滚子轴承；20—双键套；21—防尘套；22—键；23—轴承座；24—圆柱滚子轴承；25—油杯

图2-20 作业题5图

思考题

1．孔、轴的尺寸公差，上、下极限偏差，以及实际偏差的含义有何区别和联系？

2．什么叫基本偏差？为什么要规定基本偏差？轴和孔的基本偏差是如何确定的？

3．为什么要规定 ISO 配合制？在什么情况下采用基轴制？

4．试判断以下概念是否正确、完整？

（1）公差可以说是允许零件尺寸的最大偏差。

（2）从制造角度上讲，基孔制的特点就是先加工孔，基轴制的特点就是先加工轴。

（3）过渡配合可能具有间隙，也可能具有过盈，因此，过渡配合可能是间隙配合，也可能是过盈配合。

5．图 2-21 为某型拖拉机带轮部件，试分析图中配合标注的合理性：

（1）端盖与箱壳的配合为 ϕ72J7/d9，而箱壳盖与箱壳的配合为 ϕ104H7/h6。

（2）主动锥齿轮与心轴的配合 ϕ40H7/u6。

（3）带轮与从动锥齿轮轴部的配合 ϕ28H8/h8。

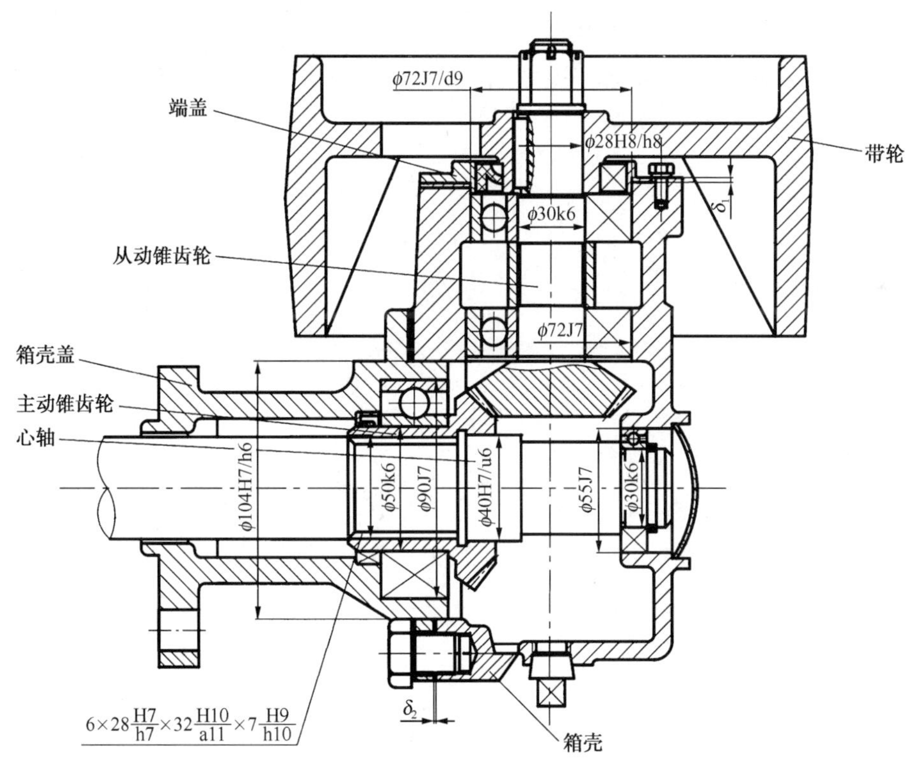

图 2-21　思考题 5 图

6．图 2-22 为钻孔夹具简图，1 为钻模板，2 为钻头，3 为定位套，4 为钻套，5 为工件。已知：（1）配合面①和②都有定心要求，需用过盈量不大的固定连接；（2）配合面③有定心要求，在安装和取出定位套时需轴向移动；（3）配合面④有导向要求，且钻头能在转动状态下进入钻套。试选择上述各配合面的配合种类，并简述其理由。

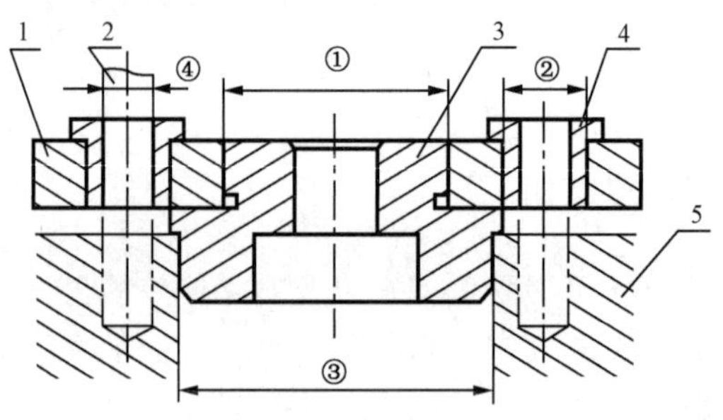

图 2-22　思考题 6 图

主要相关国家标准

1．GB/T 1800.1—2020 产品几何技术规范（GPS）线性尺寸公差 ISO 代号体系　第 1 部分：公差、偏差和配合的基础

2．GB/T 1800.2—2020 产品几何技术规范（GPS）线性尺寸公差 ISO 代号体系　第 2 部分：标准公差带代号和孔、轴的极限偏差表

3．GB/T 38762.1—2020 产品几何技术规范（GPS）尺寸公差　第 1 部分：线性尺寸

4．GB/T 1804—2000 一般公差 未注公差的线性和角度尺寸的公差

Chapter 3

第3章 测量技术基础

本章结构与主要知识点

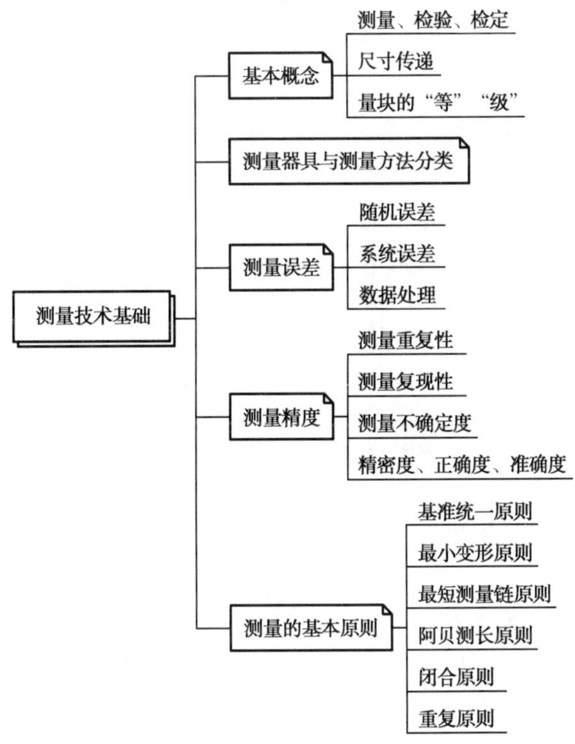

准确地对零件进行测量和检验，是评判零件是否合格、是否具有互换性的基础和保证。本章将介绍测量与检验、测量器具、测量方法等基本概念，对测量误差及数据处理做重点阐述，并对测量应遵循的基本原则做简要说明。

3.1 测量的基本概念

3.1.1 测量、检验与检定

1. 测量的定义

测量是指确定量值所进行的一组操作，即将被测量与具有确定计量单位的标准量进行比较，确定被测量量值的操作过程。若被测量为 L，标准量为 E，则测量就是确定 L 与 E 的比值关系，即 $q = L/E$，因此对被测量 L 的测量结果可表示为

$$L = qE \tag{3-1}$$

上式表明，测量过程必须包含被测量和计量单位。此外，还应包含二者如何比较及比较结果的准确度等内容。

2. 测量四要素

一个完整的测量过程应包括以下 4 个方面，即测量对象、计量单位、测量方法和测量准确度。

1）测量对象

本课程涉及的测量对象指机械几何量，包括长度、角度、几何误差、表面粗糙度，以及更复杂的螺纹、齿轮等零件中的几何参数等。

2）计量单位

1984 年 2 月，国务院发布了《关于在我国统一实行法定计量单位的命令》，明确规定我国的法定计量制度采用国际单位制。其中，长度计量单位为“米”（m），平面角的计量单位为“弧度”（rad）。工程中，长度计量的常用单位有毫米（mm）和微米（μm），平面角计量的常用单位有度、分和秒。

“米”的定义最早见于 1875 年由法、俄、德等 17 个国家签署的一项国际公约——《米制公约》。随着科学技术的进步，米的定义也在不断演进，由实物基准逐渐走向量子基准（由物理常数定义）。在 2018 年召开的国际计量大会（CGPM）上对米的定义进行了修订：规定从 2019 年 5 月 20 日起，米的定义更新为：当真空中光速 c 以 m/s 为单位表示时，选取固定数值 299 792 458 来定义，即真空中的光速 c 为 299 792 458m/s。其中，秒由铯的频率 $\Delta\nu_{Cs}$ 来定义，即铯-133 原子不受干扰的基态超精细能级跃迁频率以单位 Hz 表示时，选取固定数值 9 192 631 770。

3）测量方法

测量方法是对测量过程中使用的操作所给出的逻辑性安排的一般性描述，包括所采用的测量原理、测量条件和测量器具等。测量方法可用不同方式描述，如替代测量法、零位测量法、间接测量法等。测量方法的分类详见 3.2 节。

4）测量准确度

测量准确度是指测量结果与真值的相符合程度。因它不是一个量，所以不给出具体的数字量值。由于在测量过程中不可避免地存在或大或小的测量误差，误差大可以说测量结果的准确度低，误差小则说测量结果的准确度高。术语“测量准确度”不应与“测量正确度”“测量精密度”相混淆，详见 3.2 节的说明。

3. 检验与检定

技术测量与技术监督过程中，检验与检定是两个使用频率非常高的术语。

所谓检验，是指判断被检对象合格与否的过程，包括使用通用计量器具对被测对象进行测量，将测量值与给定公差范围进行比较，并做出合格性结论，也可以使用专用量具直接判断被检对象的合格性。

所谓检定，是指查明或确认测量仪器符合法定要求的活动，包括检查、加标记和/或出具检定证书。合格的测量仪器应按规定的周期和程序，进行首次检定和定期的后续检定。

3.1.2 尺寸传递

文 01　拿什么来保障你的测量精度？

1. 长度量值传递系统

前述关于米的定义，实际上是以光速为常数、以极其精确的时间计量为基准，虽然准确可靠，但不能直接用于工程测量。为了保证长度测量量值的统一，必须建立从长度基准到生产中使用的各种测量器具，直至工件的量值传递系统。量值传递是通过对比、校准、检定和测量，将国家计量基准复现的单位量值，经计量标准、工作计量器具逐级传递到被测对象的全部过程。我国的长度量值传递系统如图 3-1 所示。

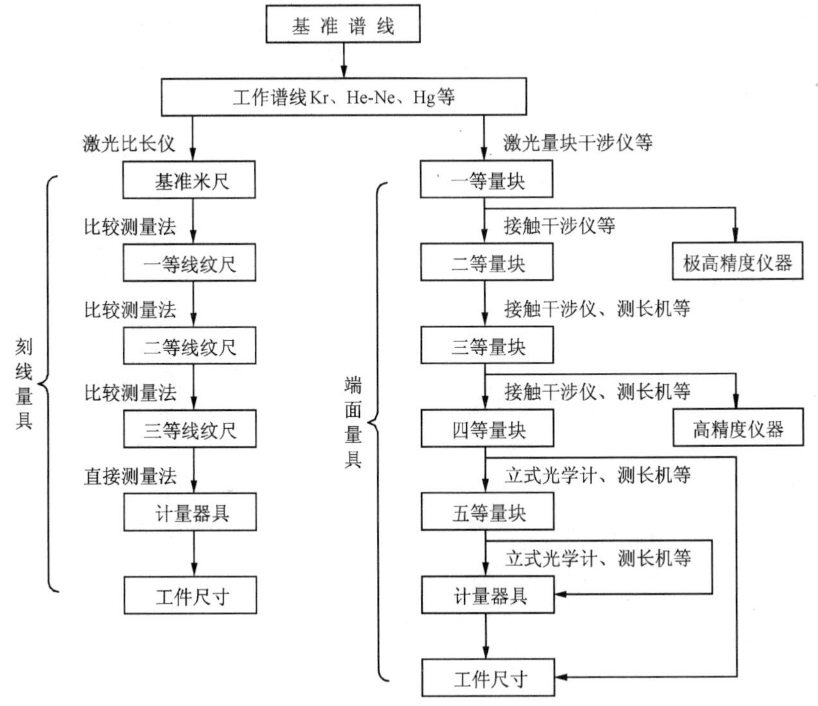

图 3-1　我国的长度量值传递系统

由图 3-1 可知，长度量值传递系统有两种实体基准：线纹尺（刻线量具）和量块（端面量具）。其中，量块应用较广。

2. 量块

文 02　长度标准：量块

量块是指具有一对相互平行的测量面，且两个平行面间具有准确尺寸，其横截面为矩形，如图 3-2（a）所示等形式的实物量具。按其材质分为钢制量块、硬质合金量块和陶瓷量块等。量块除可作长度基准外，生产中还可以用来检定和校准测量工具或量仪、调整量具或量仪的零位，有时也可直接用于精密测量、精密画线和精密机床的调整。

1）量块长度

量块长度是指量块一个测量面上的任意点到与其相对的另一个测量面相研合的辅助体表面之间的垂直距离，辅助体的材料和表面质量应与量块相同，如图 3-2（b）所示。这里，“量块任意点”不包括距测量面边缘为 0.8mm 区域内的点。

2）量块中心长度 l_c

量块中心长度是指对应于量块未研合测量面中心点的量块长度，如图 3-2（b）所示。

3）量块标称长度 l_n

量块标称长度是指标记在量块上，用于表明其与主单位（mm）之间关系的量值，也称为量块长度的示值，如图 3-2（a）中测量面或侧面上标记的数字 3 与 10。

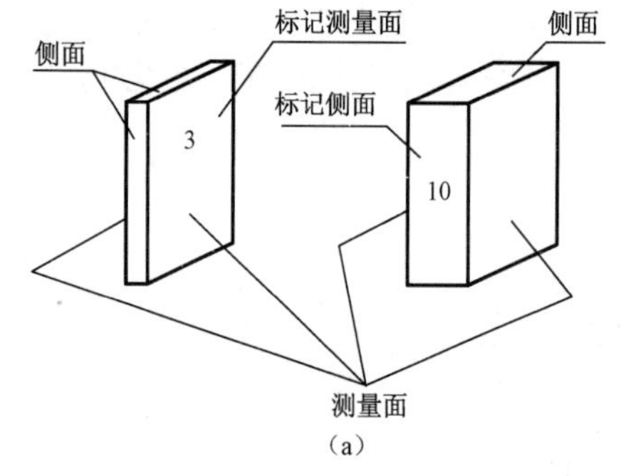

（a）

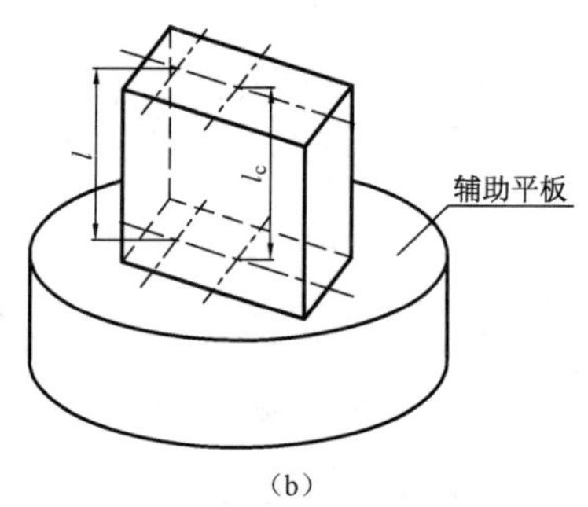

（b）

图 3-2　量块

4）量块长度偏差 e

任意点的量块长度偏差 e 是指任意点的量块长度与标称长度的代数差，即 $e=l-l_n$。

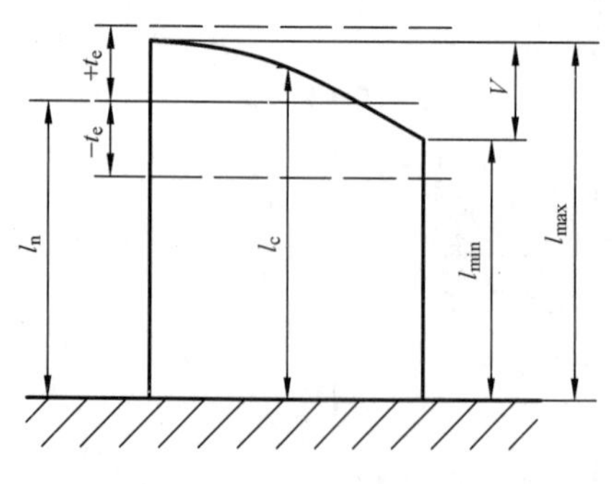

图 3-3　量块长度变动量

图 3-3 中的“$+t_e$”和“$-t_e$”为量块长度的极限偏差，显然，合格的量块应满足$+t_e \geqslant e \geqslant -t_e$。

5）量块长度变动量 V

量块长度变动量是指量块测量面上任意点中的最大长度 l_{max} 与最小长度 l_{min} 之差，即 $V=l_{max}-l_{min}$，如图 3-3 所示。

6）研合性

研合性是指量块的一个测量面与另一个量块测量面或另一个经精加工的类似量块测量面的表面，通过分子力的作用而相互黏合的性能。

量块按准确度级别分为 0 级、1 级、2 级和 3 级，其中，0 级的准确度最高，3 级的准确度最低。国家标准 GB/T 6093－2001《几何量技术规范（GPS）长度标准　量块》对 0～3 级与 K 级（校准级）量块，除规定量块长度相对于标称长度的极限偏差 t_e 和量块长度变动量最大允许值 t_v 外（见表 3-1），对量块测量面的平面度、粗糙度及研合性等均给出定量指标。

表 3-1　量块长度的极限偏差与量块长度变动量最大允许值（摘自 GB/T 6093－2001）

标称长度 l_n/mm	K 级		0 级		1 级		2 级		3 级	
	$\pm t_e$/μm	t_v/μm	$\pm t_e$/μm	t_v/μm	$\pm t_e$/μm	t_v/μm	$\pm t_e$/μm	t_v/μm	$\pm t_e$/μm	t_v/μm
$l_n \leqslant 10$	0.20	0.05	0.12	0.10	0.20	0.16	0.45	0.30	1.0	0.50
$10 < l_n \leqslant 25$	0.30	0.05	0.14	0.10	0.30	0.16	0.60	0.30	1.2	0.50
$25 < l_n \leqslant 50$	0.40	0.06	0.20	0.10	0.40	0.18	0.80	0.30	1.6	0.55
$50 < l_n \leqslant 75$	0.50	0.06	0.25	0.12	0.50	0.18	1.00	0.35	2.0	0.55
$75 < l_n \leqslant 100$	0.60	0.07	0.30	0.12	0.60	0.20	1.20	0.35	2.5	0.60

注：距离测量面边缘0.8mm 范围内不计。

在使用过程中，由于磨损等原因使量块的实际尺寸发生变化，因此需要定期检定。各级计量部门常按量块检定的实际尺寸来使用，这样可获得比量块制造精度更高的精度。因此，国家计量检定规程《量块》（JJG 146—2011）中，主要以量块长度的测量不确定度、长度变动量允许值，将其分为 1～5 等，表 3-2 为具体允许数值。

表 3-2　量块长度的测量不确定度与长度变动量最大允许值（摘自 JJG 146－2011）　单位：μm

标称长度 l_n /mm	1 等		2 等		3 等		4 等		5 等	
	测量不确定度	长度变动量	测量不确定度	长度变动量	测量不确定度	长度变动量	测量不确定度	长度变动量	测量不确定度	长度变动量
$l_n \leqslant 10$	0.022	0.05	0.06	0.10	0.11	0.16	0.22	0.30	0.6	0.5
$10 < l_n \leqslant 25$	0.025	0.05	0.07	0.10	0.12	0.16	0.25	0.30	0.6	0.5
$25 < l_n \leqslant 50$	0.030	0.06	0.08	0.10	0.15	0.18	0.30	0.30	0.8	0.55
$50 < l_n \leqslant 75$	0.035	0.06	0.09	0.12	0.18	0.18	0.35	0.35	0.9	0.55
$75 < l_n \leqslant 100$	0.040	0.07	0.10	0.12	0.20	0.20	0.40	0.35	1.0	0.6

注：① 距离测量面边缘0.8mm 范围内不计。

② 表内测量不确定度置信概率为0.99。

量块是定尺寸量具，为了满足不同的尺寸要求，量块按一定尺寸系列成套生产供应。GB/T 6093－2001 规定，一套量块可有 91 块、83 块、46 块、38 块等 17 种规格。现以 91 块一套的量块为例，列出其规格如下：

间隔 0.01mm：	1.01，1.02，…，1.49	共 49 块
间隔 0.1mm：	1.5，1.6，…，1.9	共 5 块
间隔 0.5mm：	2.0，2.5，…，9.5	共 16 块
间隔 10mm：	10，20，…，100	共 10 块
间隔 0.001mm：	1.001，1.002，…，1.009	共 9 块
	1，0.5	各 1 块

使用量块时，应合理选择若干量块组成所需的尺寸。为减小量块的组合误差，应尽量减少量块组的数目，通常不超过 4 块。具体的选择方法是：按照所需尺寸的最后一个尾数选取具有相同尾数的第一块，然后以此类推逐块选取。例如，需要组合的尺寸为 43.676mm，量块组可选为 1.006mm、1.17mm、1.5mm 和 40mm，共 4 块。具体过程如下：

量块组合尺寸：	43.676
选第一块：	− 1.006
	42.67
选第二块：	− 1.17
	41.5
选第三块：	− 1.5
选第四块：	40

3．角度传递系统

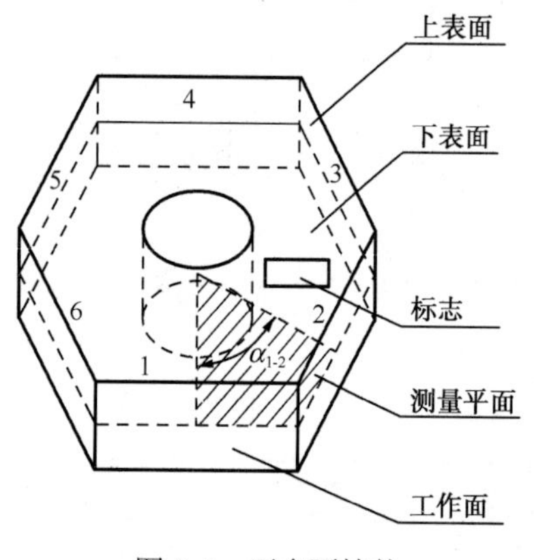

图 3-4 正多面棱体

角度也是机械制造中的重要几何参数之一。由于一个圆周角为 360°，因此角度测量不需要像长度一样定义自然基准。在计量部门，为了方便起见，一般使用多面棱体作为角度参数的实物基准。机械制造中的角度标准主要有角度量块、测角仪和分度头等。

GB/T 22525—2008《正多面棱体》规定了各相邻平面法线间的夹角为等值测量角，以及具有准确角度值的正多边形的实物量具，如图 3-4 所示。其中，棱体的工作面面数有 20 种，见表 3-3；棱体的准确度等级有 0 级、1 级、2 级、3 级，其工作角偏差的允许值见表 3-4。

以多面棱体作为角度基准的量值传递系统如图 3-5 所示。

表 3-3 正多面棱体的工作面面数及标称工作角

序　号	工作面面数/个	标称工作角	序　号	工作面面数/个	标称工作角
1	4	90°	11	19	18°56′50.5″
2	6	60°	12	20	18°
3	8	45°	13	23	15°39′7.8″
4	9	40°	14	24	15°
5	10	36°	15	28	12°51′25.7″
6	12	30°	16	32	11°15′
7	15	24°	17	36	10°
8	16	22°30′	18	40	9°
9	17	21°10′35.3″	19	45	8°
10	18	20°	20	72	5°

表 3-4　正多面棱体工作角偏差的允许值

准确度等级	工作面面数	
	≤24	>24
	工作角偏差的允许值/″	
0	±1	±2
1	±2	±3
2	±5	
3	±10	

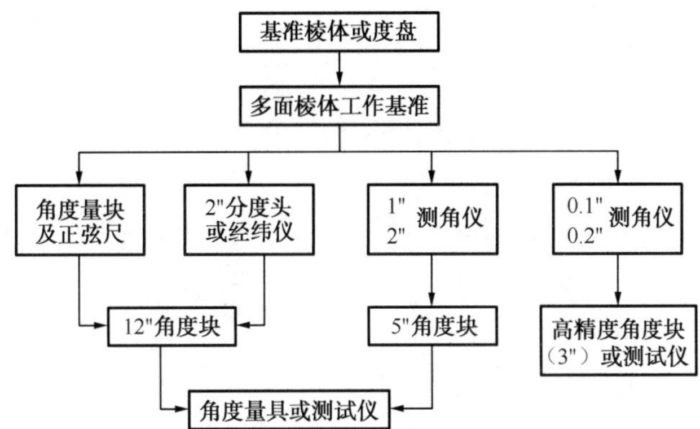

图 3-5　以多面棱体作为角度基准的量值传递系统

3.2 测量器具与测量方法的分类及常用术语

3.2.1　测量器具的分类

测量器具有多种不同的分类方法。通常按工作原理、结构特点及用途等，将其分为标准测量器具、通用测量器具、专用测量器具和检验夹具。

1．标准测量器具

标准测量器具是指测量时体现标准量的测量器具。这种测量器具通常只有某一个固定尺寸，常用来校对和调整其他测量器具，或作为标准量与被测工件进行比较，如量块、直角尺、各种曲线样板和标准量规等。

2．通用测量器具

通用测量器具是指通用性强，可测量某一范围内任一尺寸（或其他几何量），并能获得具体读数值的测量器具。按其结构，又可分为以下几种：

（1）固定刻线量具，如钢直尺、卷尺等；

（2）游标量具，如游标卡尺、深度游标卡尺、高度游标卡尺及游标量角器等；

（3）微动螺旋副式量仪，如外径千分尺、内径千分尺、深度千分尺等；

（4）机械式量仪，如百分表、千分表、杠杆百分表、杠杆千分表、扭簧比较仪等；
（5）光学式量仪，如光学计、测长仪、投影仪、干涉仪等；
（6）气动式量仪，如水柱式气动量仪、浮标式气动量仪等；
（7）电动式量仪，如电感式量仪、电容式量仪、电接触式量仪、电动轮廓仪等；
（8）光电式量仪，如光电显微镜、激光干涉仪等。

3．专用测量器具

专用测量器具是指专门用来测量某种特定参数的器具，如圆度仪、渐开线检查仪、丝杠检查仪、极限量规等。

4．检验夹具

检验夹具是指与量具、量仪和定位元件等组合的一种专用检验工具。当与各种比较仪配合使用时，能用来检验更多、更复杂的参数。

文 03 卡尺的起源和变迁

文 04 卡尺你真的了解吗

文 05 这些“奇怪”的千分尺，你见过吗？

文 06 术语集：常见量具的各部位名称知多少？

3.2.2 测量方法的分类

广义的测量方法，是指所采用的测量原理、测量器具和测量条件的总和。实际工作中，往往单纯从获得测量结果的方式来理解测量方法，并按其不同特征进行分类。

1．直接测量法与间接测量法

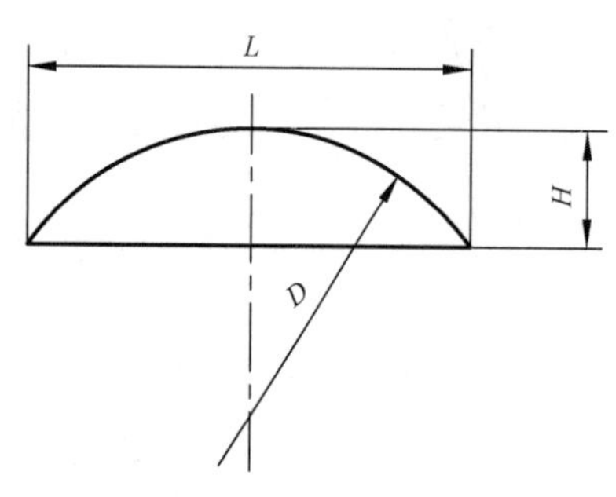

图 3-6 劣弧直径的测量

直接测量法是指不必测量与被测量有函数关系的其他量，就能直接得到被测量值的测量方法。例如，用游标卡尺测量轴类零件的直径和长度。

间接测量法是指通过测量与被测量有函数关系的其他量，再通过函数关系式的计算，求得被测量值的测量方法。如图 3-6 所示，采用弦高法求某圆弧样板的劣弧（通常把小于半圆的圆弧称为劣弧）直径 D，首先测量其弦高 H 和弦长 L，再按下式求出直径 D，这就是间接测量法。

$$D=\frac{L^2}{4H}+H$$

2．绝对测量法与相对测量法

绝对测量法是指从测量器具上直接得到被测参数的整个量值。

相对测量法是指从测量器具上直接得到的数值是被测量相对于标准量的偏差值。

绝对测量法、相对测量法都属于直接测量法。前述例子如游标卡尺测量轴类零件的直径、长度为绝对测量，而立式或卧式光学比较仪的测量（见图 3-7）为相对测量。

3．接触测量法与非接触测量法

接触测量法是指测量器具的敏感元件（或测头）与工件被测表面直接接触，并有机械测量力存在。例如，用游标卡尺测轴的外径、用电动轮廓仪测量表面粗糙度等。

非接触测量法是指测量器具的敏感元件与工件被测表面不接触，没有机械测量力。该方法利用光、电、磁、气等物理量使敏感元件与被测工件表面发生联系，如干涉显微镜、磁力测厚仪、气动量仪等。

4．主动测量法与被动测量法

主动测量法是指零件在加工过程中所进行测量的方法。

被动测量法是指零件加工完成后所进行测量的方法。

主动测量的结果可直接用来控制工件的加工过程，决定是否需要继续加工或进行调整干预，故能及时防止废品的产生；而被动测量的结果一般仅限于发现并剔除废品。

5．单项测量法与综合测量法

单项测量法是指单个彼此没有联系地测量零件的各项参数，如分别测量齿轮的齿厚、齿形、齿距、公法线，或分别测量螺纹的中径、螺距、牙型半角等。

综合测量法是指同时测量零件上几个有关参数，从而综合判断零件的合格性。例如，用单啮仪测量齿轮的切向综合误差来判定其传递运动的准确性；用螺纹量规综合检验其合格性等。

6．动态测量法与静态测量法

动态测量法是指测量时零件被测表面与测量器具的测头有相对运动的测量方法。例如，用激光比长仪测量精密线纹尺，用激光丝杠动态检查仪测量丝杠等。动态测量法往往能反映生产过程中被测参数的变化过程。

静态测量法是指测量时零件被测表面与测量器具测头相对静止的测量方法。

以上测量方法的分类是从不同角度考虑的，一个具体的测量过程可能兼有上述几种测量方法的特征。选择测量方法应考虑零件的结构特点、精度要求、生产批量、技术条件及经济效果等。

视频 1　百分数显内径量表

视频 2　内径量表专用数显表

视频 3　槽宽测量台

3.2.3　测量器具与测量方法的常用术语

文 07　千万不能混淆：分度值、分辨力、分辨率

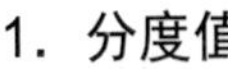

1．分度值

分度值是指测量器具标尺上每一刻线间距所代表的量值。一般长度量仪中的分度值多为 0.1mm、0.01mm、0.001mm、0.0005mm 等。

2．示值误差

示值误差是指测量器具显示的数值与被测量的真值之差。由于真值常常是未知的，所以常用约定真值代替真值，即用更高精度测量器具的测量结果或足够精确的量块的示值来检定测量器具的示值误差。

3．修正值

修正值是指为消除测量器具的系统误差，用代数法加到测量结果上的值。修正值与测量器具的系统误差绝对值相等，而符号相反。

4．测量重复性

测量重复性简称重复性，是指一组重复性测量条件下的测量精密度，即同一被测量的连续多次测量结果之间的一致程度。这里，重复性测量条件包括相同的测量程序、相同的操作者、相同的测量仪器、相同的操作条件和相同地点，并在短时间内重复测量等。多次测量结果的差异值越小，重复性越好。重复性也可用测量结果的分散性定量表示。

5．测量复现性

测量复现性简称复现性，是指在复现性测量条件下的测量精密度，即在测量条件改变时，同一被测量的测量结果之间的一致性。这里，改变的测量条件可包括不同地点、不同操作者、不同测量仪器、不同测量程序等。复现性可用测量结果的分散性定量表示。

6．示值范围

示值范围是指由测量器具所显示或指示的最小值至最大值的范围。以图 3-7 所示的立式光学比较仪为例，其示值范围为-100～+100μm。

7．测量范围

测量范围是指在允许误差极限内，测量器具所能测量的被测量最小值到最大值的范围。仍以图 3-7 所示的立式光学比较仪为例，其测量范围为 0～180mm。

8．测量力

测量力是指在接触式测量过程中，测量器具测头与被测件表面之间的接触压力。测量力太小影响接触的可靠性，测量力太大则会引起弹性变形，从而影响测量精度。

9．测量不确定度

文 08 小知识丨关于“不确定度”

测量不确定度简称不确定度，是指与测量结果相联系的参数，用来表征赋予被测量量值分散性的非负参数。此参数可以是诸如称为测量的标准偏差（或其特定倍数），也可以是包含置信水平的分散区间的半宽度。

测量不确定度一般由多个分量组成，其中一些分量可用测量结果的统计分布估算，并用实验标准偏差表征；其他分量也可用标准偏差表征，或用基于经验或其他信息的假定概率分布估算。以标准偏差表示的测量不确定度，称为标准不确定度。

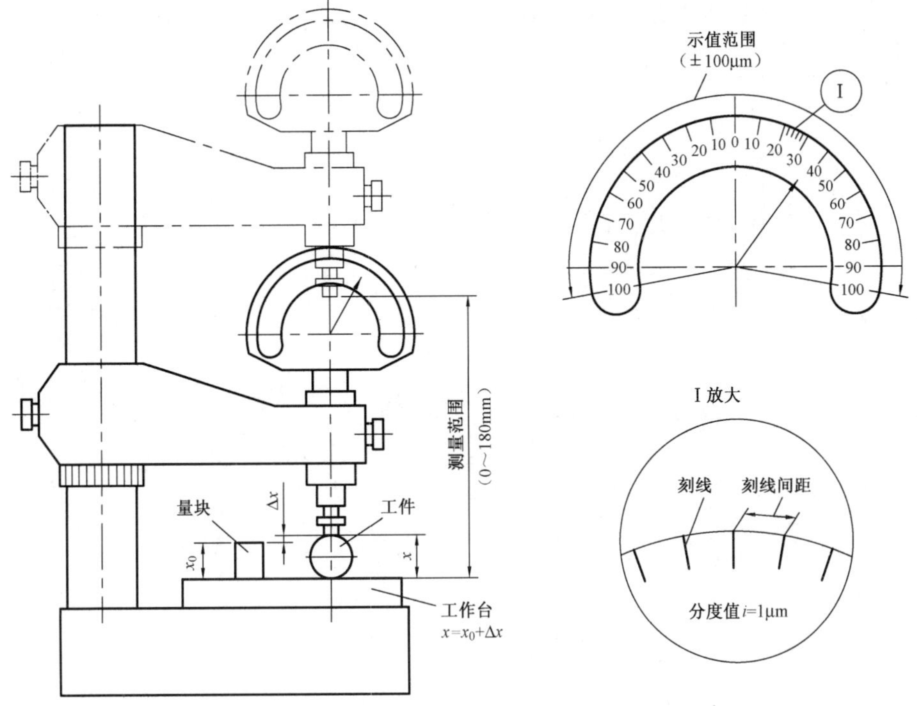

图 3-7　立式光学比较仪

3.3 测量误差与数据处理

3.3.1 测量误差的基本概念

测量误差简称误差，是指测量结果与被测量真值之差。若被测量的真值用 L 表示，测量结果用 l 表示，则测量误差 δ 可表示为

$$\delta = l - L \tag{3-2}$$

测量误差 δ 也称绝对误差。

测量过程中，由于测得值 l 可能大于真值 L，也可能小于真值 L，所以 δ 可能大于零，也可能小于零，因此式（3-2）也可改写为

$$L = l \pm |\delta| \tag{3-3}$$

绝对误差 δ 的大小反映了测量结果相对其真值的偏离程度。对基本尺寸相同的几何量进行测量，δ 越小，测量精度越高，反之，测量精度越低。对基本尺寸不同的几何量进行测量时，应采用相对误差来判断测量精度的高低。

相对误差 δ_r 是指测量的绝对误差 δ 与被测量真值 L 之比，通常用百分数表示，即

$$\delta_r = \frac{l-L}{L} = \frac{\delta}{L} \times 100\% \approx \frac{\delta}{l} \times 100\% \tag{3-4}$$

在实际测量中，产生测量误差的原因很多，包括测量器具误差、基准件误差、测量方法误差、调整误差、测量环境误差、测量力误差及人为误差等。在正常的测量结果中（没有因误操

作或仪器异常而产生的粗大误差，或已将其剔除），通常可将测量误差分为系统误差和随机误差。

（1）系统误差是指在重复性条件下对同一被测量进行无限多次测量，所得结果的平均值与被测量的真值之差。系统误差又可分为定值系统误差和变值系统误差。测量中，应尽可能发现和消除系统误差，特别是定值系统误差。

（2）随机误差是指测量结果与在重复性条件下对同一被测量进行无限多次测量，所得结果的平均值之差。测量器具的变形、测量力的不稳定、温度的波动和读数不准确等产生的误差均属随机误差。对多次重复测量的随机误差，可按概率统计方法进行分析，发现其内在规律。

3.3.2 测量精度

文09 千万不能混淆：精度·准确度·精密度

测量精度是与测量误差相对的定性概念，即测量误差小，称测量精度高；反之，则称测量精度低。由于测量误差又可分为系统误差和随机误差，因此笼统地称精度高或精度低已不能准确反映测量误差的差异，必须对二者及它们的综合影响提出相应的概念。

1．测量精密度

测量精密度简称精密度，表示在规定条件下，对同一或类似被测对象重复测量所得示值或测得值间的一致程度。精密度用于定义测量重复性或复现性，只依赖于随机误差的分布而与被测量的真值或规定值无关，通常用测量结果的标准差表示。精密度越高，则随机误差越小，标准差也越小。精密度有时也可用测量结果的方差或变差系数表示。

2．测量正确度

测量正确度简称正确度，表示无穷多次重复测量所得量值的平均值与其参考量值间的一致程度。正确度不是一个量，不能用数值表示。正确度与测量的系统误差有关，系统误差越小，则称正确度越高。正确度与随机误差无关。

3．测量准确度

测量准确度简称准确度，表示被测量的测得值与其真值间的一致程度。同正确度一样，准确度也不是一个量，不给出具体的数字量值。准确度与测量的随机误差分量和系统误差分量有关，当随机误差与系统误差都小时，称测量准确度高。

一般来说，随机误差和系统误差是没有必然联系的。因此，测量的精密度高而正确度不一定高，反之亦然，但准确度高则精密度和正确度都高。若以图3-8的坐标中心表示被测量的真值，则图3-8（a）表示测量的随机误差小而系统误差大，即测量的精密度高而正确度低；图3-8（b）表示测量的系统误差小而随机误差大，即测量的正确度高而精密度低；图3-8（c）表示测量的随机误差和系统误差都小，即测量的准确度高。

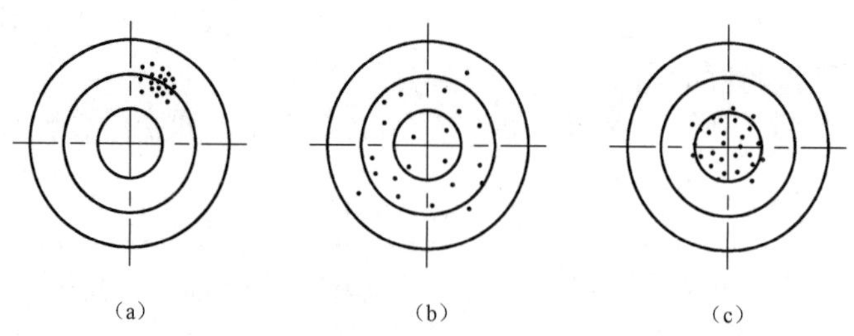

图3-8 精密度、正确度与准确度

3.3.3　随机误差

1．随机误差的正态分布

前面已经提到，随机误差值受很多因素的影响，但只要多次重复测量，按概率与统计的方法来进行分析，依然可以找出其内在规律。工程实践中，随机误差的分布大多属于正态分布，也有属于均匀分布、三角形分布、偏心分布的。

对一个被测量进行无限多次等精度测量，得到 l_1，l_2，…，l_i 等一系列测量结果。若这些测量结果服从正态分布，则其分布密度函数为

$$y = f(l) = \frac{1}{\sigma\sqrt{2\pi}} \mathrm{e}^{-\frac{(l-L)^2}{2\sigma^2}}$$

或

$$y = f(\delta) = \frac{1}{\sigma\sqrt{2\pi}} \mathrm{e}^{-\frac{\delta^2}{2\sigma^2}} \tag{3-5}$$

式中　y——概率密度；

l——随机变量（测量结果）；

σ——标准偏差；

L——数学期望（被测量真值）；

δ——随机误差（$\delta = l - L$）。

式（3-5）表示的图形如图 3-9 所示。

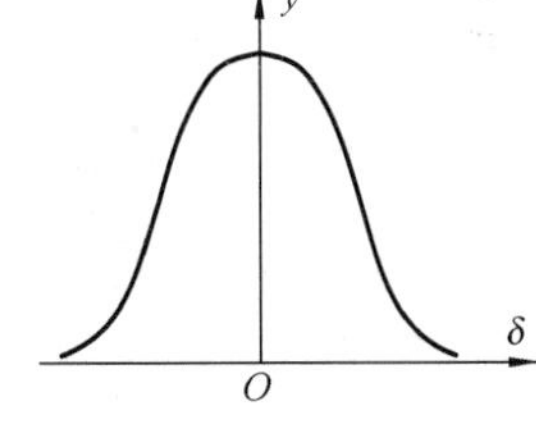

图 3-9　正态分布曲线

2．随机误差的评定指标

对于服从正态分布的随机误差，通常以其算术平均值和标准偏差作为评定指标。

1）算术平均值 $\overline{L}$

对一个被测量进行 N 次等精度测量，测量结果分别为 l_1，l_2，…，l_N，则有

$$\overline{L} = \frac{l_1 + l_2 + \cdots + l_N}{N} = \frac{1}{N}\sum_{i=1}^{N} l_i \tag{3-6}$$

各次测量的随机误差分别为

$$\begin{aligned} \delta_1 &= l_1 - L \\ \delta_2 &= l_2 - L \\ &\vdots \\ \delta_N &= l_N - L \end{aligned}$$

将以上各式等号两边分别相加，得

$$\delta_1 + \delta_2 + \cdots + \delta_N = (l_1 + l_2 + \cdots + l_N) - NL$$

即

$$\sum_{i=1}^{N} \delta_i = \sum_{i=1}^{N} l_i - NL$$

将上式两边同除以 N：

$$\frac{1}{N}\sum_{i=1}^{N}\delta_i=\frac{1}{N}\sum_{i=1}^{N}l_i-L=\overline{L}-L$$

即为算术平均值 $\overline{L}$ 的随机误差，记为

$$\delta_{\overline{L}}=\frac{1}{N}\sum_{i=1}^{N}\delta_i \tag{3-7}$$

因各次测量的随机误差 δ_i 有正有负，所以测量结果算术平均值的随机误差随测量次数的增加而减小。当测量次数 $N\rightarrow\infty$时，算术平均值的随机误差 $\delta_{\overline{L}}\rightarrow 0$，即 $\overline{L}\rightarrow L$。虽然无限次测量是不可能的，但进行测量的次数越多，其算术平均值就越接近真值。用算术平均值作为最后的测量结果是可靠的，也是合理的。

2）标准偏差 σ

用算术平均值表示测量结果是可靠的，但它不能全面反映测量的精度。例如，对某一被测量有两组测得数据，第一组为 12.005，11.996，12.003，11.994，12.002；第二组为 11.9，12.1，11.95，12.05，12.00。算术平均值 $\overline{L}_1=\overline{L}_2=12$，但第一组测得值比较集中，而第二组测得值比较分散。显然，我们更希望得到精密度高的第一组测量结果。

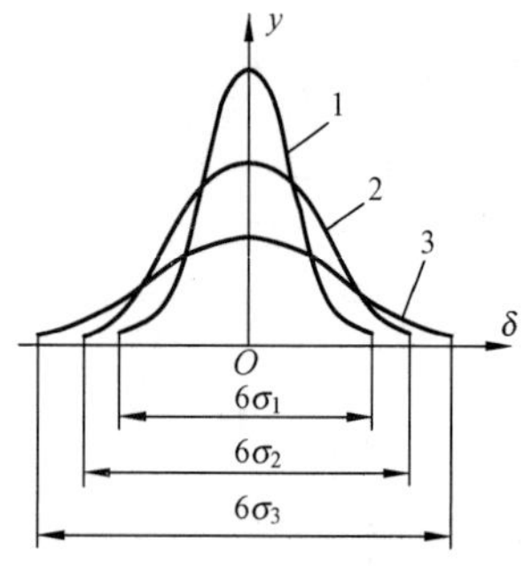

图 3-10 σ对曲线形态的影响

由式（3-5）可知，当标准偏差 σ 值减小时，e 的指数 $(-\frac{\delta^2}{2\sigma^2})$ 的绝对值增大，表明曲线下降加快。同时，概率密度的最大值 $y_{\max}=\frac{1}{\sigma\sqrt{2\pi}}$ 增大，表明曲线更高、更陡，如图 3-10 中的曲线 1 所示。统计学中将其称为尖峰分布，可见标准差 σ 是影响测量结果分散程度，即影响测量精密度的重要参数。图 3-10 直观地表达了标准偏差 σ 对正态分布曲线形态的影响。

在重复性测量条件下，单次测量的标准偏差 σ 为

$$\sigma=\sqrt{\frac{\delta_1^2+\delta_2^2+\cdots+\delta_N^2}{N}}=\sqrt{\frac{1}{N}\sum_{i=1}^{N}\delta_i^2} \tag{3-8}$$

由于 $\delta=l-L$，而真值 L 一般是未知的，因此若用算术平均值 $\overline{L}$ 代替真值 L，则可得到残余误差 v，并可利用 v 计算标准偏差。

$$v_i=l_i-\overline{L}$$

根据各测量结果，有

$$\begin{aligned}\delta_i&=l_i-L=(l_i-\overline{L})+(\overline{L}-L)\\&=v_i+\delta_L\end{aligned} \tag{3-9}$$

式中 δ_L——算术平均值与真值之差。

对式（3-9）的系列式求和，并利用 $\sum_{i=1}^{N}v_i=0$，可得

$$\delta_L=\frac{1}{N}\sum_{i=1}^{N}\delta_i \tag{3-10}$$

对式（3-9）的系列式求平方和，得

$$\sum_{i=1}^{N}\delta_i^2=\sum_{i=1}^{N}v_i^2+N\cdot\delta_L^2 \tag{3-11}$$

将式（3-10）平方后代入式（3-11），整理得

$$\sigma = \sqrt{\frac{1}{N-1}\sum_{i=1}^{N} v_i^2} \tag{3-12}$$

式（3-12）称为贝塞尔（Bessel）公式。实际测量中，由于测量次数 N 不会很大，由贝塞尔公式算出的标准偏差称为实验标准偏差，用 σ' 表示。实验标准偏差是标准偏差的无偏估计，记为

$$\sigma' = \sqrt{\frac{1}{N-1}\sum_{i=1}^{N} v_i^2}$$

或

$$\sigma' = \sqrt{\frac{1}{N-1}\sum_{i=1}^{N} (l_i - \overline{L})^2} \tag{3-13}$$

统计学知识告诉我们，对于正态分布，测量结果在 $L \pm 3\sigma$ 范围内的置信概率达 99.73%。因此，通常将 $\delta = \pm 3\sigma$ 作为随机误差的误差界限。若某次测量的残余误差 $v_i > 3\sigma$，则认为该测量出现了粗大误差，测量结果应予以剔除。这就是粗大误差的判别与剔除的 3σ 准则。

需要特别强调的是，标准偏差 σ 反映多次测量中任意一次测量值的精密程度。系列测量中，以各测得值的算术平均值作为测量结果。因此，更重要的是确定算术平均值的精密程度，即算术平均值的标准偏差。

可以证明，算术平均值的实验标准偏差 $\sigma'_{\overline{L}}$ 与单次测量的实验标准偏差 σ' 存在如下关系：

$$\sigma'_{\overline{L}} = \frac{1}{\sqrt{N}}\sigma' \tag{3-14}$$

式（3-14）再次表明，系列测量中用算术平均值作为测量结果，可降低测量结果的分散性，提高测量的精密度。

【例 3-1】 对某零件进行 10 次重复测量，测量值列于表 3-5 中的第一列，试给出测量结论。

表 3-5　测量表

l_i/mm	$v_i = l_i - \overline{L}$/μm	v_i^2/μm^2
30.049	+1	1
30.047	−1	1
30.048	0	0
30.046	−2	4
30.050	+2	4
30.051	+3	9
30.043	−5	25
30.052	+4	16
30.045	−3	9
30.049	+1	1
$\overline{L} = \frac{1}{10}\sum_{i=1}^{10} l_i = 30.048$	$\sum_{i=1}^{10} v_i = 0$	$\sum_{i=1}^{10} v_i^2 = 70$

解：（1）计算算术平均值 $\overline{L}$

$$\overline{L} = \frac{1}{10}\sum_{i=1}^{10} l_i = 30.048\text{mm}$$

（2）计算残余误差 v

$$v_i = l_i - \overline{L}$$

计算结果列于表 3-5 中的第二列。

（3）计算单次测量的实验标准偏差 σ'

$$\sigma' = \sqrt{\frac{1}{10-1}\sum_{i=1}^{10} v_i^2} = \sqrt{\frac{70}{9}} \approx 2.79\mu\text{m}$$

（4）计算算术平均值的实验标准偏差 $\sigma'_{\overline{L}}$

$$\sigma'_{\overline{L}} = \frac{1}{\sqrt{10}}\sigma' = \frac{2.79}{\sqrt{10}} \approx 0.88\mu\text{m}$$

测量结论为：

$$L = \overline{L} \pm 3\sigma'_{\overline{L}} = 30.048 \pm 0.0026\text{mm}$$

3.3.4 系统误差

系统误差产生的原因是多样而复杂的，对测量结果的影响也是很明显的。分析和处理系统误差的关键是发现系统误差，其次才是设法消除或减小系统误差。

对于大小和方向都不变的定值系统误差，它不能从重复的系列测量值的数据处理中获得，而只能通过实验对比的方法去得知，即通过改变测量条件，进行不等精度测量去发现。例如，图 3-7 所示的相对测量，用量块作标准量并按其公称尺寸使用时，由量块的尺寸偏差而引起的系统误差可用高精度的仪器对量块实际尺寸进行检定来测得，或用更高精度的量块进行对比测量来测得。

消除定值系统误差主要有误差修正法和误差抵消法。其中，误差修正法是指预先检定出测量器具的系统误差，然后将其数值改变正、负号后作为修正值，最后用代数法加到实际测得值上；误差抵消法是指根据具体情况拟定测量方案，进行两次测量，使得两次读数时出现的系统误差大小相等、方向相反，取两次测得值的平均值作为测量结果。在分度头上进行角度测量和在工具显微镜上测量螺纹的中径、螺距、牙形半角时，常采用误差抵消法。

变值系统误差可以从系列测量值的数据处理和分析观察中获得。常用的方法有残余误差观察法，即将测量值按测量顺序排列（或作图）观察各残余误差的变化规律，如图 3-11 所示。若残余误差大体上正、负相同，又没有发生明显的变化，则认为不存在变值系统误差，如图 3-11（a）所示；若残余误差有规律地递增或递减，且其趋势始终不变，则可认为存在线性变化的系统误差，如图 3-11（b）所示；若残余误差有规律地增减交替，形成循环重复，则认为存在周期性的变值系统误差，如图 3-11（c）所示。

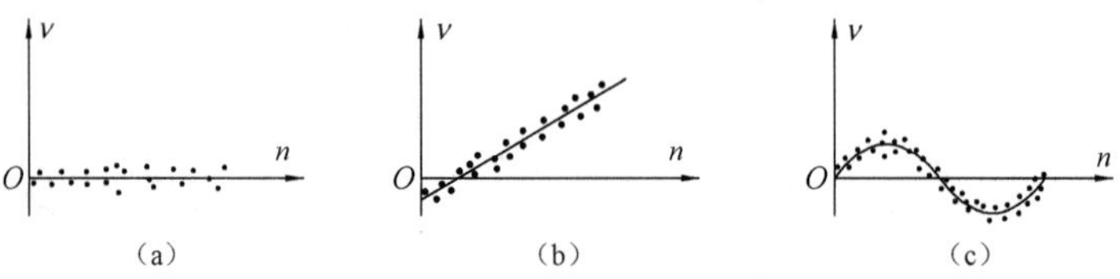

图 3-11 残余误差的变化规律

误差分离技术是消除测量误差的重要方法。例如，在圆度仪上测量零件的圆度误差时，圆度仪的主轴回转误差必定会被带入测量结果中，而采用误差分离技术（如反向法、多测头法等），可将主轴回转误差从测量结果中分离出来，从而可获得更准确的测量结果。

3.3.5　函数误差

函数误差存在于间接测量的最终结果中。

以图 3-6 间接测量圆弧样板直径 D 为例。通过直接测量可获得该零件的弦长 L 和弓高 H，三者之间存在如下函数关系：

$$D = \frac{L^2}{4H} + H \tag{3-15}$$

在同等条件下对 L 和 H 进行多次测量，各自的系统误差和随机误差可分别按前述方法进行计算。直径 D 的系统误差和随机误差与 L、H 的误差存在怎样的关系呢？

1．函数的系统误差

设函数的一般表达式为

$$y = f(x_1, x_2, \cdots, x_n) \tag{3-16}$$

若 $x_1, x_2, \cdots, x_n$ 为直接测量值，分别存在系统误差 $\delta_{x_1}, \delta_{x_2}, \cdots, \delta_{x_n}$，则函数 y 的系统误差 δ_y 可近似地用函数全微分表示，即

$$\delta_y = \frac{\partial f}{\partial x_1}\delta_{x_1} + \frac{\partial f}{\partial x_2}\delta_{x_2} + \cdots + \frac{\partial f}{\partial x_n}\delta_{x_n} \tag{3-17}$$

式（3-17）表明，函数的系统误差等于该函数对各自变量（直接测量值）在给定点上的偏导数与其相应直接测量值的系统误差的乘积之和。

偏导数 $\frac{\partial f}{\partial x_i}$ 称为误差传递系数（i=1，2，…，n）。

2．函数的随机误差

由统计学知：当 δ_{x_1}，δ_{x_2}，…，δ_{x_n} 彼此独立时，函数的随机误差的实验方差 $\sigma_y'^2$ 可按下式计算：

$$\sigma_y'^2 = \left(\frac{\partial f}{\partial x_1}\right)^2 \sigma_{x_1}'^2 + \left(\frac{\partial f}{\partial x_2}\right)^2 \sigma_{x_2}'^2 + \cdots + \left(\frac{\partial f}{\partial x_n}\right)^2 \sigma_{x_n}'^2$$

式中，$\sigma_{x_1}'^2$，$\sigma_{x_2}'^2$，…，$\sigma_{x_n}'^2$ 分别为 δ_{x_1}，δ_{x_2}，…，δ_{x_n} 的实验方差。

则函数 y 的实验标准偏差 σ_y' 为：

$$\sigma_y' = \sqrt{\left(\frac{\partial f}{\partial x_1}\right)^2 \sigma_{x_1}'^2 + \left(\frac{\partial f}{\partial x_2}\right)^2 \sigma_{x_2}'^2 + \cdots + \left(\frac{\partial f}{\partial x_n}\right)^2 \sigma_{x_n}'^2} \tag{3-18}$$

当直接测量各量彼此不独立时，δ_{x_1}，δ_{x_2}，…，δ_{x_n} 也彼此不独立，式（3-18）应增加相关项。作为教材，本书不做赘述，需要的读者可参阅有关文献。

【例 3-2】 如图 3-6 所示圆弧样板测量结果如下：弓高 $H = 10\text{mm}$，其系统误差 $\delta_{\text{H}} = +10\mu\text{m}$、实验标准偏差 $\sigma_{\text{H}}' = 2.3\mu\text{m}$；弦长 $L = 40\text{mm}$，其系统误差 $\delta_{\text{L}} = +20\mu\text{m}$、实验标准偏差 $\sigma_{\text{L}}' = 2.0\mu\text{m}$。试给出直径 D 的测量结论。

解：（1）直径 D 的公称值 D_{o}

$$D_{\text{o}} = \frac{L^2}{4H} + H = \frac{40^2}{4 \times 10} + 10 = 50\text{mm}$$

（2）直径 D 的系统误差 δ_D

对式（3-15）求偏导，有

$$\frac{\partial f}{\partial L}=\frac{L}{2H}=2, \qquad \frac{\partial f}{\partial H}=-\frac{L^2}{4H^2}+1=-3$$

代入式（3-17），有

$$\delta_D=\frac{\partial f}{\partial L}\delta_L+\frac{\partial f}{\partial H}\delta_H=2\times 20-3\times 10=10\mu m$$

所以，直径 D 的修正值为 $-\delta_D=-10\mu m=-0.010mm$

（3）直径 D 的实验标准偏差 σ'_D

利用式（3-18），有

$$\begin{aligned}\sigma'_D&=\sqrt{\left(\frac{\partial f}{\partial L}\right)^2\sigma_L'^2+\left(\frac{\partial f}{\partial H}\right)^2\sigma_H'^2}\\&=\sqrt{2^2\times 2.0^2+(-3)^2\times 2.3^2}\\&\approx 8\mu m\end{aligned}$$

（4）直径 D 的测量结论

$$D=(D_0-\delta_D)\pm 3\sigma'_D=49.990\pm 0.024mm$$

3.4 测量误差产生的原因及测量的基本原则

3.4.1 测量误差产生的原因

测量误差按其产生的原因，可以分为以下三类：

1）测量方法误差

同一参数可用不同的方法测量，所得结果往往不同，特别是当采用近似的测量方法时，误差更大。此外，若测量基准和测量头形状选择不恰当、工件安装不正确或测量力大小不合适等，都会造成测量误差。

2）测量器具误差

测量器具误差包括原理误差和制造误差。在仪器的设计过程中，出于制造工艺的考虑，经常采用近似机构代替理论上所要求的运动机构，用均匀刻度的刻度尺近似代替理论上要求非均匀刻度的刻度尺等，诸如此类原因所造成的误差称为原理误差。测量器具在制造、装配与调整时也会有误差，如仪器读数装置中刻度尺、刻度盘的刻度误差，装配时的偏斜或偏心引起的误差，仪器传动装置中杠杆、齿轮副、螺旋副的制造误差，以及装配误差等。

3）测量过程中主、客观因素造成的误差

在测量过程中，操作者的主观因素和一些客观因素，都会造成测量的误差。主观因素主要有操作者的估读判断误差、视觉分辨力引起的误差、斜视误差、错觉等。客观因素主要有测量温度、被测零件和测量器具的热膨胀、测量时的振动、被测零件的表面状态等。

3.4.2　测量的基本原则

为提高测量结果的准确度及可靠性，测量中应遵循以下基本原则。

1．基准统一原则

组成零件几何形体的点、线、面称为几何要素。“基准”就是用来确定其他要素方向、位置的几何要素。零件在设计、制造、装配、检验等过程中，有设计基准、工艺基准、装配基准和测量基准等。基准统一原则就是指：各种基准原则上应该一致，如设计时，应考虑零件的使用和装配关系，尽量选择装配基准作为设计基准；加工时，应尽量按照图纸，选择设计基准作为工艺基准，加工过程中的中间（工艺）测量，应选择工艺基准作为测量基准，而终结（验收）测量，应选择装配基准作为测量基准。遵循基准统一原则，可最大限度地避免误差的累积。因此，基准统一原则是测量技术中应遵循的重要原则。

2．最小变形原则

被测工件和测量器具都会由于受热、受力等，而发生形状和尺寸上的变化。被测工件与测量器具的相对变形，在很大程度上会影响测量结果的精度。因此，最小变形原则的含义是在测量过程中，要求被测工件与测量器具之间的相对变形最小。

3．最短测量链原则

测量系统的传动链，按其功能可分为三部分，即测量链、指示链和辅助链。其中，指示链的作用是显示测量结果，辅助链的作用是调节、找正测量部位等，而测量链的作用是感受被测量值的信息，在长度、角度等几何量的测量中，即感受位移量，并由测量系统中确定两测量面相对位置的各个环节及被测工件组成。测量误差是测量链各组成环节误差的累积值。因此，应尽量减少测量链的组成环节，并减小各环节的误差，这就是最短测量链原则。

4．阿贝测长原则

文 10　阿贝原理

长度测量就是将被测工件的尺寸与作为标准的线纹尺、量块或其他计量器具等的尺寸进行比较的过程。测量时，测量装置需要移动，而移动方向的正确性通常由导轨保证。由于导轨有制造和安装等误差，使测量装置在移动过程中产生方向偏差。为了减小这种方向偏差对测量结果的影响，1890 年德国人恩斯特·阿贝（Ernst Abbe）提出了“将被测物与标准尺沿测量轴线成直线排列”的原则，即阿贝测长原则。图 3-12 所示的测量装置显然违反了阿贝测长原则，卡爪的偏斜将产生较大的测量误差 ε，这就是阿贝误差。

$$\varepsilon = l - L = R\tan\theta \approx R\theta$$

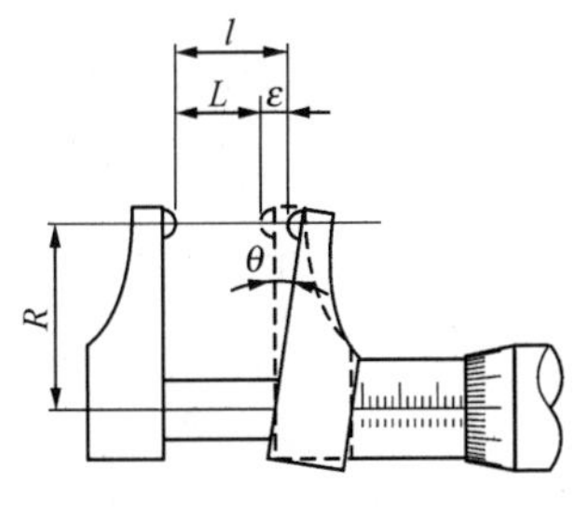

图 3-12　阿贝误差

5．闭合原则

以 n 边棱体角度测量为例，由于棱体内角之和为（n−2）×180°，若以 $\varDelta_1, \varDelta_2, \cdots, \varDelta_n$ 表示各内角测量误差值，则其累积误差应满足 $\varDelta_\Sigma = \sum_{i=1}^{n} \varDelta_i = 0$。因此，按闭合原则测量，可检查封闭性连锁测量过程的正确性，发现并消除测量器具的系统误差。

6．重复原则

测量过程中存在许多未知的、不明显的因素，会造成测量结果的误差。为保证测量结果的可靠性，防止出现粗大误差，可对同一被测参数进行重复测量，若测量结果相同或变化不大，则通常表明测量结果的可靠性较高，这就是“重复原则”。若用精度相近的不同方法测量同一参数而能获得相同或相近的测量结果，则表明测量结果的可靠性更高。

作业题

1．查阅国家标准 GB/T 6093—2001，试从 83 块或 46 块一套的量块中，组合下列尺寸：29.875，43.116，33.632。

2．用杠杆千分尺连续测量某零件 15 次，测量结果分别为：

10.216，10.213，10.215，10.214，10.215，10.215，10.217，10.216

10.214，10.215，10.213，10.217，10.216，10.214，10.215

若测量中没有系统误差，试求：

（1）测量的算术平均值 $\bar{x}$；

（2）单次测量的实验标准偏差 σ' 和算术平均值的实验标准偏差 $\sigma'_{\bar{x}}$；

（3）给出最终的测量结论。

3．如图 3-13 所示零件，其测量结果分别为：$d_1=\phi 30.02\pm 0.01\text{mm}$，$d_2=\phi 50.05\pm 0.02\text{mm}$，$l=40.01\pm 0.03\text{mm}$。试给出中心距 L 的测量结果。

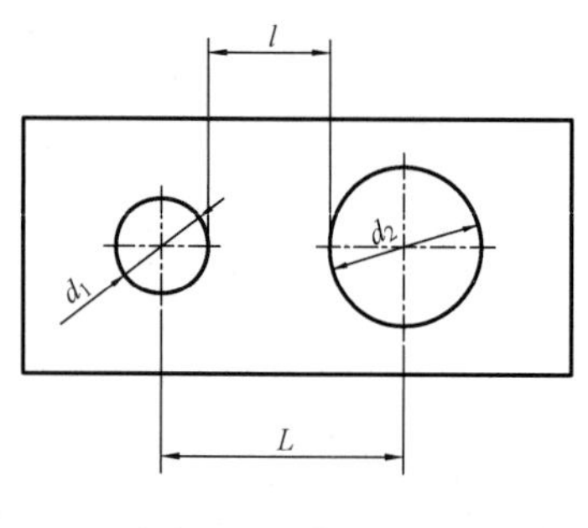

图 3-13 作业 3 图

思考题

1．测量的实质是什么？一个完整的测量过程包括哪几个要素？

2．为什么要建立量值传递系统？用什么方法保证计量器具的量值统一？

3．量块的作用是什么？其特征如何？按“级”使用和按“等”使用有何不同？

4．为什么要用多次测量的算术平均值表示测量结果？以它表示测量结果可减小哪一类误差对测量结果的影响？

5．如何判别测量中的随机误差、系统误差和粗大误差？

主要相关国家标准

1．GB/T 17163—2008 几何量测量器具术语 基本术语

2．JJF 1001—2011 通用计量术语及定义技术规范

3．GB/T 6093—2001 几何量技术规范（GPS）长度标准 量块

4．GB/T 6379.1—2004 测量方法与结果的准确度（正确度与精密度）第 1 部分：总则与定义

5．JJF 1059.1—2012 测量不确定度评定与表示

Chapter 4

第4章 几何公差

本章结构与主要知识点

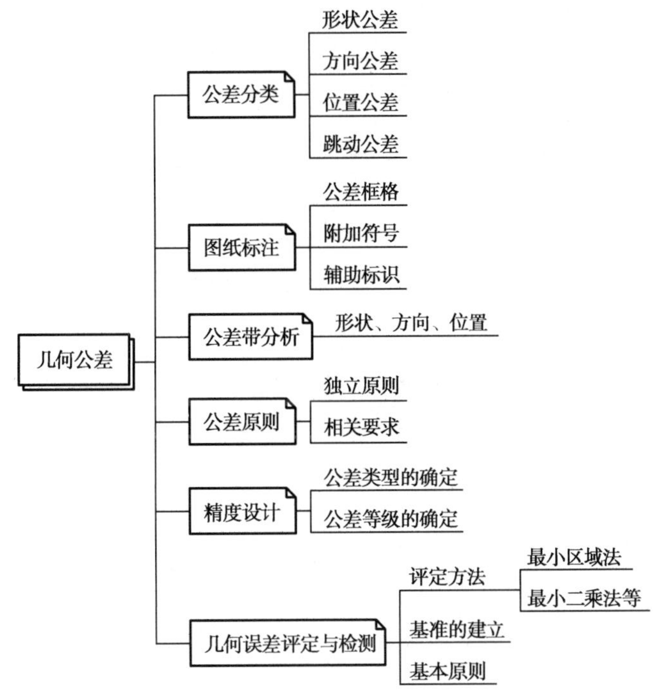

切削加工过程中，由于机床—夹具—刀具—工件所构成的工艺系统本身存在各种误差，同时由于受力变形、热变形、振动、刀具磨损等影响，所以被加工零件的几何要素不可避免地产生加工误差。误差的表现形式有尺寸误差、几何误差及表面粗糙度等。

几何误差包括形状误差、方向误差、位置误差和跳动误差。几何误差对零件的使用功能有很大影响。例如，光滑工件的间隙配合中，形状误差使间隙分布不均匀，加速局部磨损，从而导致零件的工作寿命降低；在过盈配合中则造成各处过盈量不一致而影响连接强度。对于在精密、高速、重载或高温、高压条件下工作的仪器或机器，几何误差的影响更为突出。因此，为满足零件的功能要求，保证互换性，必须对零件的几何误差予以限制，即规定必要的几何公差。

为零件选定恰当的几何公差，能将这些设计意图在图纸上准确表达出来，并且能够对零件上存在的几何误差进行检测和评价，这些将是本章学习及希望达到的目标。

4.1 几何公差的分类及常用术语

4.1.1 几何公差的分类

图 4-1 所示滑套为铣削动力头图 2-20 中的件 11，现以其为例，对几何公差的分类做简要说明。滑套外圆柱面 E 与箱体 12 内孔为小间隙配合 ϕ180H7/g6；孔 A 中装有两个圆锥滚子轴承，共同作为主轴的前支撑，B 面为轴承的轴向定位面；孔 C 装有圆柱滚子轴承，作为主轴的后支撑，D 面为轴承的轴向定位面；工作时，滑套通过轴承带动主轴，与箱体内孔做轴向相对运动，实现主轴的轴向进给或调整。显然，为保证机床的精度，孔 A、孔 C 除满足尺寸公差要求外，其表面应尽量呈理想的圆柱面形（形状要求），两孔还应尽量在一条轴线上（位置要求），定位面 B 和定位面 D 应分别与孔 A、孔 C 垂直（方向要求）；外圆柱面因长度较大，应要求母线尽量为理想直线（形状要求）、任意截面尽量为理想的圆形（形状要求），且应与孔 A、孔 C 共有一条轴线（位置要求）。

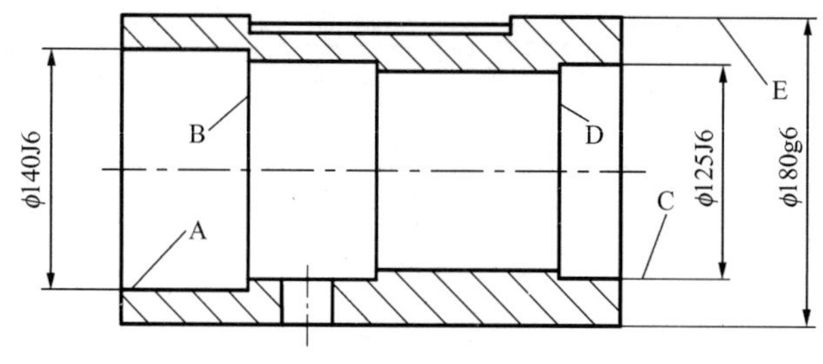

图 4-1 滑套

任何加工都会产生误差。为了约束滑套各个表面的形状误差及相互间的方向误差、位置误差，设计图纸中应给出相应的公差值。按照国家标准 GB/T 1182—2018《产品几何技术规范（GPS）几何公差 形状、方向、位置和跳动公差标注》，几何公差分为形状公差、方向公差、位置公差和跳动公差，各自又可根据几何特征、符号分为多项，见表 4-1。

表 4-1 几何公差的类型、几何特征及符号

公差类型	几何特征	符号	有无基准
形状公差	直线度	—	无
	平面度	▱	
	圆度	○	
	圆柱度	⌭	
	线轮廓度	⌒	
	面轮廓度	⌓	
方向公差	平行度	//	有
	垂直度	⊥	
	倾斜度	∠	
	线轮廓度	⌒	
	面轮廓度	⌓	

续表

公差类型	几何特征	符　号	有无基准
位置公差	位置度	⌖	有或无
	同心度（用于中心点）	◎	有
	同轴度（用于轴线）	◎	
	对称度	⌯	
	线轮廓度	⌒	有
	面轮廓度	⌓	
跳动公差	圆跳动	↗	
	全跳动	⌰	

4.1.2　几何要素及其分类

2.1.1 节曾指出，几何要素是指构成零件几何特征的点、线、面。几何要素是本章的研究对象，由于几何要素存在误差，因而成为对零件规定几何公差的具体对象。如图 4-2 所示零件，其中的要素包括平面、圆柱面、圆锥面、球面、球心和轴线等。

1．按结构特征分类

按结构特征，几何要素分为组成要素和导出要素。

1）组成要素

组成要素是指属于工件的实际表面或表面模型的几何要素。图 4-2 中的平面 a、圆柱面 b、圆锥面 c 及球面 d 都是组成要素。

2）导出要素

导出要素是指具有对称关系的一个或几个组成要素按照几何关系所确定的中心点、中心线或中心面，也称为中心要素。图 4-2 中的球心 e、轴线 f 及键槽的中心面都是导出要素。

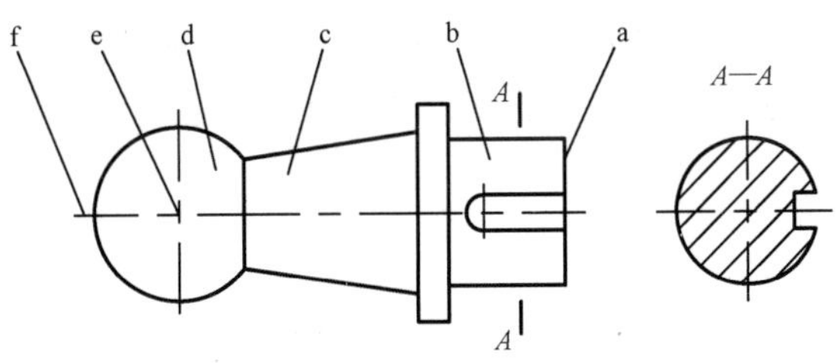

a—平面；b—圆柱面；c—圆锥面；d—球面；e—球心；f—轴线

图 4-2　几何要素

组成要素、导出要素都可以从公称要素、提取要素或拟合要素中建立：

（1）公称组成要素是指由技术制图或其他方法确定的理论正确的组成要素；公称导出要素是指由一个或几个公称组成要素导出的中心点、轴线或中心平面等，如图 4-3（a）所示。

（2）实际组成要素是指工件实际表面的组成要素，如图 4-3（b）所示。

（3）提取组成要素是指按规定方法，由实际组成要素提取有限数目的点所形成的实际组成要素的近似替代。提取组成要素上点的方法不同，得到的近似替代也不同，因此一个实际组成要素可以有多个替代。提取导出要素是指由一个或几个提取组成要素得到的中心点、中心线或中心面等，如图 4-3（c）所示。

（4）拟合组成要素是指按规定的方法由提取组成要素形成的具有理想形状的组成要素；拟合导出要素是指由一个或几个拟合组成要素导出的中心点、轴线或中心平面等，如图 4-3（d）所示。

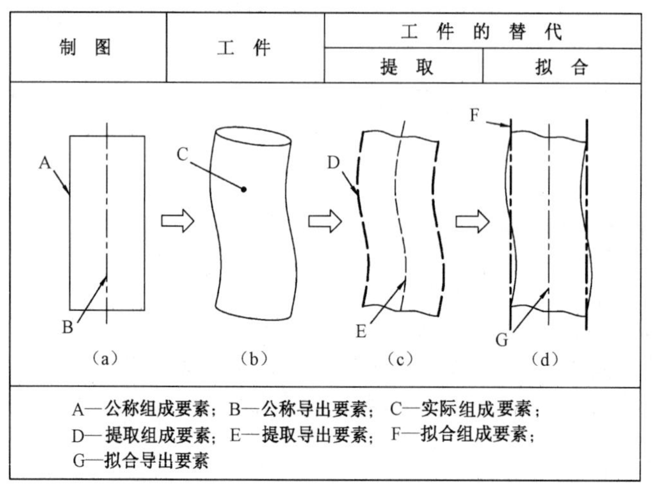

图 4-3 几何要素图解

2．按检测关系分类

1）被测要素

被测要素是指图样上给出几何公差要求的要素，即需要检验和测量的要素，包括单一要素和关联要素。

（1）单一要素是指仅对其本身给出几何公差要求的要素。参见表 4-1，如果仅对要素提出形状公差要求（无须基准），则该要素就是单一要素。

（2）关联要素是指对基准要素有方向、位置、跳动等功能要求的要素。参见表 4-1，如果对要素提出方向公差、位置公差或跳动公差的要求，而这些要求是以其他要素为基准的，则这类要素就是关联要素。

2）基准要素

基准要素是指图样上用来确定被测要素方向、位置或跳动的要素。理想的基准要素称为基准。测量时，由零件上客观存在的、有误差的基准要素建立基准。

4.1.3 公差带

几何公差中，公差带是由一个或两个理想的几何线要素或面要素所限定的、由一个或多个线性尺寸表示公差值的区域。

在图样中，设计者应根据零件要素的功能要求，对公差带的形状、大小、方向及位置等 4

个方面做出表达。这 4 个方面构成判断几何要素是否合格的公差带，即通过影响公差带的 4 个因素来确定公差带。

1．公差带的形状

公差带的形状取决于被测要素的形状特征和误差特征。根据几何公差项目的特征和图样上的标注，GB/T 1182—2018 中给出十几种主要的公差带形状，最常见的 9 种如下：

- 圆内的区域，如图 4-4（a）所示；
- 球内的区域，如图 4-4（b）所示；
- 两个同心圆之间的区域，如图 4-4（c）所示；
- 两条平行直线之间的区域，如图 4-4（d）所示；
- 两条等距曲线之间的区域，如图 4-4（e）所示；
- 圆柱面内的区域，如图 4-4（f）所示；
- 两个同轴圆柱面之间的区域，如图 4-4（g）所示；
- 两个等距曲面之间的区域，如图 4-4（h）所示；
- 两个平行平面之间的区域，如图 4-4（i）所示。

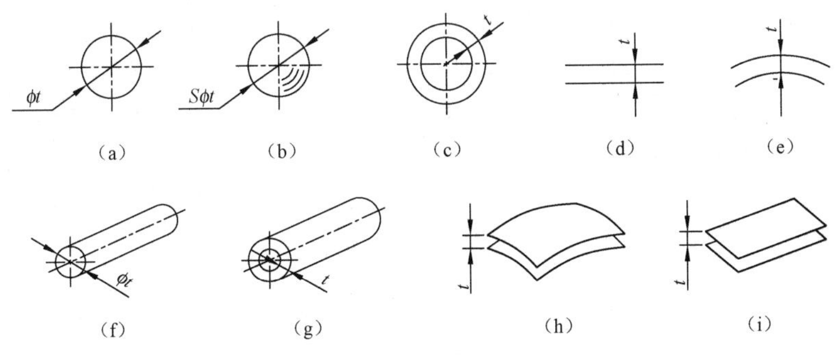

图 4-4　常见公差带形状

2．公差带的大小

公差带的大小是指公差带的直径或宽度，由图样中给出的公差值 t 确定。大多数情况下，整个被测要素上的公差值是不变的；若公差值产生变化，则图纸上要标明被测要素变化的区间段及公差值范围，同时，组成公差带的两条平行线［见图 4-4（d）、(e)］或两个平行面［见图 4-4（h）、(i)］将不再平行。

公差带的大小代表了所要求几何公差精度的高低。

3．公差带的方向

公差带的方向直接影响几何误差评定的准确性，因此应与正确评定被测要素误差的方向一致。通常此方向为几何公差框格指引线的箭头方向。对于导出要素（中心线、中心点），公差带的方向应使用定向平面框格加以表示。

4．公差带的位置

由于零件要素同时受到尺寸公差的控制，因此形状公差带必然在尺寸公差所允许的范围内浮动或受理论正确尺寸的控制（如轮廓度）。

对于方向公差和位置公差，公差带的位置直接与被测要素相对于基准的定位方式有关。一般默认其中心位于理论正确要素（TEF）上，TEF 作为参照要素，公差带对称于参照要素。

当被测要素相对于基准以尺寸公差定位时，公差带除与基准保持所应有的几何关系（平行、垂直等）外，还可在尺寸公差带内浮动。

4.1.4 理论正确尺寸

理论正确尺寸（Theoretical Exact Dimension，TED）是指用于定义要素理论正确几何形状、范围、位置与方向的线性尺寸或角度尺寸。

理论正确尺寸不包含公差，可以明确标注，如图 4-5 和图 4-6 所示，将线性尺寸或角度用矩形框标注；也可以是默认的，如 0mm、0°、90°、180°、270°，以及在完整的圆上均布要素之间的角度距离。复杂表面的公称几何形状可用 TED 定义；对于相互关联的要素，也应使用 TED 标注，以表示相互之间要保持的理论正确关系。

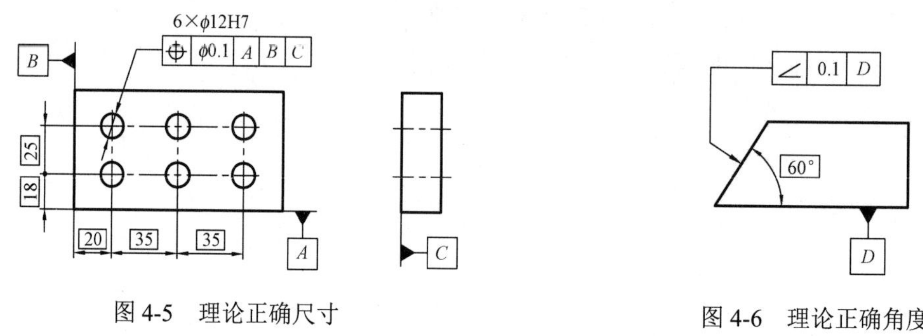

图 4-5 理论正确尺寸

图 4-6 理论正确角度

4.2 几何公差规范的标注

4.2.1 几何公差规范标注的附加符号

标注几何公差时，公差带、要素、特征所使用的符号定义如表 4-2 所示。

表 4-2 符号定义

符　号	描　述	符　号	描　述
组合规范元素		拟合被测要素	
CZ	组合公差带	Ⓒ	最小区域（切比雪夫）要素
SZ	独立公差带	Ⓖ	最小二乘（高斯）要素
不对称公差带		Ⓝ	最小外接要素
UZ	（规定偏置量的）偏置公差带	Ⓣ	贴切要素
公差带约束		Ⓧ	最大内切要素
OZ	（未规定偏置量的）线性偏置公差带	导出要素	
VA	（未规定偏置量的）角度偏置公差带	Ⓐ	中心要素
		Ⓟ	延伸公差带

续表

符　号	描　述	符　号	描　述
评定参照要素的拟合		被测要素标识符	
C	无约束的最小区域（切比雪夫）拟合被测要素	↔	区间
CE	实体外部约束的最小区域（切比雪夫）拟合被测要素	UF	联合要素
CI	实体内部约束的最小区域（切比雪夫）拟合被测要素	LD	小径
N	最小外接拟合被测要素	MD	大径
G	无约束的最小二乘（高斯）拟合被测要素	PD	中径 / 节径
GE	实体外部约束的最小二乘（高斯）拟合被测要素	○—　←○	全周（轮廓）
GI	实体内部约束的最小二乘（高斯）拟合被测要素	◎—　←◎	全表面（轮廓）
X	最大内切拟合被测要素	辅助要素标识符或框格	
参数		⟨// B⟩　⟨⊥ B⟩　⟨∠ B⟩	定向平面框格
T	偏差的总体范围	⟨// B　⟨⊥ B　⟨∠ B　⟨≡ B	相交平面框格
P	峰值		
V	谷深	←// C　←⊥ C　←∠ C　←↗ C	方向要素框格
Q	标准差	○// A	组合平面框格
公差框格			
┌□□	无基准的几何规范标注	┌□□ D	有基准的几何规范标注

4.2.2　公差框格

1．公差框格的基本构成

用公差框格标注几何公差时，要求将公差自左至右依次注写在划分成两格或多格的矩形框格内。其中，第三部分有一至三格，是可选部分，如图 4-7 所示。

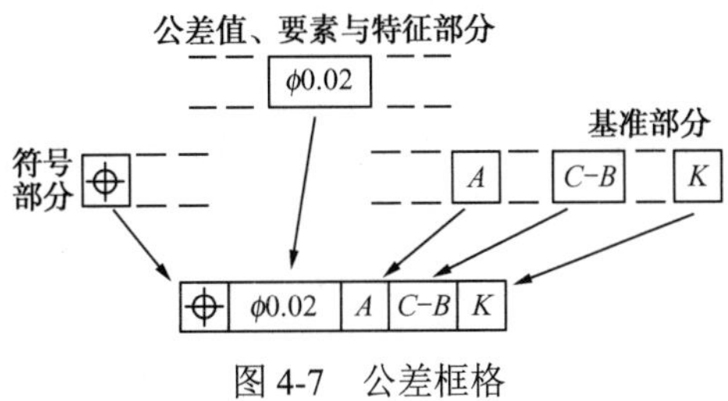

图 4-7　公差框格

（1）符号部分。符号部分为几何公差的几何特征符号，见表 4-3。

（2）公差值、要素与特征部分。该部分除表明公差带大小的公差值外，有十余类可选规范要素，见表 4-3。其中，“ϕ”和“$S\phi$”是最常见的可选符号。若公差带为圆内或圆柱面内的区域，则公差值前应加注符号“ϕ”；若公差带为圆球面内的区域，则公差值前应加注符号“$S\phi$”。如果没有“ϕ”或“$S\phi$”，则默认公差带为两个平行平面之间的区域或两条平行直线之间的区域。

表4-3 公差框格的公差带、要素与特征

公差带					公差特征				特征		材料（实体要求）	状态
形状	宽度和范围	组合规范元素	给定偏置量的偏置公差带规范元素	约束规范元素	滤波器		拟合被测要素	导出被测要素	参照拟合	参数		
					类型	指数						
ϕ	0.02		UZ+0.2	OZ	G	0.8	Ⓒ	Ⓐ				
$S\phi$	0.02-0.01	CZ	UZ−0.3	VA	S	−250	Ⓖ	Ⓟ	C CE CI	P	Ⓜ	Ⓕ
	0.1/75	SZ	UZ+0.1：+0.2	><		0.8,−250	Ⓝ	Ⓟ25	G GE GI	V	Ⓛ	
	0.1/75×75		UZ+0.2：−0.3			500	Ⓣ	Ⓟ32-7	X	T	Ⓡ	
	0.2/ϕ4		UZ−0.2：−0.3			−15	Ⓧ		N	Q		
	0.2/75×30°					500-15						
	0.3/10°×30°											

（3）基准部分。用一个字母表示单个基准或用几个字母表示基准体系或公共基准。形状公差没有基准，也就没有基准框格。图4-8为几种常见的公差框格形式。

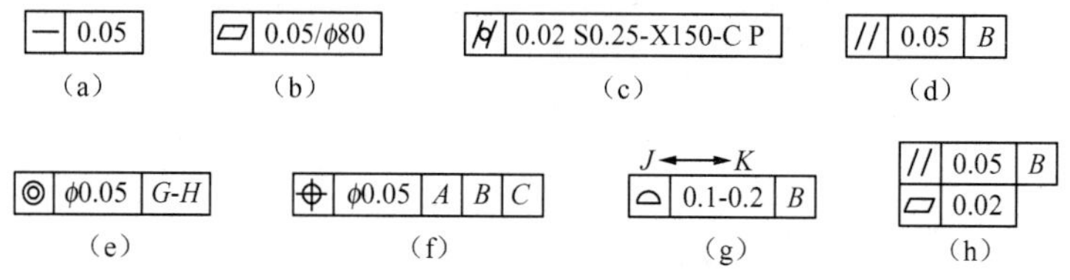

图4-8 几种常见的公差框格形式

2．公差框格相邻区域的标注

公差框格应使用参照线、指引线与被测要素相连。如果没有可选的辅助平面或要素标注，则参照线应与公差框格的左侧或右侧中点相连。如果有可选的辅助平面或要素标注，则在公差框格相邻的两个区域内可标注补充信息，如图4-9所示，参照线也可与最后一个辅助平面和要素框格的右侧中点相连。

适用于所有带指引线的公差框格的标注应在上部或下部相邻标注区域内给出。当只有一个公差框格时，上下相邻标注区域内与水平相邻标注区域内的标注具有相同含义，此时，优先选择上相邻的标注区域。上下相邻标注区域内的标注应左对齐；水平相邻标注区域内的标注可以左对齐也可以右对齐。

公差框格相邻区域标注的示例在后续小节，结合具体示例逐一介绍，在此不做详述。

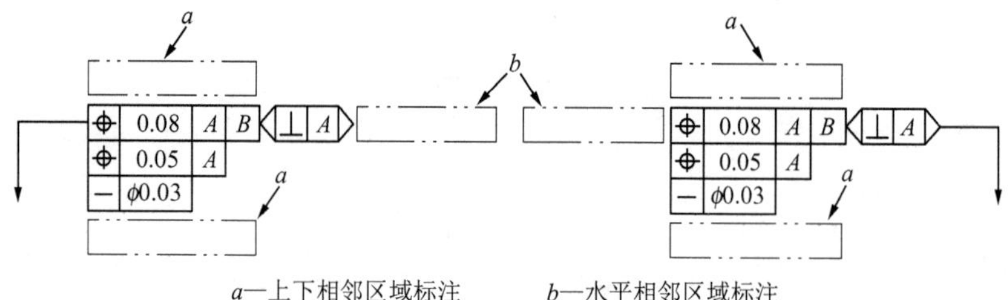

图4-9 公差框格相邻区域的标注

4.2.3　被测要素与基准的标注

1. 被测要素的标注

如前所述，被测要素与公差框格由参照线、指引线连接。参照线引自框格的任意一侧，指引线到被测要素终止，并且有箭头、圆点两种终止方式。

对于二维图的标注，若指引线终止在要素的轮廓上或轮廓的延长线上，则指引线以箭头终止，如图 4-10（a）所示。当标注要素是组成要素，且指引线终止在要素的界限以内时，则以圆点终止，如图 4-11（a）所示，箭头可放在指引横线上。当该要素可见时，圆点为实心，指引线为实线；当该要素不可见时，圆点为空心，指引线为虚线。

在三维图的标注中，指引线终止在组成要素上为圆点，指引线终止在延长线或指引横线上则为箭头，如图 4-10（b）和图 4-11（b）所示。

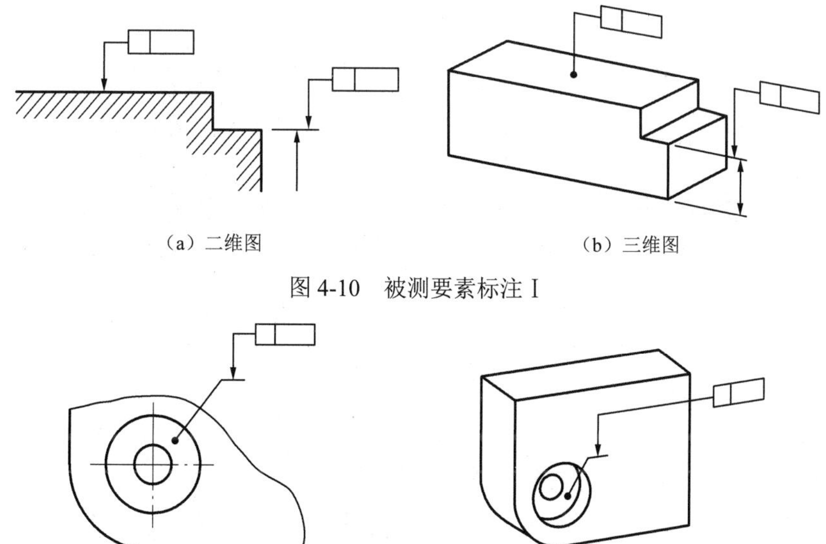

（a）二维图　　（b）三维图

图 4-10　被测要素标注 I

（a）二维图　　（b）三维图

图 4-11　被测要素标注 II

几何公差规范用于组成要素时，指引线应与尺寸线明显错开，如图 4-10 所示。当几何公差规范适用于导出要素（中心线、中心面或中心点）时，有两种标注方法：一是箭头终止在尺寸延长线上，如图 4-12 和图 4-13 所示；二是将修饰符Ⓐ（中心要素）放置在回转体公差框格内的公差带、要素与特征部分，如图 4-14 所示。

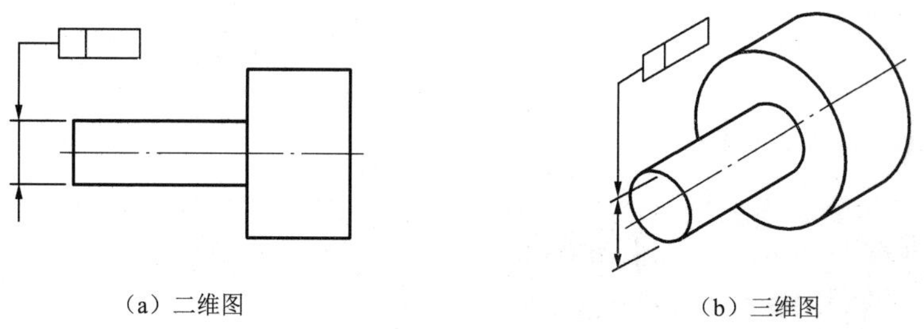

（a）二维图　　（b）三维图

图 4-12　导出要素标注 I

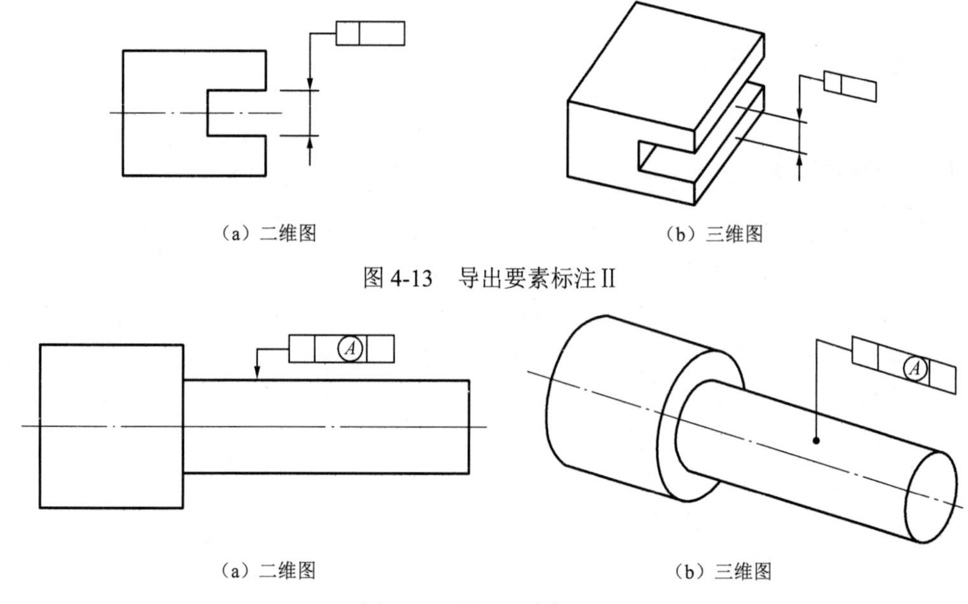

（a）二维图　（b）三维图

图 4-13　导出要素标注 II

（a）二维图　（b）三维图

图 4-14　导出要素标注III

2．基准的标注

与被测要素相关的基准用一个大写字母表示，标注在基准方框内，并与一个涂黑的或空白的三角形相连，如图 4-15 所示。涂黑的基准三角形与空白的基准三角形含义相同。

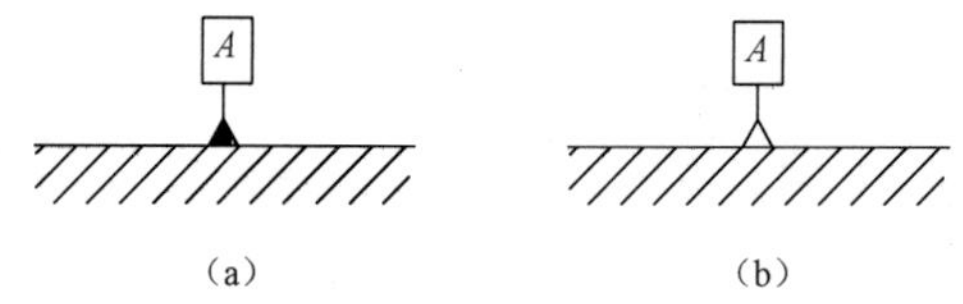

（a）　（b）

图 4-15　基准的标注符号

表示基准的字母还应标注在公差框格内。当以两个或三个基准建立基准体系（采用多基准）时，表示基准的大写字母按基准的优先顺序自左至右写在各框格内，如图 4-8（f）所示；若以两个要素建立公共基准，则用中间加连字符的两个大写字母表示，如图 4-8（e）所示。

当基准要素是轮廓线或轮廓面时，基准三角形放置在要素的轮廓线或其延长线上，并且应与尺寸线明显错开，如图 4-16 所示。若指引线终止在基准要素的界限以内，则基准三角形也可放置在指引横线上，如图 4-17 所示。

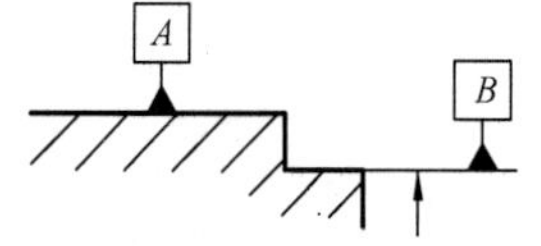

图 4-16　轮廓要素作为基准的标注 I

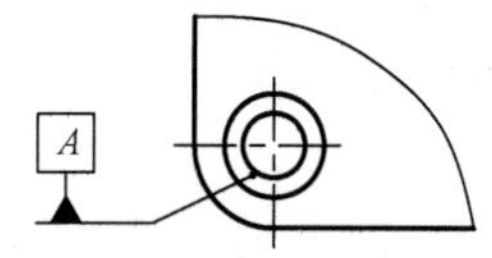

图 4-17　轮廓要素作为基准的标注 II

当基准是尺寸要素确定的轴线、中心平面或中心点时，基准三角形应放置在该尺寸线的延长线上。如果没有足够的位置标注基准要素尺寸的两个箭头，则其中一个箭头可用基准三角形代替，如图 4-18 所示。

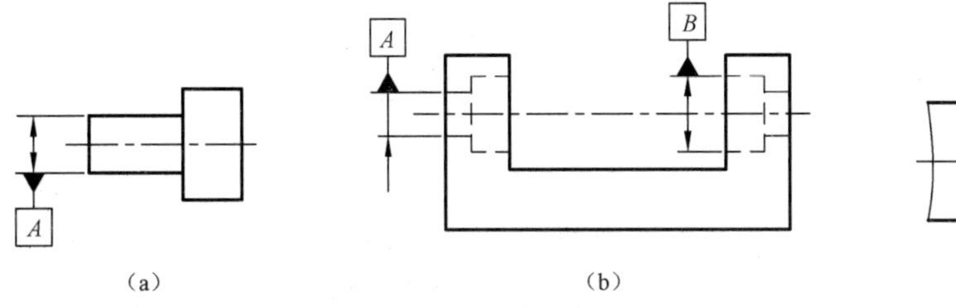

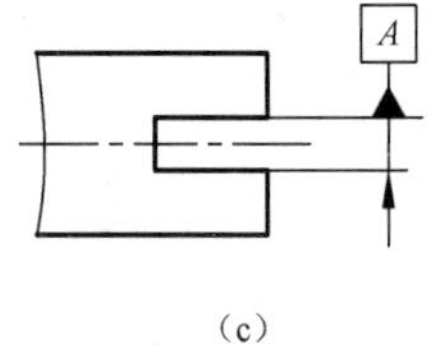

图 4-18　导出要素作为基准的标注

如果仅以要素的某一局部作基准，则应用粗点画线表示出该部分并加注尺寸，如图 4-19 所示。

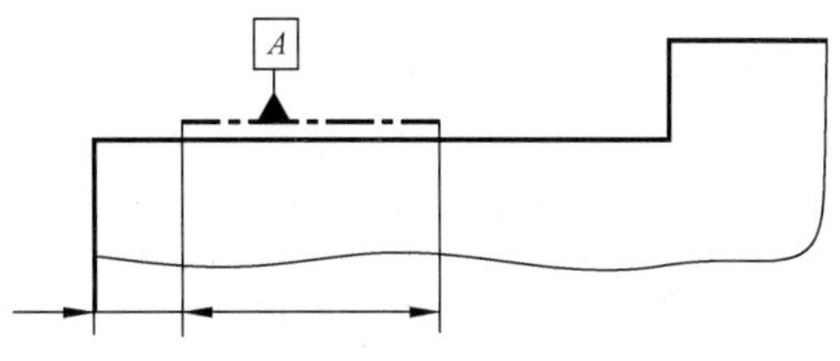

图 4-19　要素局部作为基准的标注

4.2.4　公差带的标注

1．公差带标注的基本规则

公差带的形状、大小、方向、位置为其四要素，在标注中都应加以体现。对于圆形、圆柱形及球形的公差带，4.2.2 节已明确，需在公差之前加注“ϕ”或“$S\phi$”。下面主要对一些规则进行介绍，并以图例说明。

公差带的默认规则有两条：一是除非另有说明，否则默认公差带的中心位于理论正确要素（TEF）上，即以 TEF 作为参照要素，公差带对称于参照要素；二是除非另有说明，否则公差带的局部宽度应与规定的几何形状垂直，如图 4-20 所示。

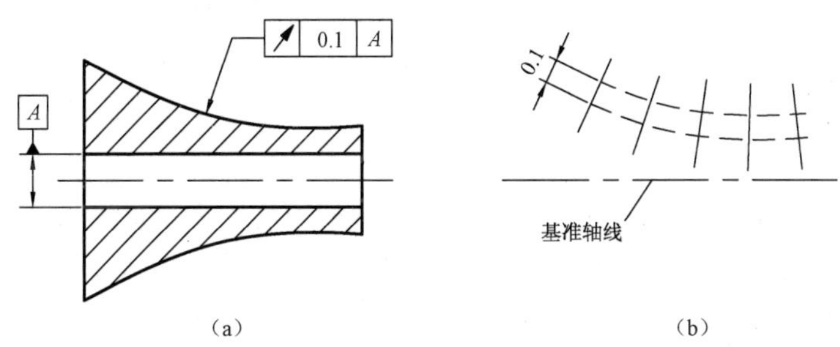

图 4-20　公差带的宽度方向为被测要素的法向

二维标注中，仅当指引线的方向使用 TED 标注时，才可以将指引线方向定义为公差带宽度的方向，如图 4-21 所示。

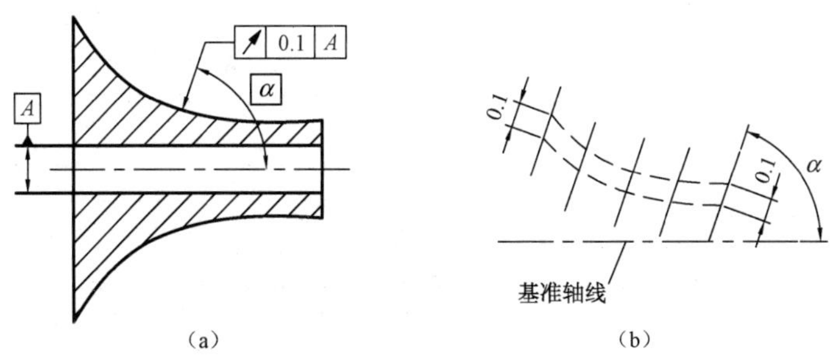

图 4-21　公差带的宽度方向为指定方向

通常公差值都是定值，但图 4-22 中，公差值为“0.1−0.2”，其意为在区间 J 至 K 内公差值随

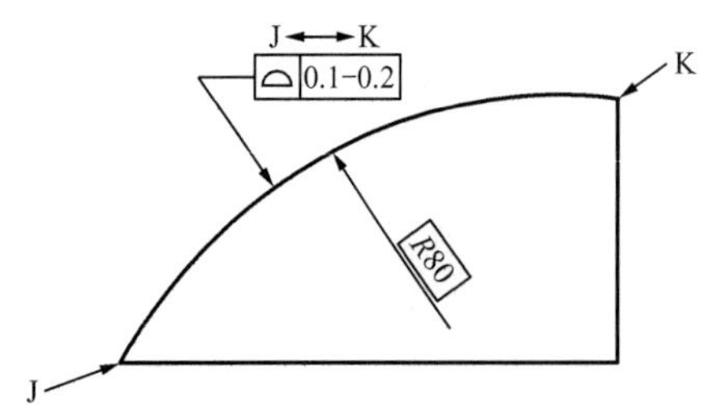

图 4-22 使用区间符号的变宽度公差带标注

曲线成比例地由 0.1 增至 0.2。

2. 偏置公差带规范

因公差带的中心默认位于理论正确要素（TEF）上，所以当要求公差带偏置时，应在公差值后标注符号“UZ”及偏置量。偏置量必须标注正、负号：“+”表示向实体外部偏置；“-”表示向实体内部偏置。图 4-23 中偏置量为-0.5，表示一系列球 2 从 TEF 向实体内偏置了 0.5，即公差带沿被测要素的法向向实体内偏置了 0.5。

对于变宽度公差带，偏置量也应在两个值之间变化，此时应注明两个值，并用“:”分开。极端情况是一个偏置量为零。

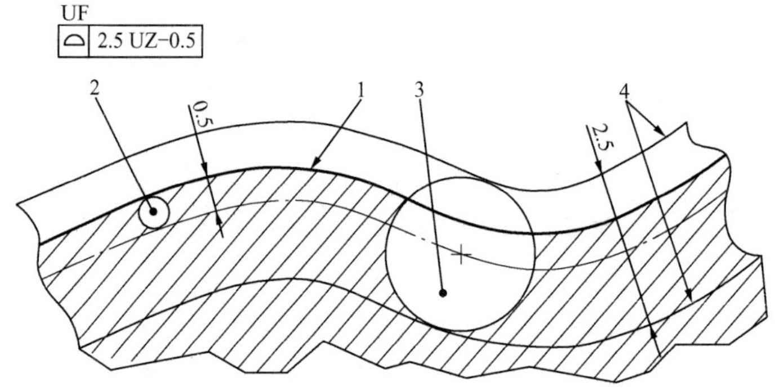

1—理论正确要素；2—直径表示偏置量；3—直径为公差值；4—公差带界限

图 4-23 给定偏置量的偏置公差带规范

4.2.5 局部规范

如果几何公差规范适用于要素任意位置的一个局部长度，则该局部长度的数值应注写在公差值后面，并用“/”分开，如图 4-24（a）所示。如果要标注两个或多个特征相同的规范，则组合方式如图 4-24（b）所示。

图 4-24 局部规范的公差框格

如果给出的特征规范仅适用于要素的某一指定局部，则应采用粗点画线表示出该局部的范围，并加注尺寸，如图 4-25 和图 4-26 所示。图 4-26 中定向平面框格表示第一个数值所适用的方向。

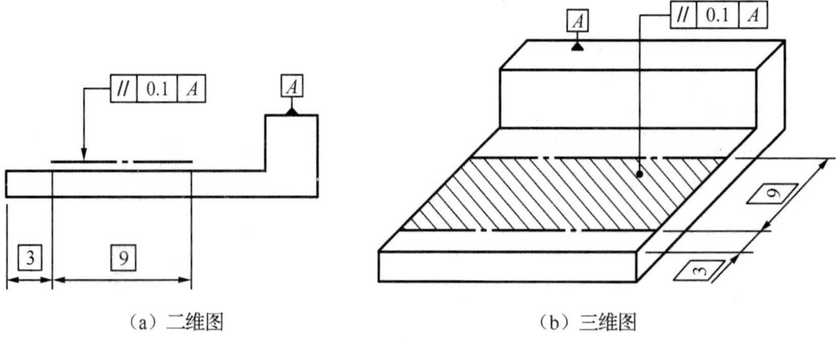

图 4-25 局部规范的标注 1

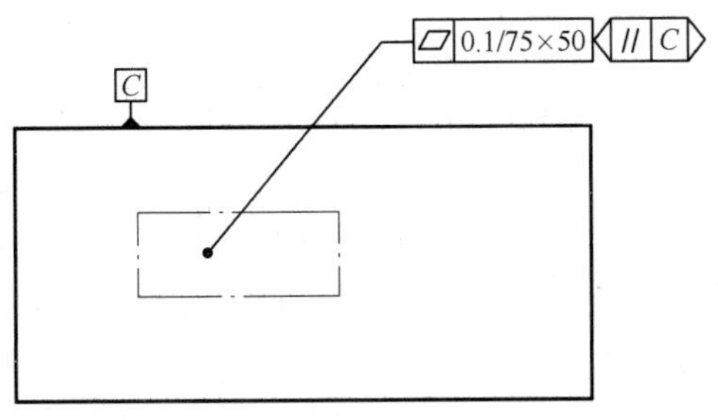

图 4-26　局部规范的标注 2

4.2.6　延伸公差带

延伸公差带用规范的附加符号Ⓟ表示，位于公差框格第二格公差值之后，此时的被测要素是要素的延伸部分或其导出要素。延伸公差带是为了保证装配，对由孔内延伸出的零件，如螺栓或定位销的位置误差，在给定长度上加以限制。

图 4-27（a）采用“虚拟”的组成要素，直接在图中用细长双点画线画出，并在表示延伸长度的理论正确尺寸前标修饰符Ⓟ；图 4-27（b）为间接标注法，即在框格中公差值及修饰符Ⓟ后直接写出延伸长度。间接标注法仅限于盲孔的标注中。

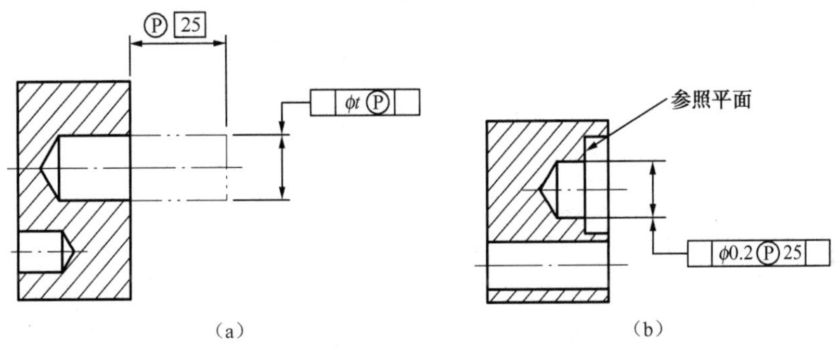

图 4-27　延伸公差带修饰符的几何公差规范标注

与被测要素相交的第一个平面称为参照平面。被测延伸要素的默认起点应用参照平面来构建。对于图 4-27（b）这样有阶梯孔的情况，参照平面必须明确。如果延伸要素的起点与参照平面有偏置，则采用图 4-28（a）或图 4-28（b）所示的标注方法。

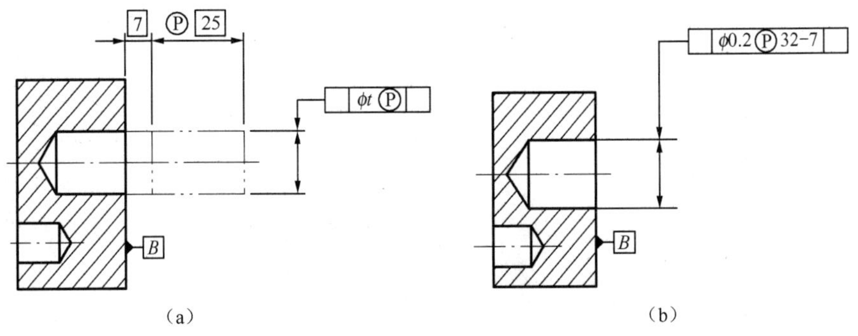

图 4-28　带偏置量的延伸公差带标注

4.2.7 最大实体要求、最小实体要求及可逆要求的标注

在考虑零件的装配及配合关系时，应同时考虑线性尺寸和几何误差，因此经常需要考虑零件占有材料最多时的最大实体状态和占有材料最少时的最小实体状态，并且与要素的极限尺寸可能有互补作用，因此本章 4.4 节将介绍多项公差原则。其中，最大实体要求用规范的附加符号Ⓜ表示，最小实体要求用附加符号Ⓛ表示，可逆要求则用Ⓡ表示。

附加符号Ⓜ和Ⓛ可根据需要单独或同时标注在相应公差值或（和）基准字母的后面，如图 4-29 和图 4-30 所示。当可逆要求用于最大实体要求或最小实体要求时，应在框格内公差值后分别标注ⓂⓇ或ⓁⓇ，如图 4-31 所示。

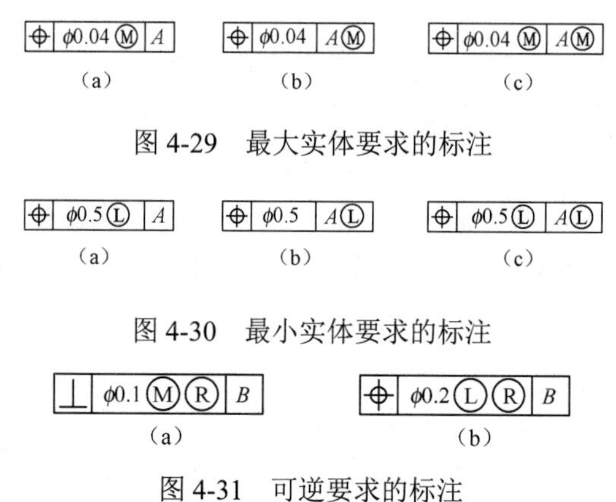

图 4-29 最大实体要求的标注

图 4-30 最小实体要求的标注

图 4-31 可逆要求的标注

4.2.8 自由状态的要求

在自由状态下相对其处于约束状态下会产生显著变形的零件称为非刚性零件。对于非刚性零件自由状态下的几何公差要求，应该用在相应公差值的后面加注规范的修饰符Ⓕ的方法来表示。各修饰符Ⓟ、Ⓜ、Ⓛ、Ⓕ和 CZ 可同时用于同一个公差框格中，如图 4-32 所示。

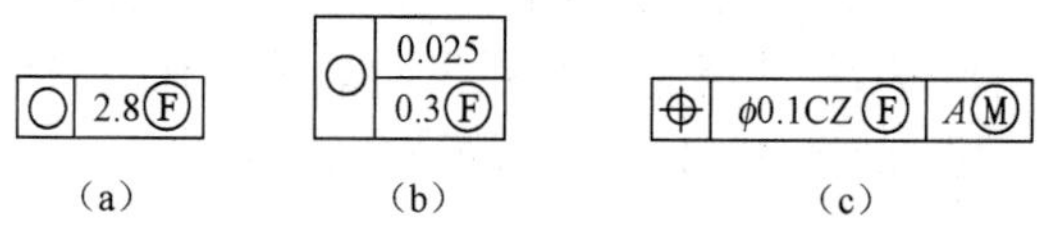

图 4-32 自由状态下的几何特征公差框格

在图样上，当标注零件自由状态下的公差时，应注明造成零件变形的各种因素，如重力方向（*G*）或支撑状态等。此外，在标题栏附近，还应注明“GB/T 16892—2022”。

如图 4-33 所示，其表达的设计要求是当零件处于约束状态时，端面 *A* 的平面度误差不得大于 0.025mm，*B* 面和 *C* 面的圆度误差分别不得大于 0.05mm 和 0.1mm；当零件处于自由状态并按图示重力方向放置时，端面 *A* 的平面度误差不得大于 0.3mm，*B* 面和 *C* 面的圆度误差分别不得大于 0.5mm 和 1mm。

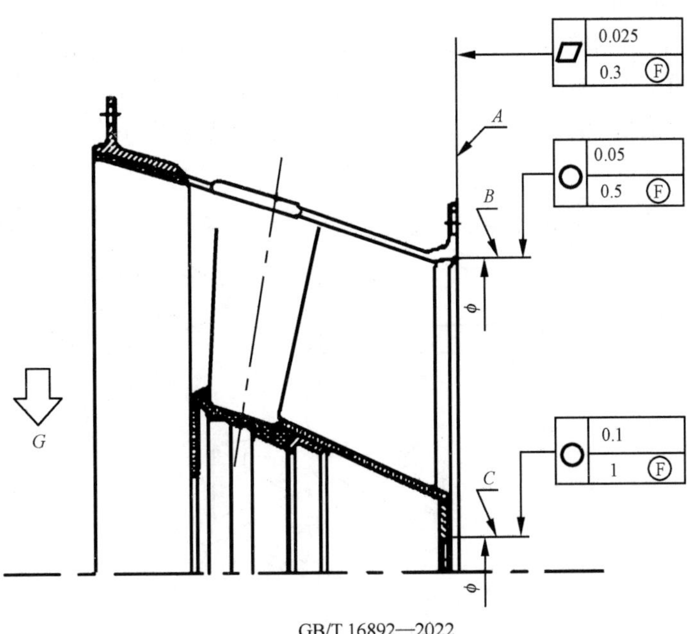

图 4-33　自由状态下的几何特征标注

4.2.9　附加标注及简化标注

1．全周与全表面

当几何公差规范作为单独的要求应用于整个横截面轮廓，或应用于封闭轮廓所表示的所有要素时，应使用全周符号“○”，并放置在公差框格的参考线与指引线的交点上，如图 4-34 和图 4-35 所示。在三维标注中应使用组合平面框格，在二维标注中优先使用组合平面框格。

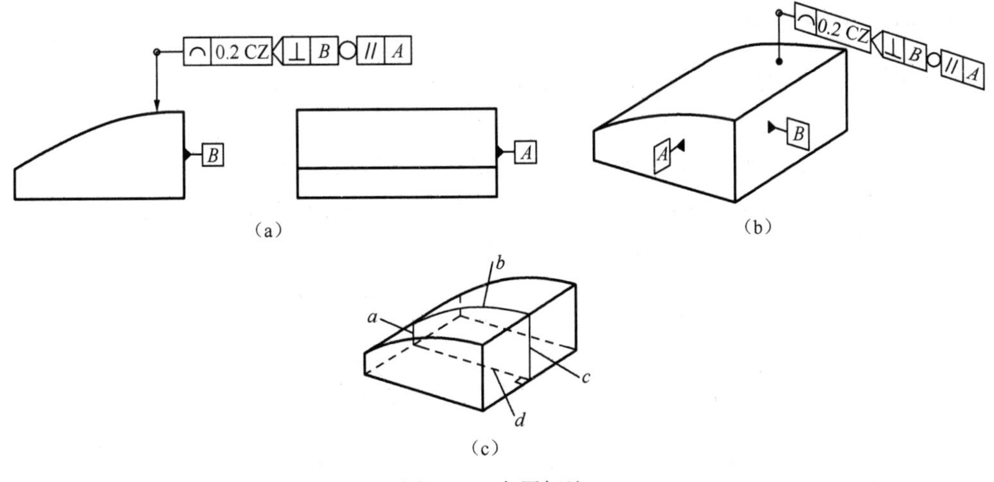

图 4-34　全周标注 1

全周和全表面符号一般应与 SZ（独立公差带）、CZ（组合公差带）或 UF（联合公差带）组合使用。图 4-34 中，全周符号与 CZ 组合使用，相当于线轮廓度要求以一组公差带同时应用于四条线要素。标注中，还应将相交平面框格放置在公差框格与组合平面框格之间。图 4-35 中，全周符号与 SZ 组合使用，面轮廓度特征作为单独要求分别应用到四个面要素。

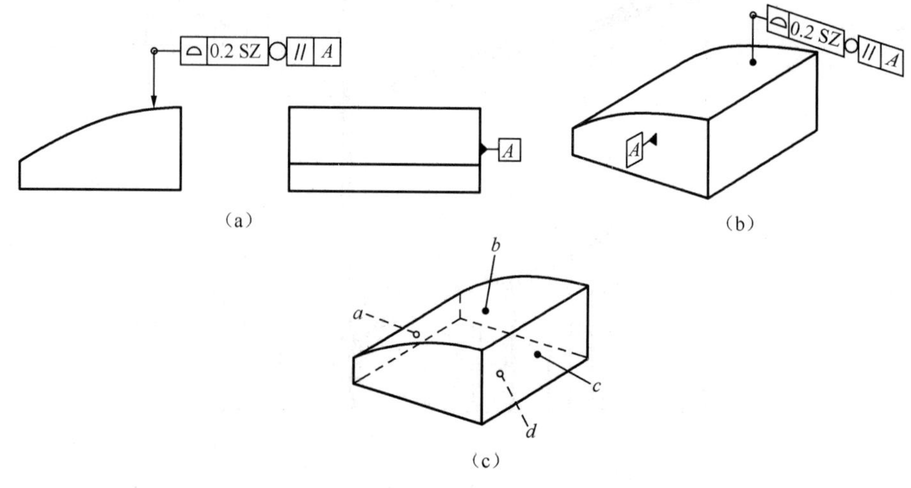

图 4-35 全周标注 2

如果将几何公差规范作为单独的一个要求应用到工件的所有组成要素上，则应使用全表面符号“◎”，如图 4-36 所示，8 个表面将被视为一个联合要素。

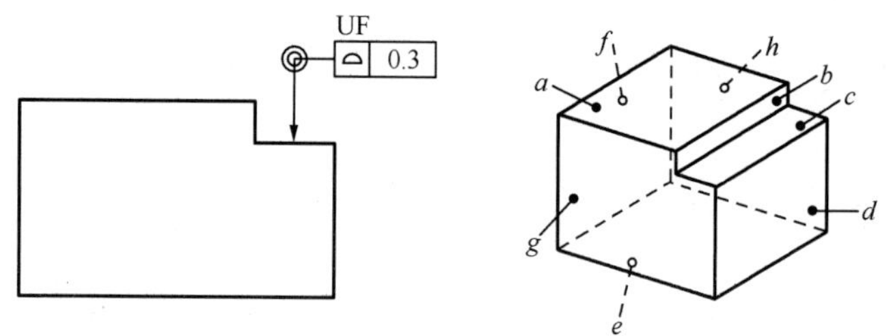

图 4-36 全表面标注

2．公差框格的相邻标注

如果被测要素并非公差框格的指引线及箭头所指向的完整要素，则应给出明确被测要素的标注。图 4-37 公差框格上方标注有“ACS”，表明被测要素与基准要素为零件任一横截面内、外圆的圆心。图 4-38（a）中，被测要素为 J 至 K 之间的多段表面（局部要素），它们作为一个联合要素遵守公差要求；图 4-38（b）中，圆柱度规范适用于 6 个圆弧表面，并且这 6 个圆弧表面被视为一个联合要素，所以公差框格上注有“UF 6×”。

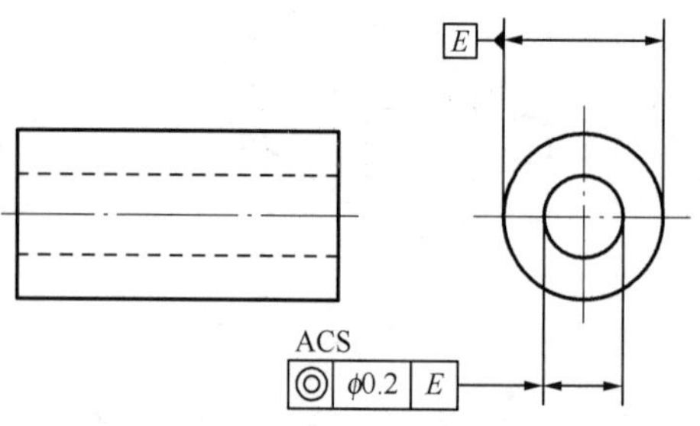

图 4-37 应用于任意横截面的规范注法

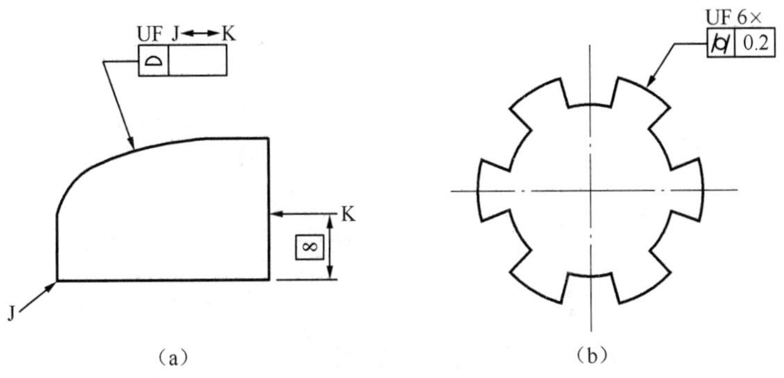

图 4-38　应用于联合要素的规范注法

螺纹规范默认适用于中径的导出要素，若用于大径，则应标注“MD”，用于小径时，标注“LD”，如图 4-39 所示。对于花键或齿轮，不论作为被测要素还是作为基准要素，统一规定标注“PD”表示节圆直径，标注“MD”表示大径，标注“LD”表示小径。

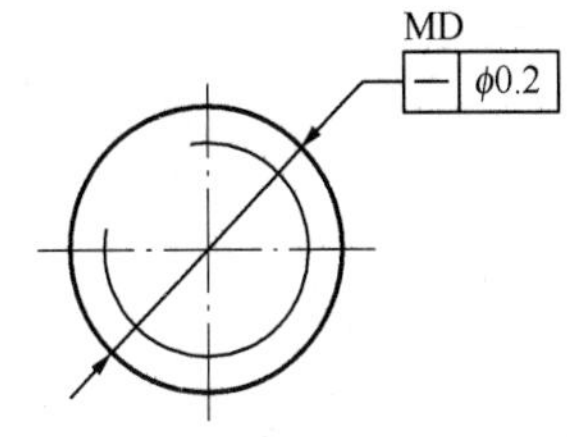

图 4-39　应用于螺纹大径的规范注法

3．组合规范的标注

对于多个要素形成的组合要素，默认遵守独立原则，即每个被测要素的规范要求都是相互独立的，如图 4-40 和图 4-41 所示，两图的标注含义相同，也可以在公差值后选择标注“SZ”，以强调要素的独立性，SZ 即表示独立公差带。

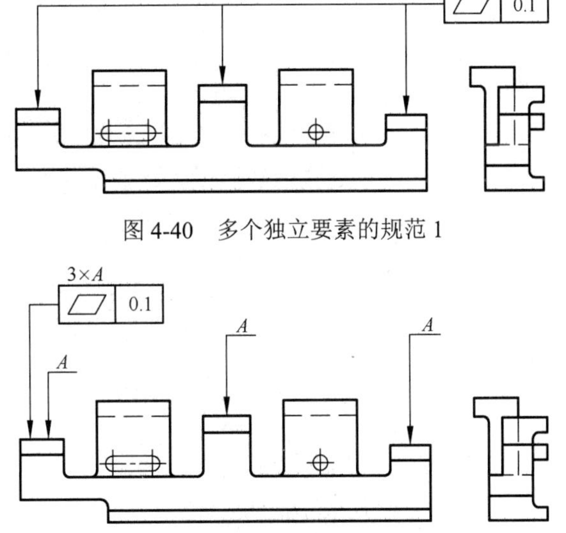

图 4-40　多个独立要素的规范 1

图 4-41　多个独立要素的规范 2

当组合公差带应用于若干独立要素时，或若干独立公差带（由同一个公差框格控制）同时（并非相互独立的）应用于多个独立要素时，要求将组合公差带标注符号“CZ”注写在公差值之后，如图 4-42 所示。图 4-43 中，为表明各要素公差带的一体性，需标注理论正确尺寸以约束相互之间的位置及方向。

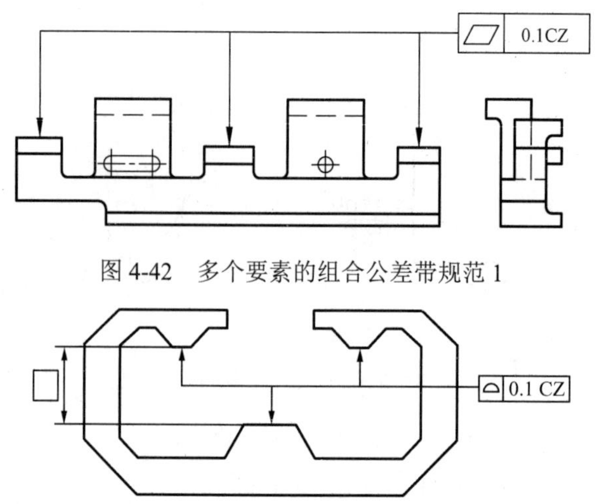

图 4-42 多个要素的组合公差带规范 1

图 4-43 多个要素的组合公差带规范 2

4.2.10 辅助要素标识的标注

1. 相交平面

相交平面用来标识线要素要求的方向，例如，在平面内表示要素的直线度、线轮廓度等的方向。相交平面使用规定的框格，作为公差框格的延伸部分标注在其右侧。相交平面框格如图 4-44 所示，其标注如图 4-45 所示。

// B	⊥ B	∠ B	≡ B

图 4-44 相交平面框格

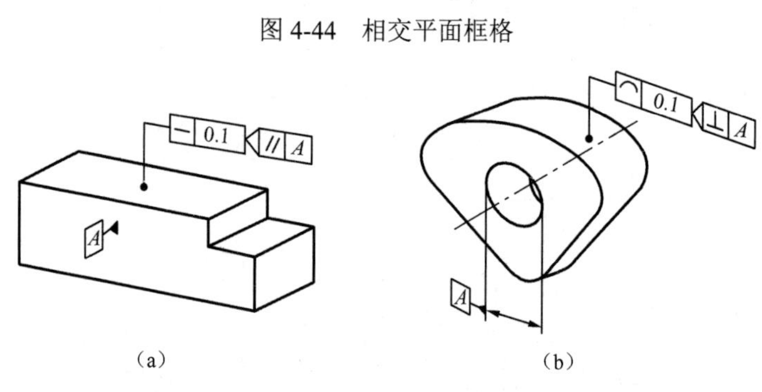

图 4-45 使用相交平面的规范标注 1

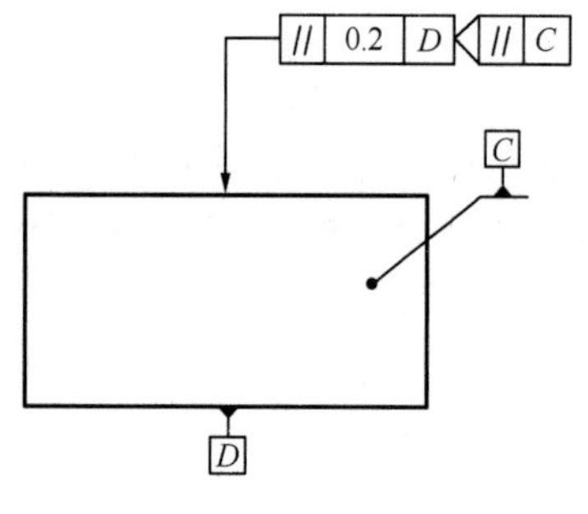

图 4-46 使用相交平面的规范标注 2

图 4-46 标注的设计意图是上表面平行于 C 面的线要素作为被测要素，因而需要使用相交平面框格加以表示。若没有相交平面框格，则应理解为要求上表面平行于基准 D。

2. 定向平面

定向平面框格如图 4-47 所示，标注在几何公差框格的右侧。当公差带要相对于其他要素定向，且该要素基于工件的提取要素构建时，下列情况应当标注定向平面：

（1）被测要素是中心线或中心点，且公差带的宽度是由两个平行平面限定的；

（2）被测要素是中心点，且公差带是由一个圆柱限定的。

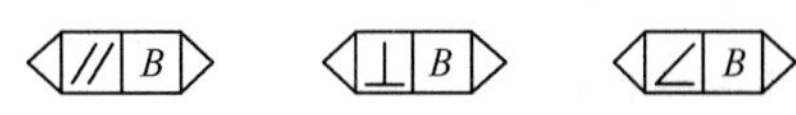

图 4-47　定向平面框格

定向平面既能控制公差带构成平面的方向，又能控制公差带宽度的方向，或者控制圆柱形公差带的轴线方向，如图 4-48 和图 4-49 所示。其中，图 4-49 所示的两个位置度公差带分别是两个平行平面之间的区域（0.1）和圆柱面内的区域（ϕ0.02）。

当几何公差框格标注多个基准时，定向平面框格也有多个，应按照平行、垂直、倾斜的顺序构建定向平面。

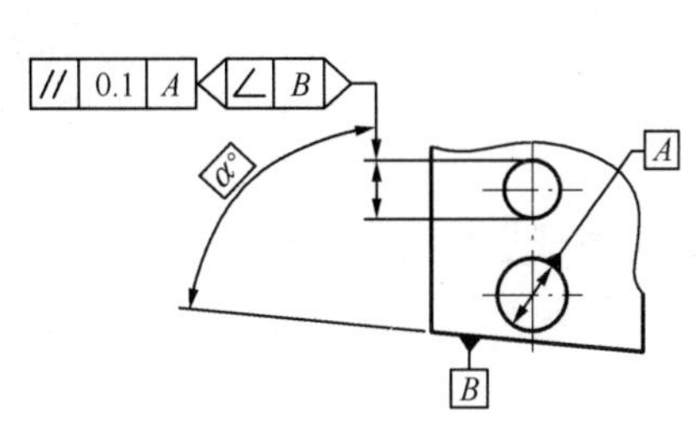

图 4-48　使用定向平面规范 1

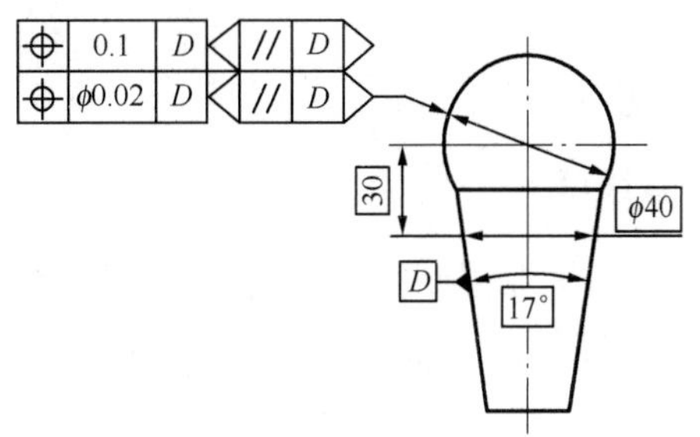

图 4-49　使用定向平面规范 2

3．方向要素

方向要素框格如图 4-50 所示，应作为几何公差框格的延伸部分标注在其右侧。当被测要素是组成要素时，下列情况应当标注方向要素：

（1）公差带的宽度与规定的几何要素非法向关系；

（2）对非圆柱体或球体的回转表面使用圆度公差。

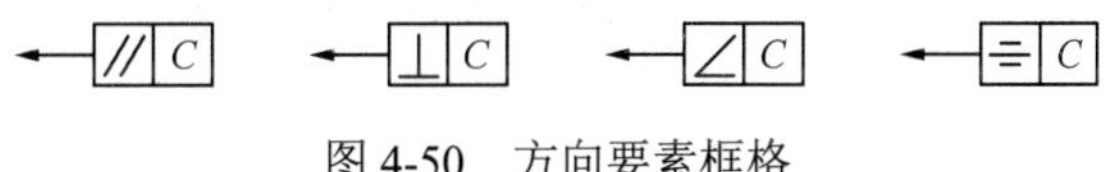

图 4-50　方向要素框格

图 4-51 中，公差带的宽度方向与曲面要素并不垂直，使用方向要素框格及 TED 角度α，明确表明公差带宽度与基准 C 的方向关系。

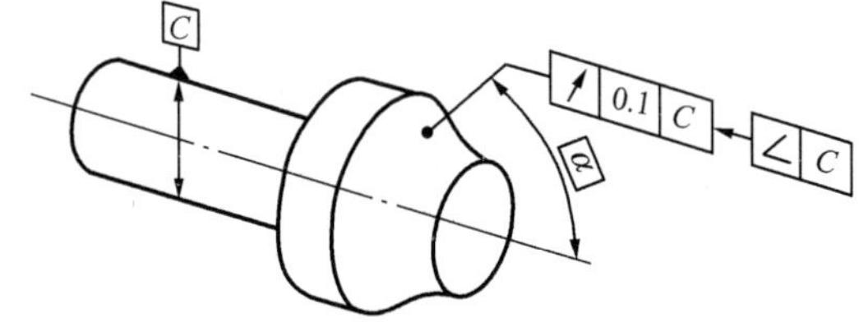

图 4-51　使用方向要素的规范

4．组合平面

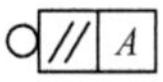

图 4-52　组合平面框格

组合平面框格如图 4-52 所示。当标注“全周”符号时，使用组合平面框格符号以标识一个平行平面族，如图 4-35 所示；也可用于相交平面的同一类线要素，如图 4-34 所示。

4.3 几何公差及其公差带

文 11 一文读懂 14 项形位公差

4.3.1 形状公差及其公差带

形状公差是单一提取要素的形状对理想形状所允许的变动全量，包括直线度、平面度、圆度、圆柱度及线轮廓度和面轮廓度等几何特征。下面先讨论前 4 项几何特征。

文 12 形位公差

1. 直线度

直线度公差是限制实际直线（组成要素或导出要素）对理想直线变动量的项目，是单一提取直线所允许的变动全量，用于控制平面内或空间直线的形状误差，其公差带有多种不同的形状。

1）给定平面内的直线度

在给定平面内，直线度公差带是距离为公差值 t 的两条平行直线所限定的区域。如图 4-53 所示，圆柱的素线应位于通过轴线的轴截面，且距离为 0.1mm 的两条平行线之间。

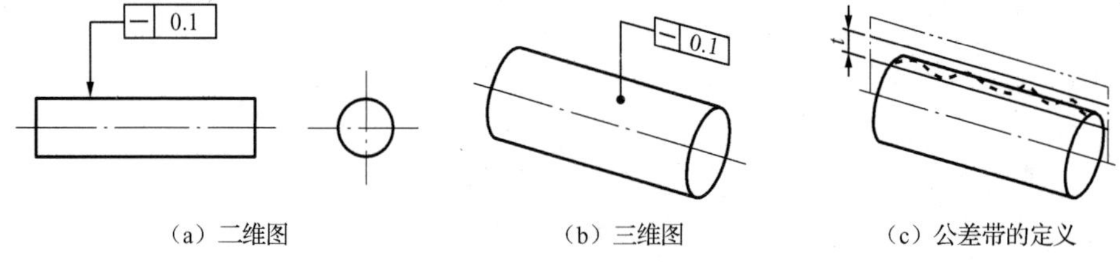

图 4-53 给定平面内的直线度及其公差带

2）给定方向上的直线度

图 4-54（a）和（b）中，在由相交平面框格规定的平面内，上表面的提取（实际）直线应位于距离为 0.1mm 的两条平行直线之间。相交平面为任意平行于基准 A 的平面，则公差带为该平面内距离为公差值 t 的两条平行直线所限定的区域，如图 4-54（c）所示。

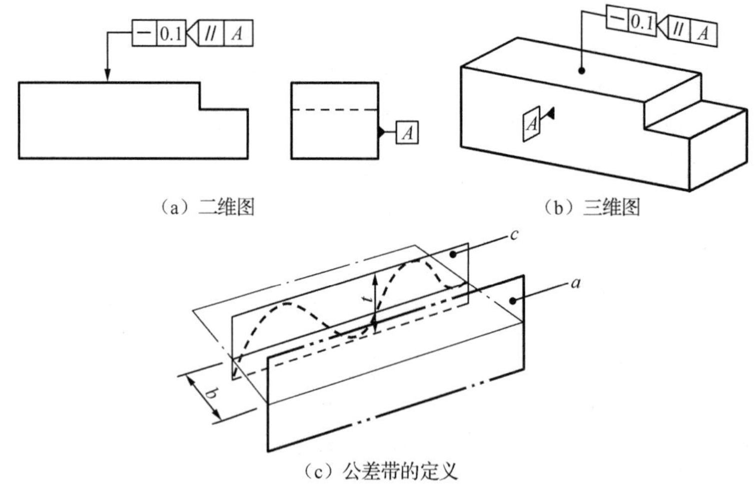

图 4-54 给定方向上的直线度及其公差带

3）任意方向上的直线度

图 4-55（a）和（b）的标注表明，内孔圆柱面的提取（实际）中心线应位于直径为 ϕ0.08mm 的圆柱面内。该限定区域即为公差带，其中公差值之前的“ϕ”表达了公差带的形状。

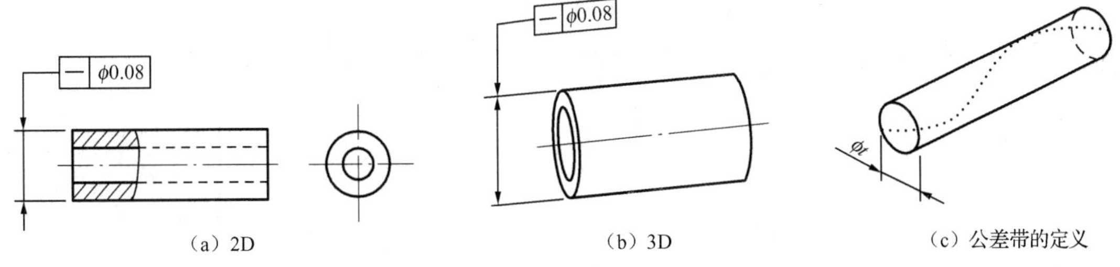

图 4-55　任意方向上的直线度及其公差带

2. 平面度

平面度公差是限制实际表面（组成要素或导出要素）对理想平面变动量的项目，是单一提取平面所允许的变动全量，其公差带为距离为公差值 t 的两个平行平面所限定的区域。

图 4-56 中，提取（实际）表面应位于间距为 0.08mm 的两个平行平面之间。

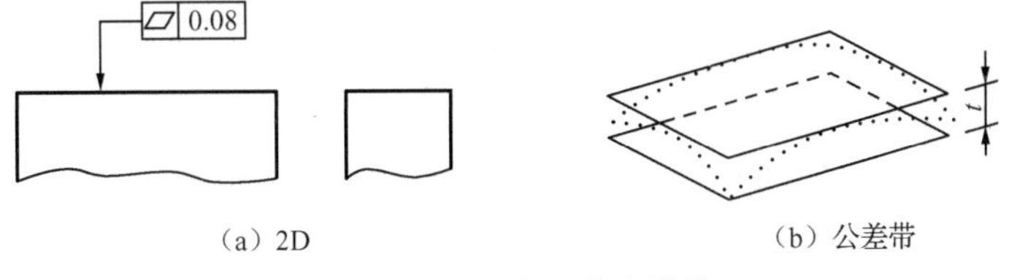

图 4-56　平面度及其公差带

3. 圆度

圆度公差是限制实际圆（组成要素）对理想圆变动量的项目，是单一提取圆所允许的变动全量。

文 13　知识小梳理：浅聊“圆度”

圆柱要素的圆度要求可在与被测要素轴线垂直的横截面内，球形要素的圆度要求可在过球心的横截面内，而非圆柱体或非球体的回转体表面圆度要求应标注方向。如图 4-57 所示标注应理解为，无论是零件的圆锥部分还是圆柱部分，任意横截面内的线素都应位于半径差为 0.03mm 的两个同心圆之间，即公差带是横截面（与基准轴线垂直平面）内半径差为公差值 t 的两个同心圆所限定的区域。

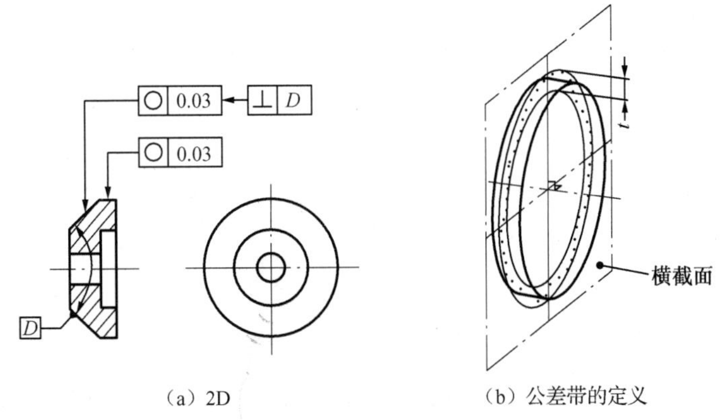

图 4-57　圆度公差及其公差带

图 4-58（a）中，被测圆周线位于任意横截面内，但该要素由与其共轴的圆锥相交所定义，并且该圆锥与被测要素垂直。提取圆周（实际）线应位于距离等于 0.1mm 的两个圆之间，而这两个圆位于相交圆锥上，如图 4-58（b）所示。

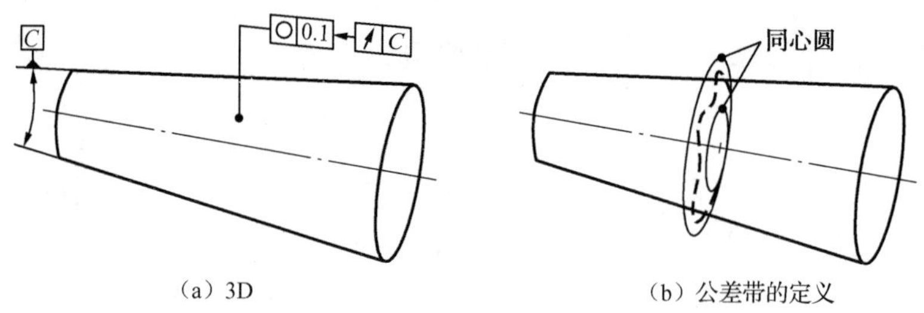

（a）3D　　（b）公差带的定义

图 4-58　圆锥表面的圆度及其公差带

4．圆柱度

圆柱度公差是限制实际圆柱面（组成要素）对理想圆柱面变动量的项目，是单一提取圆柱所允许的变动全量。圆柱度公差带是半径差为公差值 t 的两个同轴圆柱面所限定的区域。图 4-59 中，要求圆柱表面处处应位于半径差为 0.1 的两个同轴圆柱面之间。

圆柱度是控制圆柱体表面各项形状误差的综合指标，可同时控制横截面和轴截面内的圆度误差和素线的直线度误差等。

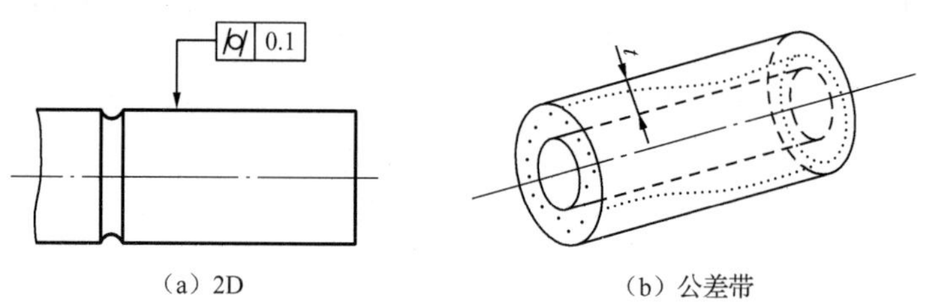

（a）2D　　（b）公差带

图 4-59　圆柱度公差及其公差带

4.3.2　方向公差及其公差带

方向公差是关联提取要素对基准（具有确定方向的理想被测要素）在规定方向上允许的变动全量。理想提取要素的方向由基准及理论正确角度确定。当理论正确角度为 0°时称为平行度；当理论正确角度为 90°时称为垂直度；当理论正确角度为其他任意角度时称为倾斜度。它们的公差带都有面对基准面、线对基准面、面对基准线、线对基准线和线对基准体系等多种情况。

1．平行度

平行度公差是限制提取要素（组成要素或导出要素）对基准在平行方向上变动量的项目。被测要素可为线性要素、一组线性要素或面要素。如果被测要素为平面上的一组直线，则应标注相交平面框格。

1）中心线相对于基准体系的平行度

图 4-60 中，提取（实际）中心线应限定在间距为 0.1，且平行于基准面 A 的两个平行平面之间。这两个平面均垂直于定向平面框格规定的基准面 B。基准面 B 为基准面 A 的辅助基准。

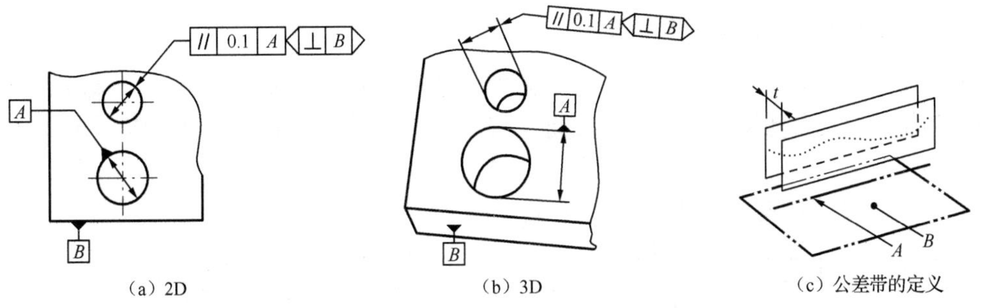

（a）2D　（b）3D　（c）公差带的定义

图 4-60　中心线的平行度及其公差带

图 4-61 中，提取（实际）中心线应位于间距分别为 0.1 和 0.2，且平行于基准 A 的两个平行平面之间。定向平面框格规定了公差带相对于辅助基准面 B 的方向，即一对平行平面平行于辅助基准 B，另一对平行平面垂直于辅助基准面 B，如图 4-61（c）所示。

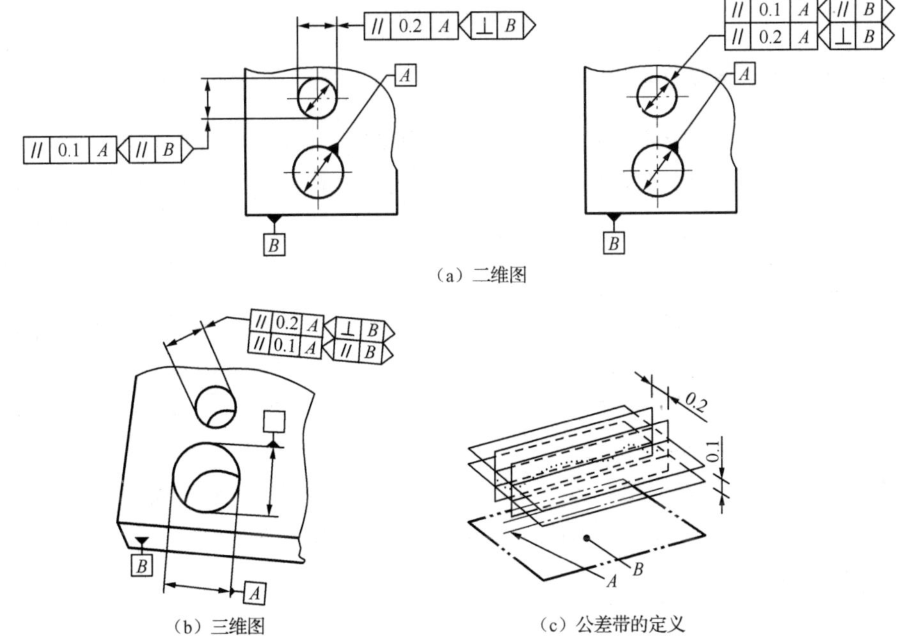

（a）二维图

（b）三维图　（c）公差带的定义

图 4-61　中心线相对于基准体系的平行度及其公差带

2）中心线相对于基准线的平行度

提取（实际）中心线对基准轴线的平行度公差带是直径为公差值 ϕt，且平行于基准轴线的圆柱面所限定的区域。图 4-62 中，提取轴线应位于直径为 $\phi 0.03$ 的圆柱面内，该圆柱面的轴线平行于基准 A。公差值前的“ϕ”表明公差带的形状。

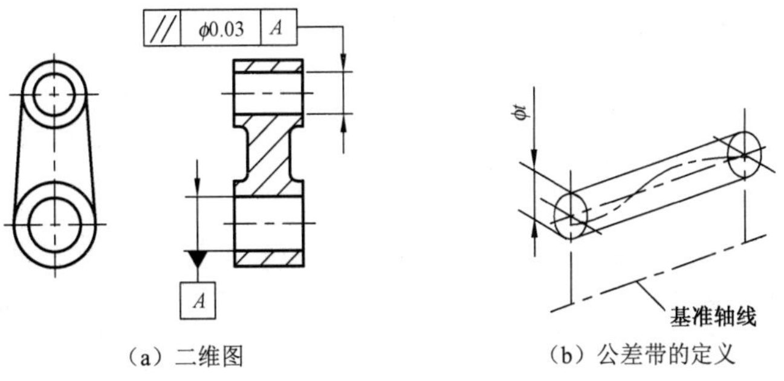

（a）二维图　（b）公差带的定义

图 4-62　中心线相对于基准线的平行度及其公差带

3）中心线相对于基准面的平行度

提取（实际）中心线对基准面的平行度公差带是距离为公差值 t，且平行于基准面的两个平行平面所限定的区域。图 4-63 中，孔的实际轴线应位于平行于基准面 B 且间距为 0.01 的两个平行平面之间。

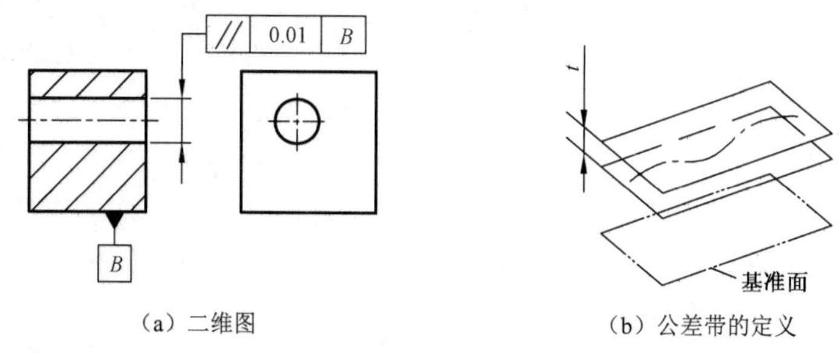

（a）二维图　　（b）公差带的定义

图 4-63　中心线相对于基准面的平行度及其公差带

4）一组线相对于基准面的平行度

图 4-64 中，由相交平面框格规定的，平行于基准面 B 的任意一条提取（实际）线，应位于距离为 0.02，且平行于基准面 A 的两条平行线之间。基准面 B 为基准面 A 的辅助基准。

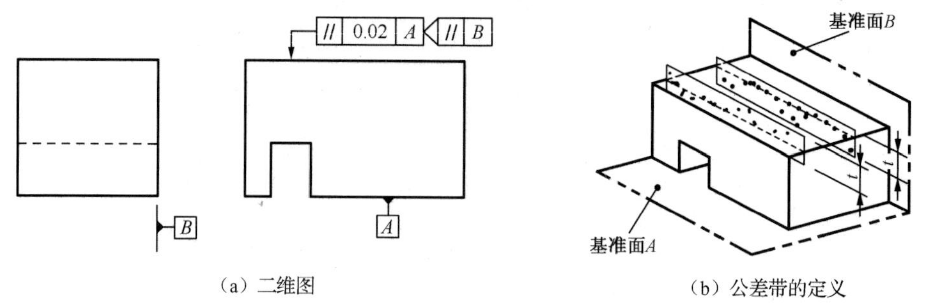

（a）二维图　　（b）公差带的定义

图 4-64　一组线相对于基准面的平行度及其公差带

5）平面相对于基准线、基准面的平行度

提取（实际）面对基准线的平行度公差带是距离为公差值 t，且平行于基准线的两个平行平面所限定的区域。图 4-65 中，要求提取（实际）表面位于距离为公差值 0.1，且平行于基准线 C 的两个平行平面之间。

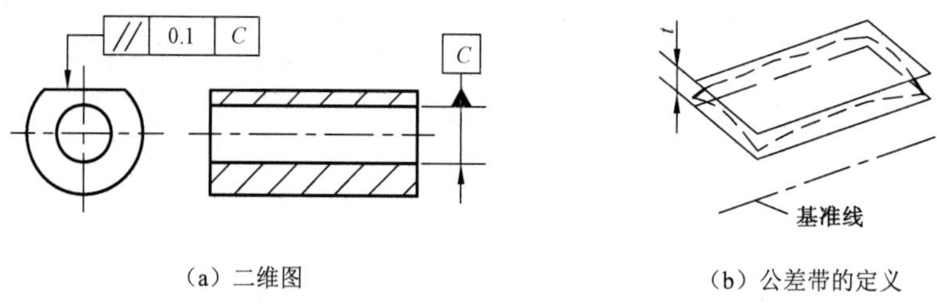

（a）二维图　　（b）公差带的定义

图 4-65　平面相对于基准线的平行度及其公差带

提取（实际）面对基准面的平行度公差带是距离为公差值 t，且平行于基准面的两个平行平面所限定的区域。图 4-66 中，要求提取（实际）表面位于距离为公差值 0.01，且平行于基准面 D 的两个平行平面之间。

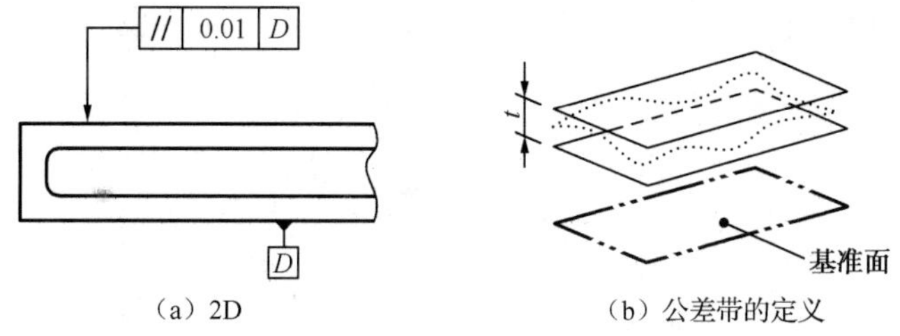

图 4-66　平面相对于基准面的平行度及其公差带

2．垂直度

垂直度公差是限制提取要素（组成要素或导出要素）对基准在垂直方向上变动量的项目。被测要素可为线性要素、一组线性要素或面要素。如果被测要素为平面上的一组直线，则应标注相交平面框格。

1）中心线相对于基准线的垂直度

提取（实际）中心线对基准线的垂直度公差带是距离为公差值 t，且垂直于基准线的两个平行平面所限定的区域。图 4-67 中，提取中心线应位于距离为 0.06，且垂直于基准线 A 的两个平行平面之间。

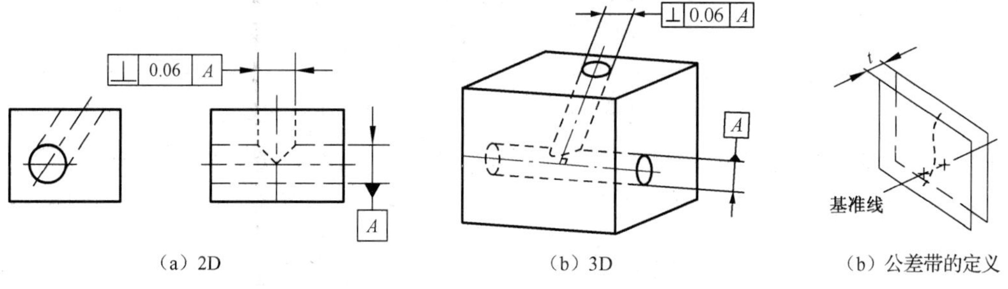

图 4-67　中心线相对于基准线的垂直度及其公差带

2）中心线相对于基准体系的垂直度

图 4-68 中，圆柱面的提取（实际）中心线应位于间距等于 0.1 的两个平行平面之间，这两个平行平面垂直于基准面 A。公差带的方向使用定向平面框格由基准面 B 规定，即平行于基准面 B。基准面 B 为基准面 A 的辅助基准。

图 4-69 中，圆柱面的提取（实际）中心线应位于间距分别等于 0.1 和 0.2，且相互垂直的两组平行平面之间。这两组平行平面都垂直于基准面 A，同时，间距为 0.1 的平行平面垂直于辅助基准 B，间距为 0.2 的平行平面平行于辅助基准 B。

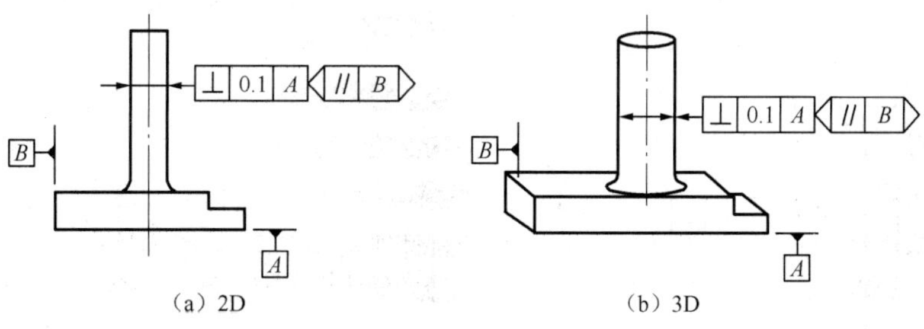

图 4-68　使用定向平面规范的中心线垂直度及其公差带

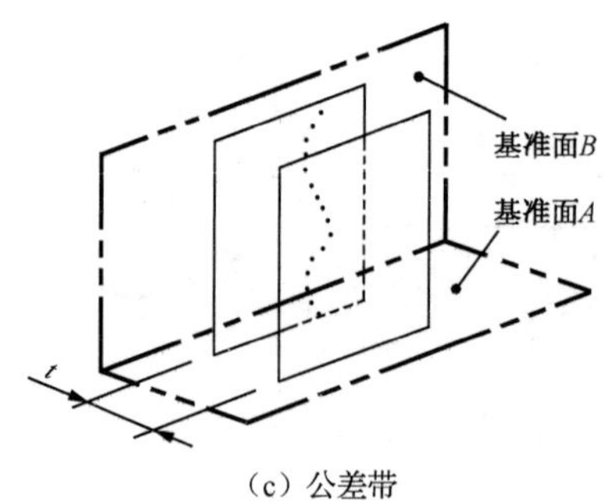

（c）公差带

图 4-68　使用定向平面规范的中心线垂直度及其公差带（续）

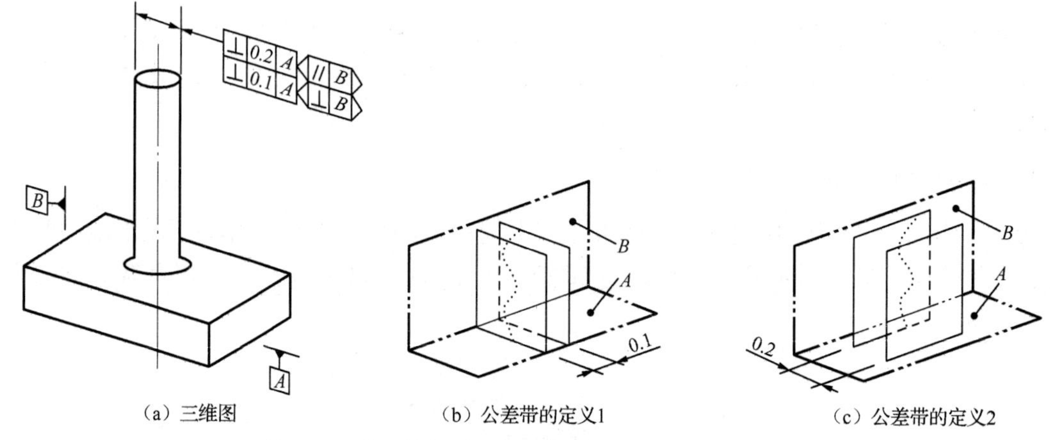

（a）三维图　（b）公差带的定义1　（c）公差带的定义2

图 4-69　中心线相对于基准体系的垂直度及其公差带

图 4-70 中，垂直度公差值为 $\phi 0.01$，表明公差带是直径为 $\phi 0.01$ 且轴线垂直于基准面 A 的圆柱面限定的区域，提取轴线应位于公差带内。

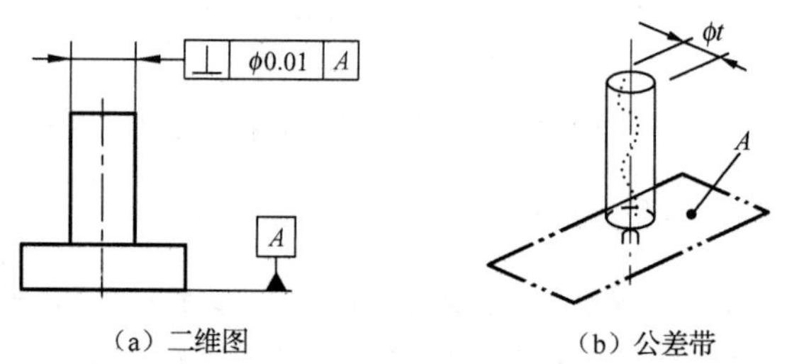

（a）二维图　（b）公差带

图 4-70　线对基准面的垂直度及其公差带

3）平面相对于基准线、基准面的垂直度

平面相对于基准线的垂直度如图 4-71（a）和（b）所示，表示提取（实际）面对基准线的垂直度公差带为间距等于公差值 t，且垂直于基准线的两个平行平面所限定的区域，如图 4-71（c）所示，即提取表面应位于间距为 0.08，且垂直于基准线 A 的两个平行平面之间。

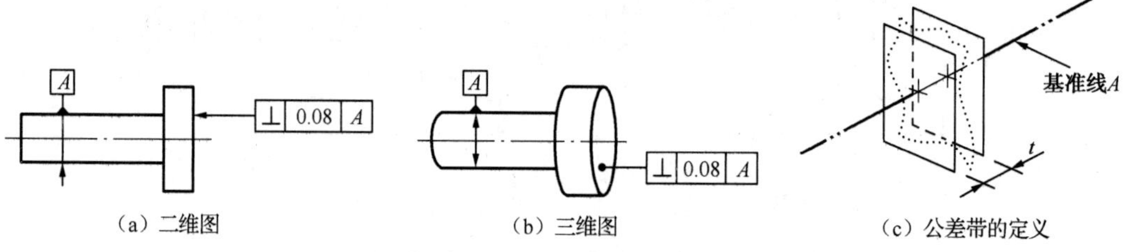

（a）二维图　（b）三维图　（c）公差带的定义

图 4-71　平面相对于基准线的垂直度及其公差带

图 4-72（a）为平面相对于基准面的垂直度，提取（实际）面对基准面的垂直度公差带是距离为公差值 t，且垂直于基准面的两个平行平面之间的区域，如图 4-72（b）所示，即提取表面应位于间距为 0.08，且垂直于基准面 A 的两个平行平面之间。

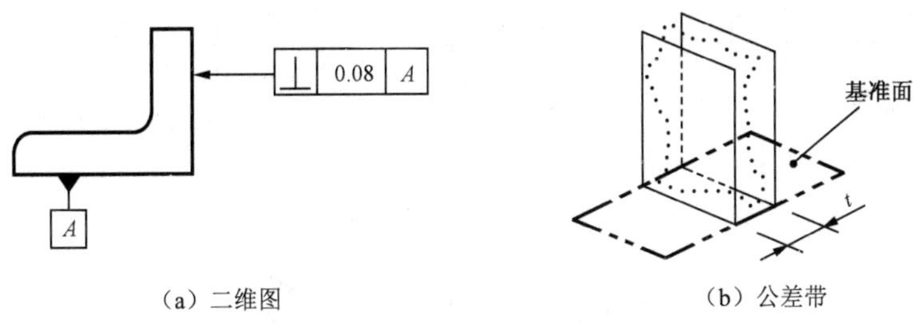

（a）二维图　（b）公差带

图 4-72　平面相对于基准面的垂直度及其公差带

3．倾斜度

倾斜度公差是限制提取要素（组成要素或导出要素）对基准在倾斜方向上变动量的项目。被测要素可为线性要素、一组线性要素或面要素。如果被测要素为平面上的一组直线，则应标注相交平面框格。应至少使用一个明确的 TED 给定公称被测要素与基准之间的角度。

1）中心线相对于基准线的倾斜度

图 4-73 中，提取（实际）中心线应位于间距为 0.08 的两个平行平面之间，这两个平行平面按理论正确角度 60°倾斜于公共基准线 A-B，即公差带是距离为公差值 t，且与基准线成规定的理论正确角度的两个平行平面所限定的区域，如图 4-73（c）所示。

图 4-74 中，提取（实际）中心线应位于直径等于 ϕ0.08 的圆柱面内，该圆柱面按理论正确角度 60°倾斜于公共基准线 A-B，即公差带是直径等于公差值 ϕt，且与基准线成规定的理论正确角度的圆柱面所限定的区域，如图 4-74（c）所示。

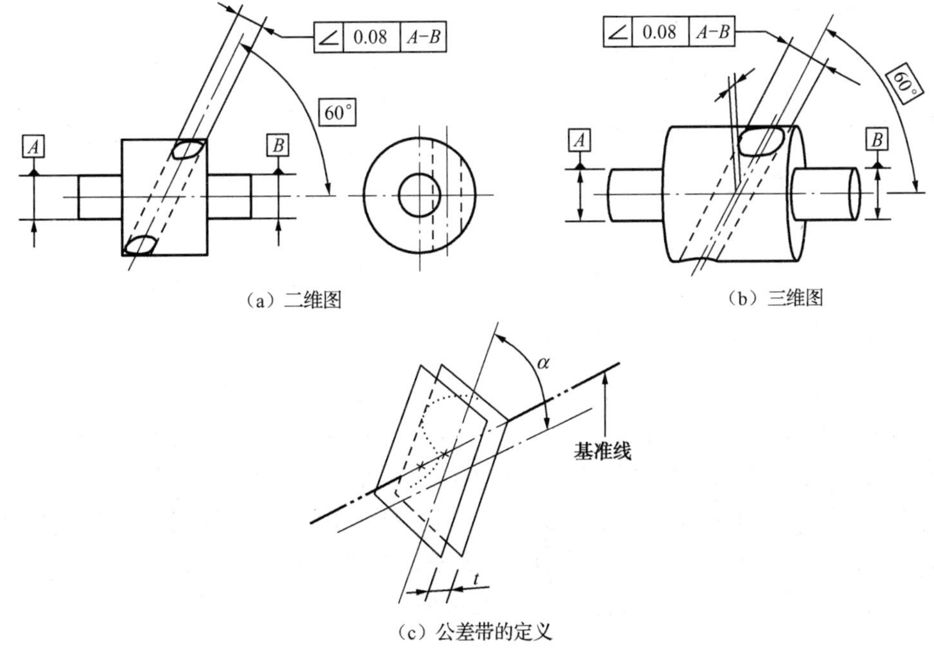

（a）二维图　（b）三维图

（c）公差带的定义

图 4-73　平面对中心线的倾斜度及其公差带

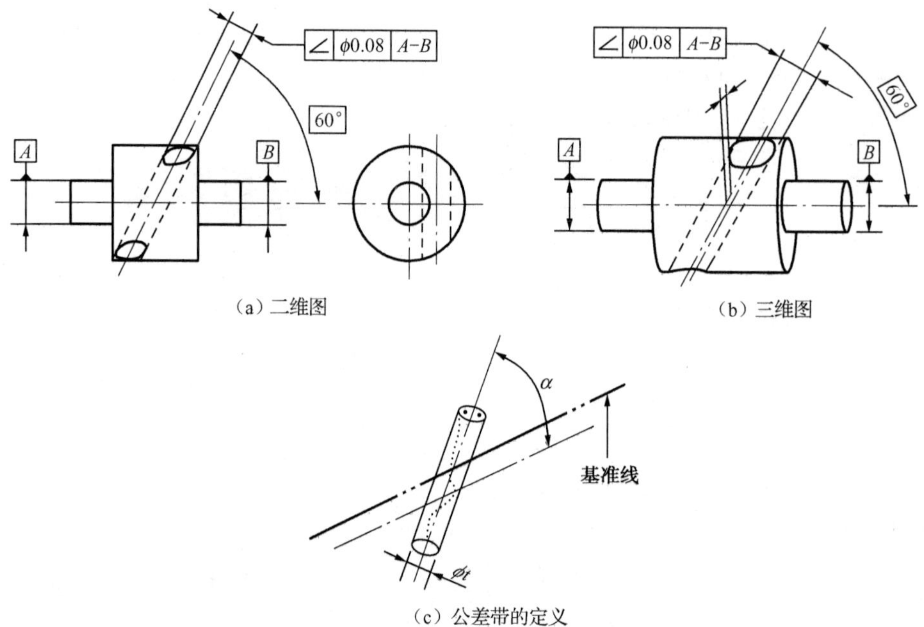

图 4-74　中心线相对于基准线的倾斜度及其公差带

2）中心线相对于基准体系的倾斜度

图 4-75 中，提取（实际）中心线应位于直径等于 $\phi 0.1$ 的圆柱面内，该圆柱面的中心线按理论正确角度 60°倾斜于基准面 A，且平行于基准面 B，即公差带是直径等于公差值 ϕt 的圆柱面所限定的区域，该圆柱面的轴线按规定角度倾斜于基准面 A，且平行于基准面 B。

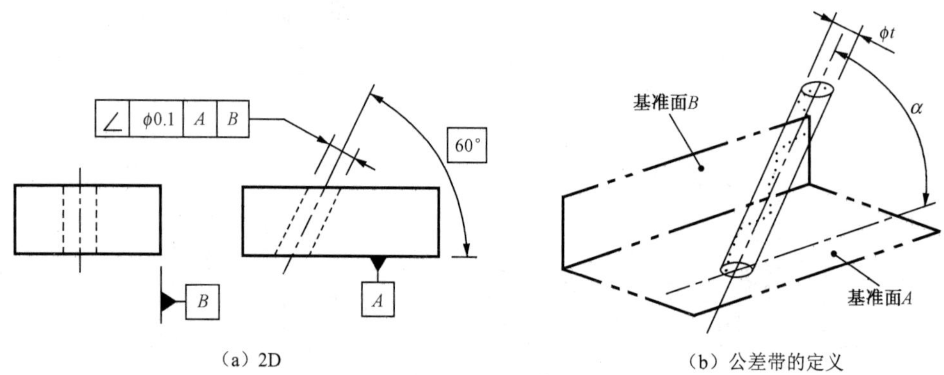

图 4-75　中心线相对于基准体系的倾斜度及其公差带

3）平面相对于基准线、基准面的倾斜度

图 4-76（a）中，提取（实际）表面应位于间距等于 0.1 的两个平行平面之间，且这两个平行平面按理论正确角度 75°倾斜于基准线 A，即公差带为间距等于公差值 t 的两个平行平面所限定的区域，这两个平行平面按规定角度倾斜于基准线，如图 4-76（b）所示。

图 4-77（a）中，提取（实际）表面应位于间距等于 0.1 的两个平行平面之间，且这两个平行平面按理论正确角度 40°倾斜于基准面 A，即公差带为间距等于公差值 t 的两个平行平面所限定的区域，这两个平行平面按规定角度倾斜于基准面，如图 4-77（b）所示。

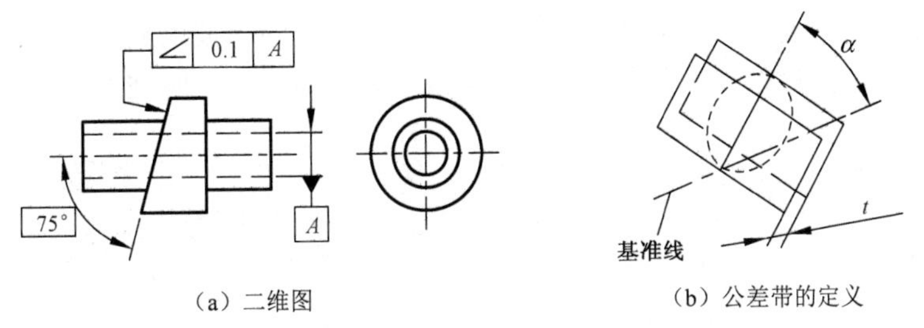

（a）二维图　（b）公差带的定义

图 4-76　平面相对于基准线的倾斜度及其公差带

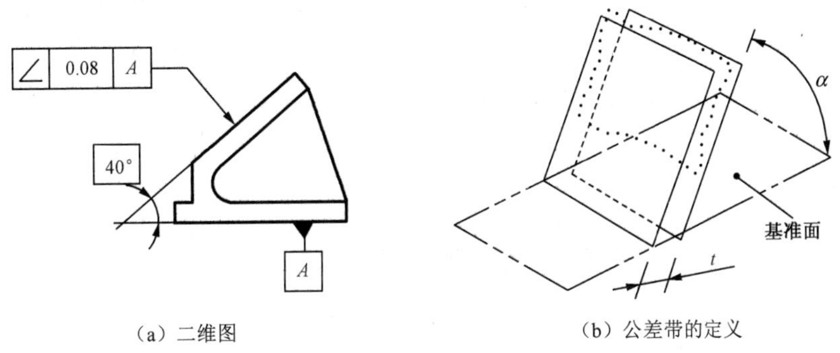

（a）二维图　（b）公差带的定义

图 4-77　平面相对于基准面的倾斜度及其公差带

4.3.3　位置公差及其公差带

位置公差是关联提取（实际）要素对基准在位置上所允许的变动全量。按要素间的几何位置关系及要素本身的特征，除线轮廓度和面轮廓度外，位置公差还包括同心度、同轴度、对称度和位置度。

1．点的同心度

点的同心度公差是限制被测点偏离基准点的项目，其公差带是直径为公差值 ϕt 的圆周所限定的区域，该区域的圆心与基准点重合。图 4-78 中，在任意横截面内，内圆的提取中心必须限定在直径为公差值 $\phi 0.1$，且以基准点 A 为圆心的圆周内。

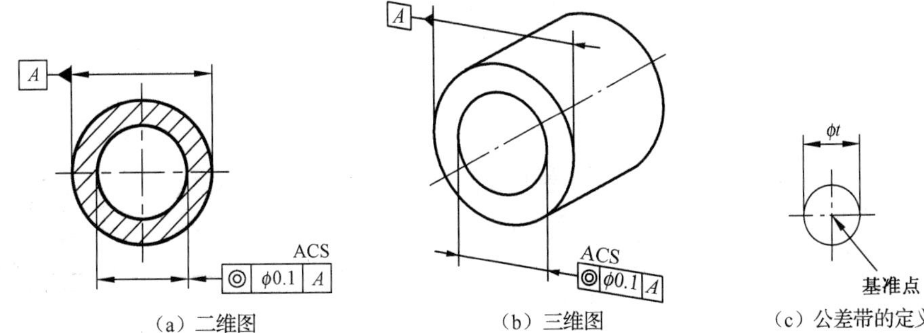

（a）二维图　（b）三维图　（c）公差带的定义

图 4-78　点的同心度及其公差带

2．轴线的同轴度

轴线的同轴度是限制被测轴线偏离基准线的项目，其公差带是直径为公差值 ϕt，且以基准线为轴线的圆柱面所限定的区域。图4-79中，标注的含义为：被测提取中心线必须位于直径为公差值 $\phi0.08$，且以基准线（两端圆柱的公共轴线）A-B 为轴线的圆柱面内。

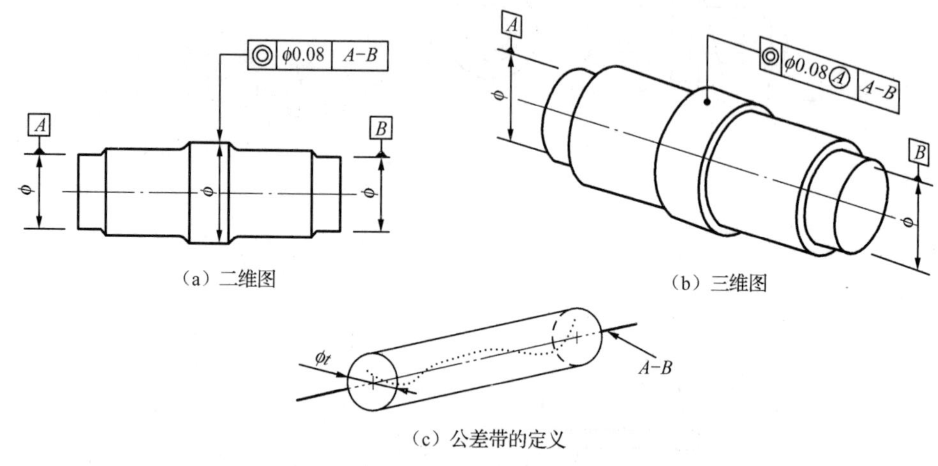

（a）二维图　（b）三维图　（c）公差带的定义

图4-79　轴线的同轴度及其公差带

3. 对称度

对称度公差是限制被测点、直线、平面（组成要素或导出要素）偏离基准点、基准线、基准面的项目。当对称度标注在平面上，而被测要素为该平面上的一组直线时，应标注相交平面框格；当标注在直线上，而被测要素为该直线上的一组点要素时，应标注 ACS（点的基准为同一横截面上的点）。对称度公差框格中应至少标注一个基准。

图4-80（a）和（b）标注的对称度公差带为间距等于公差值 t，且对称于基准中心平面的两个平行平面所限定的区域，如图4-80（c）所示。

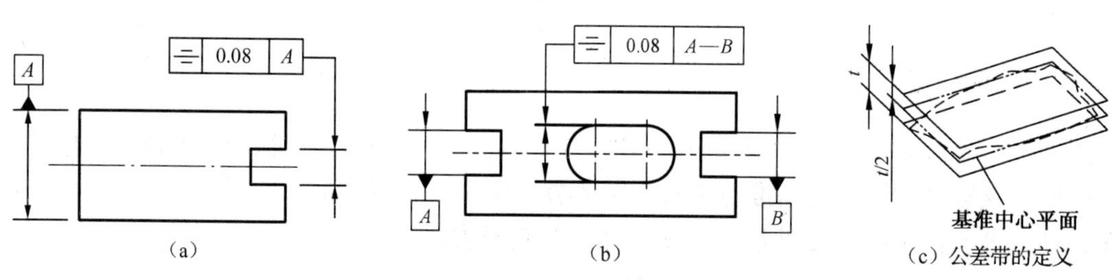

（a）　（b）　（c）公差带的定义

图4-80　平面的对称度及其公差带

4. 位置度

位置度公差是限制提取（实际）要素的位置对其理想位置变动量的项目。提取要素为一组成要素，即导出的点、直线或平面，也可以是导出的曲线或导出平面。

视频4　键槽对称度量规

1）点的位置度

点的位置度公差用于限制一个点在任意方向上的位置，公差值前加注 $S\phi$，公差带为直径等于公差值 $S\phi t$ 的圆球面所限定的区域，该球面中心的理论正确位置由基准面 A、B、C 和理论正确尺寸确定。图4-81中，提取（实际）球心应限定在直径等于 $S\phi\,0.3$ 的圆球面内，且该圆球面的中心在基准面 A、基准面 B、基准中心平面 C 和理论正确尺寸30、25确定的位置。

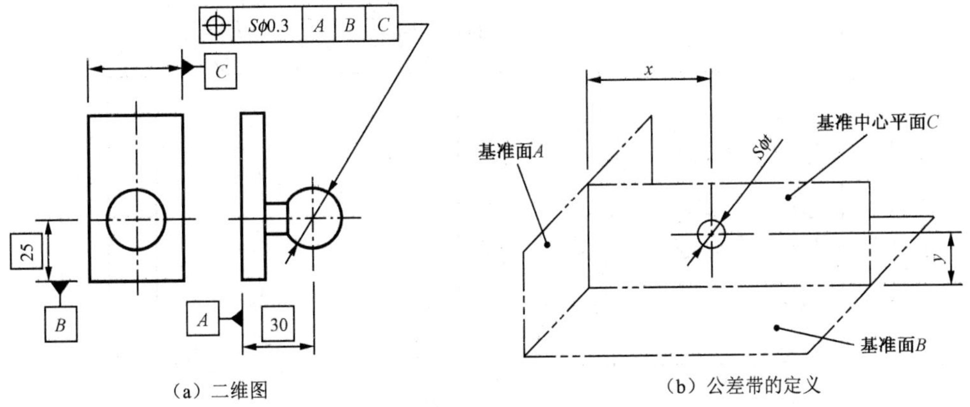

（a）二维图　　（b）公差带的定义

图 4-81　点的位置度及其公差带

2）中心线的位置度

给定一个方向的公差时，公差带为间距等于公差值 t，且对称于线的理论正确位置的两个平行平面所限定的区域。线的理论正确位置由基准面和理论正确尺寸确定。图 4-82 中，各条刻线的提取（实际）中心线应限定在间距等于 0.1，且对称于基准面 A、B 和理论正确尺寸 25、10 确定的理论正确位置的两个平行平面之间。

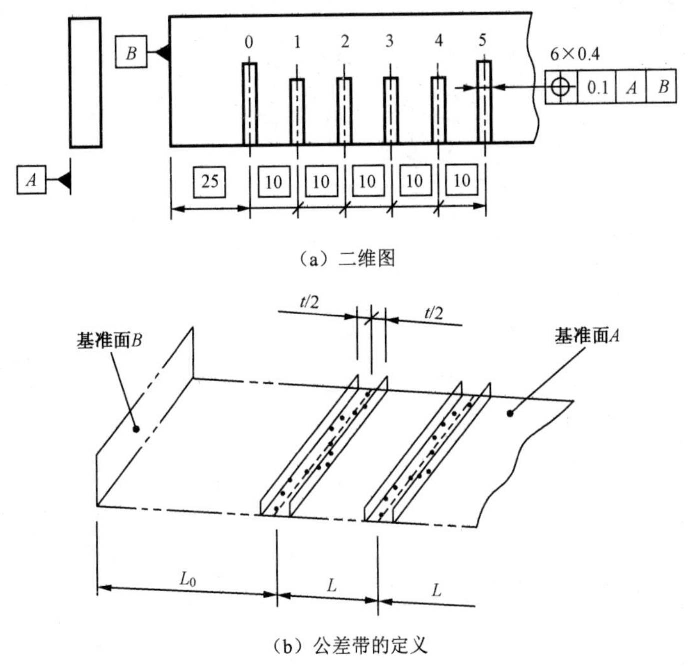

（a）二维图

（b）公差带的定义

图 4-82　给定一个方向求中心线的位置度及其公差带

给定两个方向的公差时，公差带为间距分别等于公差值 t_1 和 t_2，且对称于线的理论正确位置的两对相互垂直的平行平面所限定的区域。线的理论正确位置由基准平面体系及理论正确尺寸确定。图 4-83 中，各孔的提取（实际）中心线应位于间距分别等于 0.05mm 和 0.2mm，且相互垂直的两对平行平面内。每对平行平面对称于基准平面 C、A、B 和理论正确尺寸 20、15、30 确定的各孔轴线的理论正确位置。

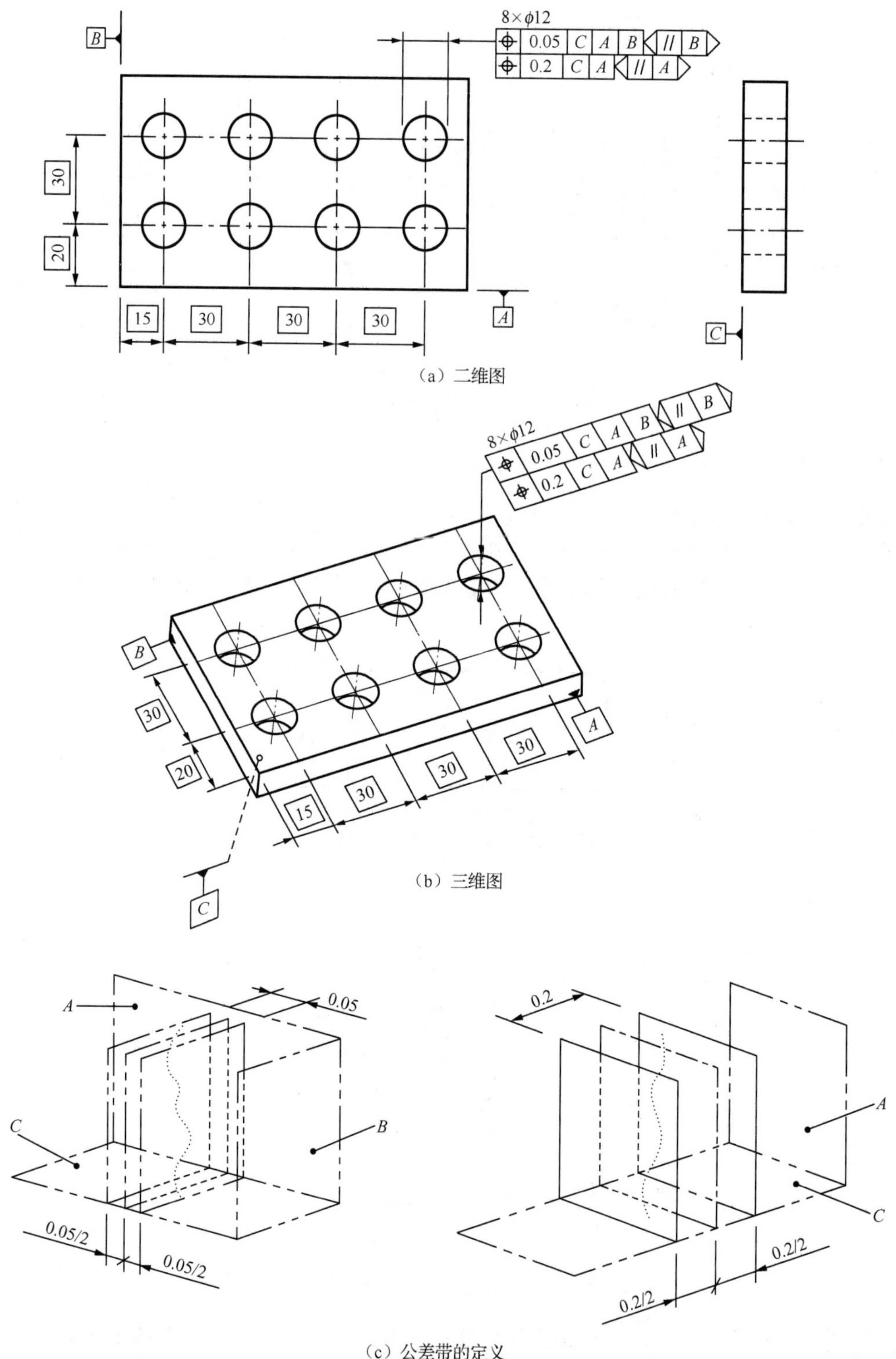

（a）二维图

（b）三维图

（c）公差带的定义

图 4-83　给定两个方向求中心线的位置度及其公差带

若公差值前加注符号 ϕ，则公差带为直径等于公差值 ϕt 的圆柱面所限定的区域。该圆柱面轴线的位置由基准平面体系和理论正确尺寸确定。图 4-84 中，各提取（实际）中心线应各自限定在直径等于公差值 $\phi 0.1$ 的圆柱面内，而圆柱面的轴线应处于由基准面 C、A、B 和理论正确尺寸 20、15、30 确定的各孔轴线的理论正确位置上。

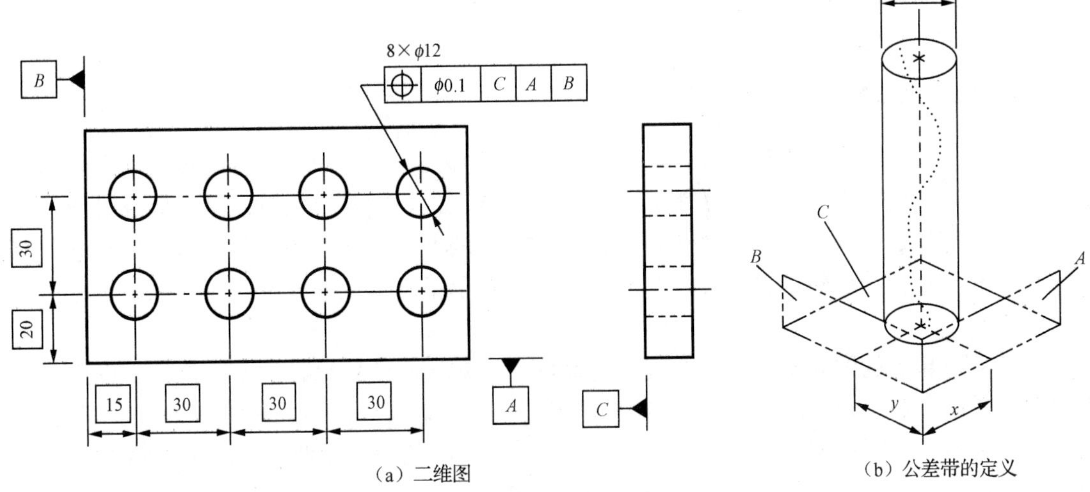

（a）二维图　　（b）公差带的定义

图 4-84　任意方向求中心线的位置度及其公差带

3）面的位置度

面的位置度公差带是距离等于公差值 t，且对称于被测面理论正确位置的两个平行平面所限定的区域，而面的理论正确位置由基准体系和理论正确尺寸确定。图 4-85 中，提取（实际）表面应限定在间距等于 0.05，且对称于被测面理论正确位置的两个平行平面之间。这两个平行平面对称于由基准面 A、基准线 B 和理论正确尺寸 15、105°确定的被测面的理论正确位置。

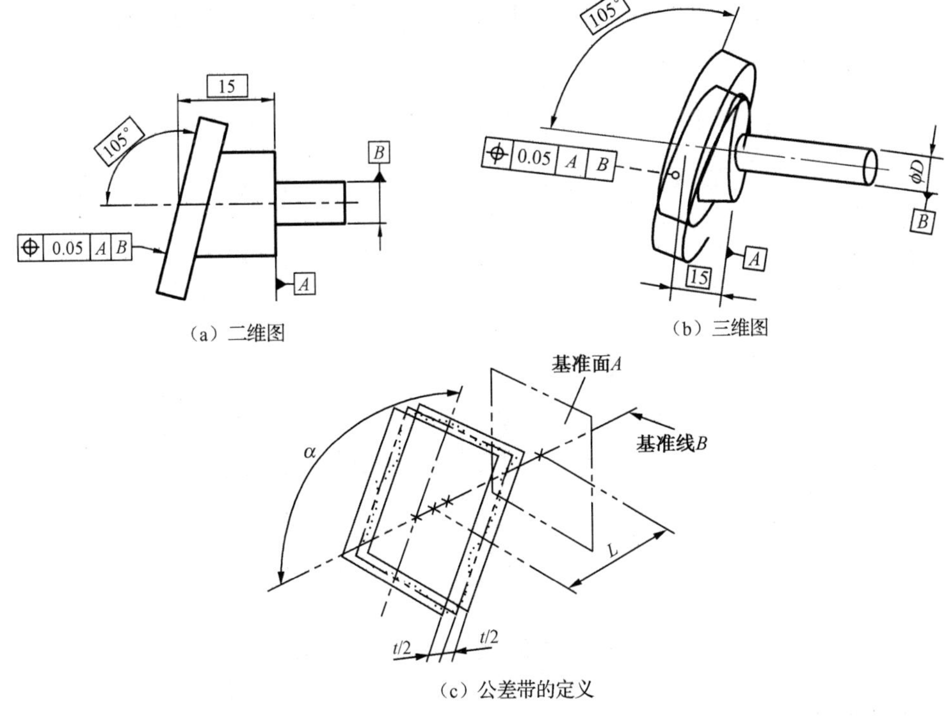

（a）二维图　　（b）三维图

（c）公差带的定义

图 4-85　面的位置度公差带及标注

4.3.4 线轮廓度公差与面轮廓度公差及其公差带

1．线轮廓度公差

线轮廓度公差是限制提取（实际）曲线（不包括圆弧）对理想曲线变动量的项目，用于控制非圆平面曲线或曲面截面轮廓的形状、方向或位置误差。被测要素可以是组成要素或导出要素，其公称被测要素（理想要素）的形状应通过图样上的完整标注或基于 CAD 模型查询而给定。

与基准不相关的线轮廓度，属于形状公差；相对于基准体系的线轮廓度，则属于方向公差或位置公差。

与基准不相关的线轮廓度公差是提取轮廓线对理想轮廓线所允许的变动全量，仅用于控制平面曲线或曲面截面轮廓的形状误差。其公差带是包络一系列直径为公差值 t 的圆的两条包络曲线之间的区域，诸圆的圆心应位于具有理论正确几何形状的理想轮廓线上。图 4-86 中，任一相交平面内在 D 至 E 之间的联合提取轮廓线应位于包络一系列直径为公差值 0.04mm，且圆心位于理想轮廓线上的两条包络曲线之间。

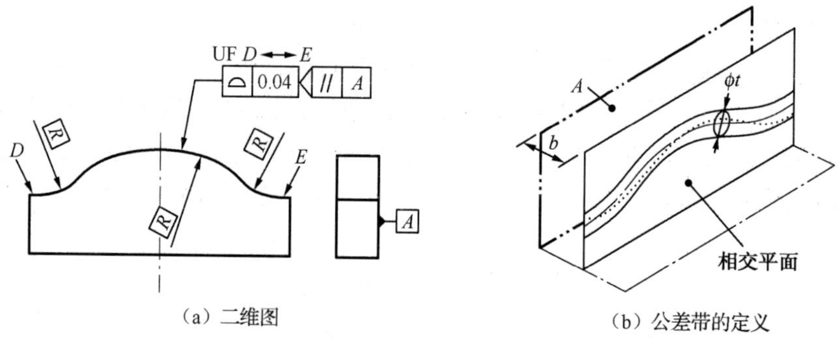

（a）二维图　　（b）公差带的定义

图 4-86　与基准不相关的线轮廓度及其公差带

图 4-87 为相对于基准体系的线轮廓度，平行于基准面 A 的任意相交平面内的轮廓线，应位于包络一系列直径为公差值 0.04，且圆心位于理想轮廓线上的两条包络曲线之间。理想轮廓线由理论正确尺寸 50、轮廓半径 R 及基准面 A、B 共同确定。

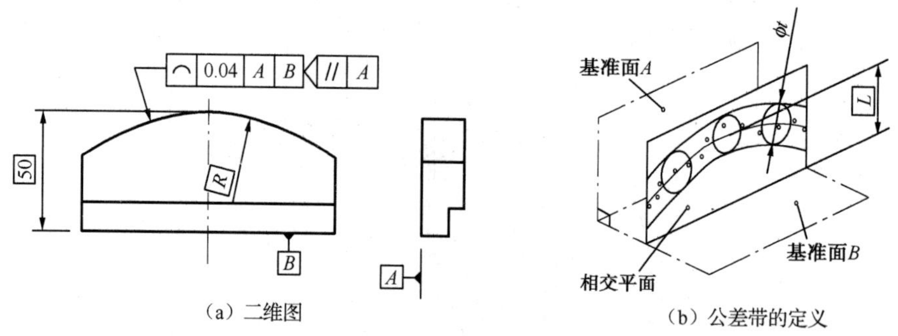

（a）二维图　　（b）公差带的定义

图 4-87　相对于基准体系的线轮廓度及其公差带

2．面轮廓度公差

面轮廓度公差是限制提取（实际）曲面对理想曲面变动量的项目，用于控制空间曲面的形状、方向或位置误差。被测要素可以是组成要素或导出要素，其公称被测要素（理想要素）的形状应通过图样上的完整标注或基于 CAD 模型查询而给定。

与基准不相关的面轮廓度，属于形状公差；相对于基准的面轮廓度，则属于方向公差或位置公差。

与基准不相关的面轮廓度公差是提取轮廓曲面对理想轮廓曲面所允许的变动全量，用于控制实际曲面的形状误差。其公差带是包络一系列直径为公差值 t 的球的两个包络面之间的区域，诸球的球心应位于具有理论正确几何形状的理想轮廓面上。图 4-88 中，提取轮廓面应位于包络一系列球径为公差值 0.02mm，且球心位于理想轮廓面上的两个包络面之间。

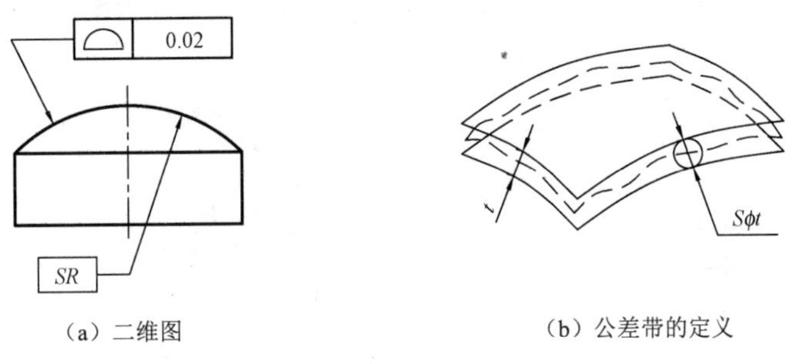

（a）二维图　　（b）公差带的定义

图 4-88　与基准不相关的线轮廓度及其公差带

图 4-89 为相对于基准的面轮廓度，提取表面应位于包络一系列球径为公差值 0.1mm，球心位于理想曲面上的两个包络面之间。理想曲面由基准和理论正确尺寸确定。

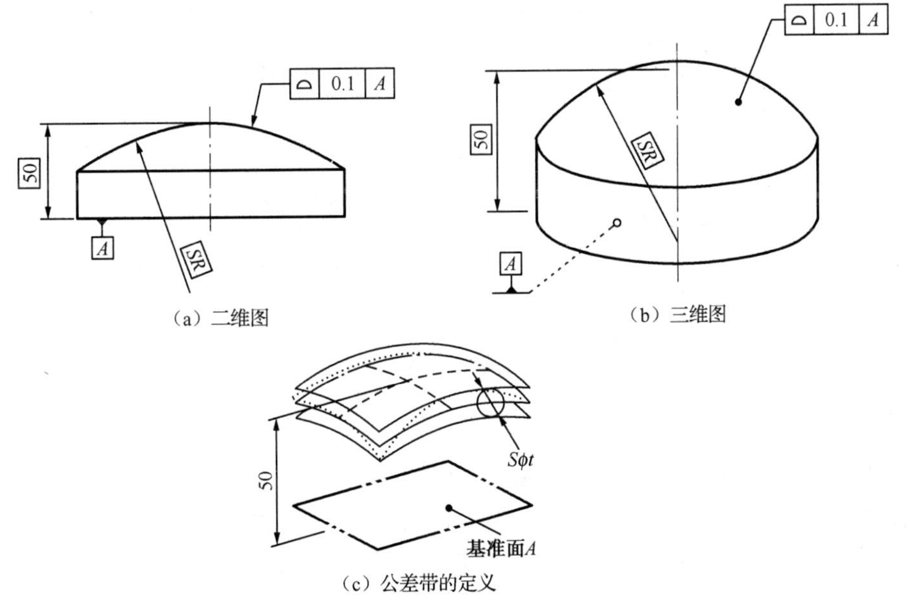

（a）二维图　　（b）三维图

（c）公差带的定义

图 4-89　相对于基准的面轮廓度及其公差带

4.3.5　跳动公差及其公差带

跳动公差是以测量方法为依据规定的一种几何公差，即当要素绕基准轴线旋转时，以指示器测量提取要素（组成要素）来反映其几何误差。因此，跳动公差是综合限制提取要素误差的一种几何公差。

1．圆跳动（circular run-out）

圆跳动是指提取（实际）要素在某个测量截面内相对于基准轴线的变动量。根据所允许的跳动方向，圆跳动又可分为径向圆跳动、轴向圆跳动和斜向圆跳动三种。

1）径向圆跳动公差

径向圆跳动公差带是在任一垂直于基准轴线的横截面内，半径差等于公差值 t、圆心在基准轴线上的两个同心圆所限定的区域。图 4-90 中，任一垂直于公共基准轴线 A-B 的横截面内，提取（实际）圆应限定在半径差等于 0.1、圆心在基准轴线 A-B 上的两个同心圆之间。

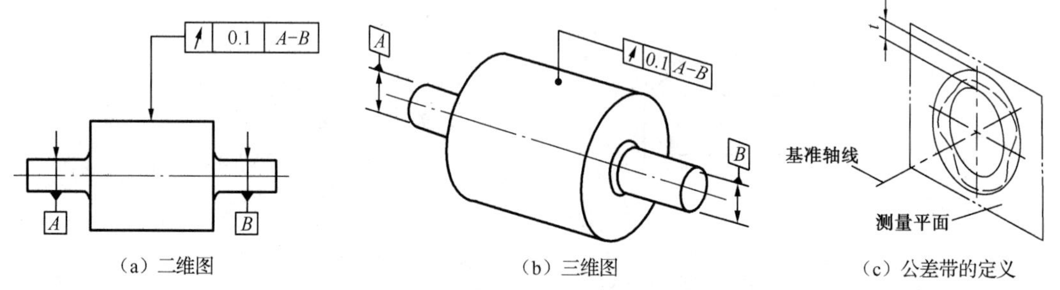

图 4-90 径向圆跳动公差及其公差带

径向圆跳动通常适用于整周要素，但也可规定只适用于要素的某一指定部分，如图 4-91 所示。

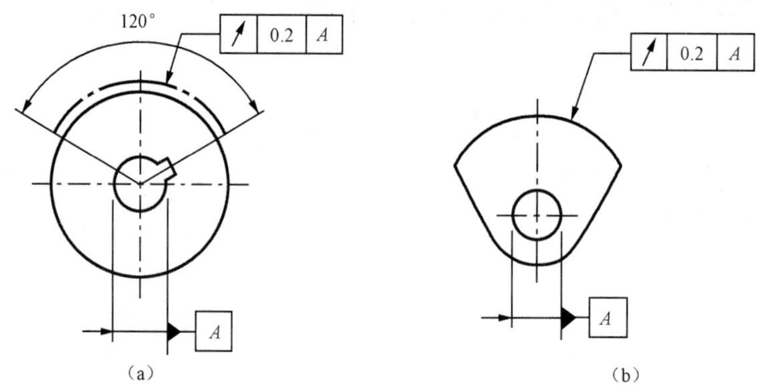

图 4-91 局部要素的径向圆跳动

2）轴向圆跳动公差

轴向圆跳动公差带是与基准轴线同轴的任意半径的圆柱面上，间距等于公差值 t 的两个圆所限定的圆柱面区域。图 4-92（a）、（b）标注的轴向圆跳动公差的含义为：在与基准轴线 D 同轴的任意圆柱面上，提取（实际）圆应限定在轴向距离等于 0.1 的两个等圆之间。

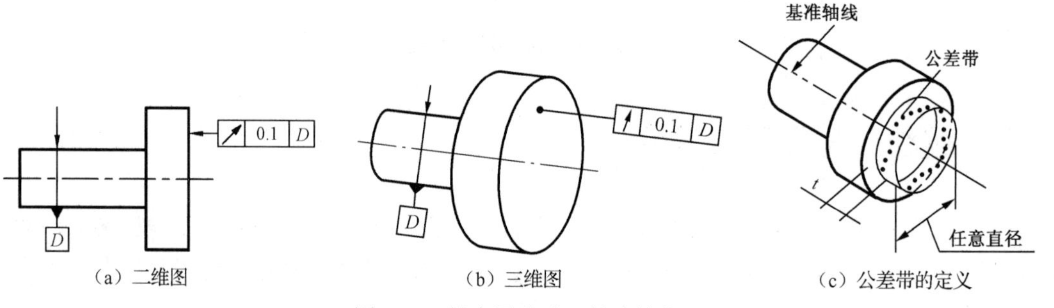

图 4-92 轴向圆跳动及其公差带

3）斜向圆跳动公差

斜向圆跳动公差带是与基准轴线同轴的任意圆锥截面上，间距等于公差值 t 的两个圆所限定的圆锥面的区域。图 4-93 中，圆锥截面的锥角随测量位置而改变，始终与被测要素垂直，沿提取（实际）线圆锥截面素线方向上间距等于 0.1mm 的两个圆之间。

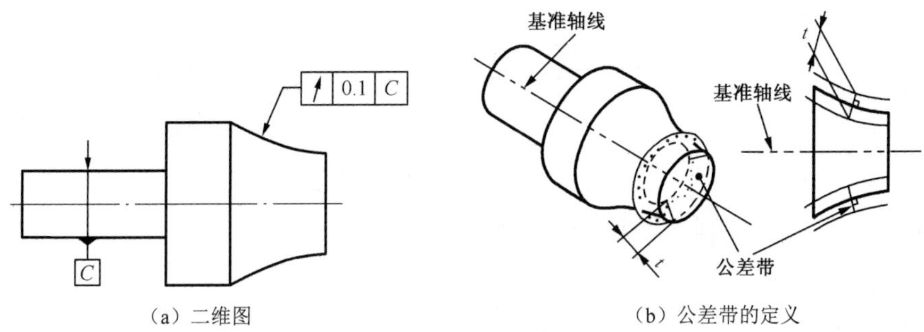

（a）二维图　（b）公差带的定义

图 4-93　斜向圆跳动及其公差带

斜向圆跳动用于一般回转面时，应在被测要素的法线方向上测量。如图 4-94 所示，要求与基准轴线呈角度 α 测量跳动误差，则公差带为：与基准轴线同轴、具有给定锥角的任一圆锥截面上，间距等于公差值 t 的两个不等圆所限定的区域。

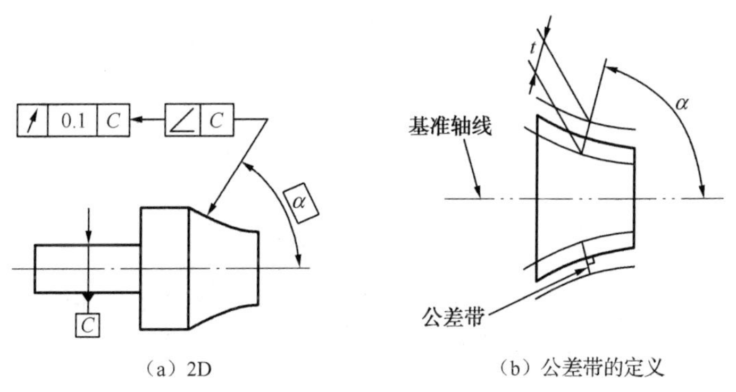

（a）2D　（b）公差带的定义

图 4-94　斜向圆跳动及其公差带

视频 5　带直线度测量偏摆检查仪

应该指出：①回转面的径向圆跳动值在一定程度上包含了同轴（心）度误差和圆度误差。由于通过车削、镗削、磨削等工艺方法获得的回转面的圆度误差，主要受机床主轴回转精度的影响，一般小于回转面之间的同轴（心）度误差，而径向圆跳动误差的检测又较为方便，因此设计与检验时，常用径向圆跳动公差代替同轴（心）度公差。②由于轴向圆跳动公差只能限制被测端面任一圆周上各点的轴向位置误差，不能控制整个被测端面的平面度误差和相对于回转轴线的垂直度误差，因此，使用轴向圆跳动公差代替端面对轴线的垂直度公差。实践中，对于起加工定位作用的端面（如立式车床的工作台），应采用垂直度公差；对于仅起固定作用的端面（如齿轮端面、限制滚动轴承轴向位置的轴肩），应采用轴向圆跳动公差。

2．全跳动

1）径向全跳动公差

径向全跳动公差带是半径差等于公差值 t，与基准轴线同轴的两个同轴圆柱面所限定的区域。如图4-95所示，提取（实际）表面应位于半径差等于0.1mm，与公共基准轴线*A-B*同轴的两个圆柱面之间。

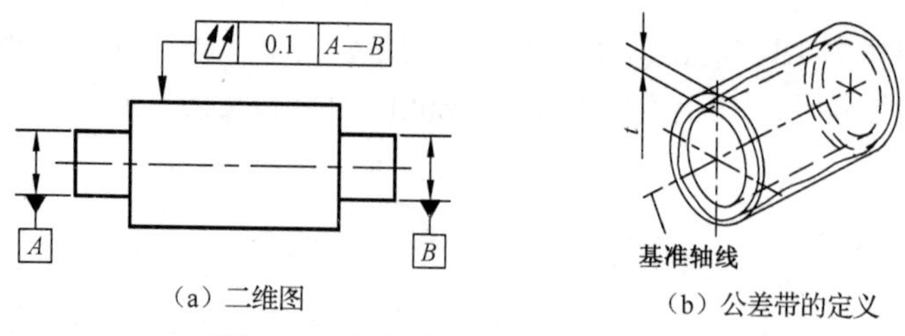

图4-95　径向全跳动公差带及标注

径向全跳动公差既可控制被测要素的圆度和圆柱度误差，又可控制其同轴度误差。

2）轴向全跳动公差

轴向全跳动公差带是间距等于公差值*t*，垂直于基准轴线的两个平行平面所限定的区域。图4-96中，提取（实际）表面应位于间距等于0.1mm，垂直于基准轴线*D*的两个平行平面之间。

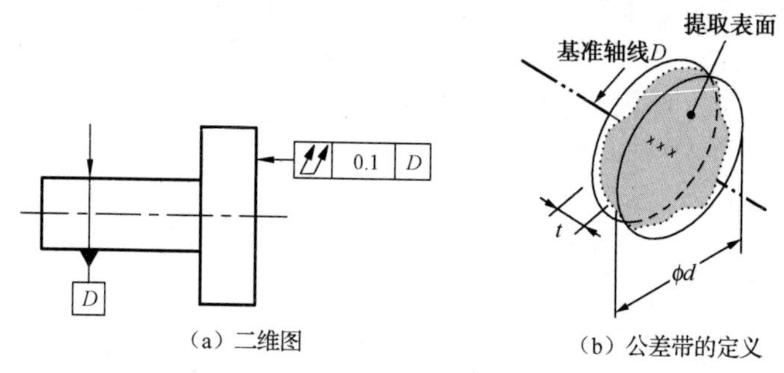

图4-96　轴向全跳动公差带及标注

轴向全跳动公差可以综合控制被测端面对基准轴线的垂直度误差和端面平面度误差。端面对基准轴线的垂直度公差带和轴向全跳动公差带相同。由于轴向全跳动检测较方便，因此在实践中常用轴向全跳动代替端面对轴线的垂直度。

4.4 公差原则

在机械零件的设计中，根据零件的功能要求，对其重要的几何要素，往往同时给出尺寸公差和几何公差。评定零件是否合格，除分别考察要素是否超出尺寸公差和几何公差之外，还必须研究尺寸公差与几何公差的关系，以进行综合评判。

公差原则是确定零件的形状、方向、位置及跳动公差和尺寸公差之间相互关系的原则，分为独立原则和相关要求。独立原则是公差设计中的默认原则，即图样上给定的尺寸公差与几何公差各自独立要求，互不相干。尺寸公差与几何公差相互有关的设计称为相关要求。相关要求又分为包容要求、最大实体要求和最小实体要求等。

4.4.1 基本术语和定义

为了便于正确理解和应用公差原则，除本书第2章介绍的一些概念之外，还应掌握以下术语和定义。

1. 作用尺寸

1）体外作用尺寸

在被测要素的给定长度上，与实际内表面体外相接的最大理想面或与实际外表面体外相接的最小理想面的直径或宽度，称为体外作用尺寸。其中，内表面的体外作用尺寸记为 D_{fe}，外表面的体外作用尺寸记为 d_{fe}，如图 4-97（a）、（b）所示。可近似表示为

$$\left.\begin{aligned} D_{fe} &= D_a - f \\ d_{fe} &= d_a + f \end{aligned}\right\} \tag{4-1}$$

式中，D_a、d_a 分别为内表面和外表面的实际尺寸；f 为其中心导出要素的几何误差。

2）体内作用尺寸

在被测要素的给定长度上，与实际内表面体内相接的最小理想面或与实际外表面体内相接的最大理想面的直径或宽度，称为体内作用尺寸。其中，内表面的体内作用尺寸记为 D_{fi}，外表面的体内作用尺寸记为 d_{fi}，如图 4-97（c）、（d）所示。可近似表示为

$$\left.\begin{aligned} D_{fi} &= D_a + f \\ d_{fi} &= d_a - f \end{aligned}\right\} \tag{4-2}$$

无论是体外作用尺寸还是体内作用尺寸，对于关联要素，其理想包容面的轴线或中心平面必须与基准保持图样给定的几何位置关系。

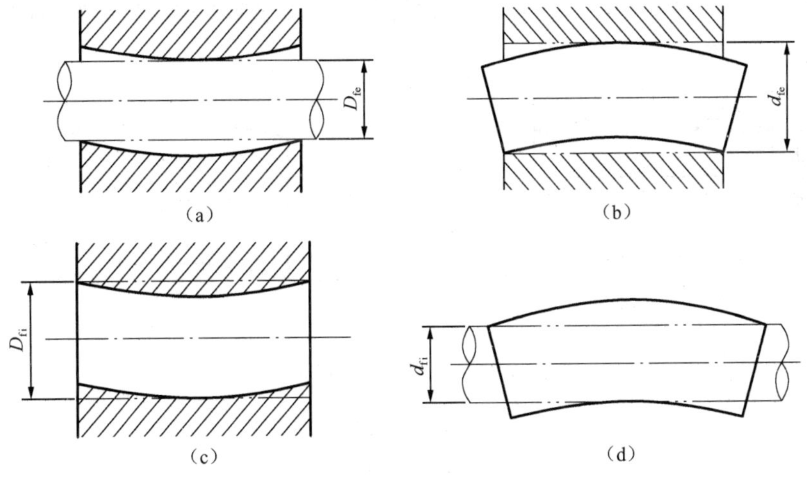

图 4-97　作用尺寸

2. 实体状态与实体尺寸

1）最大实体状态与最大实体尺寸

在给定长度上，实际要素的局部尺寸处处为极限尺寸，且使其具有材料最多（实体最大）的状态，称为最大实体状态（Maximum Material Condition，MMC）。

实际要素在最大实体状态下的尺寸即为最大实体尺寸（Maximum Material Size，MMS）。对于内表面，MMS 为最小极限尺寸；对于外表面，MMS 为最大极限尺寸。内表面和外表面的 MMS

分别记为 D_M 和 d_M。用公式可表示为

$$\left.\begin{aligned} D_M &= D_{min} \\ d_M &= d_{max} \end{aligned}\right\} \tag{4-3}$$

2）最小实体状态与最小实体尺寸

在给定长度上，实际要素的局部尺寸处处为极限尺寸，且使其具有材料最少（实体最小）的状态，称为最小实体状态（Least Material Condition，LMC）。

实际要素在最小实体状态下的尺寸即为最小实体尺寸（Least Material Size，LMS）。对于内表面，LMS 为最大极限尺寸；对于外表面，LMS 为最小极限尺寸。内表面和外表面的 LMS 分别记为 D_L 和 d_L。用公式可表示为

$$\left.\begin{aligned} D_L &= D_{max} \\ d_L &= d_{min} \end{aligned}\right\} \tag{4-4}$$

3. 实效状态与实效尺寸

1）最大实体实效状态（MMVC）与最大实体实效尺寸（MMVS）

在给定长度上，实际要素处于最大实体状态，且其中心导出要素的几何误差等于公差值时的综合极限状态，称为最大实体实效状态（Maximum Material Virtual Condition，MMVC）。

最大实体实效状态下的体外作用尺寸，即为最大实体实效尺寸（Maximum Material Virtual Size，MMVS），如图 4-98 所示。对于内表面，MMVS 为最大实体尺寸减去中心导出要素的几何公差值，记为 D_{MV}；对于外表面，MMVS 为最大实体尺寸加上中心导出要素的几何公差值，记为 d_{MV}。用公式可表示为：

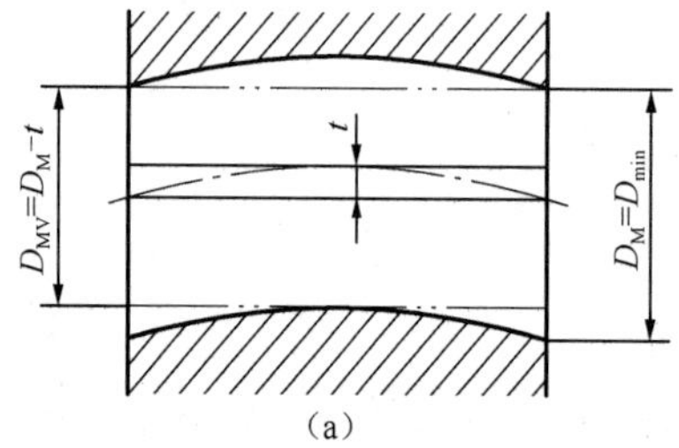

(a)

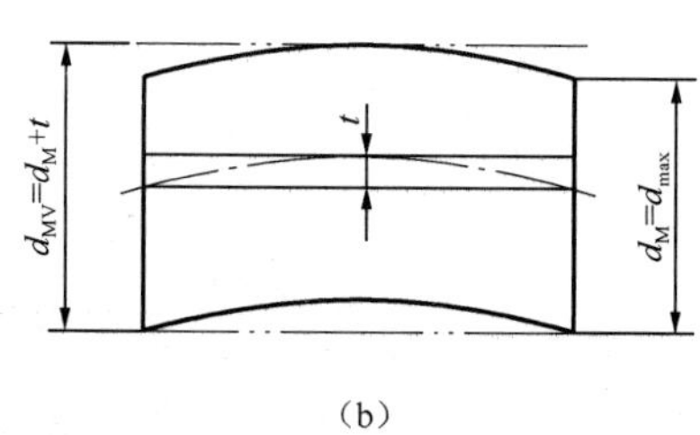

(b)

图 4-98　最大实体实效尺寸

$$\left.\begin{aligned} D_{MV} &= D_M - t \\ d_{MV} &= d_M + t \end{aligned}\right\} \tag{4-5}$$

式中，t 为中心导出要素的几何公差值。

2）最小实体实效状态与最小实体实效尺寸

在给定长度上，实际要素处于最小实体状态，且其中心导出要素的几何误差等于给出公差值时的综合极限状态，称为最小实体实效状态（Least Material Virtual Condition，LMVC）。

最小实体实效状态下的体内作用尺寸，即为最小实体实效尺寸（Least Material Virtual Size，LMVS），如图 4-99 所示。对于内表面，LMVS 为最小实体尺寸加上中心导出要素的几何公差值，记为 D_{LV}；对于外表面，LMVS 为最小实体尺寸减去中心导出要素的几何公差值，记为 d_{LV}。用公式可表示为：

$$\left.\begin{aligned} D_{LV} &= D_L + t \\ d_{LV} &= d_L - t \end{aligned}\right\} \tag{4-6}$$

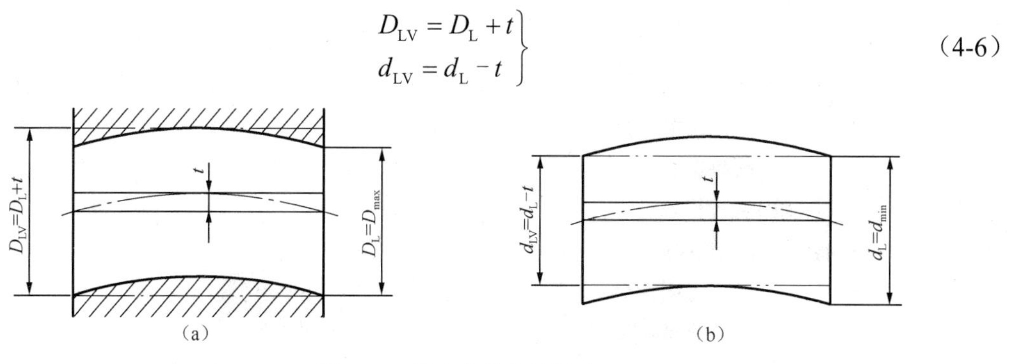

图 4-99　最小实体实效尺寸

4．边界

由于零件实际要素总是同时存在尺寸偏差和几何误差，而其功能取决于二者的综合效果，因此可用“边界”综合控制实际要素的尺寸偏差和几何误差。所谓“边界”，是指由设计给定的具有理想形状的极限包容面，如图 4-100 所示。关联要素的边界，除具有一定的尺寸大小和正确的几何形状外，还必须与基准保持图样上给定的几何关系。

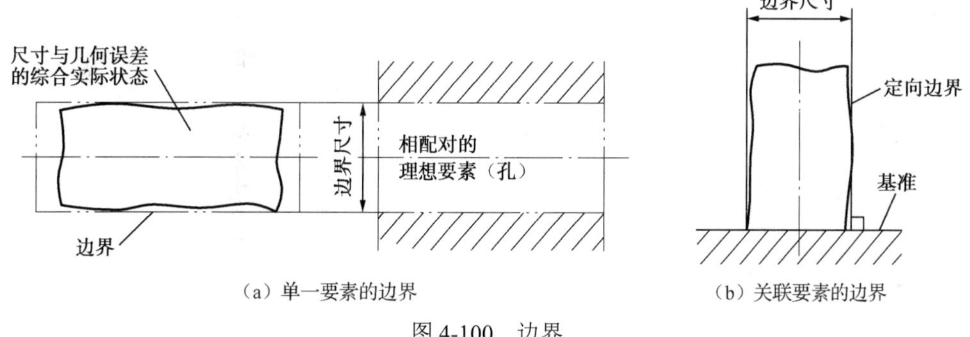

图 4-100　边界

边界有四种类型，分别是：

（1）最大实体边界（Maximum Material Boundary，MMB），即具有最大实体尺寸及正确几何形状（与方向）的理想包容面。

（2）最小实体边界（Least Material Boundary，LMB），即具有最小实体尺寸及正确几何形状（与方向）的理想包容面。

（3）最大实体实效边界（Maximum Material Virtual Boundary，MMVB），即具有最大实体实效尺寸及正确几何形状（与方向）的理想包容面。

（4）最小实体实效边界（Least Material Virtual Boundary，LMVB），即具有最小实体实效尺寸及正确几何形状（与方向）的理想包容面。

4.4.2　公差原则概述

1．独立原则

广义地讲，独立原则（Independence Principle，IP）是指每个要素的 GPS 规范或要素间关系的 GPS 规范与其他规范之间相互独立，应分别满足。具体到本章，独立原则可理解为：图样上给定的尺寸公差与形状、方向及位置公差均是独立的，每一项偏差或误差应分别满足各自公差的要求。

独立原则是尺寸公差和几何公差相互关系的默认原则，无须任何特殊标注。

遵循独立原则，线性尺寸公差用来控制要素的局部实际尺寸，实际要素的形状误差及要素间的方向、位置误差由图样上注出的或未注的几何公差控制。

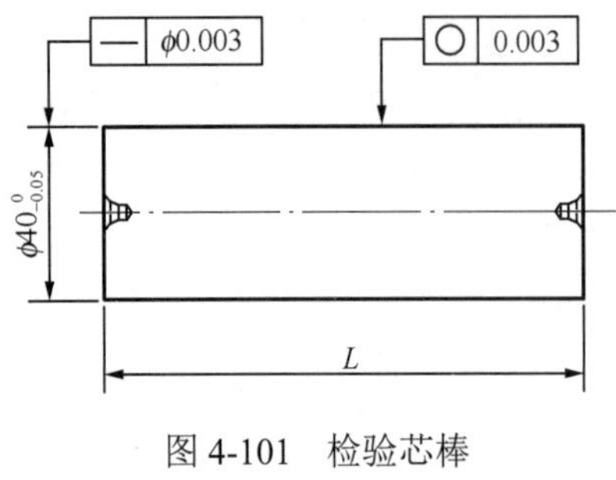

图 4-101　检验芯棒

图 4-101 是检验芯棒，其直径的尺寸精度要求不高，但对外圆表面的圆度和轴线的直线度要求很高。这是因为芯棒的功能要求其几何形状与尺寸公差应彼此独立，即遵守独立原则。只要直径的实际尺寸为ϕ39.95～ϕ40mm，轴线的直线度误差和任意截面的圆度误差不超过 0.003mm，该检验芯棒即为合格。

2．相关要求

相关要求是指尺寸公差与几何公差相互有关的公差要求，包括包容要求、最大实体要求（包括可逆要求应用于最大实体要求）和最小实体要求（包括可逆要求应用于最小实体要求）。

1）包容要求（Envelope Requirement，ER）

包容要求曾被称为“泰勒原则”，是指最小实体尺寸控制两点尺寸，同时最大实体尺寸控制最小外接尺寸或最大内切尺寸。通俗地讲，遵守包容要求，就是要求被测要素的局部实际尺寸不得超出最小实体尺寸，而要素本身处处不得超越最大实体边界。对于内表面和外表面，可分别表示为

$$\left.\begin{aligned} D_{\mathrm{fe}} &\geqslant D_{\mathrm{M}} \\ D_{\mathrm{a}} &\leqslant D_{\mathrm{L}} \end{aligned}\right\} \tag{4-7}$$

$$\left.\begin{aligned} d_{\mathrm{fe}} &\leqslant d_{\mathrm{M}} \\ d_{\mathrm{a}} &\geqslant d_{\mathrm{L}} \end{aligned}\right\} \tag{4-8}$$

包容要求仅适用于单一要素。采用包容要求的单一要素，应在其尺寸极限偏差或公差带代号之后加注符号“Ⓔ”，如图 4-102（a）所示。

图 4-102（a）所示为普通车床尾顶尖的套筒简图标注，为保证其外圆柱面与尾座本体圆孔的小间隙精密配合，须遵守包容要求，即圆周表面的实际轮廓必须处于直径为ϕ80mm（d_{M}）的最大实体边界内，同时，局部实际尺寸不得小于ϕ79.987mm（d_{L}）。

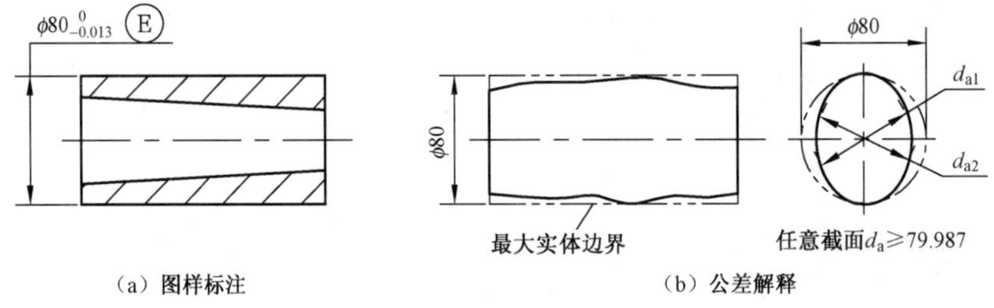

图 4-102　包容要求的应用

2）最大实体要求（Maximum Material Requirement，MMR）

采用最大实体要求，被测要素的实际轮廓应在给定的长度上处处不得超出最大实体实效边

界，即其体外作用尺寸不应超出最大实体实效尺寸，且其局部实际尺寸不得超出最大实体尺寸和最小实体尺寸。对于内表面和外表面，可分别表示为

$$\left.\begin{aligned} D_{fe} &\geqslant D_{MV} \\ D_{L} \geqslant D_{a} &\geqslant D_{M} \end{aligned}\right\} \tag{4-9}$$

$$\left.\begin{aligned} d_{fe} &\leqslant d_{MV} \\ d_{L} \leqslant d_{a} &\leqslant d_{M} \end{aligned}\right\} \tag{4-10}$$

最大实体要求仅用于导出要素。

图样上，若采用最大实体要求，则应在被测要素几何公差框格中的公差值后标注符号“Ⓜ”；当最大实体要求应用于基准要素时，应在几何公差框格内的基准字母代号后也标注符号“Ⓜ”。

（1）最大实体要求应用于被测要素。应用于被测要素时，图样上标注的几何公差值是在该要素处于最大实体状态时给定的。在不超出最大实体实效边界的前提下，若被测要素的实际轮廓偏离其最大实体状态，即其实际尺寸偏离最大实体尺寸时，几何误差值可超出图样上给定的几何公差值，此时的几何公差值可以增大。

图 4-103（a）所示零件的轴线直线度公差遵守最大实体要求。当被测要素处于最大实体状态时，其轴线直线度公差为ϕ0.1mm，如图 4-103（b）所示；当轴的实际尺寸为ϕ19.7～ϕ20mm 时，由于实际轮廓不得超出最大实体实效边界，所以轴线直线度误差应满足

$$f \leqslant t + (d_M - d_a)$$

显然，“$t + (d_M - d_a)$”为直线度的动态公差，而“$d_M - d_a$”为尺寸偏差对直线度公差的补偿。

当轴的实际尺寸恰巧等于ϕ19.7mm（d_L）时，直线度公差得到最大的补偿量（等于尺寸公差值 0.3mm）。此时，直线度公差达到最大值ϕ0.4mm，为图样给定直线度公差与尺寸公差之和，如图 4-103（c）所示。

（2）最大实体要求应用于基准要素。应用于基准要素时，基准要素首先应遵守其自身采用公差原则相应的边界；其次，若基准要素的实际轮廓偏离其相应的边界，则允许基准要素在一定范围内浮动，浮动值等于基准要素的体外作用尺寸与其相应边界尺寸之差。

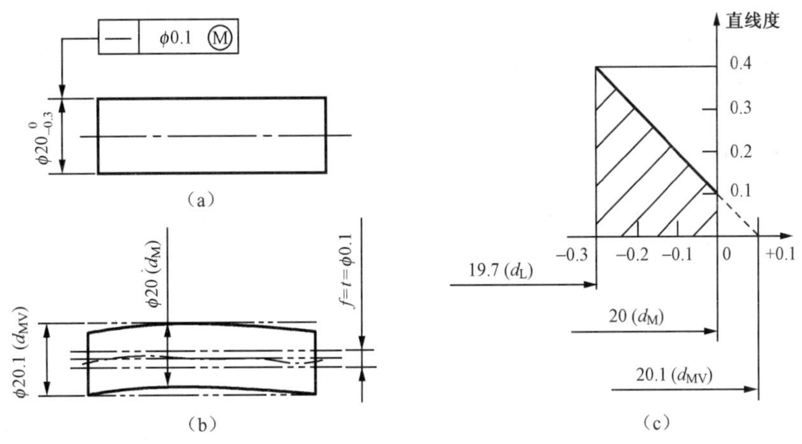

图 4-103　轴线直线度公差遵守最大实体要求

这里，基准要素应遵守的边界分为两种：当基准要素本身遵守最大实体要求时，应为最大实体实效边界，如图 4-104 所示；当基准要素本身不做明确标注时，应为最大实体边界。

如图 4-105 所示，圆柱面$\phi 12^{0}_{-0.05}$ mm 的轴线对基准轴线的同轴度公差遵守最大实体要求，同时最大实体要求也应用于基准要素，则圆柱面$\phi 12^{0}_{-0.05}$ mm 应满足下列要求：

① 实际尺寸处处为ϕ11.95～ϕ12 mm；

② 实际轮廓处处不得超出关联最大实体实效边界，即其关联体外作用尺寸不大于关联最大实体实效尺寸（$d_{fe} \leqslant d_{MV} = d_M + t = \phi 12.04$mm）。

当被测圆柱处于最小实体状态（ϕ11.95）时，其轴线对基准轴线 A 的同轴度公差达到最大值，等于图样上给出的同轴度公差ϕ0.04 mm 与轴的尺寸公差 0.05mm 之和ϕ0.09 mm。

以上分析基于基准 A 的圆柱面轮廓处于最大实体边界，即其体外作用尺寸等于最大实体尺寸（$d_{fe} = d_M = \phi 25$ mm），基准轴线的位置是确定的。当基准 A 的圆柱面轮廓偏离最大实体边界，即其体外作用尺寸小于最大实体尺寸（$d_{fe} < d_M = \phi 25$ mm）时，基准轴线可以浮动（被测要素及其最大实体实效边界随基准轴线一起浮动）；当其体外作用尺寸等于最小实体尺寸（$d_{fe} = d_L = \phi 24.95$ mm）时，其浮动范围达到最大值ϕ0.05 mm。

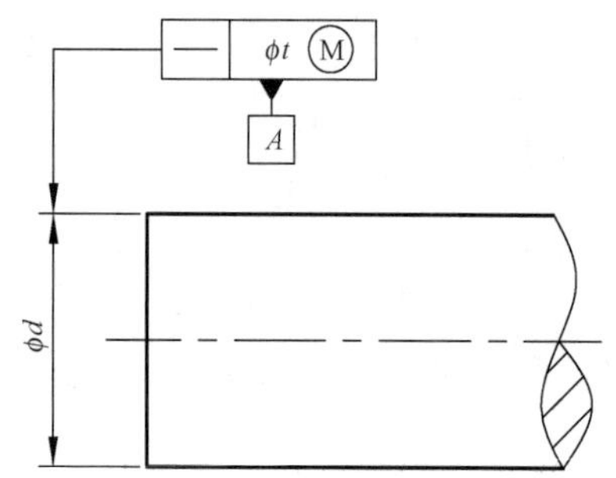

图 4-104 基准要素遵守最大实体要求

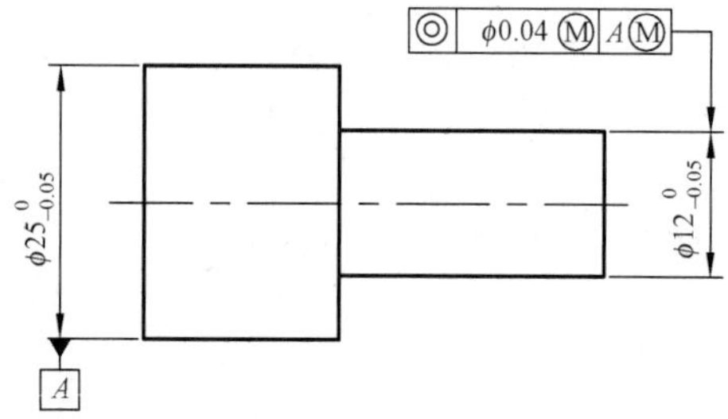

图 4-105 最大实体要求应用于基准要素

对比式（4-7）、式（4-8）与式（4-9）、式（4-10）可以看出，包容要求与最大实体要求本质上是一致的。二者都要求实际尺寸在极限尺寸范围内，都用理想的边界去综合控制尺寸偏差与几何误差，但包容要求采用的最大实体边界在数值上等于极限尺寸，因此，采用包容要求是完全符合“极限制”的。对间隙或过盈范围有严格限制的重要配合，应采用包容要求，而最大实体要求采用最大实体实效边界，数值上已超出极限尺寸，不能保证“极限制”下给出的间隙或过盈范围。将实际尺寸与最大实体尺寸之间的偏离量补偿给几何公差，放宽了对几何精度的要求，提高了产品的合格率。因此，对间隙或过盈量不做要求，或仅要求孔轴零件能顺利装配的场合，应选用最大实体要求。

3）最小实体要求（Least Material Requirement，LMR）

采用最小实体要求，被测要素的实际轮廓在给定的长度上处处不得超出最小实体实效边界，即其体内作用尺寸不应超出最小实体实效尺寸，且其局部实际尺寸不得超出最大实体尺寸和最小实体尺寸。对于内表面和外表面，可分别表示为

$$\left.\begin{aligned} D_{fi} &\leqslant D_{LV} \\ D_M \leqslant D_a &\leqslant D_L \end{aligned}\right\} \tag{4-11}$$

$$\left.\begin{aligned} d_{fi} &\geqslant d_{LV} \\ d_M \geqslant d_a &\geqslant d_L \end{aligned}\right\} \tag{4-12}$$

最小实体要求仅用于导出要素。

在图样上，若采用最小实体要求，则应在被测要素几何公差框格中的公差值后标注符号“Ⓛ”；当最小实体要求应用于基准要素时，应在几何公差框格内的基准字母代号后标注符号“Ⓛ”，如图 4-106 所示。

（1）最小实体要求应用于被测要素。应用于被测要素时，图样上标注的几何公差值是在该

要素处于最小实体状态时给出的。若被测要素的实际轮廓偏离其最小实体状态，即其实际尺寸偏离最小实体尺寸时，几何误差值可超出图样上标注的几何公差值，此时的几何公差值可以增大。

（2）最小实体要求应用于基准要素。应用于基准要素时，基准要素首先应遵守其自身采用公差原则相应的边界；其次，若基准要素的实际轮廓偏离其相应的边界，则允许基准要素在一定范围内浮动，且浮动值等于基准要素的体内作用尺寸与相应边界尺寸之差。

这里，基准要素应遵守的边界分为两种：当基准要素本身遵守最小实体要求时，应为最小实体实效边界；当基准要素本身不做明确标注时，应为最小实体边界。

图 4-106 中，图 4-106（a）表示最小实体要求应用于孔轴线对基准的同轴度公差，并同时应用于基准要素。对此可做如下分析：

① 当被测要素处于最小实体状态，即孔的实际尺寸等于 ϕ40mm 时，其轴线对基准 A 的同轴度公差为 ϕ1mm，如图 4-106（b）所示。

② 当被测要素偏离最小实体状态，即孔的实际尺寸为 ϕ39～ϕ40mm 时，由于实际轮廓不得超出关联最小实体实效边界，即关联体内作用尺寸不大于关联最小实体实效尺寸 ϕ41mm，所以同轴度公差可以增大；特别是当被测要素处于最大实体状态，即孔的实际尺寸等于 ϕ39mm 时，同轴度公差达到 ϕ2mm（图中给出的同轴度公差值 ϕ1mm 与孔的尺寸公差值 1 之和），如图 4-106（c）所示。

③ 基准要素应遵守最小实体边界 ϕ50.5mm。前述分析是在基准要素为最小实体状态下进行的，若基准要素的实际轮廓偏离了最小实体边界，即其体内作用尺寸偏离了最小实体尺寸 ϕ50.5mm，则允许基准轴线在一定范围内浮动（被测要素及其最小实体实效边界随基准轴线一起浮动）；当体内作用尺寸等于最大实体尺寸 ϕ51mm 时，基准轴线的浮动范围最大，为直径等于基准要素尺寸公差值 ϕ0.5mm 的圆柱形区域，如图 4-106（c）所示。

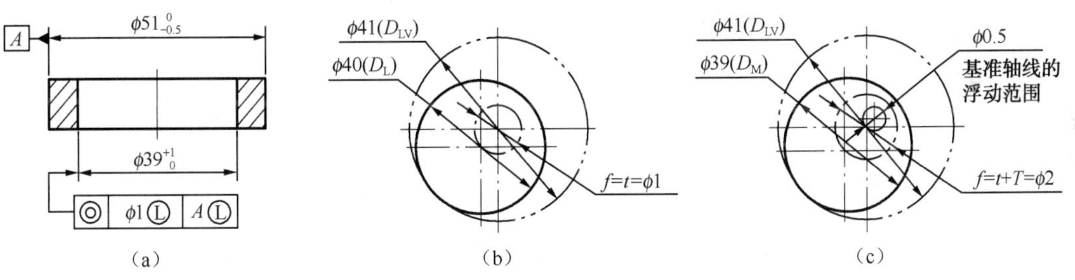

图 4-106 同轴度采用最小实体要求

以图 4-106 为例，应用最小实体要求的目的是保证零件最小壁厚的设计。

4）可逆要求（Reciprocity Requirement，RPR）

可逆要求只应用于被测要素，它是最大实体要求或最小实体要求的附加要求。图样上将符号Ⓡ标注在几何公差值框格中Ⓜ或Ⓛ之后，表示在不影响零件功能的前提下，当被测轴线或中心平面的几何误差值小于给出的几何公差值时，允许相应的尺寸公差值增大。或者说，加注了Ⓡ的最大实体要求或最小实体要求，在不超出最大实体实效边界或最小实体实效边界的前提下，允许尺寸公差值和几何公差值相互补偿。

由此可知，几何公差值框格内标注了Ⓜ Ⓡ，意味着被测要素的实际尺寸允许在最小实体尺寸和最大实体实效尺寸之间变动；几何公差值框格内标注了Ⓛ Ⓡ，意味着被测要素的实际尺寸允许在最大实体尺寸和最小实体实效尺寸之间变动。

最大实体要求或最小实体要求附加可逆要求，并不改变它们原有的含义。几何误差的减小可用于补偿尺寸公差，这样就为根据零件的功能而合理分配尺寸公差和几何公差提供了方便。

图 4-107 为可逆要求用于最大实体要求的示例。被测要素的最大实体实效边界为直径等于ϕ20.1mm 且与基准 D 垂直的理想圆柱面。当局部实际尺寸为ϕ20mm 时，轴线垂直度误差允许达到ϕ0.1mm；当局部实际尺寸为ϕ19.85mm 时，轴线垂直度误差允许达到ϕ0.25mm；根据可逆要求的思想，若轴线对基准的垂直度误差为 0，则允许轴的局部实际尺寸达到ϕ20.1mm。图 4-107（e）为表示上述关系的动态公差带图。

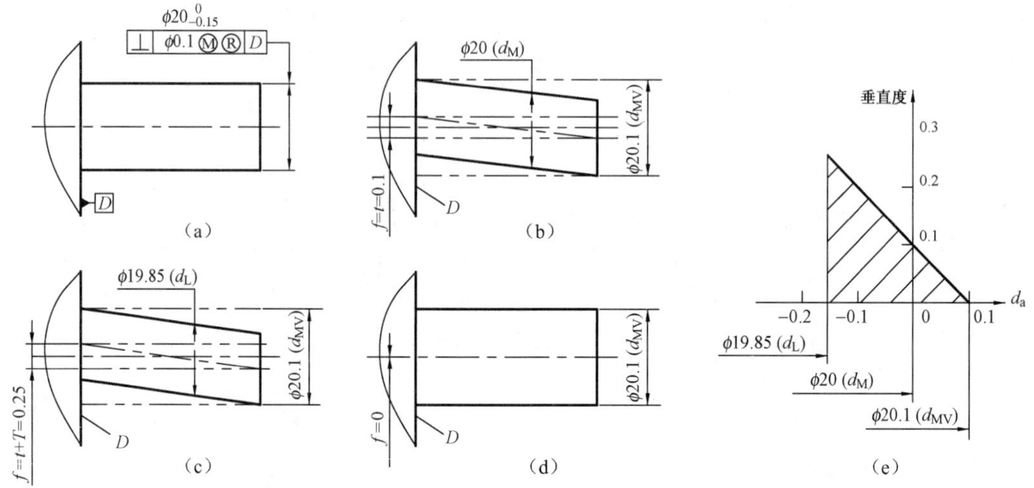

图 4-107　可逆要求用于最大实体要求的示例

4.5 几何公差的选用

4.5.1 几何公差项目的选择

几何公差项目的选择，取决于零件的几何特征与功能要求，同时也要考虑检测的方便性。

1. 根据零件的几何特征选择

形状公差项目主要是按要素的几何形状特征设计的，因此要素的几何特征自然是选择单一要素公差项目的基本依据。例如，控制平面的形状误差既可以选择平面度公差，也可以选择直线度公差。对于大多数用于起安装与定位作用的圆形或长、宽较接近的矩形面，选择平面度公差显然是正确的；但对于长、宽相差悬殊，如起导向作用的导轨面，则可选择长度方向的直线度公差。再如，控制圆柱形孔、轴表面的形状误差，既可以选择圆度公差，也可以选择圆柱度公差。圆柱度公差显然对误差的控制更加全面，但其测量和数据处理较烦琐。因此，长径比较小（如 $d/l \leqslant 3$）、孔轴相对静止的表面，大多选择圆度公差，而长径比较大、孔轴有轴向相对运动的表面，如缸体表面，选择圆柱度公差更为合理。

定向与定位公差项目是按要素间几何方位关系制定的，所以公差项目的选择，应以被测要素与基准间的几何方位关系为基本依据。对线（轴线）、面可规定定向和定位公差，对点只能规定位置度公差，对回转面可规定同轴度公差和跳动公差。

当然，同一被测要素往往既需要形状公差，也需要定向、定位或跳动公差，选择时应区别各公差项目公差带的形状、大小及方向。一般来说，定位公差可以包含定向公差，定向或定位公差可以包含形状公差。例如，直线或平面的平行度公差对直线度误差或平面度误差起到了一定的控制作用，但若直线度或平面度的精度要求高于平行度公差，则还应标注出直线度公差或平面度公差。再如，轴类零件表面常常有同轴度的公差要求，但径向圆跳动的检查非常方便，也可部分反映出同轴度误差。通常，长径比较小的表面多选径向圆跳动公差；精度要求较高，或工作时高速回转的圆柱面，则应选择同轴度公差或径向全跳动公差。

2. 根据零件的使用要求选择

机械产品性能的优劣往往取决于组成机器的各个零件，而那些承担主要功用的零件，其工作面的几何误差将会影响整个机械产品的使用性能，因此特别需要对它们规定合理的几何公差。不同产品、不同机器、不同零件的功能要求不同，对几何公差的要求也不同，所以应分析几何误差对零件使用性能的影响。

1）保证零件的工作精度

为了保证零件的工作精度而设计、选择几何公差，例如：

（1）机床导轨。以车床为例，导轨的功用是支撑溜板并导向，若导轨面沿长度方向的素线有直线度误差，将会影响导轨的导向精度，使刀架在溜板的带动下做不规则的直线运动。又由于刀架在进给运动中的抖动，使车刀的吃刀深度不均，从而导致加工出的零件产生形状误差。因此，为了保证机床的工作精度，必须对导轨规定直线度公差。

（2）滚动轴承。滚动轴承内、外圈及滚动体的形状误差，与轴承配合的轴颈、轴承座孔的形状误差及定位轴肩与轴线不垂直等，将影响轴承旋转时的精度，所以必须对滚动轴承内、外圈规定圆度或圆柱度公差；对与轴承配合的轴颈、轴承座孔规定圆柱度公差；对定位轴肩规定轴向圆跳动公差。

（3）定位平面。机床工作台平面、夹具的定位平面、检验平板工作面等都是定位基准面，它们的形状误差将影响支撑面安置的平稳和定位可靠性，所以应规定平面度公差。

（4）传动齿轮。齿轮零件内孔的圆柱度误差将影响其与轴的配合，若是间隙配合，则进一步影响齿轮的旋转精度；齿轮箱体中安装齿轮轴的两孔轴线不平行将影响齿轮副的接触精度，降低承载能力，所以对齿轮零件内孔应规定圆柱度公差或用包容要求综合控制其尺寸与形状误差；对齿轮箱体安装齿轮轴的两孔轴线规定平行度公差。

（5）凸轮轮廓。凸轮顶杆机构中，凸轮轮廓曲线是根据从动杆要求的运动规律而设计的，凸轮轮廓曲线的形状误差将影响从动杆运动规律的准确性，故应规定凸轮轮廓曲线的线轮廓度公差。

2）保证连接强度和密封性

例如，汽缸盖与缸体由两个平面贴合在一起，两者之间要求有较好的连接强度和很好的密封性，所以应给出这两个平面的平面度公差。又如，圆柱面的形状误差将影响定位配合的连接强度和可靠性，以及影响有相对转动配合的间隙均匀性和运动平稳性，所以应规定圆度或圆柱度公差。

3）减少磨损，延长零件的使用寿命

在有相对运动的轴、孔间隙配合中，内、外圆柱体的形状误差会影响两者的接触面积，造成零件早期磨损失效，降低零件的使用寿命，故应对圆柱面规定圆度或圆柱度公差。

3．根据检测的方便性选择

为了检测方便，有时可将所需的公差项目用控制效果相同或相近的公差项目来代替。例如，要素为一圆柱面时，圆柱度常常是选择项目，因为它综合控制了圆柱面的各种形状误差，但若没有圆柱度仪则检测不便，故可选用圆度、直线度几个分项，或者选用径向跳动公差等进行控制。又如，径向圆跳动可综合控制圆度和同心度误差，而径向圆跳动误差的检测简单易行，所以在不影响设计要求的前提下，可尽量选用径向圆跳动公差项目。同样，可近似地用轴向圆跳动公差代替端面对轴线的垂直度公差要求。轴向全跳动的公差带和端面对轴线垂直度的公差带完全相同，可互相替代。

如图 4-108 所示的定位心轴，莫氏锥体是该件的安装基准，d_2 外圆柱面和端面 B 是装夹其他零件的定位基准。为使被加工零件和该心轴同步转动时平稳，以保证零件的加工精度，需对 d_2 外圆柱面和端面 B 分别提出相对锥体的同轴度和垂直度要求，但因同轴度检测不便，可选择径向圆跳动代替同轴度公差；又因端面 B 的面积较小，形状误差不会太大，故可用轴向圆跳动代替垂直度公差。但应注意，径向圆跳动是同轴度误差与圆柱面形状误差的综合结果，所以给出的跳动公差值应略大于同轴度公差值。

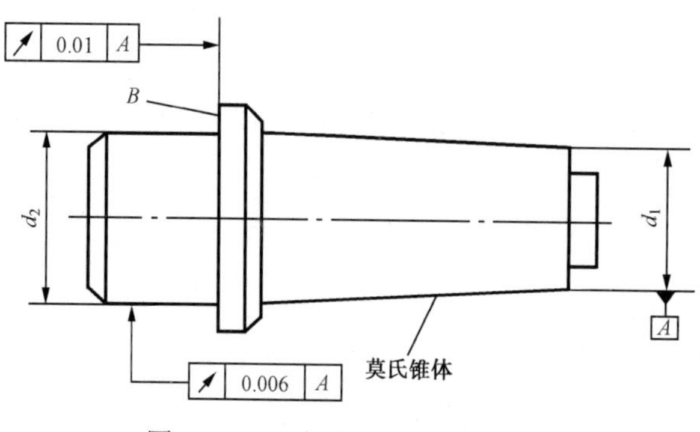

图 4-108 几何公差项目选择示例

4．根据几何公差的控制功能选择

各项几何公差的控制功能各不相同，有单一控制项目，如直线度、圆度等；也有综合控制项目，如平面度（含直线度）、圆柱度（含圆度、素线直线度）、径向圆跳动（含圆度、同心度）和位置度（含方向公差）等。选择几何公差项目时，应认真考虑它们之间的关系，在保证零件使用要求的前提下，尽量减少图样上的几何公差标注要求，充分发挥综合控制项目的职能。对于同一个被测要素，当标出的几何公差综合项目能满足功能要求时，一般不必再规定其他几何公差。

图 4-109 所示的铣削动力头主轴出自图 2-20，为其关键零件。读者可根据装配结构关系及功能，理解图中所注几何公差，并对不完整的标注尝试进行补充。

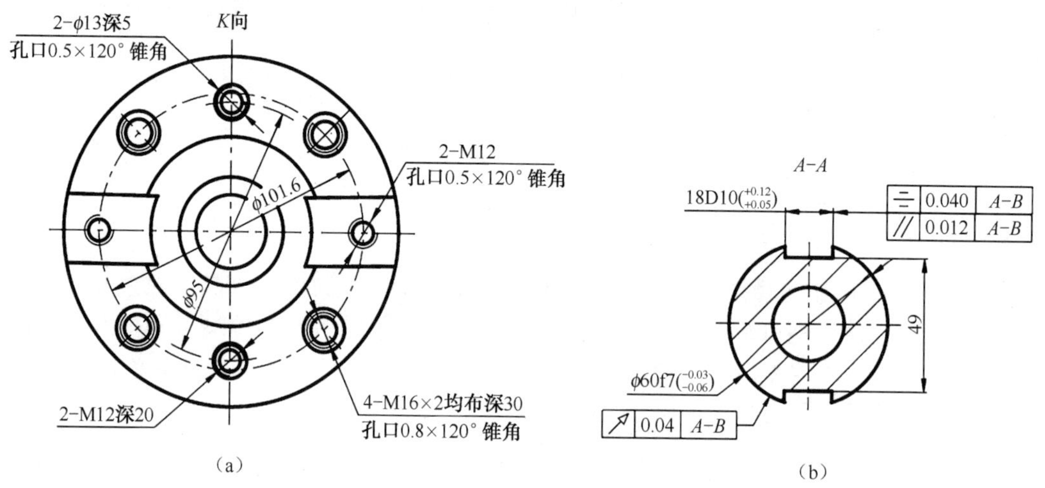

图 4-109 铣削动力头主轴

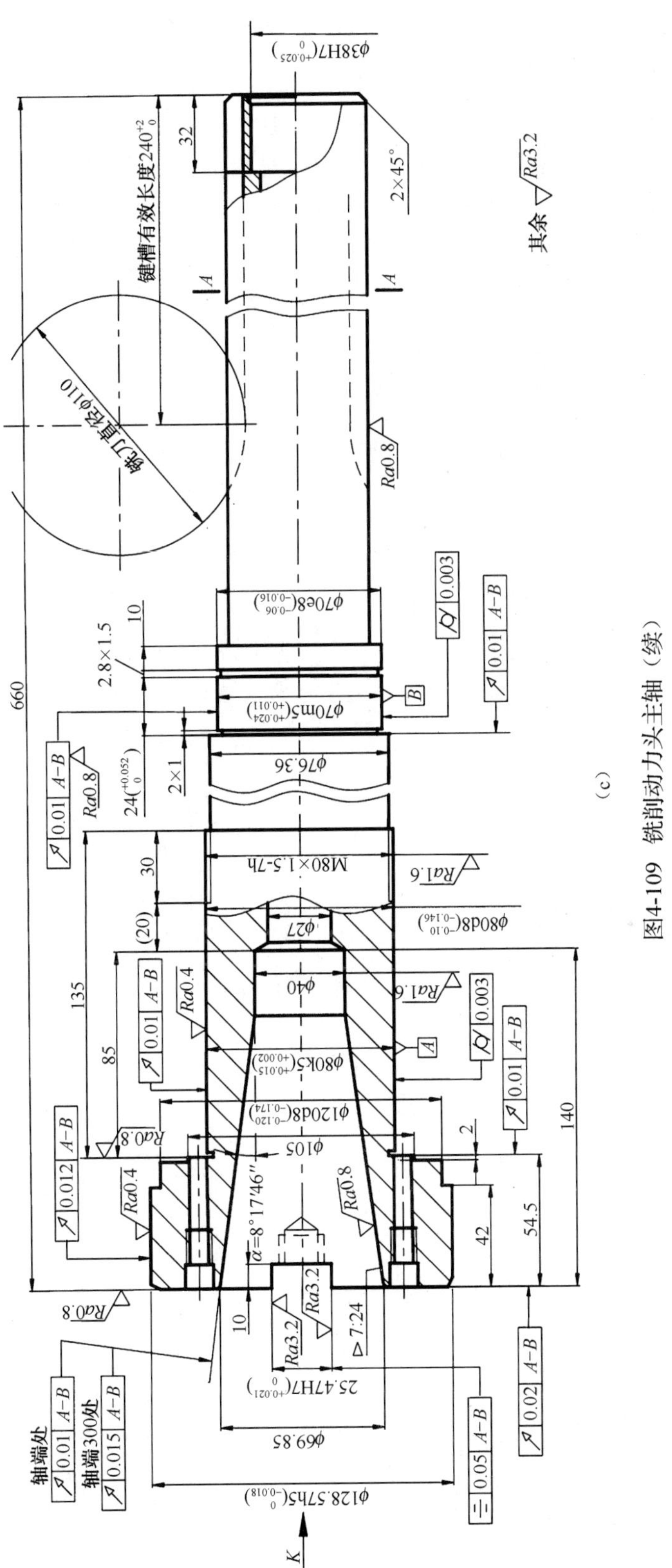

（c）

图4-109　铣削动力头主轴（续）

4.5.2 几何公差等级

国家标准《形状和位置公差　未注公差值》（GB/T 1184—1996）规定，图样中标注的几何公差有两种形式：未注公差和注出公差。未注公差是指各类工厂中常用设备、技术水平能保证的精度。零件大部分要素的几何公差值均应遵循未注公差值的要求，不必注出。只有当要求要素的公差值小于未注公差值时，或者要求要素的公差值大于未注公差值而给出大的公差值后，能给工厂的生产带来经济效益时，才需要在图样中用公差框格给出几何公差值。

1. 需注出的几何公差等级与公差值

图样上需注出的几何公差一般划分为 1～12 级，1 级精度最高，12 级精度最低；圆度和圆柱度的最高级为 0 级，即划分为 13 级；线轮廓度、面轮廓度及位置度未规定公差等级。各项特征的几何公差值见表 4-4 至表 4-8。

表 4-4　直线度、平面度　（摘自 GB/T 1184—1996）

主参数 L/mm	公差等级											
	1	2	3	4	5	6	7	8	9	10	11	12
	公差值/μm											
≤10	0.2	0.4	0.8	1.2	2	3	5	8	12	20	30	60
>10～16	0.25	0.5	1	1.5	2.5	4	6	10	15	25	40	80
>16～25	0.3	0.6	1.2	2	3	5	8	12	20	30	50	100
>25～40	0.4	0.8	1.5	2.5	4	6	10	15	25	40	60	120
>40～63	0.5	1	2	3	5	8	12	20	30	50	80	150
>63～100	0.6	1.2	2.5	4	6	10	15	25	40	60	100	200
>100～160	0.8	1.5	3	5	8	12	20	30	50	80	120	250
>160～250	1	2	4	6	10	15	25	40	60	100	150	300
>250～400	1.2	2.5	5	8	12	20	30	50	80	120	200	400
>400～630	1.5	3	6	10	15	25	40	60	100	150	250	500
>630～1000	2	4	8	12	20	30	50	80	120	200	300	600
主参数 L 图例												

表 4-5　圆度和圆柱度　（摘自 GB/T 1184—1996）

主参数 $d(D)$/mm	公差等级												
	0	1	2	3	4	5	6	7	8	9	10	11	12
	公差值/μm												
≤3	0.1	0.2	0.3	0.5	0.8	1.2	2	3	4	6	10	14	25
>3～6	0.1	0.2	0.4	0.6	1	1.5	2.5	4	5	8	12	18	30
>6～10	0.12	0.25	0.4	0.6	1	1.5	2.5	4	6	9	15	22	36

续表

主参数 d(D)/mm	公差等级												
	0	1	2	3	4	5	6	7	8	9	10	11	12
	公差值/μm												
>10～18	0.15	0.25	0.5	0.8	1.2	2	3	5	8	11	18	27	43
>18～30	0.2	0.3	0.6	1	1.5	2.5	4	6	9	13	21	33	52
>30～50	0.25	0.4	0.6	1	1.5	2.5	4	7	11	16	25	39	62
>50～80	0.3	0.5	0.8	1.2	2	3	5	8	13	19	30	46	74
>80～120	0.4	0.6	1	1.5	2.5	4	6	10	15	22	35	54	87
>120～180	0.6	1	1.2	2	3.5	5	8	12	18	25	40	63	100
>180～250	0.8	1.2	2	3	4.5	7	10	14	20	29	46	72	115
>250～315	1.0	1.6	2.5	4	6	8	12	16	23	32	52	81	130
>315～400	1.2	2	3	5	7	9	13	18	25	36	57	89	140
>400～500	1.5	2.5	4	6	8	10	15	20	27	40	63	97	155
主参数 d(D) 图例	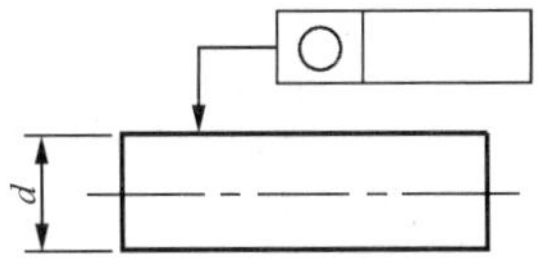 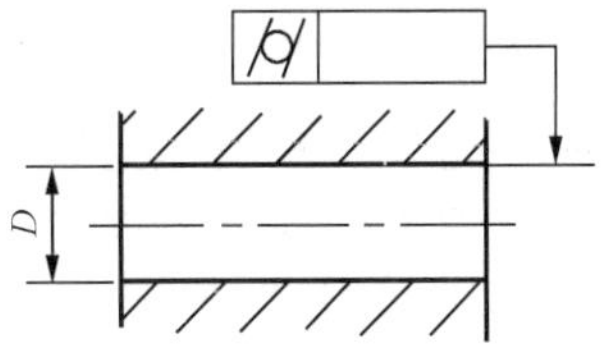												

表 4-6 平行度、垂直度和倾斜度 （摘自 GB/T 1184—1996）

主参数 L，d(D)/mm	公差等级											
	1	2	3	4	5	6	7	8	9	10	11	12
	公差值/μm											
≤10	0.4	0.8	1.5	3	5	8	12	20	30	50	80	120
>10～16	0.5	1	2	4	6	10	15	25	40	60	100	150
>16～25	0.6	1.2	2.5	5	8	12	20	30	50	80	120	200
>25～40	0.8	1.5	3	6	10	15	25	40	60	100	150	250
>40～63	1	2	4	8	12	20	30	50	80	120	200	300
>63～100	1.2	2.5	5	10	15	25	40	60	100	150	250	400
>100～160	1.5	3	6	12	20	30	50	80	120	200	300	500
>160～250	2	4	8	15	25	40	60	100	150	250	400	600
>250～400	2.5	5	10	20	30	50	80	120	200	300	500	800
>400～630	3	6	12	25	40	60	100	150	250	400	600	1000
>630～1000	4	8	15	30	50	80	120	200	300	500	800	1200
主参数 L, d(D) 图例	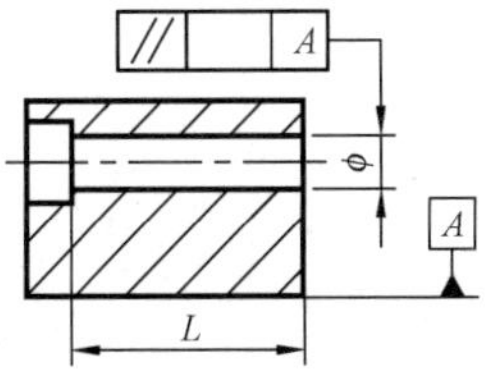 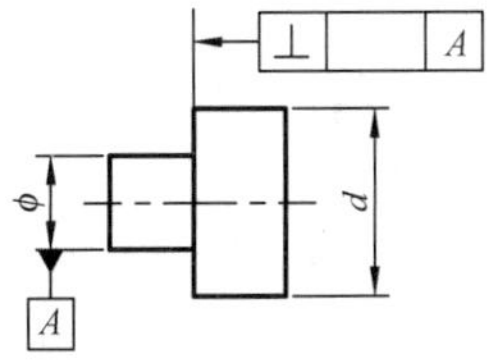 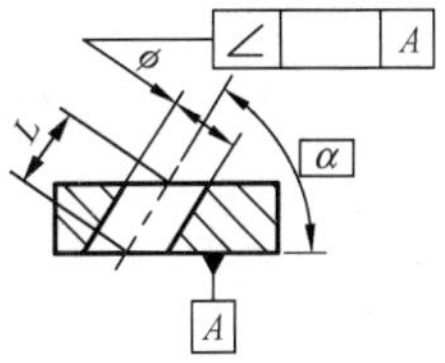											

表 4-7　同轴度、对称度、圆跳动和全跳动　（摘自 GB/T 1184—1996）

主参数 $d(D)$，B，L/mm	公差等级											
	1	2	3	4	5	6	7	8	9	10	11	12
	公差值/μm											
≤1	0.4	0.6	1.0	1.5	2.5	4	6	10	15	25	40	60
>1～3	0.4	0.6	1.0	1.5	2.5	4	6	10	20	40	60	120
>3～6	0.5	0.8	1.2	2	3	5	8	12	25	50	80	150
>6～10	0.6	1	1.5	2.5	4	6	10	15	30	60	100	200
>10～18	0.8	1.2	2	3	5	8	12	20	40	80	120	250
>18～30	1	1.5	2.5	4	6	10	15	25	50	100	150	300
>30～50	1.2	2	3	5	8	12	20	30	60	120	200	400
>50～120	1.5	2.5	4	6	10	15	25	40	80	150	250	500
>120～250	2	3	5	8	12	20	30	50	100	200	300	600
>250～500	2.5	4	6	10	15	25	40	60	120	250	400	800
>500～800	3	5	8	12	20	30	50	80	150	300	500	1000
>800～1250	4	6	10	15	25	40	60	100	200	400	600	1200
主参数 $d(D)$，B，L 图例												

表 4-8 为位置度公差值数系，供设计计算时选取。由于位置度常用于控制螺栓或螺钉连接中孔组的位置误差，其公差值取决于螺栓（或螺钉）与过孔之间的间隙。设螺栓（或螺钉）的最大直径为 $d_{\max}$，过孔的最小直径为 $D_{\min}$，则位置度公差值 T 按下式计算：

$$\begin{cases} T \leqslant k(D_{\min} - d_{\max}) & （螺栓连接）\\ T \leqslant 0.5k(D_{\min} - d_{\max}) & （螺钉连接）\end{cases} \tag{4-13}$$

式中，k 为间隙利用系数。考虑到装配调整对间隙的需要，一般取 k=0.6～0.8，若不需要调整，则取 k=1。

按上式算出的公差值，经圆整后应符合表 4-8 所示的数值。

表 4-8　位置度公差值数系　单位：μm

1	1.2	1.5	2	2.5	3	4	5	6	8
1×10^n	1.2×10^n	1.5×10^n	2×10^n	2.5×10^n	3×10^n	4×10^n	5×10^n	6×10^n	8×10^n

注：n 为正整数。

2. 未注几何公差等级与公差值

未注几何公差分为 H、K、L 三个等级。因公差值较大，零件上许多要素的几何公差都属此类，且采用普通加工设备和工艺都能保证，因此图样上不需要一一注出。但应在标题栏附近或技术要求、技术文件中注出标准号和公差等级代号，如“GB/T 1184—K”。

未注几何公差值见表 4-9 至表 4-12。

表 4-9　直线度和平面度未注几何公差值　　单位：mm

公差等级	基本长度范围					
	≤10	>10～30	>30～100	>100～300	>300～1000	>1000～3000
H	0.02	0.05	0.1	0.2	0.3	0.4
K	0.05	0.1	0.2	0.4	0.6	0.8
L	0.1	0.2	0.4	0.8	1.2	1.6

表 4-9 中，基本长度对于直线度是指其被测长度，对于平面度则指矩形平面长边的长度或圆平面的直径。

垂直度未注几何公差值见表 4-10。取形成直角的两边中较长的一边作为基准，较短的一边作为被测要素，若两边的长度相等，则可取其中的任意一边作为基准。

表 4-10　垂直度未注几何公差值　　单位：mm

公 差 等 级	基本长度范围			
	≤100	>100～300	>300～1000	>1000～3000
H	0.2	0.3	0.4	0.5
K	0.4	0.6	0.8	1
L	0.6	1	1.5	2

对称度未注几何公差值见表 4-11。应取两个要素中较长者作为基准，取较短者作为被测要素，若两个要素的长度相等，则可选任一要素为基准。

表 4-11　对称度未注几何公差值　　单位：mm

公 差 等 级	基本长度范围			
	≤100	>100～300	>300～1000	>1000～3000
H	0.5			
K	0.6		0.8	1
L	0.6	1	1.5	2

注：对称度的未注几何公差值用于至少两个要素中的一个是中心平面，或两个要素的轴线相互垂直。

圆跳动（径向、轴向和斜向）未注几何公差值见表 4-12。应以设计或工艺给出的支撑面作为基准，否则应取两个要素中较长的一个作为基准；若两个要素的长度相等，则可选任一要素为基准。

表 4-12　圆跳动未注几何公差值　　单位：mm

公 差 等 级	圆跳动公差值
H	0.1
K	0.2
L	0.5

除上述未注几何公差等级与公差值的规定之外，国家标准还对其他几何公差做了如下规定：

（1）圆度的未注几何公差值等于相应的直径公差值，但不应大于表 4-12 中的径向圆跳动公差值。考虑到圆柱度误差由圆度、直线度（中心线、素线）和素线平行度误差组成，而其中每一项误差均由它们的注出公差或未注公差控制，因此标准未规定圆柱度的未注几何公差值。

（2）平行度误差可由尺寸公差控制。如果要素处处均为最大实体尺寸，则平行度误差可由直线度、平面度控制。因此，平行度的未注几何公差值等于给出的尺寸公差值，或直线度和平面度未注几何公差值中的较大者。应取两个要素中的较长者作为基准；若两个要素的长度相等，则可任选其一作为基准。

（3）对同轴度的未注几何公差值未做规定。在极限状况下，可与表 4-12 中规定的径向圆跳动的未注几何公差值相等。选两个要素中的较长者为基准，若两个要素长度相等，则可选任一要素为基准。

（4）对线轮廓度、面轮廓度、倾斜度、位置度和全跳动的未注几何公差值未做具体规定，均应由各要素的注出或未注几何公差、线性尺寸公差或角度公差控制。

4.5.3 几何公差等级应用举例

表 4-13 至表 4-16 列出了各种几何公差等级的应用举例，可供类比时参考。

表 4-13 直线度、平面度各公差等级应用举例

公差等级	应用举例
1，2	用于精密量具、测量仪器及精度要求高的精密机械零件，如量块、零级样板、平尺、零级宽平尺、工具显微镜等精密量仪的导轨面
3	1 级宽平尺的工作面、1 级样板平尺的工作面、测量仪器圆弧导轨的直线度、量仪的测杆等
4	零级平板、测量仪器的 V 形导轨、高精度平面磨床的 V 形导轨和滚动导轨等
5	1 级平板，2 级宽平尺，平面磨床的导轨、工作台，液压龙门刨床的导轨面，柴油机进气、排气阀门导杆等
6	普通机床导轨面、柴油机基体结合面等
7	2 级平板、机床主轴箱结合面、液压泵盖、减速器壳体结合面等
8	机床传动箱体、挂轮箱体、溜板箱体、柴油机汽缸体、连杆分离面、缸盖结合面、汽车发动机缸盖、曲轴箱结合面、液压管件和法兰连接面等
9	自动车床床身底面、摩托车曲轴箱体、汽车变速箱壳体、手动机械的支撑面等

表 4-14 圆度、圆柱度各公差等级应用举例

公差等级	应用举例
0，1	高精度量仪主轴、高精度机床主轴、滚动轴承的滚珠和滚柱等
2	精密量仪主轴、外套、阀套，高压油泵柱塞及套，纺锭轴承，高速柴油机进、排气门，精密机床主轴轴颈，针阀圆柱表面，喷油泵柱塞及柱塞套等
3	高精度外圆磨床轴承，磨床砂轮主轴套筒，喷油嘴针、阀体，高精度轴承内、外圈等
4	较精密机床主轴、主轴箱孔、高压阀门、活塞、活塞销、阀体孔，高压油泵柱塞、较高精度滚动轴承配合轴、铣削动力头箱体孔等
5	一般计量仪器主轴、测杆外圆柱面，陀螺仪轴颈，一般机床主轴轴颈及轴承孔，柴油机、汽油机的活塞、活塞销，与 P6 级滚动轴承配合的轴颈等
6	一般机床主轴轴颈及前轴承孔，泵、压缩机的活塞、汽缸，汽油发动机凸轮轴，纺机锭子，减速传动轴轴颈，高速船用发动机曲轴，拖拉机曲轴主轴颈，与 P6 级滚动轴承配合的外壳孔，与 P0 级滚动轴承配合的轴颈等
7	大功率低速柴油机曲轴轴颈、活塞、活塞销、连杆、汽缸，高速柴油机箱体轴承孔，千斤顶或压力油缸活塞，机车传动轴，水泵及通用减速器转轴轴颈，与 P0 级滚动轴承配合的外壳孔等

续表

公差等级	应用举例
8	低速发动机、大功率曲柄轴轴颈，压气机连杆盖、箱体，拖拉机汽缸、活塞，炼胶机冷铸轴辊，印刷机传墨辊，内燃机曲轴轴颈，柴油机凸轮轴承孔、凸轮轴，拖拉机、小型船用柴油机汽缸套等
9	空气压缩机缸体，液压传动筒，通用机械杠杆与拉杆用套筒销子，拖拉机活塞环、套筒孔

表 4-15　平行度、垂直度、倾斜度各公差等级应用举例

公差等级	应用举例
1	高精度机床、测量仪器、量具等的主要工作面和基准面等
2，3	精密机床、测量仪器、量具、模具的工作面和基准面，精密机床的导轨，重要箱体主轴孔对基准面的要求，精密机床主轴轴肩端面，滚动轴承座圈端面，普通机床的主要导轨，精密刀具的工作面和基准面等
4，5	普通机床导轨，重要支撑面，机床主轴孔对基准的平行度，精密机床重要零件，计量仪器、量具、模具的工作面和基准面，床头箱体重要孔，通用减速器壳体孔，齿轮泵的油孔端面，发动机轴和离合器的凸缘，汽缸支撑端面，安装精密滚动轴承壳体孔的凸肩等
6，7，8	一般机床的工作面和基准面，压力机和锻锤的工作面，中等精度钻模的工作面，机床一般轴承孔对基准的平行度，变速器箱体孔，主轴花键对定心直径部位轴线的平行度，重型机械轴承盖端面，卷扬机、手动传动装置中的传动轴一般导轨、主轴箱体孔，刀架，砂轮架，汽缸配合面对基准轴线、活塞销孔对活塞中心线的垂直度，滚动轴承内、外圈端面对轴线的垂直度等
9，10	低精度零件，重型机械滚动轴承端盖，柴油机、煤油发动机箱体曲轴孔、曲轴颈、花键轴和轴肩端面，皮带运输机法兰盘等端面对轴线的垂直度，手动卷扬机及传动装置中的轴承端面，减速器壳体平面等

表 4-16　同轴度、对称度、跳动公差等级的应用

公差等级	应用举例
1，2	精密测量仪器的主轴和顶尖。柴油机喷油嘴针阀等
3，4	机床主轴轴颈、砂轮轴轴颈、汽轮机主轴、测量仪器的小齿轮轴、安装高精度齿轮的轴颈等
5	机床轴颈、机床主轴箱孔、套筒、测量仪器的测量杆、轴承座孔、汽轮机主轴、柱塞油泵转子、高精度轴承外圈、一般精度轴承内圈等
6，7	内燃机曲轴，凸轮轴轴颈，柴油机机体主轴承孔，水泵轴，油泵柱塞，汽车后桥输出轴，安装一般精度齿轮的轴颈，蜗轮盘，测量仪器杠杆轴、电机转子，普通滚动轴承内圈，印刷机传墨辊的轴颈、键槽等
8，9	内燃机凸轮轴孔，连杆小端铜套，齿轮轴，水泵叶轮，离心泵体，汽缸套外径配合面对内径的工作面，运输机械滚筒表面，压缩机十字头，安装低精度齿轮用轴颈，棉花精梳机前、后滚子，自行车中轴等

4.6 几何误差的检测

几何误差是指被测提取要素对其拟合要素的变动量。测量几何误差时，应排除线性尺寸偏差的干扰，以及对粗糙度、波纹度及划痕、擦伤、塌边等表面缺陷的影响。

4.6.1　几何误差及其评定

1. 形状误差及其评定

形状误差是指被测要素的提取要素对其理想要素的变动量。形状误差值若不大于相应的公差值，则认为合格。

1）指定拟合规范的误差评定

进行形状误差评定时，理想要素由提取要素拟合确定，称为“参照要素”。参照要素的形状由理论正确尺寸确定，由参数化方程定义或由理论正确尺寸和参数化方程共同定义。

参照要素的拟合规范有最小区域法（亦称切比雪夫法），符号为C；最小二乘法（亦称高斯法），符号为G；最小外接法，符号为N；最大内切法，符号为X等。最小区域法（C）和最小二乘法（G）根据约束条件又可分为无约束（省略标注）、实体外约束（符号为CE和GE）、实体内约束（符号为CI和GI）。其中，无约束的最小区域法（切比雪夫法）拟合为默认拟合方法。图4-110为无约束最小区域法拟合及直线度误差评定的示例，图4-111为其他几种拟合规范的示意说明。

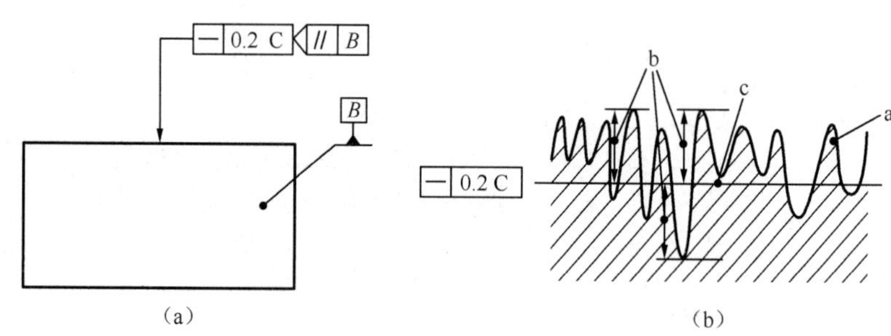

a—实际要素　b—最小化的最大距离　c—拟合直线

图4-110　无约束最小区域法拟合及直线度误差评定示例

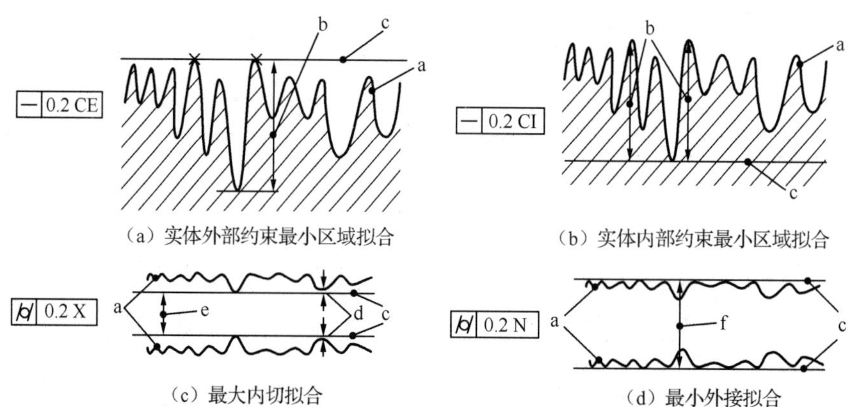

（a）实体外部约束最小区域拟合　（b）实体内部约束最小区域拟合

（c）最大内切拟合　（d）最小外接拟合

a—实际要素　b—最小化的最大距离　c—拟合要素　d—不稳定拟合条件下的等距　e—最大化拟合尺寸　f—最小化拟合尺寸

图4-111　其他几种拟合规范的示意说明

评定形状误差值可用：峰高参数，符号为P；谷深参数，符号为V；偏差的总体范围（峰谷参数），符号为$T(=P+V)$；均方根参数，符号为Q。其中，总体范围参数T为默认评估参数。图4-112为评估参数P、V和T的示意说明，均方根参数Q用公式可表示为

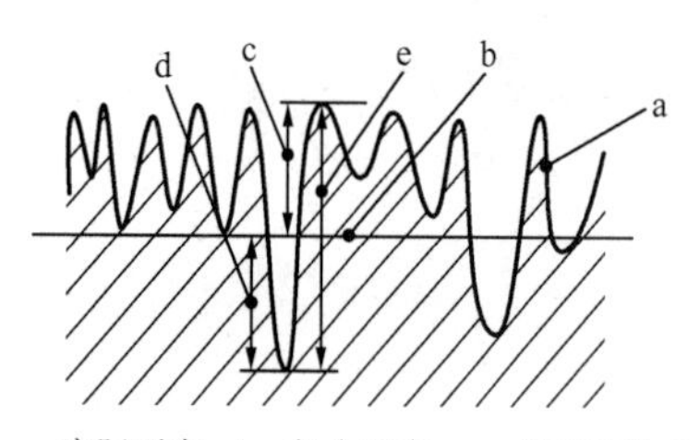

a—实际要素　b—拟合要素　c—峰高参数P
d—谷深参数V　e—总体范围参数T

图4-112　评估参数P、V和T的示意说明

$$Q=\sqrt{\frac{1}{l}\int_0^l Z^2(x)\mathrm{d}x}\quad（用于线性要素）\tag{4-14}$$

或

$$Q=\sqrt{\frac{1}{a}\int_0^a Z^2(x)\mathrm{d}x}\quad（用于区域要素）\tag{4-15}$$

2）未指定拟合规范的误差评定

形状误差评定若未指定拟合规范，则最小区域法为默认规范。前述拟合规范的数据处理，在计算机控制的自动测量、自动数据处理过程中是非常容易实现的。但在手动测量及人工读取数据、处理数据时，如何判别最小区域成为难题。图4-113给出一种简易的直线度最小区域判别准则，即在给定平面内，由两条平行直线包容提取要素，若形成“高—低—高”或“低—高—低”的三点相间接触，则两条平行直线间的区域为最小区域，其宽度f为直线度误差。该准则称为“相间准则”。

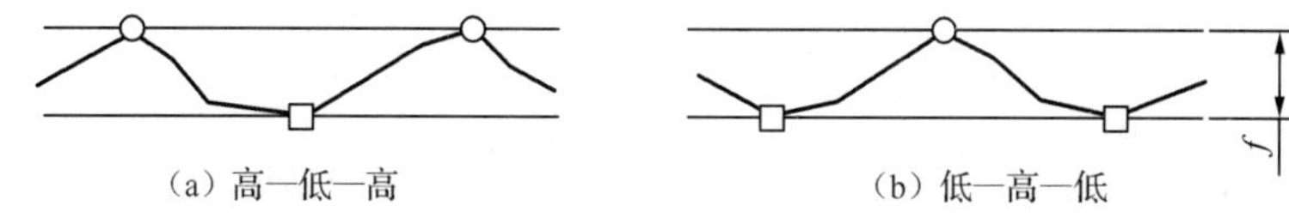

图4-113 直线度最小区域判别准则

工程实践中，有时也允许采用近似方法来评定直线度误差。例如，常用的“两端点连线法”是以提取直线两端点的连线作为评定其直线度误差的拟合直线，平行于该拟合直线，分别过轮廓的最高点、最低点做出包容区域，该区域的宽度为直线度误差。

平面度误差评定中，被测要素的包容区域由两个平行平面组成，这两个平面与提取面至少应有三点或四点接触，若接触点为图4-114所示三种形式之一（图中提取数据仅为举例说明），则两平面之间为最小区域，其宽度为平面度误差。其中，“三角形准则”是指三个高（低）点与一个平面接触，一个低（高）点与另一平面接触，且这个低（高）点位于三个高（低）点组成的三角形内；“交叉准则”是指两个高点与一个平面接触，两个低点与另一个平面接触，且两个高点连线与两个低点连线在空间呈交叉状；“直线准则”是指两个高（低）点与一个平面接触，一个低（高）点与另一个平面接触，且低（高）点位于两个高（低）点的连线之间。

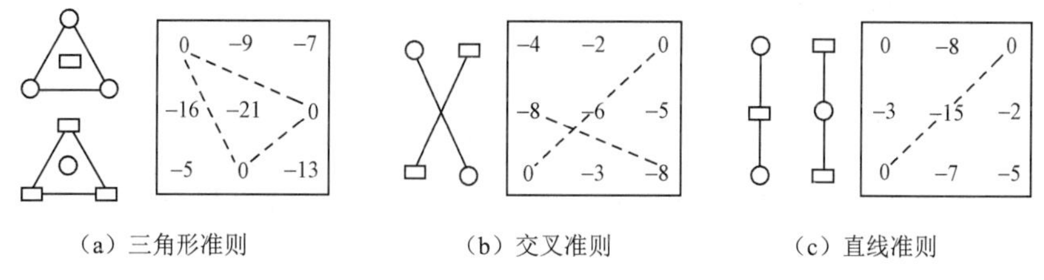

图4-114 平面度最小区域判别准则

平面度误差评定也有近似法，如三点法（以平面上尽量远的三点建立理想平面）、对角线法（以过两个对角点且平行于另两个对角点连线的平面为理想平面）等。4.6.4节对平面度的各种误差评定有举例说明，在此不做详述。

按近似法评定的形状误差值大于按最小区域法评定的误差值，因而按近似法检验更能保证验收合格产品的质量。当对采用近似评定法获得的测量结果有争议时，应以最小区域法作为评定结果的仲裁依据。若图纸或技术文件中已给定检验方案，则按给定方案进行仲裁。

2．方向误差、位置误差及其评定

方向误差是被测要素的提取要素对一具有确定方向的理想要素的变动量，理想要素的方向由基准或由基准和理论正确尺寸确定。

位置误差是被测要素的提取要素对一具有确定位置的理想要素的变动量，理想要素的位置由基准和理论正确尺寸确定。

1）指定拟合规范的误差评定

工程图纸中，一般在公差框格内方向公差值、位置公差值后不做特别标识，默认这是用于整个提取要素或导出要素本身的规范，但有时仅需考虑提取要素的拟合要素的方向或位置，只要拟合要素在公差带内，则方向规范、位置规范即为合格。这种情况应在公差值后加注符号Ⓒ、Ⓖ、Ⓝ、Ⓧ或Ⓣ，表示拟合要素是采用最小区域法（切比雪夫法）、最小二乘法（高斯法）、最小外接法、最大内切法或贴切法得到的。如图4-115至图4-118为拟合被测要素规范的示例。

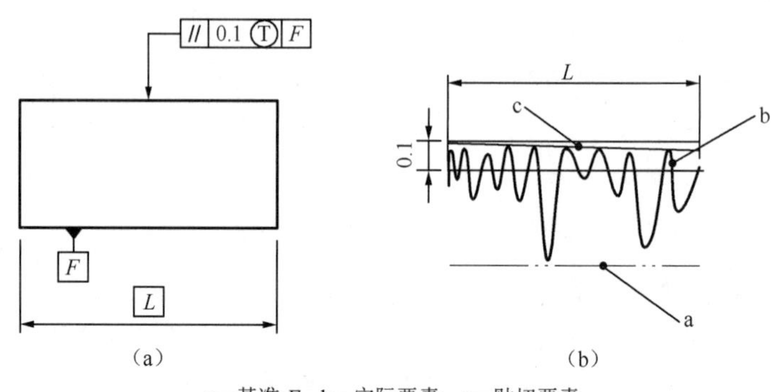

a—基准 *F*　b—实际要素　c—贴切要素

图4-115　贴切法拟合被测要素

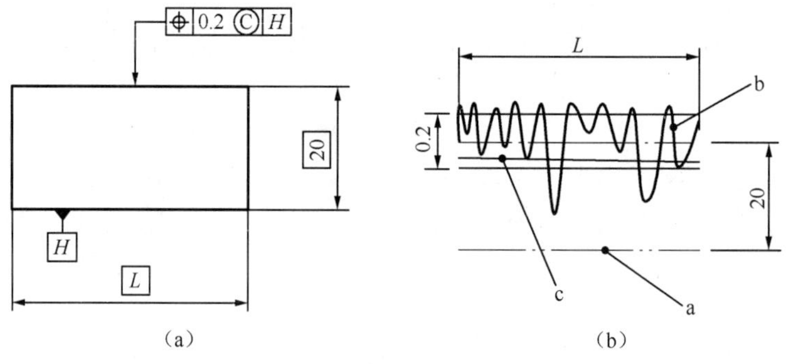

a—基准 *H*　b—实际要素　c—最小区域要素

图4-116　最小区域法（切比雪夫法）拟合被测要素

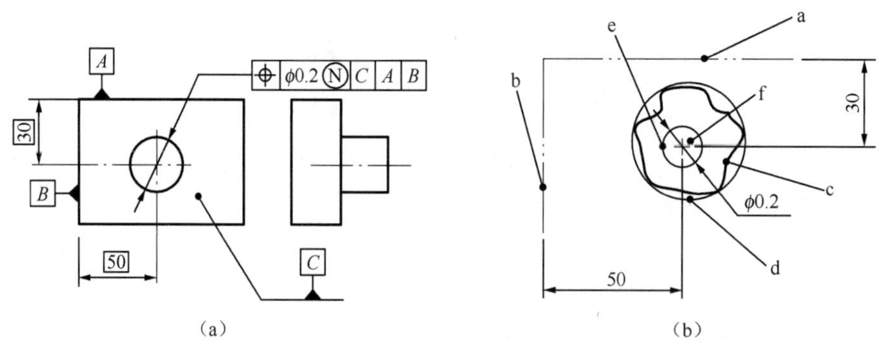

a—基准 *A*　b—基准 *B*　c—实际要素　d—最小外接要素　e—公差带　f—被测要素（孔中心线）

图4-117　最小外接法拟合被测要素

最小区域法Ⓒ、最小二乘法Ⓖ可用于直线、平面、圆、圆柱、圆锥及圆环等被测要素的拟合；最小外接法Ⓝ、最大内切法Ⓧ可用于圆、圆柱等被测要素的拟合；贴切法Ⓣ仅可用于直线、平面等被测要素的拟合。

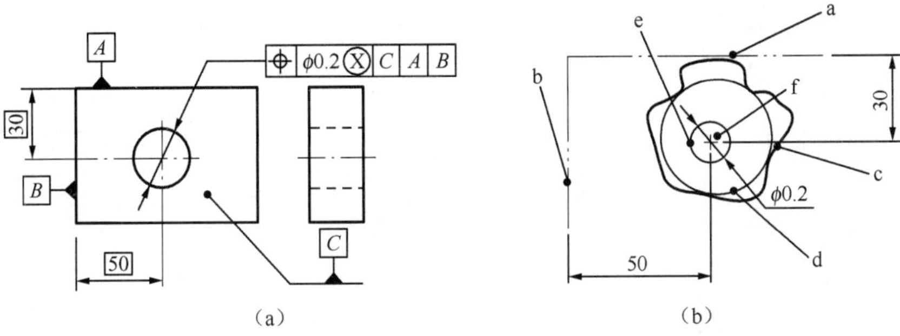

a—基准 *A*　b—基准 *B*　c—实际要素　d—最大内切要素　e—公差带　f—被测要素（孔中心线）

图 4-118　最大内切法拟合被测要素

2）未指定拟合规范的误差评定

未指定被测要素的拟合规范时，不仅应理解为方向公差、位置公差是对整个被测要素的规范，而且应默认采用最小区域法评定方向误差和位置误差。被测要素的最小区域，也应进一步称为“定向最小区域”和“定位最小区域”，它们的宽度或直径为方向误差或位置误差。

“定向最小区域”是指按基准要素规定的方向包容被测提取要素，“定位最小区域”是指按基准要素及理论正确尺寸包容被测提取要素，如图 4-119 和图 4-120 所示。

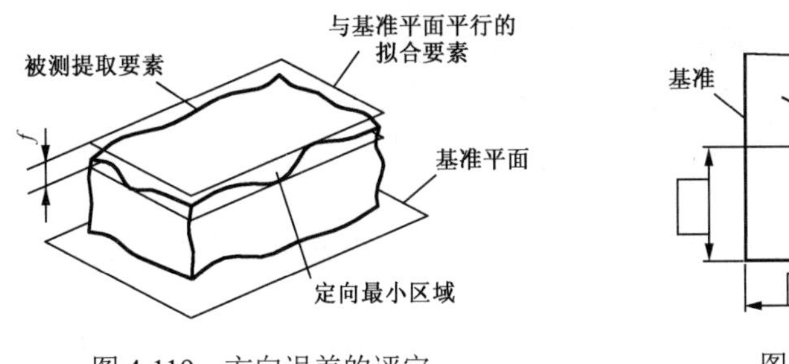

图 4-119　方向误差的评定

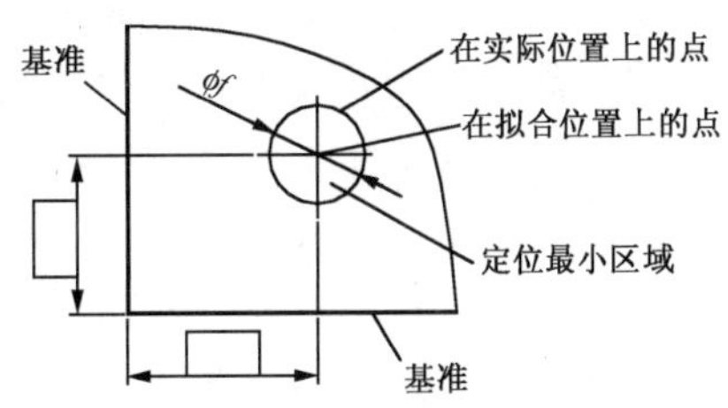

图 4-120　位置误差的评定

测量方向误差和位置误差时，在满足零件功能要求的前提下，按需要，允许采用模拟方法体现被测要素，如图 4-121 所示。当用模拟方法体现被测要素进行测量时，在实测范围内和所要求的范围内，两者之间的误差值应按比例关系折算。

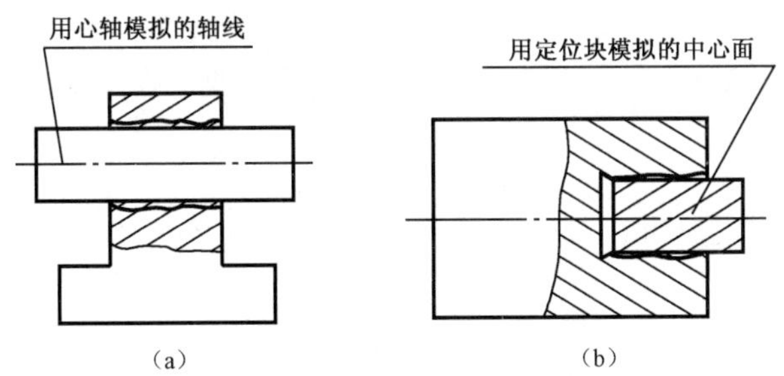

图 4-121　提取要素的模拟

3．跳动误差及其评定

圆跳动误差是指被测要素绕基准轴线做无轴向移动回转一周时，由位置固定的指示计在给定方向上测得的最大示值与最小示值之差，如图 4-122 所示。

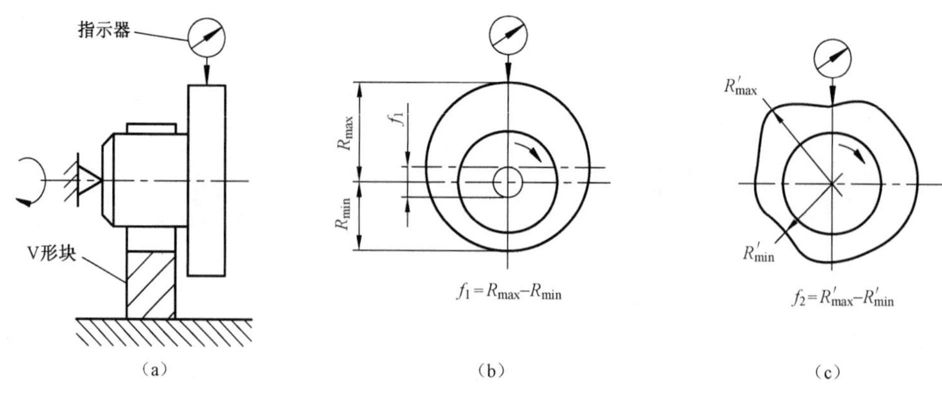

图 4-122 圆跳动误差的测量

全跳动误差是指被测要素绕基准轴线做无轴向移动的连续回转的同时，指示计沿给定方向的理想直线做连续移动，或者被测要素每回转一周，指示计沿给定方向的理想直线做间断移动，由指示计在给定方向上测得的最大示值与最小示值之差。

4.6.2 基准的建立与体现

基准要素是用来确定理想被测要素的方向或（和）位置的实际要素。基准是由基准要素衍生出的具有正确形状的拟合要素，它是确定各要素间几何关系的依据。对单一被测要素提出形状公差要求时，是不需要标注基准的，只有对关联被测要素提出方向、位置或跳动公差要求时，才必须标注基准。

由于基准要素存在形状误差，因此在方向或（和）位置误差测量中，为了正确反映误差值，基准的建立和体现才显得尤为重要。

1. 基准的建立

视频 6 直线度/平面度测量规

由基准要素建立基准时，基准为该基准要素的拟合要素。若不指定拟合要素的位置，则应按最小区域法确定。

1）基准点

以球心或圆心建立基准点时，该球面的提取导出球心或该圆的提取导出圆心即为基准点。

2）基准直线

由提取线或其投影建立基准直线时，基准直线为该提取线的拟合直线，如图 4-123 所示。

3）基准轴线

由提取导出中心线建立基准轴线时，基准轴线为该提取导出中心线的拟合轴线，如图 4-124 所示。

对于回转体，横截面提取轮廓的中心是指该轮廓的拟合圆的圆心；提取中心线为各横截面提取轮廓中心的轨迹连线，如图 4-125 所示。

对于非回转体，在给定提取平面内，提取导出中心线为从两条对应提取线上测得的各对应点连线中点所连成的线，所有对应点连线均垂直于拟合中心线［见图 4-126（a)］；而体的中心线是两个提取中心面的交线［见图 4-126（b)］。

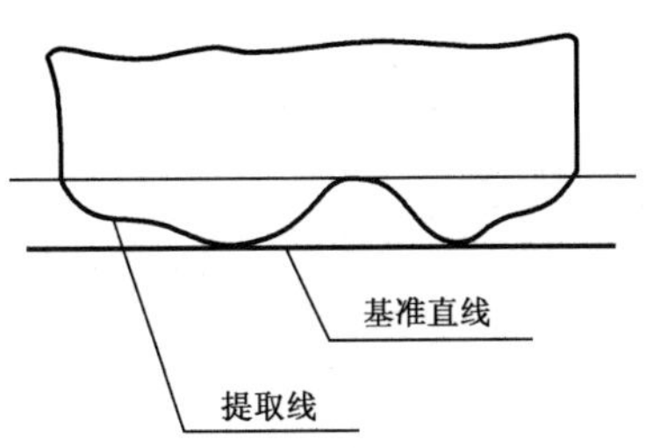

图 4-123　基准直线的建立

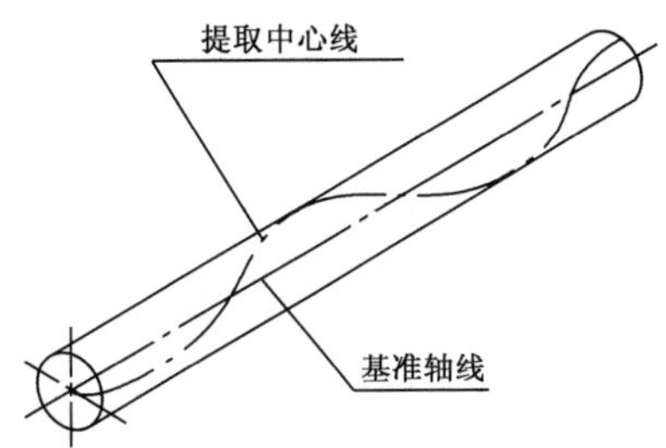

图 4-124　基准轴线的建立

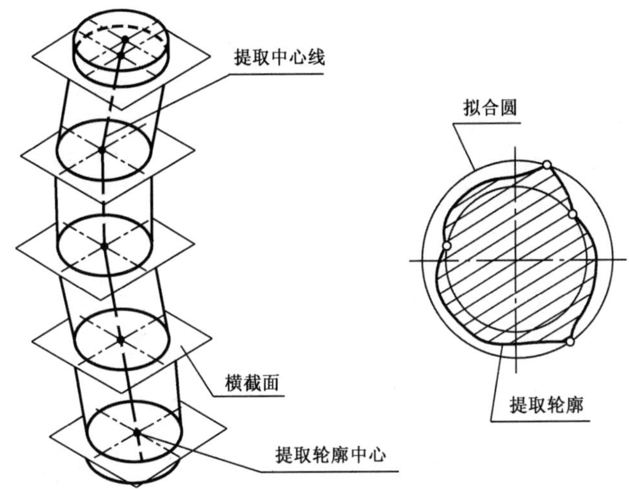

图 4-125　提取中心线

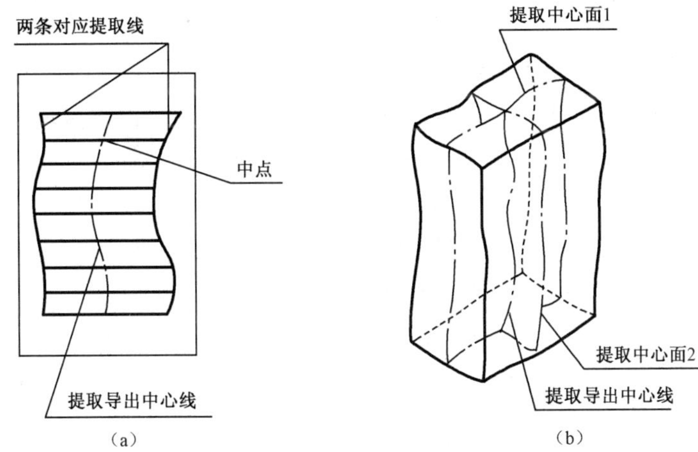

图 4-126　提取导出中心线

4）公共基准轴线

由两条或两条以上提取中心线（组合基准要素）建立公共基准轴线时，公共基准轴线为这些提取中心线所共有的拟合轴线，如图 4-127 所示。

5）基准平面

由提取表面建立基准平面时，基准平面为该提取表面的贴切拟合平面，如图 4-128 所示。

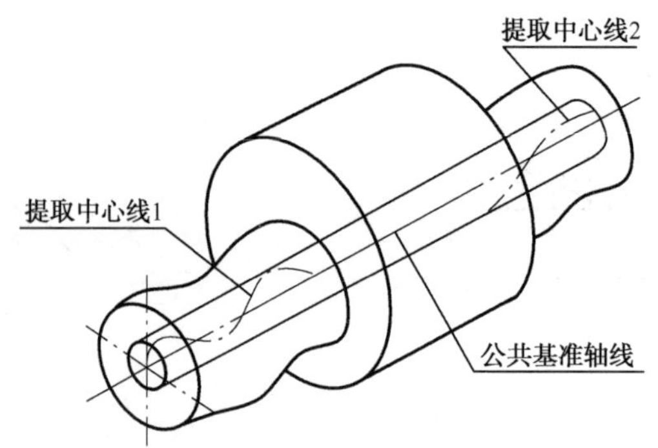

图 4-127　公共基准轴线

6）公共基准平面

由两个或两个以上提取表面（组合基准要素）建立公共基准平面时，公共基准平面为这些提取表面所共有的贴切拟合平面，如图 4-129 所示。

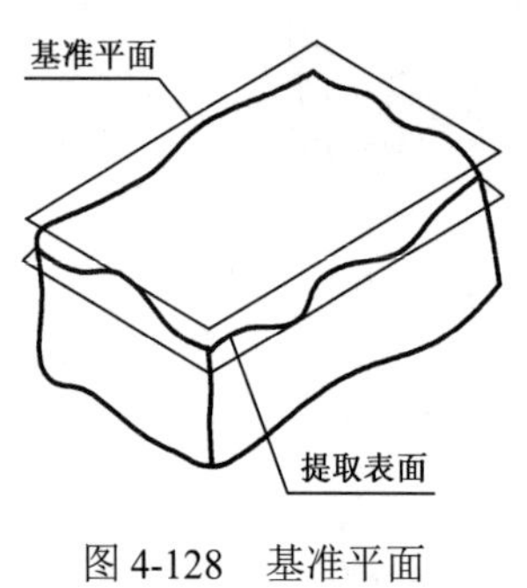

图 4-128　基准平面

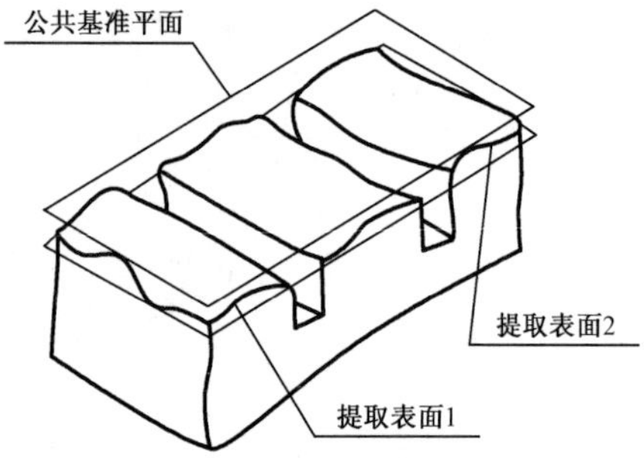

图 4-129　公共基准平面

7）基准中心平面

由提取中心面建立基准中心平面时，基准中心平面为该提取中心面的拟合平面，如图 4-130（a）所示。其中，提取中心面为从两个对应提取表面上测得的各对应点连线中点所构成的面，如图 4-130（b）所示。

也可以说，两个对应提取表面上所有对应点的连线均垂直于拟合中心平面；拟合中心平面是由两个对应提取表面得到的两个拟合平行平面的中心平面。

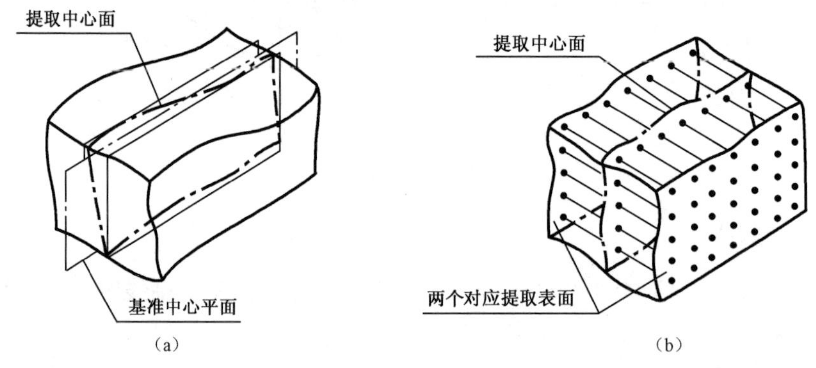

图 4-130　基准中心平面

8）公共基准中心平面

由两个或两个以上提取中心面（组合基准要素）建立公共基准中心平面时，公共基准中心平面为这些提取中心面所共有的拟合平面，如图 4-131 所示。

9）三基面体系的建立

三基面体系由三个互相垂直的平面组成。这三个平面按功能要求分别称为第一基准平面、第二基准平面和第三基准平面。

由提取表面建立基准体系，如图 4-132 所示。第一基准平面由第一基准提取表面建立，为该提取表面的拟合平面；第二基准平面由第二基准提取表面建立，为该提取表面垂直于第一基准平面的拟合平面；第三基准平面由第三基准提取表面建立，为该提取表面分别垂直于第一和第二基准平面的拟合平面。

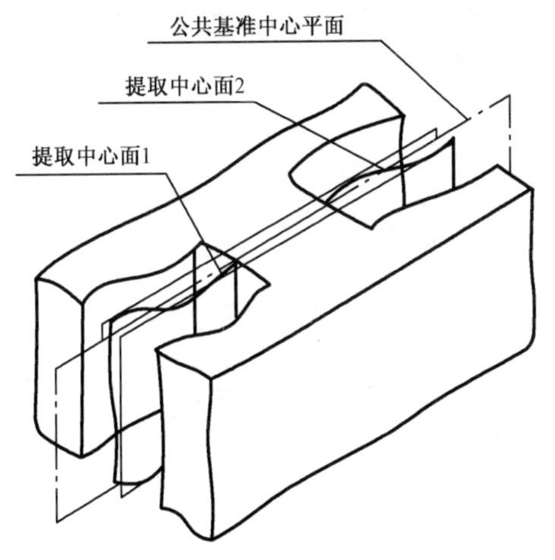

图 4-131　公共基准中心平面

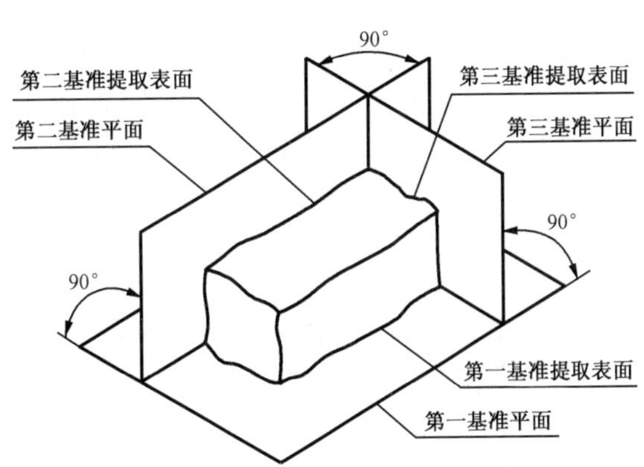

图 4-132　由提取表面建立基准体系

10）由提取中心线建立基准体系

由提取中心线建立的基准轴线为两个基准平面的交线。当基准轴线为第一基准时，该轴线为第一基准平面和第二基准平面的交线，如图 4-133（a）所示；当基准轴线为第二基准时，该轴线垂直于第一基准平面，为第二基准平面和第三基准平面的交线，如图 4-133（b）所示。

由提取中心面建立基准体系时，该提取中心面的拟合平面构成某一基准平面。建立基准的基本原则是基准应符合最小条件。测量时，基准和三基面体系也可采用近似方法来体现。

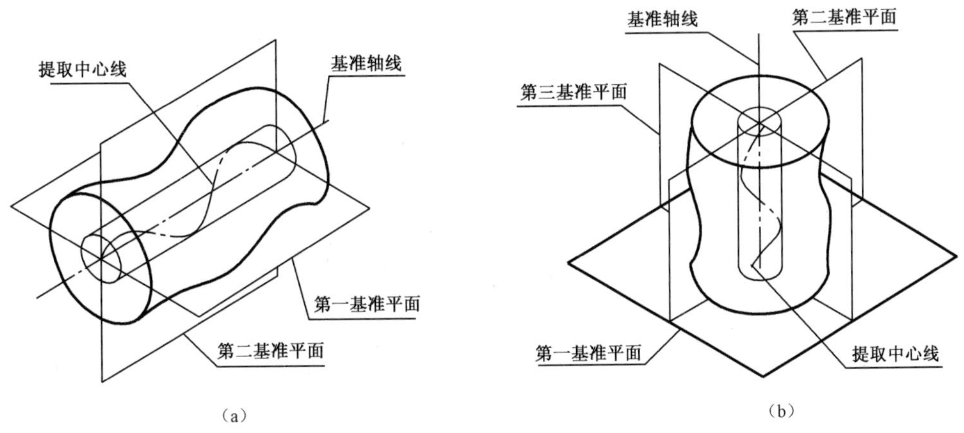

图 4-133　由提取中心线建立基准体系

2．基准的体现

基准的体现方法有“模拟法”“直接法”“分析法”和“目标法”等几种。

1）模拟法

通常采用具有足够精确形状的表面来体现基准平面、基准轴线、基准点等。基准要素与模拟基准要素接触时，可能形成“稳定接触”，也可能形成“非稳定接触”。

稳定接触是指基准要素与模拟基准要素接触之间自然形成符合最小条件的相对位置关系，如图 4-134（a）所示。非稳定接触可能有多种位置状态，测量时应做调整，使基准要素与模拟基准要素之间尽可能达到符合最小条件的相对位置关系，如图 4-134（b）所示。当基准要素的形状误差对测量结果的影响忽略不计时，可不考虑非稳定接触的影响。

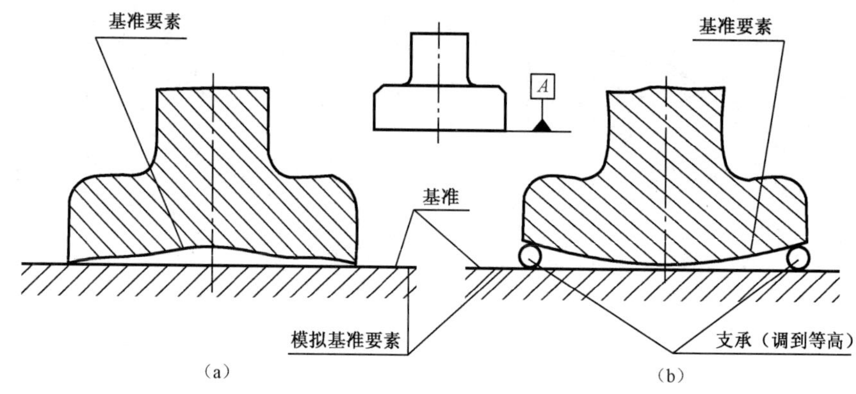

图 4-134　模拟法的基准体现

表 4-17 给出了常见的模拟法体现基准的示例。

表 4-17　常见的模拟法体现基准的示例　（摘自 GB/T 1958—2017）

基准示例		模拟法示例	说明
基准直线		基准要素 模拟基准要素	与基准要素接触的平板或平台工作面
基准直线		模拟基准要素 心轴	与孔接触处圆柱形心轴的素线
基准轴线		模拟基准要素 心轴	可胀式或与孔成无间隙配合的圆柱形心轴的轴线

续表

基准示例		模拟法示例	说明
基准轴线	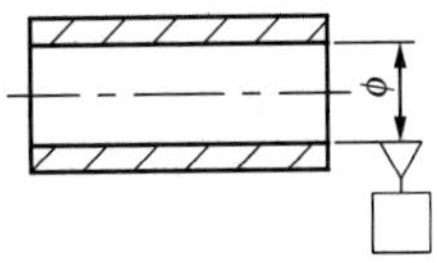	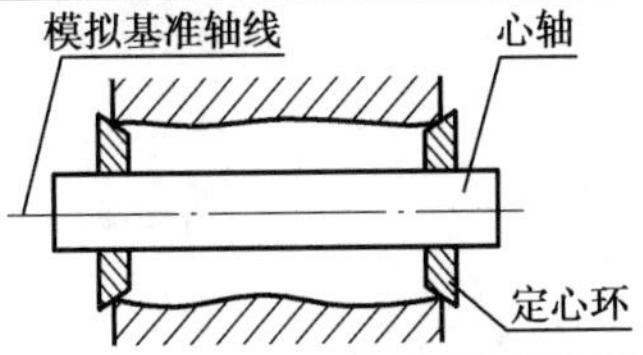 模拟基准轴线 心轴 定心环	带有锥度定心环的心轴的轴线
	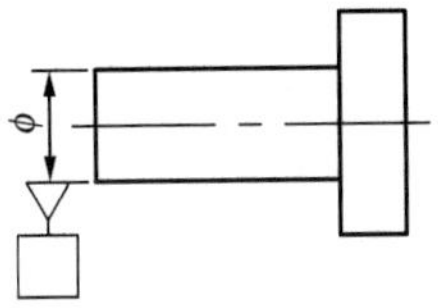	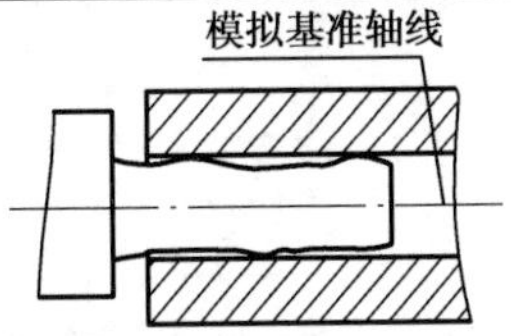 模拟基准轴线	可胀式或与轴成无间隙配合的定位套筒的轴线
		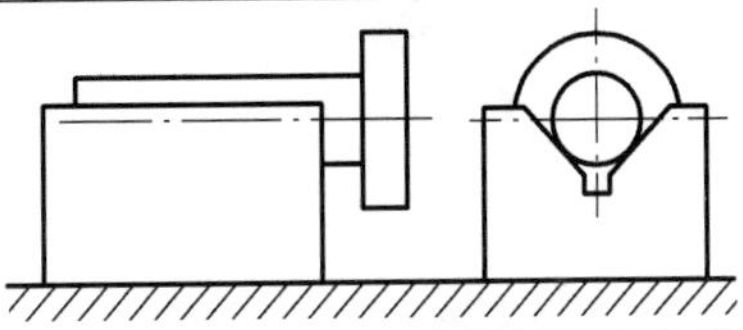	由 V 形块体现的轴线
给定位置的基准轴线	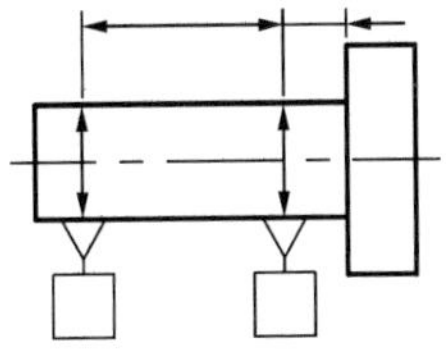	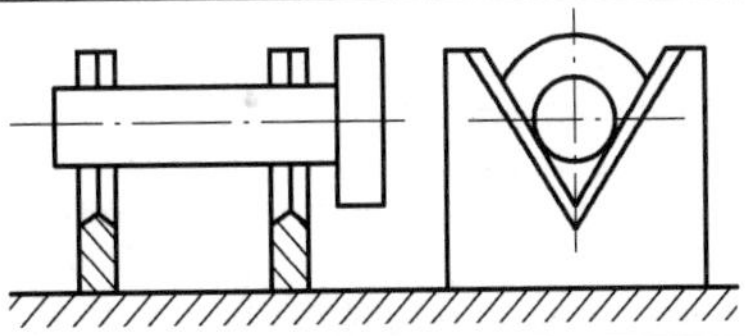	具有给定位置关系的 V 形架体现的轴线
		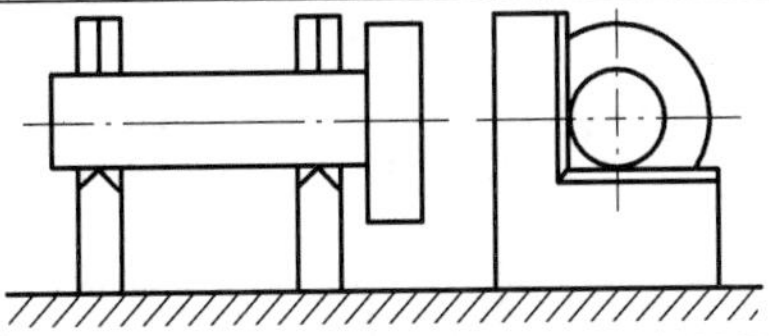	具有给定位置关系的 L 形架体现的轴线
公共基准轴线	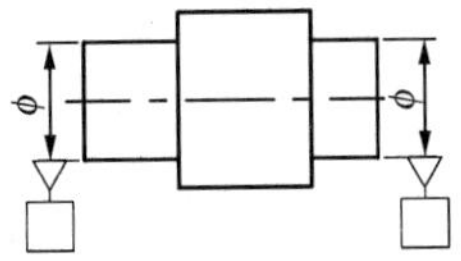	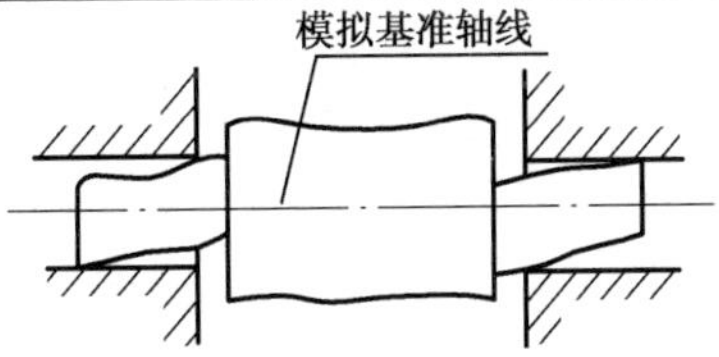 模拟基准轴线	可胀式同轴定位套筒的轴线
		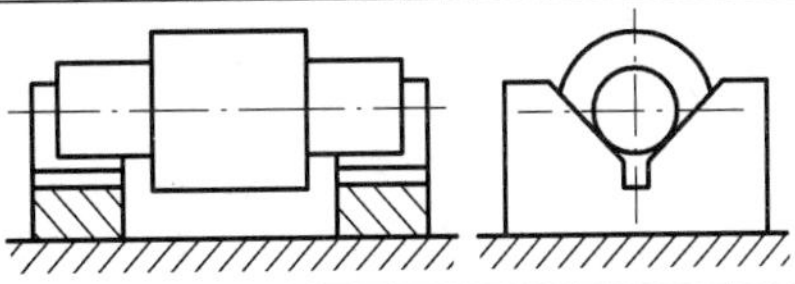	由 V 形架体现的轴线
给定位置的公共基准轴线	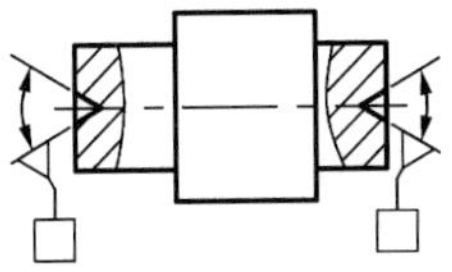	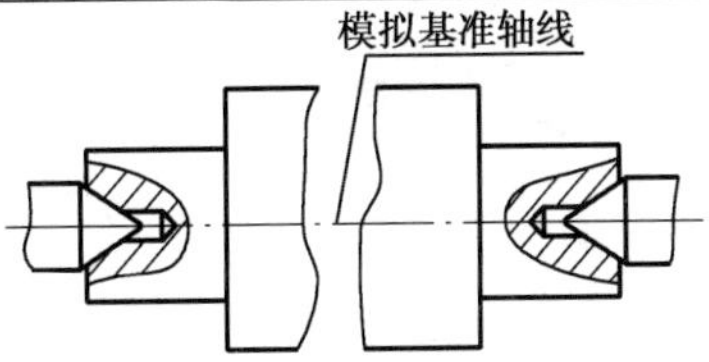 模拟基准轴线	同轴两顶尖的轴线
基准平面	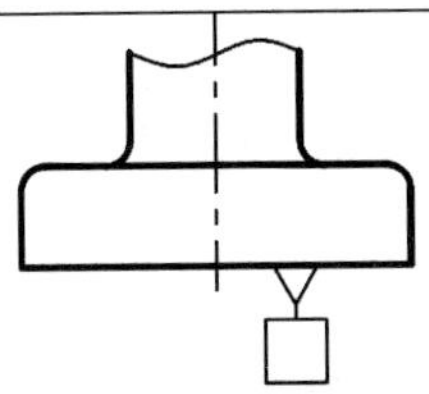	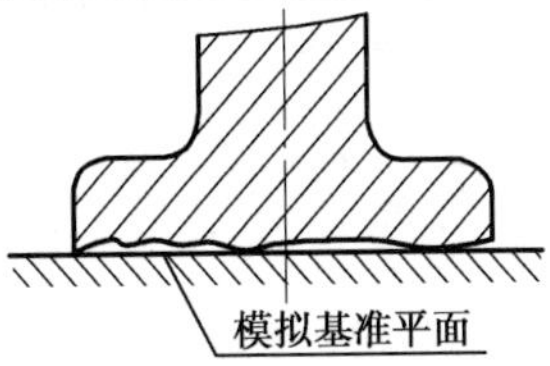 模拟基准平面	与基准提取表面接触的平板或平台工作面

续表

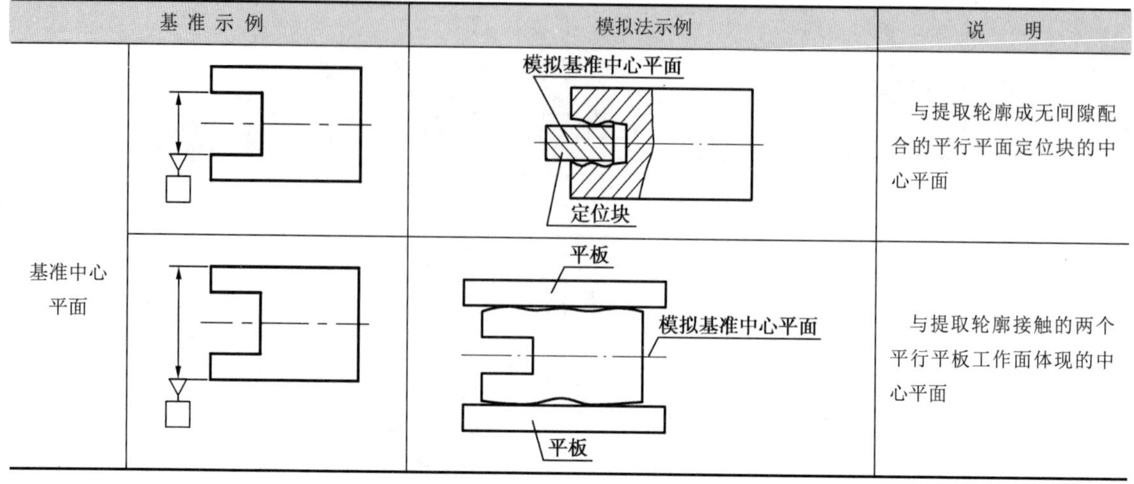

基准示例		模拟法示例	说明
基准中心平面			与提取轮廓成无间隙配合的平行平面定位块的中心平面
			与提取轮廓接触的两个平行平板工作面体现的中心平面

2）直接法

当基准要素具有足够的形状精度时，可直接作为基准，如图 4-135 所示。

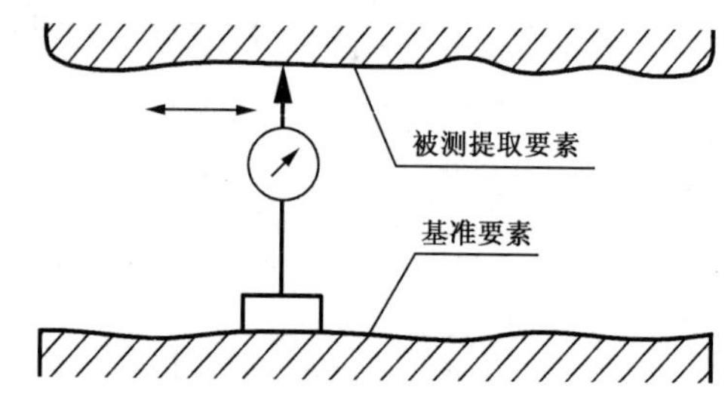

图 4-135　直接法的基准体现

3）分析法

对基准要素进行测量后，根据测得的数据用图解或计算法确定基准的位置，如图 4-136 所示。对于提取导出要素，应根据测得数据求出基准要素后再确定基准。例如，对于基准轴线，在提取回转体若干横截面内提取轮廓的坐标值，求出这些横截面提取轮廓的中心和提取中心线后，按最小条件确定的拟合轴线即为基准轴线；在其轴向截面内提取两条对应提取素线的各对应坐标值的平均值，以求得提取中心线，再按最小条件确定的拟合轴线即为基准轴线。

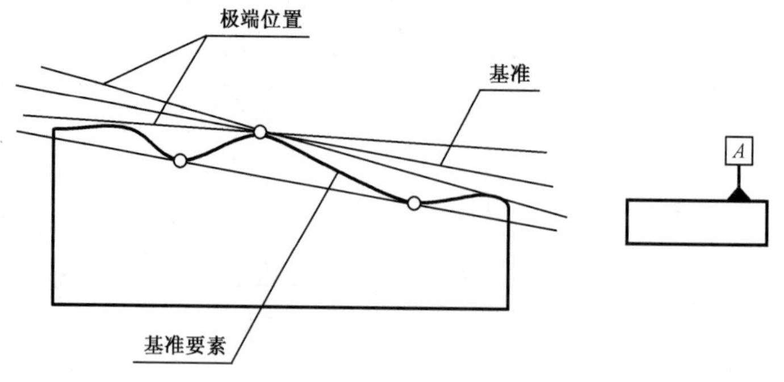

图 4-136　分析法的基准体现

4）目标法

由基准目标建立基准时，基准“点目标”可用球端支承体现；基准“线目标”可用刃口状支承或由圆棒素线体现；基准“面目标”按图样上规定的形状，用具有相应形状的平面支承来体现。各支承的位置应按图样规定进行布置。图 4-137 所示为以基准目标建立基准的图样标注。

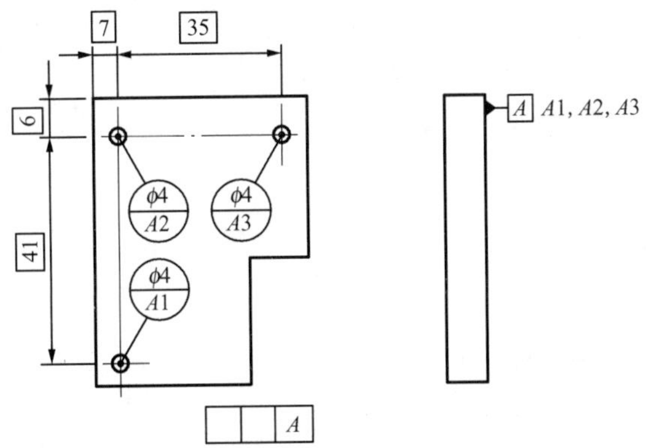

图 4-137　以基准目标建立基准的图样标注

4.6.3　几何误差的检测原则

几何公差包括 14 项，每个公差项目均随着被测零件的精度要求、结构形状、尺寸大小和生产批量的不同，其检测方法和所用器具也不同，因此检测方法种类繁多。在国家标准 GB/T 1958—2017《产品几何技术规范（GPS）几何公差　检测与验证》里，将生产实际中行之有效的检测方法做了概括，归纳为 5 种检测原则，并列出 100 余种检测方案以供参考。读者可以根据被测对象的特点和有关条件，参照这些检测原则、检测方案，设计出最合理的检测方法。

1．与拟合要素比较原则

将被测提取要素与其拟合要素相比较，量值由直接法或间接法获得。拟合要素用模拟法获得。在生产实际中，这种方法得到广泛应用。如图 4-138（a）所示，量值由直接法获得，平板体现理想平面（模拟拟合要素）；在图 4-138（b）中，量值由间接法获得，模拟拟合要素由自准直仪间接获得。

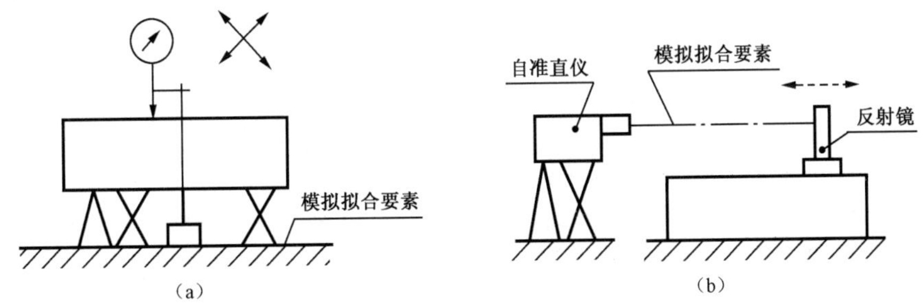

图 4-138　与拟合要素比较原则

2．测量坐标值原则

按这种原则测量几何误差时，利用三坐标测量机或其他坐标测量装置（如万能工具显微镜），对被测提取要素测出一系列坐标值，如图 4-139 所示，再经过数据处理，求得几何误差值。

3．测量特征参数原则

测量特征参数原则，是指测量被测提取要素上具有代表性的参数（特征参数）来评定几何误差，如圆形零件半径的变动量可反映圆度误差，因此可用半径作为圆度误差的特征参数。图 4-140 所示为两点法测量圆度特征参数。

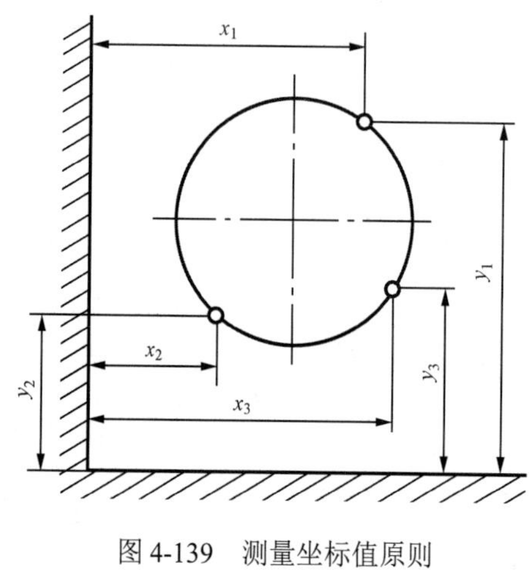

图 4-139　测量坐标值原则

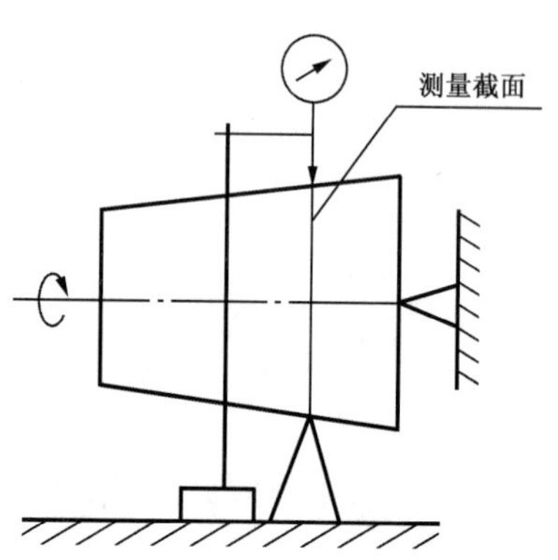

图 4-140　两点法测量圆度特征参数

4．测量跳动原则

此原则主要用于跳动误差的测量，因为跳动公差就是按检查方法定义的。其测量方法是：被测要素（圆柱面、圆锥面或端面）绕基准轴线回转过程中，沿给定方向（径向、斜向或轴向）测出其对某参考点或线的变动量（指示表最大示值与最小示值之差）。图 4-141 所示为径向圆跳动的测量示例。

5．控制实效边界原则

此原则适用于遵守最大实体要求的场合，即采用综合量规，检验被测提取要素是否超过实效边界，如图 4-142 所示。

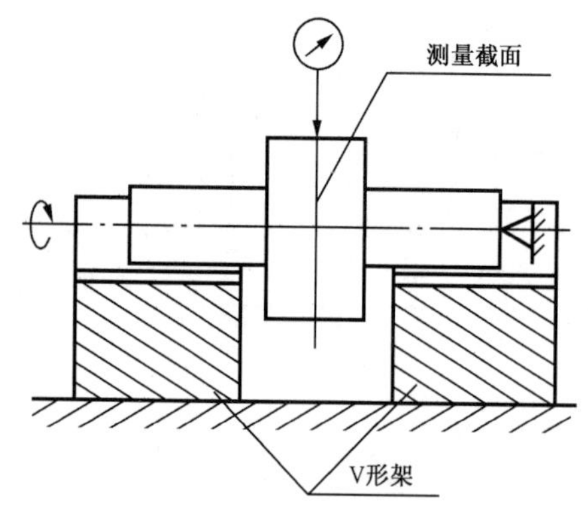

图 4-141　径向圆跳动的测量示例

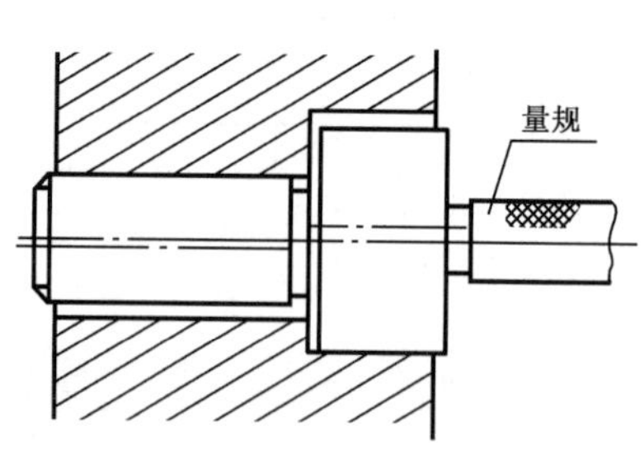

图 4-142　用综合量规检验同轴度误差

4.6.4　举例

下面按“与拟合要素比较原则”，介绍平面度和圆度误差的测量及数据处理方法。

1．平面度误差的测量

【例 4-1】用指示表法测量一块 350mm×350mm 的平板，如图 4-143 所示，各测点的读数值如图 4-144 所示，试用最小区域法求平面度误差值。

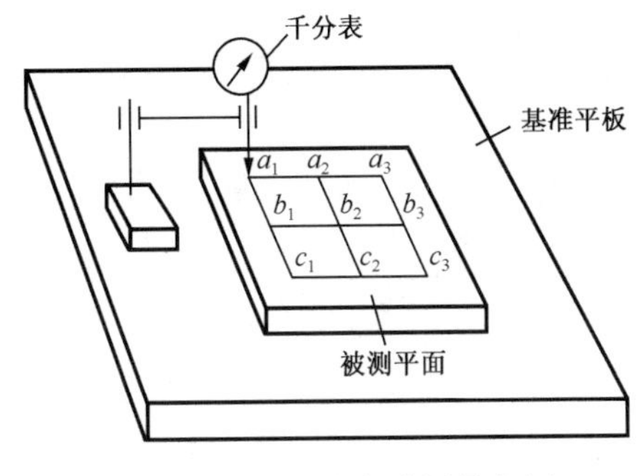

图 4-143　用指示表法测量实例

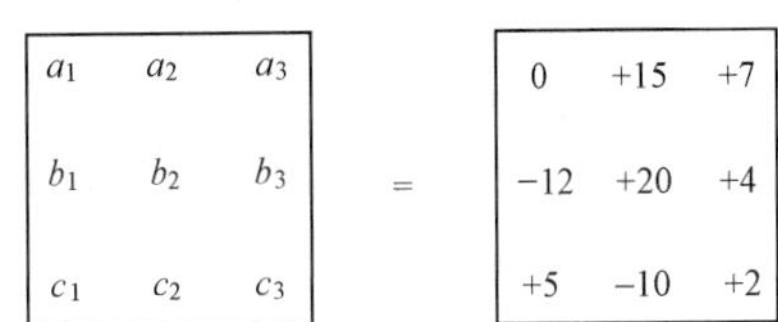

图 4-144　【例 4-1】平面度误差测量数据

解：（1）数据分析。突出的点有 3 个：最高点 b_2=+20，接近的两低点 b_1=−12、c_2=−10，可考虑保持最高点 b_2 不变，设法使两个低点相等，再寻找一个等高点，以构成判别最小区域的“三角形准则”，这点必为 a_3=+7。采用旋转平面的方法以降低 a_3，抬高 b_1 和 c_2。

（2）旋转平面。含 b_2 的中间列不变（为旋转轴线），首列抬高 7、末列降低 7，得图 4-145（b）；含 b_2 的中间行不变，首行降低 5、末行抬高 5，得图 4-145（c），显然已符合三角形准则。

（3）测量结果。平面度误差值为

$$f = |+20-(-5)| = 25\mu\text{m}$$

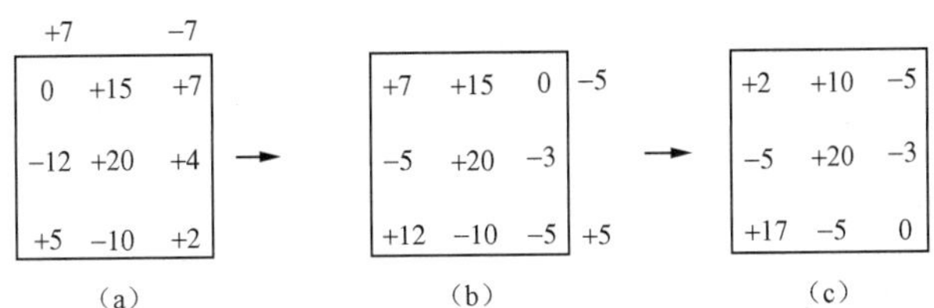

图 4-145　【例 4-1】数据处理

需要说明的是，平面及数据的旋转（变换）并不影响平面度误差值，若测量数据有多行多列，则应按比例变换。另外，本例仅为数据处理方法的说明，突出点、旋转轴线及旋转量的选择不同，数据处理的步骤也会不同。采用科学计算的方法，并编写为计算机程序，才是应该追求的数据处理方法。

【例 4-2】图 4-146 是通过测量得到的实际被测表面的坐标值（单位为 μm），试用最小区域法、对角线法和三点法确定其平面度误差值。

解：（1）最小区域法

分析初始数据，初选 3 个高点（+10、+8、+4）和一个低点（−13）可能构成符合最小区域法的三角形准则。分别以第一列和第一行为旋转轴线，将 3 个高点旋转成等值最高点。设每列的旋转量为 p，每行的旋转量为 q，变换得图 4-147。

a_1	a_2	a_3
b_1	b_2	b_3
c_1	c_2	c_3

=

+10	−2	+4
−8	−13	−3
0	+8	−2

图 4-146 【例 4-2】平面度测量数据

a_1	a_2+p	a_3+2p
b_1+q	b_2+p+q	b_3+2p+q
c_1+2q	c_2+p+2q	$c_3+2p+2q$

图 4-147 【例 4-2】平面度测量数据的旋转图 1

因此有方程：$\begin{cases}10=4+2p\\8+p+2q=4+2p\end{cases}$

解方程，得 $p=+3$，$q=-0.5$，代入图 4-147 并计算，得图 4-148。

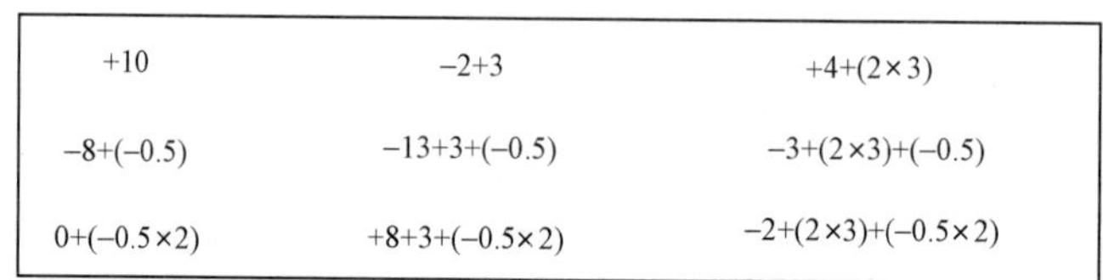

+10	−2+3	+4+(2×3)
−8+(−0.5)	−13+3+(−0.5)	−3+(2×3)+(−0.5)
0+(−0.5×2)	+8+3+(−0.5×2)	−2+(2×3)+(−0.5×2)

⇓

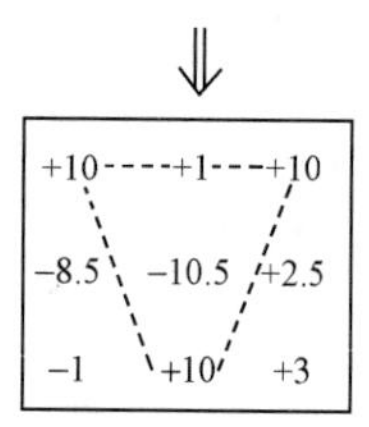

+10	+1	+10
−8.5	−10.5	+2.5
−1	+10	+3

图 4-148 最小区域法数据处理

由图 4-148 可见，其符合三角形准则，故其平面度误差为：

$$f=|+10-(-10.5)|=20.5\mu\text{m}$$

（2）对角线法

图 4-146 所示数据的对角线点为(0，+4)和(+10，−2)，以第一列和第三行为列轴和行轴旋转得图 4-149，其目的是使对角点两两相等。

a_1+2q	a_2+p+2q	$a_3+2p+2q$
b_1+q	b_2+p+q	b_3+2p+q
c_1	c_2+p	c_3+2p

图 4-149 平面度测量数据的旋转图 2

由图 4-149 可得方程：

$$\begin{cases}0=+4+2p+2q\\10+2q=-2+2p\end{cases}$$

解方程，可得：$p=+2$，$q=-4$，代入图 4-149，计算得图 4-150，所以平面度误差为：

$$f=|+10|+|-15|=25\mu\text{m}$$

+10+2×(−4)	−2+2+2×(−4)	+4+2×2+2×(−4)
−8+(−4)	−13+2+(−4)	−3+2×2+(−4)
0	+8+2	−2+2×2

⇓

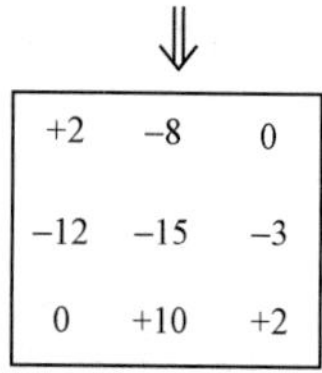

+2	−8	0
−12	−15	−3
0	+10	+2

图 4-150 对角线法数据处理

（3）三点法

取图 4-146 中的(−8，+4，−2)为最远三点，仍以第一列和第三行为列轴和行轴旋转，由旋转图 4-149 可得方程：

$$\begin{cases}-8+q=4+2p+2q\\-8+q=-2+2p\end{cases}$$

解方程，可得：$p=-4.5$，$q=-3$，代入图 4-149，计算得图 4-151，所以平面度误差为：

$$f=|+4|+|-20.5|=24.5\mu m$$

比较三种方法的评定结果，可见用对角线法和三点法得到的平面度误差值，明显大于用最小区域法得到的平面度误差值，因此该测量平面的平面度误差值应为 20.5μm。

+10+(−3×2)	−2+(−4.5)+(−3×2)	+4+(−4.5×2)+(−3×2)
−8+(−3)	−13+(−4.5)+(−3)	−3+(−4.5×2)+(−3)
0	+8+(−4.5)	−2+(−4.5×2)

⇓

+4	−12.5	−11
−11	−20.5	−15
0	+3.5	−11

图 4-151　三点法数据处理

2. 圆度误差的测量

圆度误差可在圆度仪等仪器上测量，精度要求不高时也可利用分度头、千分表等器具测量。圆度仪有自动记录、存储、数据处理等功能，可将测量结果显示和打印出来。图 4-152 为圆度误差测量方法的示意图。将被测零件放置在圆度仪上，同时调整被测零件的轴线，使其与量仪的回转轴线同轴。①记录被测零件在回转一周过程中测量截面上各采样点的坐标值，按最小区域法，也可根据要求按最小二乘法、最小外接圆法或最大内切圆法计算该截面的圆度误差；②按上述方法测量若干截面，取其中最大误差值作为该零件的圆度误差。

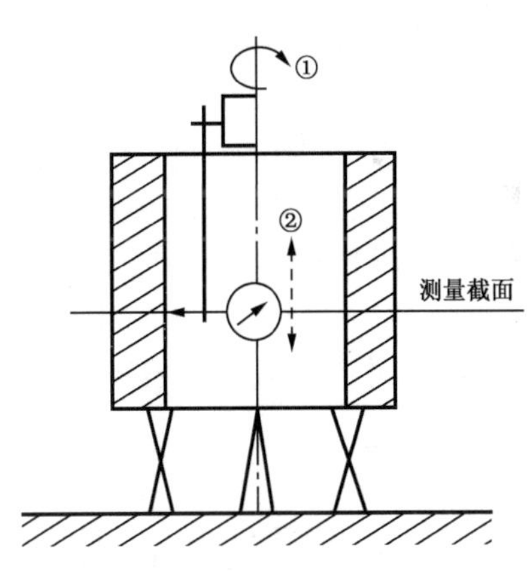

图 4-152　圆度误差测量方法的示意图

图 4-153 所示为圆度误差的 4 种评定方法。

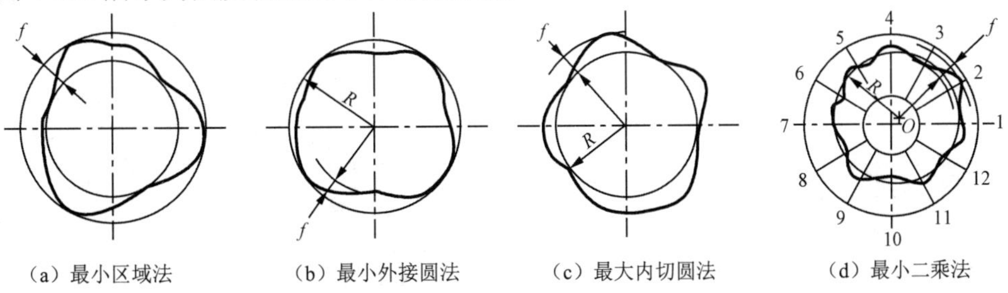

（a）最小区域法　（b）最小外接圆法　（c）最大内切圆法　（d）最小二乘法

图 4-153　圆度误差的 4 种评定方法

作业题

1．如图 4-154 所示零件有 3 种不同的标注方法，它们的公差带有何区别？

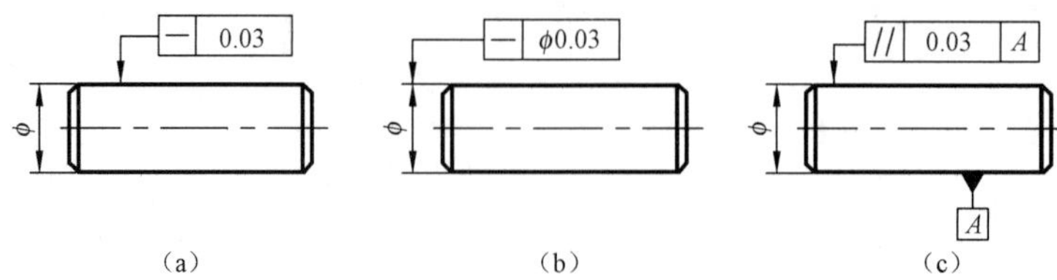

图 4-154 作业题 1 图

2．如图 4-155 所示，零件三种不同的标注方法对被测要素的位置要求有何不同？

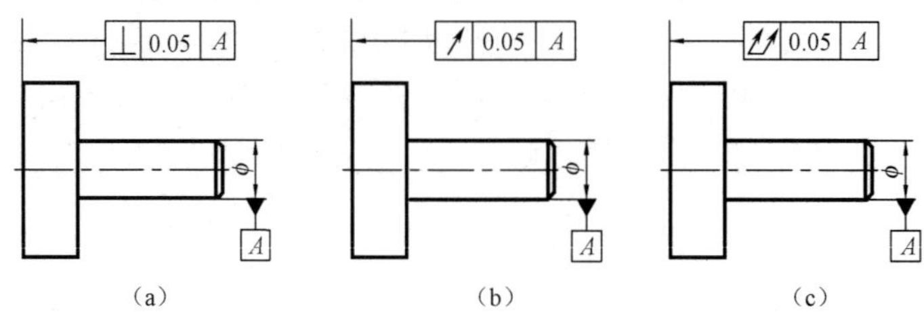

图 4-155 作业题 2 图

3．图 4-156 为一单列圆锥滚子轴承的内圈，试将下列几何公差要求标注在零件图上：

（1）圆锥横截面圆度公差为 5 级；

（2）圆锥素线直线度公差为 6 级（取主参数 L=50）；

（3）圆锥面对孔 ϕ80 轴线的斜向圆跳动公差为 0.006；

（4）ϕ80 孔表面的圆柱度公差为 0.005；

（5）右端面对左端面的平行度公差为 0.005。

4．在不改变几何公差项目的前提下，改正图 4-157 中几何公差的标注错误。

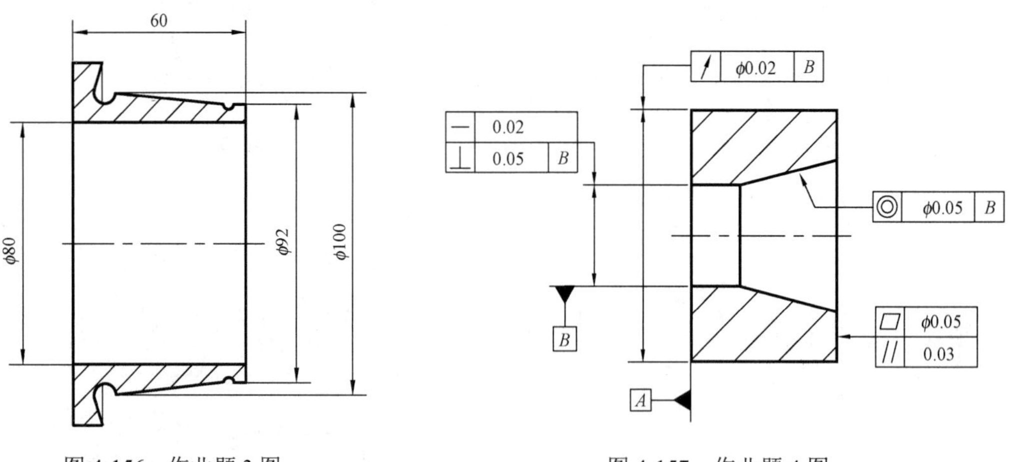

图 4-156 作业题 3 图　　图 4-157 作业题 4 图

5．试将下列各项要求标注在图 4-158 上：

（1）ϕ30K7 孔和 ϕ50M7 孔采用包容要求；

（2）底面的平面度公差为 0.02；ϕ30K7 孔和 ϕ50M7 孔的内端面对它们的公共轴线的圆跳动公差为 0.04；

（3）ϕ30K7 孔和 ϕ50M7 孔对它们的公共轴线的同轴度公差为ϕ0.03；

（4）6×ϕ11 孔对 ϕ50M7 孔的轴线和底面的位置度公差为 ϕ0.05，且遵循最大实体要求。

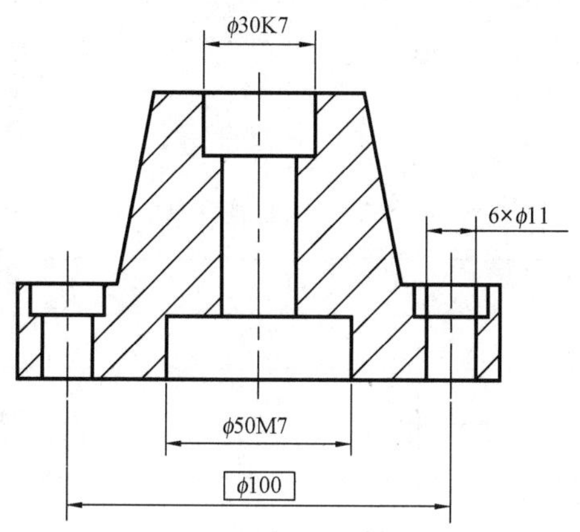

图 4-158 作业题 5 图

6．试为图 2-13 各主要配合面标注几何公差，该图为图 2-21 中的主动锥齿轮，并从本书第 8 章寻找参考答案。

7．试为图 4-159 所示零件的主要配合面标注几何公差，该零件为图 2-21 中的从动锥齿轮。

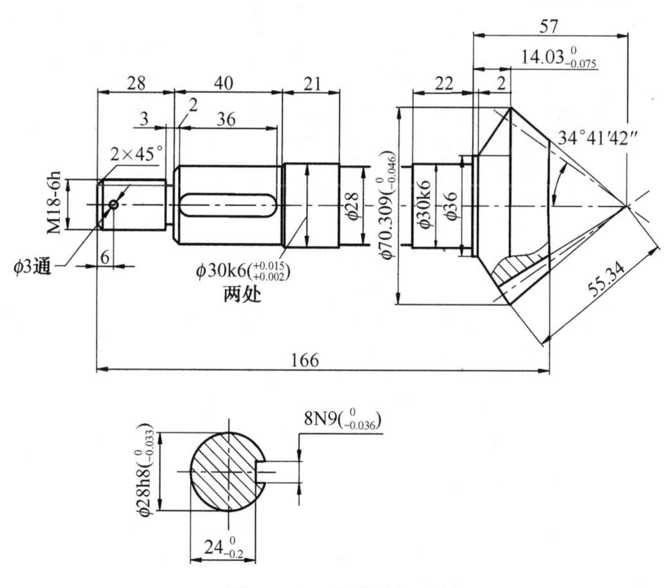

图 4-159 作业题 7 图

8．用水平仪测量某机床导轨的直线度误差，依次测得各点的读数为（单位为 μm）：+6，+6，0，−1.5，−1.5，+3，+3，+9。试按最小条件法求出该机床导轨的直线度误差值。

9．图 4-160 所示零件上有一个孔，要求位置度公差为ϕ0.1，试对图 4-160（a）～（d）4 种标注方式按表 4-18 的要求逐一分析填写。

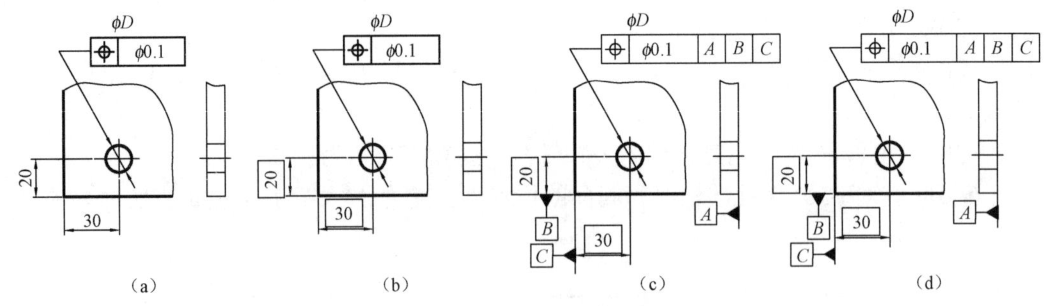

图 4-160 作业题 9 图

表 4-18 作业题 9 表

图 序	标注正确与否	标注错误分析
图 4-160（a）		
图 4-160（b）		
图 4-160（c）		
图 4-160（d）		

10．图 4-161 所示为套筒的 3 种标注方法，试按表 4-19 的要求分析填写。

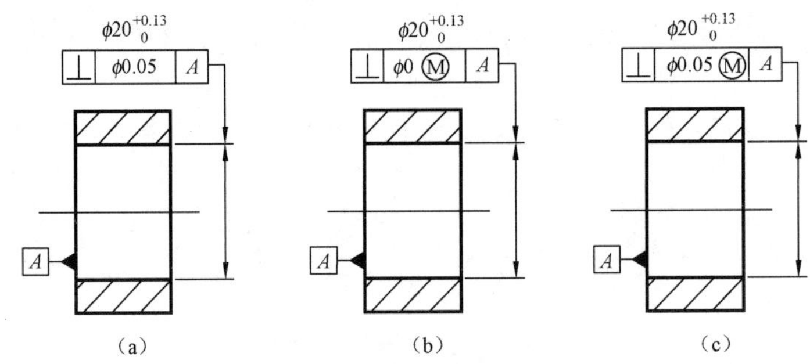

图 4-161 作业题 10 图

表 4-19 作业题 10 表

图 序	采用的公差原则	边界名称及其尺寸	允许的最大垂直度误差
图 4-160（a）			
图 4-160（b）			
图 4-160（c）			

思考题

1．什么情况下在给出的几何公差值前必须冠以符号“ϕ”？

2. 当对同一要素既有位置公差要求，又有形状公差要求时，它们的公差值大小应如何处理？

3．如果图样上注出的圆度公差值等于直径公差值，能否说只要直径合格，圆度也一定合格，为什么？

4．轴向圆跳动公差能否代替端面对基准轴线的垂直度公差，为什么？径向全跳动公差能否代替圆柱度公差，为什么？

5．独立原则、包容要求和最大实体要求的含义是什么？

6．应用最大实体要求的意义何在？

7．什么是形状误差？什么是方向误差、位置误差？它们应分别按什么方法来评定？

8．何谓最小区域？何谓最小条件？

主要相关国家标准

1．GB/T 1182—2018 产品几何技术规范（GPS）几何公差 形状、方向、位置和跳动公差标注

2．GB/T 4249—2018 产品几何技术规范（GPS）基础　概念、原则和规则

3．GB/T 17851—2010 产品几何技术规范（GPS）几何公差 基准和基准体系

4．GB/T 16671—2018 产品几何技术规范（GPS）几何公差 最大实体要求（MMR）、最小实体要求（LMR）和可逆要求（RPR）

5．GB/T 13319—2020 产品几何技术规范（GPS）几何公差 成组（要素）与组合几何规范

6．GB/T 17852—2018 产品几何技术规范（GPS）几何公差 轮廓度公差标注

7．GB/T 1958—2017 产品几何技术规范（GPS）几何公差 检测与验证

Chapter 5

第5章 表面结构

本章结构与主要知识点

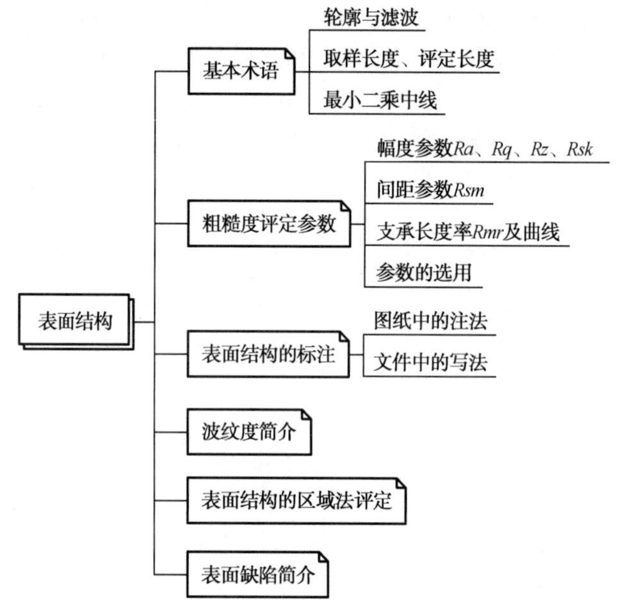

表面结构反映几何表面重复或偶然的偏差，这些偏差形成该表面的三维形貌，包括在有限区域上的粗糙度、波纹度、纹理方向、表面缺陷和形状误差。表面结构主要反映零件表面的微观几何形状误差，对零件的机械性能、物理性能有重要影响。构成零件表面组成要素的微观结构是交织在一起的，严格区分各自的界限、定义，采用合理的方法、手段和恰当的参数定量评价，是做好机械设计、制造工艺工作的重要前提，也是开展相关科学研究的重要基础。本章以轮廓法表面粗糙度、波纹度相关知识的介绍为主，对区域法表面结构，表面缺陷的术语、定义、评定参数等做简要说明。

5.1 表面结构的基本概念及评定参数

5.1.1 表面结构的基本术语及定义

1．表面轮廓

表面轮廓是指某一平面与实际表面相交所得的轮廓，如图 5-1 所示。

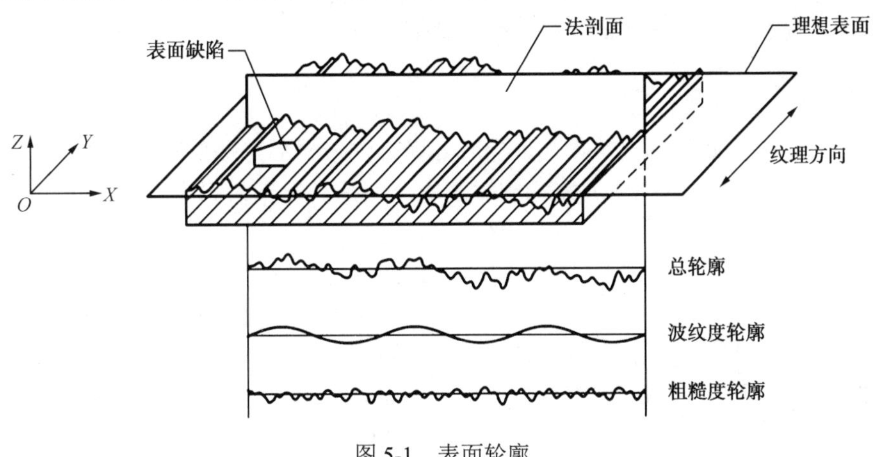

图 5-1　表面轮廓

这里所说的平面，其法线通常与实际表面平行，并在一个适当的方向上（如与加工纹理方向平行）。另外，国家标准还规定，定义表面轮廓参数的坐标体系时，通常采用直角坐标系，即其轴线形成一个右手笛卡儿坐标系：X 轴与中线方向一致，Y 轴处于实际表面上，Z 轴则在从材料到周围介质的外延方向上。

2．总轮廓

测量表面时，仪器触针在被测表面的横切面内针尖中心点的轨迹（称为轨迹轮廓），该轨迹相对于理想轮廓的数字表示形式，具有一一对应的垂直和水平坐标值。

3．轮廓滤波器

轮廓滤波器是指把轮廓分为长波和短波成分的滤波器。在测量粗糙度、波纹度和原始轮廓的仪器中使用三种滤波器，如图 5-2 所示。它们的传输特性相同，但截止波长不同。

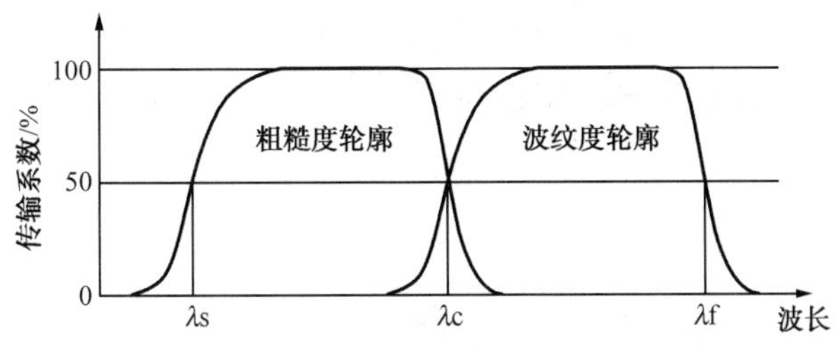

图 5-2　粗糙度和波纹度轮廓的传输特性

确定粗糙度与比它更短的波的成分相交界限的滤波器，称为 λs 滤波器；确定粗糙度与波纹度成分相交界限的滤波器，称为 λc 滤波器；确定波纹度与比它更长的波的成分相交界限的滤波器，称为 λf 滤波器。

滤波器是除去某些波长成分而保留所需波长成分的处理方法。当获得的测量信号介于 λc 和 λs 之间时，正是本章重点研究的粗糙度范畴。

4．原始轮廓

原始轮廓是指通过 λs 轮廓滤波器后的总轮廓，也是评定原始轮廓参数的基础。

5．粗糙度轮廓

粗糙度轮廓是对原始轮廓采用 λc 滤波器抑制长波成分以后形成的轮廓。

6．波纹度轮廓

波纹度轮廓是对原始轮廓连续应用 λf 和 λc 两个滤波器后形成的轮廓。采用 λf 轮廓滤波器抑制长波成分，而采用 λc 轮廓滤波器抑制短波成分，是经过人为修正的轮廓。

7．轮廓中线

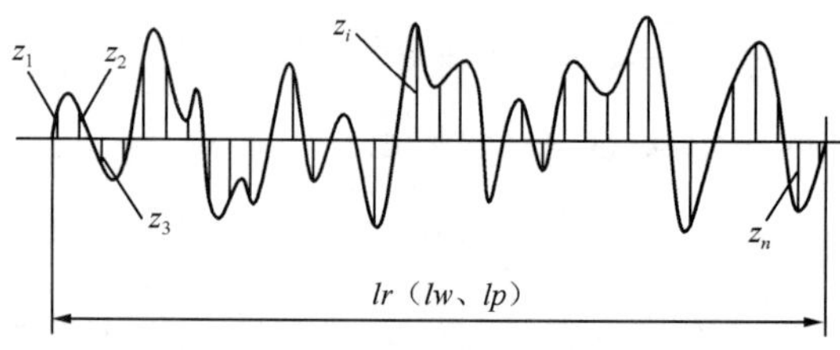

图 5-3 轮廓中线

轮廓中线是指具有理想几何轮廓形状并划分实际轮廓的基准线，如图 5-3 所示。基准线的确定通常采用最小二乘法，即在取样长度范围内，使轮廓上各点的轮廓偏距的平方和最小。

用轮廓滤波器 λc 抑制长波轮廓成分后，对应的中线称为粗糙度轮廓中线；用轮廓滤波器 λf 抑制长波轮廓成分后，对应的中线称为波纹度轮廓中线。在原始轮廓上，按照标称形状用最小二乘法拟合确定的中线，称为原始轮廓中线。

8．取样长度 *lp*、*lr*、*lw*

取样长度是指在 *X* 轴方向上，用于判别被评定轮廓的不规则特征的长度。

相关国家标准规定，评定粗糙度轮廓的取样长度 *lr* 和评定波纹度轮廓的取样长度 *lw*，在数值上分别与 λc 和 λf 轮廓滤波器的截止波长相等；原始轮廓的取样长度 *lp* 等于评定长度。

9．评定长度 *ln*

评定长度是指用于评定轮廓 *X* 轴方向上的长度。评定长度包括一个或几个取样长度。

5.1.2 表面结构的几何参数术语及定义

1．*P* 参数

在原始轮廓上计算所得的参数，称为 *P* 参数。

2. R 参数

在粗糙度轮廓上计算所得的参数，称为 R 参数。

3. W 参数

在波纹度轮廓上计算所得的参数，称为 W 参数。

4. 轮廓峰

轮廓峰是指被评定轮廓上连接轮廓与 X 轴两相邻交点向外（从材料到周围介质）的轮廓部分。轮廓峰的最高点与 X 轴的距离为轮廓峰高 Zp，如图 5-4 所示。

5. 轮廓谷

轮廓谷是指被评定轮廓上连接轮廓与 X 轴两相邻交点向内（从周围介质到材料）的轮廓部分。轮廓谷的最低点与 X 轴的距离为轮廓谷深 Zv，如图 5-4 所示。

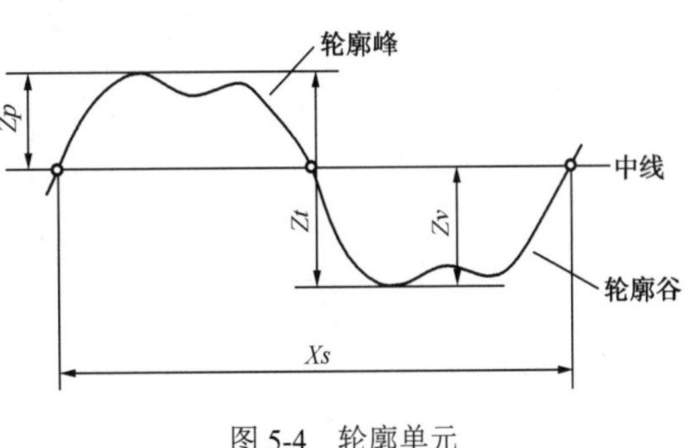

图 5-4　轮廓单元

6. 轮廓单元

轮廓峰与相邻轮廓谷的组合，称为轮廓单元。一个轮廓单元的轮廓峰高 Zp 与轮廓谷深 Zv 之和为轮廓单元高度 Zt；一个轮廓单元与 X 轴相交线段的长度为轮廓单元宽度 Xs，如图 5-4 所示。

5.1.3　表面轮廓评定参数

表面轮廓评定参数用来对表面轮廓微观几何形状特性的某些方面进行定量描述。这些参数应能准确、充分地反映表面轮廓微观几何形状的特性，并且便于测量。相关国家标准规定，表面轮廓评定参数由幅度参数、间距参数、曲线及相关参数等组成。

文 14　一文看懂什么是表面粗糙度

1. 幅度参数

（1）轮廓的最大高度 Pz、Rz、Wz

在取样长度 l 内，最大轮廓峰高 Zp 和最大轮廓谷深 Zv 之和称为轮廓最大高度，如图 5-5 所示。

$$Pz、Rz、Wz = Zp + Zv \tag{5-1}$$

需要强调的是，评定原始轮廓，式（5-1）记为 Pz，取样长度为 $l=lp$；评定粗糙度轮廓，记为 Rz，取样长度为 $l=lr$；评定波纹度轮廓，记为 Wz，取样长度为 $l=lw$。可见，原始轮廓、粗糙度轮廓和波纹度轮廓的有些评定参数的公式是相同的，符号仅以大写的首字母 P、R、W 加以区别，取样长度以小写的字母 p、r、w 加以区别。类似的评定参数、公式及符号还有许多，就不一一说明了。

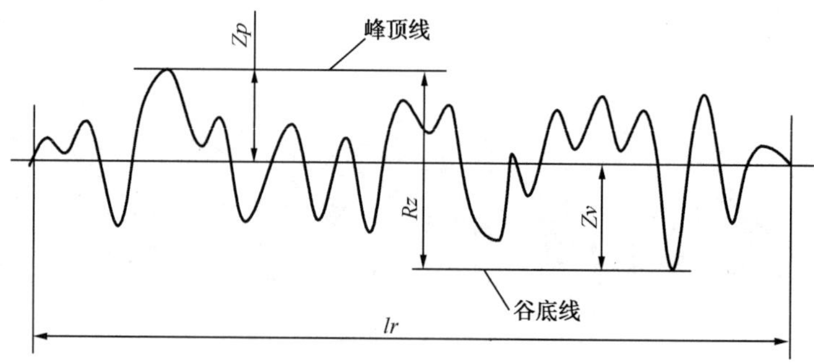

图 5-5 轮廓的最大高度（以粗糙度轮廓为例）

（2）轮廓的算术平均偏差 Pa、Ra、Wa

轮廓的算术平均偏差是指在取样长度内纵坐标值 $Z(x)$ 绝对值的算术平均值，如图 5-6 所示，用公式可表示为

$$Pa、Ra、Wa=\frac{1}{l}\int_0^l |Z(x)|\mathrm{d}x \tag{5-2}$$

由于测量时轮廓上采样点是有限的，因此式（5-2）也可近似表示为

$$Pa、Ra、Wa=\frac{1}{n}\sum_{i=1}^{n}|Z_i| \tag{5-3}$$

式中，n 为取样长度内采样点的数目。

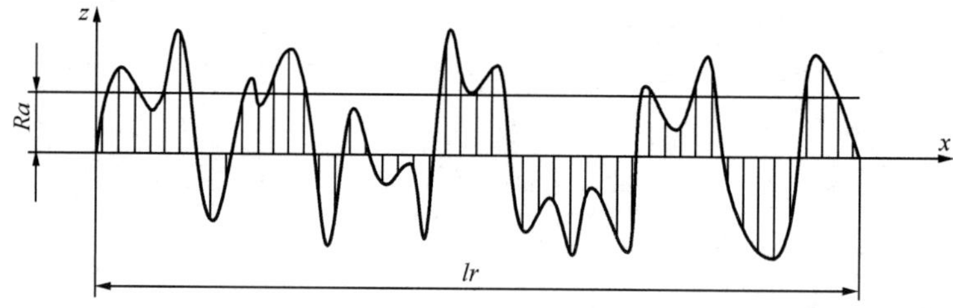

图 5-6 轮廓的算术平均偏差（以粗糙度轮廓为例）

（3）轮廓的均方根偏差 Pq、Rq、Wq

轮廓的均方根偏差是指在一个取样长度内纵坐标值 $Z(x)$的均方根值，即

$$Pq、Rq、Wq=\sqrt{\frac{1}{l}\int_0^l Z^2(x)\mathrm{d}x} \tag{5-4}$$

（4）轮廓的偏斜度 Psk、Rsk、Wsk

轮廓的偏斜度是指在一个取样长度内纵坐标值 $Z(x)$三次方的平均值分别与 Pq、Rq 或 Wq 的三次方的比值。以粗糙度为例，可记为

$$Rsk=\frac{1}{Rq^3}\left[\frac{1}{lr}\int_0^{lr} Z^3(x)\mathrm{d}x\right] \tag{5-5}$$

2. 间距参数

轮廓单元的平均宽度 Psm、Rsm、Wsm 是指在一个取样长度内轮廓单元宽度 Xs 的平均值，如图 5-7 所示。用公式表示为

$$Psm、Rsm、Wsm=\frac{1}{n}\sum_{i=1}^{n}Xs_i \tag{5-6}$$

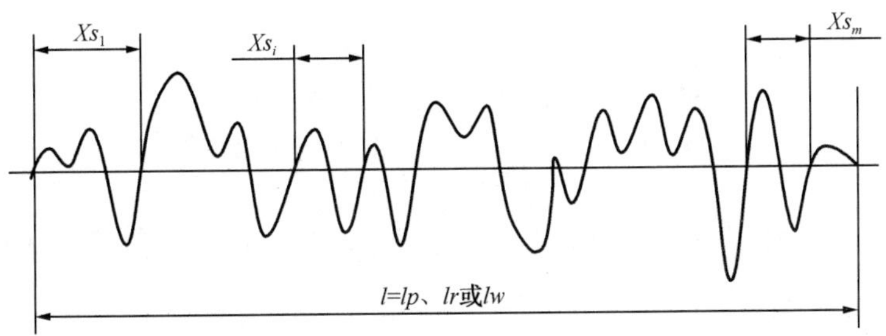

图 5-7 轮廓单元的平均宽度

3．曲线及相关参数

首先需要明确一点，曲线及相关参数是在评定长度 ln 上定义的，这样可比在取样长度 l 上定义提供更加稳定的曲线和参数。

（1）轮廓的支承长度率 $Pmr(c)$、$Rmr(c)$、$Wmr(c)$

轮廓的支承长度率是指在给定水平截面高度 c 上轮廓的实体材料长度 $Ml(c)$与评定长度 ln 的比率。

$$Pmr(c)、Rmr(c)、Wmr(c)=\frac{Ml(c)}{ln} \tag{5-7}$$

式中，轮廓的实体材料长度 $Ml(c)=b_1+b_2+\cdots+b_n$，如图 5-8（a）所示。

（2）轮廓的支承长度率曲线

轮廓的支承长度率曲线是指表示轮廓的支承长度率随水平截面高度 c 变化的曲线，如图 5-8（b）所示。该曲线可以理解为在一个评定长度内，各个坐标值 $Z(x)$采样累积的概率分布函数。

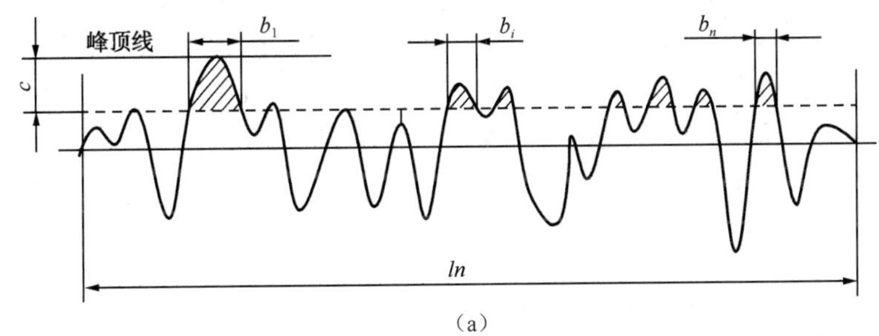

（a）

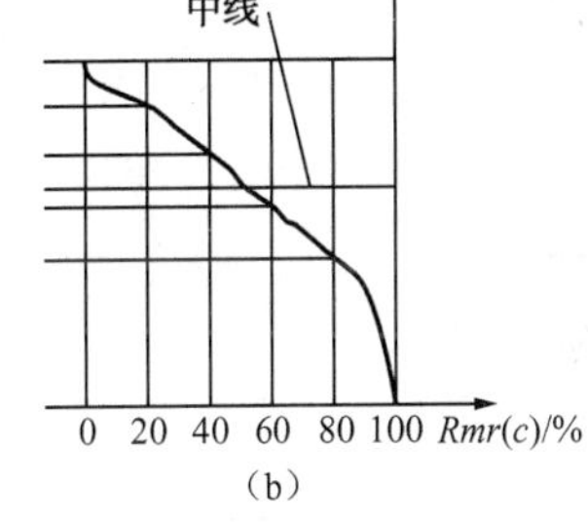

（b）

图 5-8 轮廓的支承长度率及曲线

5.2 表面粗糙度

5.2.1 表面粗糙度对零件性能的影响

零件在加工过程中，由于刀具的锋利程度、积屑瘤的形成和脱落、切屑与工件基体分离时的塑性变形，以及工艺系统的高频振动等因素的影响，不可避免地会在零件表面形成加工误差。其中的微观几何误差即为表面粗糙度。

就表面粗糙度而言，对零件的影响主要表现在以下几个方面。

（1）配合性质。对于间隙配合，零件之间的相对运动可使轮廓峰很快磨损，扩大了实际间隙，从而改变了设计的配合性质；对于过盈配合，装配而挤压轮廓峰顶，会使实际过盈量减小，从而降低了连接强度。

（2）摩擦与磨损。由于零件表面存在峰谷，所以实际接触区域均为峰顶，远小于理论接触面积，因而比压较大。当零件之间有相对运动时，必然导致摩擦阻力加大，磨损加快，表面的耐磨性下降。

（3）接触刚度。由于零件表面实际接触面积的减小，比压增大，所以易产生接触变形，从而降低了接触刚度及其稳定性。

（4）疲劳强度。零件表面微观的轮廓峰越高、轮廓谷越深，越容易引起零件的应力集中，降低其疲劳强度。对于承受交变载荷的零件，尤其是形状突变的部位，影响尤为显著。不同材料对应力集中的敏感度不同，比较而言，钢件影响较大，铸铁件次之，有色金属最小。

（5）抗腐蚀性。表面越粗糙，越容易在零件表面的轮廓谷内积聚腐蚀性气体和液体，并通过微观裂纹向零件表层渗透，从而降低零件的抗腐蚀能力。

（6）密封性。对于油缸、汽缸、活塞等零件，具有一定的密封性是最基本的要求。零件表面越粗糙，轮廓峰谷越显著，对密封性的影响就越突出。

由此可见，表面粗糙度直接影响零件的使用性能和使用寿命，因此在保证零件尺寸精度、几何精度的同时，对表面粗糙度也有相应的要求，特别是对运转速度高、装配精密，及对密封性、外观与手感要求高的产品，更不能忽视对表面粗糙度的要求。

5.2.2 表面粗糙度评定参数的数值规定

表面粗糙度评定参数的数值规定见 GB/T 1031—2009《产品几何技术规范（GPS）表面结构 轮廓法 表面粗糙度参数及其数值》。其中，除 *Rm*(*c*)外，评定参数数值均由优先数系中的派生系列 R10/3 确定；取样长度和评定长度则由 R10/5 系列确定。

轮廓的算术平均偏差 *Ra* 和轮廓的最大高度 *Rz* 分别见表 5-1 和表 5-2；轮廓单元的平均宽度 *Rsm* 见表 5-3；轮廓支承长度率的数值规定见表 5-4。另外，取样长度和评定长度应与幅度参数有一定的对应关系，表 5-5 为其推荐数值。

表 5-1 轮廓的算术平均偏差 *Ra*

单位：μm

规定系列	补充系列	规定系列	补充系列	规定系列	补充系列	规定系列	补充系列
	0.008		0.125		2.0		32
	0.010		0.160		2.5		40
0.012		0.2		3.2		50	
	0.016		0.25		4.0		63
	0.020		0.32		5.0		80
0.025		0.4		6.3		100	
	0.032		0.50		8.0		
	0.040		0.63		10.0		
0.050		0.8		12.5			
	0.063		1.00		16.0		
	0.080		1.25		20		
0.1		1.6		25			

表 5-2　轮廓的最大高度 *Rz*　　单位：μm

规定系列	补充系列	规定系列	补充系列	规定系列	补充系列	规定系列	补充系列
0.025		0.4		6.3		100	
	0.032		0.50		8.0		125
	0.040		0.63		10.0		160
0.05		0.8		12.5		200	
	0.063		1.00		16.0		250
	0.080		1.25		20		320
0.1		1.6		25		400	
	0.125		2.0		32		500
	0.160		2.5		40		630
0.2		3.2		50		800	
	0.25		4.0		63		1000
	0.32		5.0		80		1250
						1600	

表 5-3　轮廓单元的平均宽度 *Rsm*　　单位：mm

规定系列	补充系列	规定系列	补充系列	规定系列	补充系列	规定系列	补充系列
	0.002	0.025		0.2		1.6	
	0.003		0.032		0.25		2.0
	0.004		0.040		0.32		2.5
	0.005	0.05		0.4		3.2	
0.006			0.063		0.50		4.0
	0.008		0.080		0.63		5.0
	0.010	0.1		0.8		6.3	
0.0125			0.125		1.00		8.0
	0.160		0.160		1.25		10.0
	0.020					12.5	

表 5-4　轮廓的支承长度率 *Rmr*（*c*）　　单位：%

Rmr（*c*）	10	15	20	25	30	40	50	60	70	80	90

注：选用轮廓的支承长度率参数 *Rmr*（*c*）时，应同时给出轮廓截面高度 *c* 的值。它可用微米或 *Rz* 的百分数表示。*Rz* 的百分数系列为 5%、10%、15%、20%、25%、30%、40%、50%、60%、70%、80%、90%。

表 5-5　幅度参数 *Ra*、*Rz* 与取样长度 *lr* 和评定长度 *ln* 的对应关系

Ra/μm	*Rz*/μm	*lr*、λ_c/mm	*ln*/mm（*ln* = 5*lr*）	λ_s/μm
≥0.008～0.02	≥0.025～0.10	0.08	0.4	2.5
≥0.02～0.1	≥0.10～0.50	0.25	1.25	2.5
≥0.1～2.0	≥0.50～10.0	0.8	4.0	2.5
≥2.0～10.0	≥10.0～50.0	2.5	12.5	8
≥10.0～80.0	≥50.0～320	8.0	40.0	25

5.2.3 表面粗糙度评定参数及其数值的选用

1. 表面粗糙度评定参数的选用

幅度参数曾经被称为基本评定参数，零件所有表面都应选择幅度参数。

轮廓的算术平均偏差 *Ra* 是最重要的幅度参数，是世界各国表面粗糙度标准广泛采用的最基本的评定参数。*Ra* 能较全面地反映表面微观几何形状特征及轮廓凸峰高度，且数学意义简单、测量方便。

轮廓的最大高度 *Rz* 规定了轮廓的变动范围，不涉及在最大峰高与最大谷深之间轮廓的变化状况。*Rz* 测量方便，在各国标准中被广泛采用。对于需控制应力集中或疲劳强度的表面，当选用 *Ra* 后，可加选 *Rz*。

国家标准 GB/T 1031－2009 就规定，在常用数值范围内（*Ra* 为 0.025～6.3μm，*Rz* 为 0.1～25μm）推荐优先选用 *Ra*。

对于绝大多数结构件，由于主要采用车、铣、镗、钻、磨等加工方式，粗糙度轮廓往往比较规则，如图 5-9（a）、（b）所示，采用 *Ra* 评价是合理的。对于图 5-9（c）、（d）所示的粗糙度轮廓，二者虽区别巨大但有相同的 *Ra*，即 *Ra* 已完全不能反映表面的微观特征和差别。

粗糙度测量采样点数量巨大，轮廓纵坐标值 $Z(x)$可看作随机变量，评定轮廓的均方根偏差 *Rq* 是分布的标准偏差。根据统计学原理，若 $Z(x)$服从正态分布，则轮廓采样点落在±3*Rq* 范围内的概率是 99.73%（按“经验法则”估计）；若 $Z(x)$服从显著的非对称分布，则轮廓采样点落在±3*Rq* 范围内的概率是 89%（按“切比雪夫不等式”估计）。显然，*Rq* 不仅是轮廓所有采样点纵坐标的一种平均算法，也反映了轮廓的分布范围，比 *Ra* 反映的信息更多。抛光、研磨等超精加工表面粗糙度轮廓随机性极强，采用 *Rq* 评定明显比采用 *Ra* 合理。

Rz 也给出轮廓的分布范围，尽管其非常简单，但在一些设计场合可用 *Rz* 近似代替 *Rq*。

内燃机缸套表面工作时在高温环境中与活塞环有高频、高速相对运动，需要极好的耐磨性。因此其粗糙度轮廓类似于图 5-10（a），整体表面平坦，少量较深的凹谷可存储润滑油，显然这种轮廓已经呈现明显的偏态。统计学中用偏态系数对这种偏态分布进行度量，而轮廓的偏斜度 *Rsk* 就是偏态系数（采样数据与其均值之离差的三次方的平均数，即 3 阶原点矩，再除以标准差的三次方）。为此，行业标准 JB/T 5082.7—2011 要求国Ⅲ以下的汽缸套除限制参数 *Ra* 外，轮廓偏斜度 *Rsk* 应为-0.8～-3.0。相反，若零件表面粗糙度轮廓为图 5-10（b）所示形态，则是偏斜度为正的一种偏态分布。显然，这种表面无法有效存储润滑油，波峰会快速磨损，整个表面的耐磨性一定很差。

与缸套表面相似，滚动轴承内、外圈滚道，机床滑动导轨表面，高性能齿轮齿面，数控刀具前、后刀面，机床主轴及相配刀柄的配合面，高性能液压件与密封件等，都应是负偏分布的轮廓，设计中应选用 *Ra* 或 *Rq* 及负的偏斜度 *Rsk*。

轮廓单元的平均宽度 *Rsm* 是反映表面微观不平度间距特性的粗糙度参数，对涂覆加工中涂覆层的渗透性及其厚度有显著影响，对产品表面的抗腐蚀、疲劳裂纹的产生也有一定影响。

轮廓的支承长度率 $Rmr(c)$是反映表面微观不平度形状特性的参数，是幅度参数和间距特性参数的综合反映。$Rmr(c)$能反映表面的耐磨性、接触刚度和密封性等。因此，对耐磨性、接触刚度和密封性等有较高要求的重要表面可附加 $Rmr(c)$的要求。

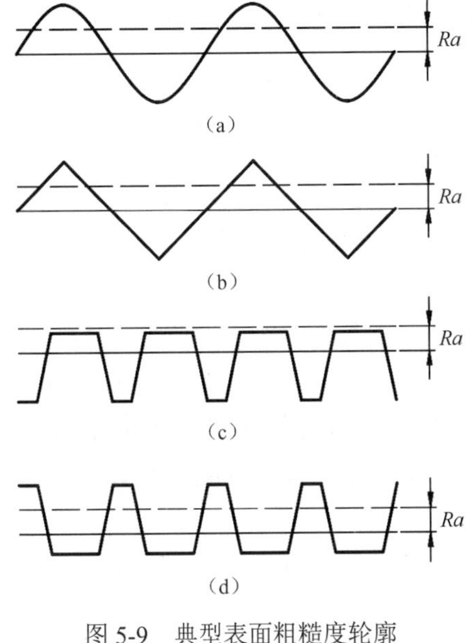

图 5-9　典型表面粗糙度轮廓

表面轮廓　概率密度函数 $f(z)$

(a) $Rsk<0$

(b) $Rsk>0$　lr

图 5-10　轮廓的偏态分布

2．表面粗糙度评定参数值的选用

选择表面粗糙度参数值一般按照类比法，并遵从以下原则：

文 15　粗糙度测量

（1）在满足功能要求的前提下，尽量选用较大的幅度参数值，并应选择规定系列参数值。

（2）同一零件上，工作表面的粗糙度应比非工作表面的粗糙度要求严格。

（3）摩擦表面的粗糙度应比非摩擦表面的粗糙度要求严格；滚动摩擦表面的粗糙度应比滑动摩擦表面的粗糙度要求严格；运动速度高、单位面积压力大的摩擦表面应比运动速度低、单位面积压力小的摩擦表面的粗糙度要求严格。

（4）受循环载荷及易引起应力集中的部位，如圆角、沟槽，应选较小的幅度参数值和间距参数值。

（5）配合性质要求稳定的结合面、配合间隙较小的间隙配合表面，以及要求连接可靠、受重载的过盈配合表面等，应选择较小的幅度参数。

（6）配合性质相同时，零件尺寸越小，表面要求越严；同一公差等级下，小尺寸比大尺寸、轴比孔的粗糙度要求严。

表面粗糙度参数值应与尺寸公差、几何公差相协调，表 5-6 可供设计时参考。表 5-8 针对外圆表面、内圆表面及平面，给出不同加工工艺及尺寸公差等级对应的 *Ra* 推荐范围，也有很好的参考价值。

表 5-6　*Ra*、*Rz* 与形状公差 *t* 及尺寸公差 *T* 的关系

分　级	t 和 T	Ra 和 T、t	Rz 和 T、t
普通精度	$t\approx 0.6T$	$Ra \leqslant 0.05T$	$Rz \leqslant 0.2T$
较高精度	$t\approx 0.4T$	$Ra \leqslant 0.025T$	$Rz \leqslant 0.1T$
提高精度	$t\approx 0.25T$	$Ra \leqslant 0.012T$	$Rz \leqslant 0.05T$
高 精 度	$t<0.25T$	$Ra \leqslant 0.15t$	$Rz \leqslant 0.6t$

5.3 表面波纹度

5.3.1 表面波纹度评定参数及其数值规定

GB/T 16747—2009 只规定了波纹度的术语、参数的定义，并没有给出表面波纹度的数值。目前，在生产中可参考原 ISO/TC57 的工作文件《表面粗糙度参数　参数值和给定要求通则》中关于在图样和技术文件中规定表面波纹度要求的一般规则、评定表面波纹度参数及参数值的有关内容。ISO/TC57 工作文件中规定，在一般情况下，如果要求给出表面波纹度参数，则首先采用波纹度轮廓的最大高度 *Wz*，根据需要也可以采用如下参数：

Wc——在取样长度内，波纹度轮廓不平度高度的平均值；

Wp——在取样长度内，波纹度轮廓的最大峰高；

Wa——在取样长度内，波纹度轮廓偏距绝对值的算数平均值；

Wv——在取样长度内，波纹度轮廓的最大谷深；

Wsm——在取样长度内，波纹度轮廓不平度间距的平均值。

ISO/TC57 工作文件中规定的表面波纹度轮廓最大高度 *Wz* 的数值见表 5-7。

表 5-7　表面波纹度轮廓最大高度 *Wz* 的数值　　单位：μm

波纹度轮廓最大高度 *Wz*	0.05　0.1　0.2　0.4　0.8　1.6　3.2　6.3 12.5　25　50　100　200

5.3.2 加工方法与表面波纹度的关系

零件表面的加工工艺对所得表面的波纹度有很大影响。表 5-8 给出内、外圆表面及平面的常见加工工艺所得表面的波纹度幅度值，可供设计及加工时参考。另外，行业标准 JB/T 9924—2014《磨削表面波纹度》是专门针对磨削加工表面的，也可供参考。

表 5-8　表面波纹度幅度值　　单位：μm

加工表面	加工方法		表面粗糙度 *Ra*	尺寸公差等级	加工面直径/mm					
					≤6	>6～18	>18～50	>50～120	>120～260	>260～500
					幅度值					
外圆表面	车	粗	10～40	14	20	30	40	50	60	80
				12～13	12	20	25	30	40	50
		中	2.5～20	11	8	12	16	20	25	30
				10	5	8	10	12	16	20
		精	1.25～10	8～9	3	5	6	8	10	12
		细	0.14～1.25	6～7	2	3	4	5	6	8

续表

加工表面	加工方法		表面粗糙度 *Ra*	尺寸公差等级	加工面直径/mm					
					≤6	>6～18	>18～50	>50～120	>120～260	>260～500
					幅度值					
外圆表面	磨	粗	0.8～2.5	8～9	3	5	6	8	10	12
		精	0.4～1.25	6～7	2	3	4	5	6	8
		细	0.08～0.63	5	1.2	2	2.5	3	4	5
	超精磨和研磨	粗	0.16～0.63	5～6	0.8	1.2	1.6	2	2.5	3
		精	0.04～0.32	4～5	0.5	0.8	1	1.2	1.6	2
		细	0.01～0.16	3～4	0.3	0.5	0.6	0.8	1	1.2
内圆表面	拉	粗	2.5	11			10	12	16	-
				10		5	6	8	10	-
		精	0.4～1.25	7～9		3	4	5	6	-
	镗	粗	5～20	12～13	8	12	16	20	25	30
				11	5	8	10	12	16	20
		精	1.25～5	9～10	3	5	6	8	10	12
				7～8	2	3	4	5	6	8
		细	0.16～1.25	6	1.2	2	2.5	3	4	5
	磨	粗	2.5	9	3	5	6	8	10	12
		精	0.4～1.25	7～8	2	3	4	5	6	8
		细	0.08～0.63	6	1.6	2	2.5	3	4	5
	超精磨和研磨	粗	0.8～2.5	9			6	8	10	12
		精	0.16～0.63	7～8			4	5	6	8
		细	0.08～0.32	6			2.5	3	4	5

加工表面	加工方法		表面粗糙度 *Ra*	尺寸公差等级	长/mm×宽/mm			
					≤60×60	>60×60～160×160	>160×160～400×400	>400×400～1000×1000
					幅度值			
平面加工	磨	粗	2.5	10	10	16	25	40
				9	6	10	16	25
				8	4	6	10	16
		精	0.4～1.25	9	6	10	16	25
				8	4	6	10	16
				7	2.5	4	6	10
		细	0.08～0.63	8	2.5	4	6	10
				7	1.6	2.5	4	6
				6	1	1.6	2.5	4
	研磨和刮		0.16～0.63	6	1.6	2.5	4	6
			0.08～0.32	6	1	1.6	2.5	4
			0.08～0.16	5	0.6	1	1.6	2.5

5.4 表面结构的标注

国家标准 GB/T 131—2006《产品几何量技术规范（GPS） 技术产品文件中表面结构的表示法》对表面结构的标注做了详细规定。在技术产品文件中对表面结构的要求可用几种不同的图形符号表示，每种符号都有特定含义，其形式有数字、图形符号和文本，在特殊情况下，图形符号可以在技术图样中单独使用以表达特殊意义。

5.4.1 表面结构的图形符号

1. 基本图形符号

基本图形符号由两条不等长的、与标注表面成 60°夹角的直线构成，如图 5-11（a）所示，该基本图形符号仅用于简化代号标住。

2. 扩展图形符号

1）要求去除材料的扩展图形符号

在基本图形符号上加一短横，如图 5-11（b）所示，表示指定表面用去除材料的方法获得，如车、铣、磨等加工方法。

2）不允许去除材料的扩展图形符号

在基本图形符号上加一圆圈，如图 5-11（c）所示，表示指定表面用不去除材料的方法获得，如锻造、铸造、热轧等方法。

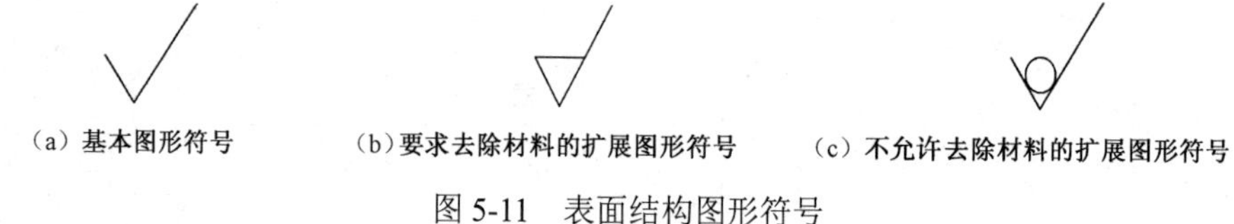

图 5-11 表面结构图形符号

3. 完整图形符号

当要求标注表面结构特征的补充信息时，应在图 5-11 所示的图形符号长边上加一横线，如图 5-12 所示。当在报告和合同文本中用文字表达图 5-12 所示符号时，可用 APA 表示图 5-12（a），用 MRR 表示图 5-12（b），用 NMR 表示图 5-12（c）。

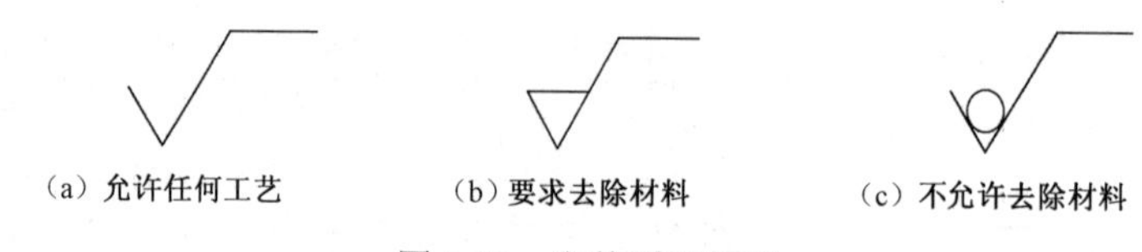

图 5-12 完整图形符号

4. 工件轮廓各表面的图形符号

当在图样某个视图上构成封闭轮廓的各表面有相同的表面结构要求时，应在图 5-12 所示的完整图形符号上加一圆圈，并标注在图样中工件的封闭轮廓线上。如果标注会引起歧义，则各表面应分别标注。

图 5-13 所示的表面结构符号是指对图形中封闭轮廓的 6 个面的共同要求，不包括前、后面。

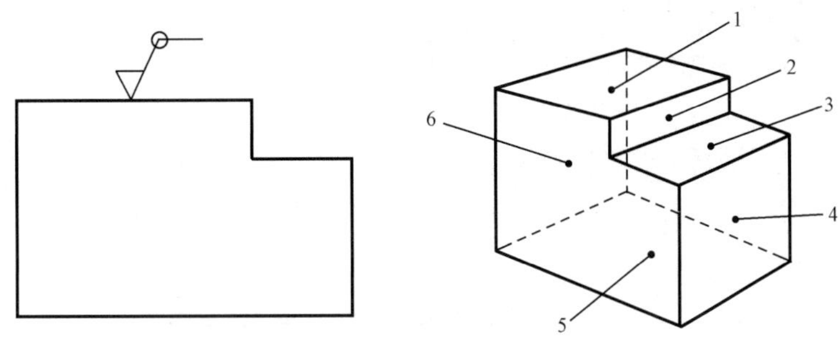

图 5-13　对周边各表面有相同的表面结构要求的标注

5.4.2　表面结构参数及补充要求的注写

为了明确表面结构要求，除标注表面结构参数和数值外，必要时应标注补充要求。补充要求包括传输带、取样长度、加工工艺、表面纹理及方向、加工余量等。在完整符号中，对表面结构的单一要求和补充要求应注写在图 5-14 所示的指定位置。

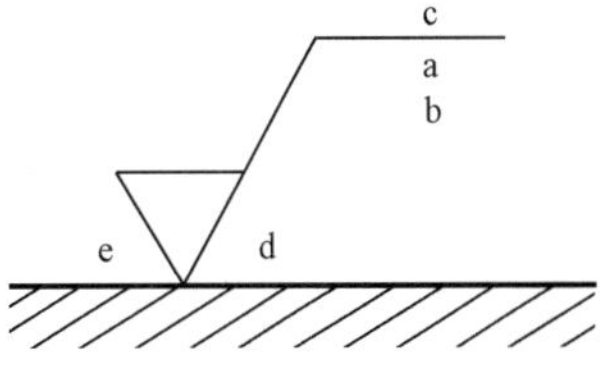

图 5-14　补充要求的注写位置

图 5-14 中位置 a～e 分别标注以下内容：

（1）位置 a 标注表面结构的单一要求；

（2）位置 a 和 b 标注两个或多个表面结构要求；

（3）位置 c 标注加工方法，如车、铣、磨、镀等；

（4）位置 d 标注表面纹理和方向，如“=”“×”“M”等，见表 5-9；

（5）位置 e 标注加工余量，以“mm”为单位。

表 5-9　表面纹理的标注

符　　号	解释与示例	符　　号	解释与示例
=	= 纹理方向 纹理平行于视图所在的投影面	M	M 纹理呈多方向
⊥	⊥ 纹理方向 纹理垂直于视图所在的投影面	R	R 纹理呈近似放射状且与表面中心相关

续表

符　号	解释与示例	符　号	解释与示例
X	× 纹理方向 纹理呈两斜向交叉且与视图所在的投影面相交	P	P 纹理呈微粒、凸起，无方向
C	C 纹理呈近似同心圆，且圆心与表面中心相关		

注：如果表面纹理不能清楚地用这些符号表示，必要时，可以在图样上加注说明。

5.4.3　表面结构参数的标注示例

图5-15～图5-18所示为表面结构参数在技术文本和图样上的标注示例。

图5-15　加工工艺和表面粗糙度要求的标注

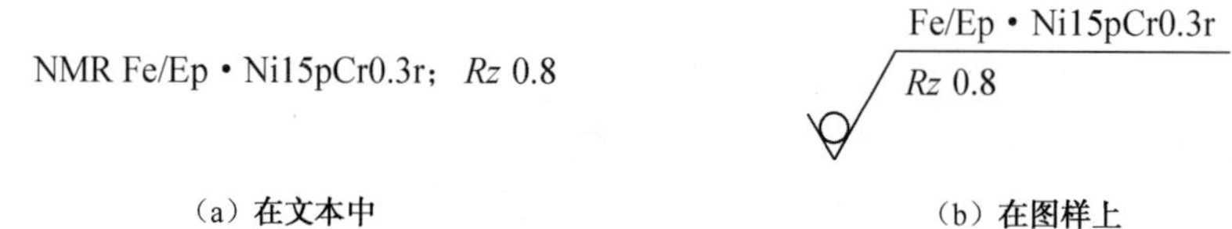

图5-16　镀覆和表面粗糙度要求的标注

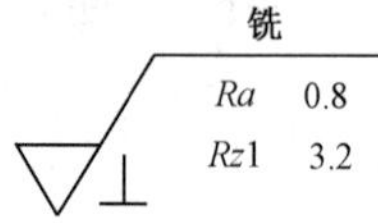

图5-17　垂直于视图所在投影面表面纹理方向的标注法

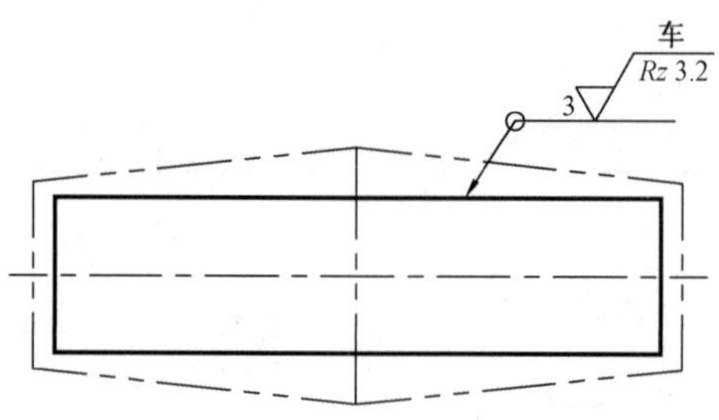

图5-18　在完工零件的图样中给出加工余量的标注法（所有表面加工余量均为3mm）

1. 参数极限值判断规则

图 5-19 所示标注也较为常见，其中，在 *Ra*、*Rz*1 之后的“max”表示参数遵循“最大规则”，即测得的 *Ra* 值均不得大于 0.8μm，测得的 *Rz*1 值均不得大于 3.2μm。

与最大规则对应的是“16%规则”，即当参数的规定值为上限值时，如果所选参数在同一评定长度上的全部实测值中，大于图样或技术产品文件中规定值的个数不超过实测值总数的 16%，则该表面合格。16%规则是表面结构标注中的默认规则，不需特别注明。

MRR *Ra*max 0.8；*Rz*1max 3.2　　　　*Ra*max 0.8
*Rz*1max 3.2

（a）在文本中　　（b）在图样中

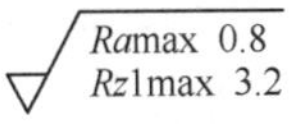

图 5-19　应用最大规则的参数标注法

2. 评定长度 *ln* 的标注

在图 5-17 和图 5-19 中均出现了符号 *Rz*1。这里的数字“1”是指：*Rz* 的评定长度为“1”个取样长度。因评定长度取 5 个取样长度是默认规则，所以只要评定长度不是 5 个取样长度，就应在符号之后注出取样长度的个数。粗糙度、波纹度的标注都如此，如 *Ra*3、*Rsm*3 等。

对原始轮廓，*P* 参数标注时，取样长度等于评定长度，而评定长度等于测量长度，因此参数符号之后无须注出取样长度的个数。

3. 传输带和取样长度的标注

对于粗糙度轮廓，传输带的截止波长代号是 λs（短波滤波器）和 λc（长波滤波器），如图 5-2 所示，λc 也就是取样长度。表 5-5 给出了 λs、λc 与 *Ra* 的对应关系。

标注中没有出现传输带时，以粗糙度为例，应采用表 5-5 中的默认值。如果表面结构参数没有定义默认传输带，则应在参数符号前注出，并以斜线“/”隔开。例如，图 5-20 中，0.0025mm 为短波滤波器截止波长，0.8mm 为长波滤波器截止波长。

MRR 0.0025-0.8/*Rz* 3.2　　　　0.0025-0.8/*Rz* 3.2

（a）在文本中　　（b）在图样中

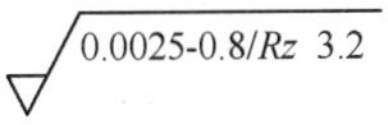

图 5-20　与表面结构相关的传输带的标注法

某些情况下，传输带中只标注一个滤波器，如“0.008-”表示短波滤波器；“-0.25”表示长波滤波器（连字符“-”必须保留，以区分是短波滤波器还是长波滤波器）。如果存在第二个滤波器，则应使用默认截止波长值。

4. 参数值单向极限或双向极限的标注

只标注参数符号和参数值时，默认参数值是上限值。如图 5-21 所示，当参数值为单向下限值时，参数前应加注“L”，如“L *Ra* 0.32”中的 0.32 是 *Ra* 的下限值。在完整符号中，上限值应在参数符号前加注“U”。如果同一参数具有双向极限要求，则在不引起歧义的情况下，可以不加 U 或 L。

MRR U *Rz* 0.8；L *Ra* 0.32　　　　U *Rz* 0.8
L *Ra* 0.32

（a）在文本中　　（b）在图样中

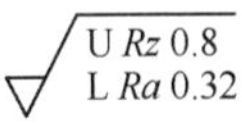

图 5-21　双向极限的标注法

5.4.4 表面结构要求在图样和其他技术文件中的标注方法

表面结构要求对每个表面一般只标注一次，并尽可能标注在相应的尺寸及其公差的同一视图上。除非另有说明，通常所标注的表面结构要求是对完工零件的表面要求。

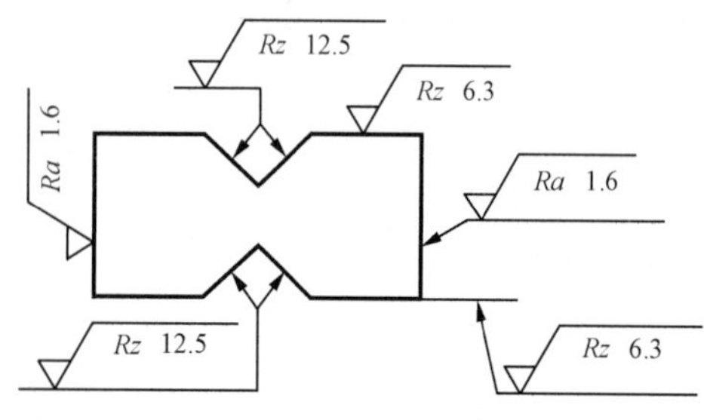

图5-22 表面结构要求在轮廓线上的标注

按照国家标准的相关规定，表面结构标注要与尺寸标注的读取方向一致，可以标注在轮廓线上，其图形符号应从材料外指向并接触表面。必要时，图形符号也可以用带箭头或黑点的指引线引出标注，如图5-22和图5-23所示。

在不致引起误解时，表面结构要求可以标注在给定的尺寸线上，如图5-24所示；也可以标注在几何公差框格的上方，如图5-25所示。

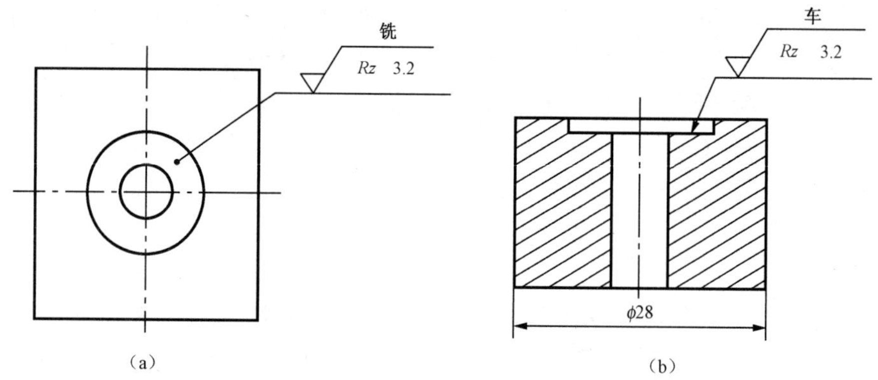

图5-23 表面结构要求用指引线引出的标注

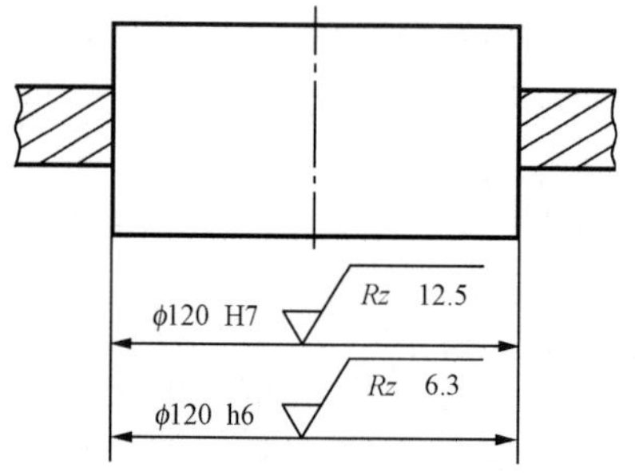

图5-24 表面结构要求在尺寸线上的标注

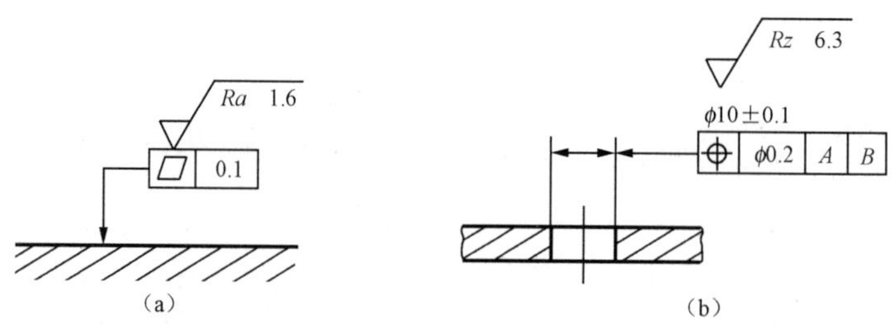

图5-25 表面结构要求在几何公差框格上方的标注

如果工件的多数（包括全部）表面有相同的表面结构要求，则其表面结构要求可统一标注在图样的标题栏附近。此时（全部表面有相同要求的情况除外），在表面结构要求的符号后面圆括号内给出无任何其他标注的基本符号，如图 5-26 所示。

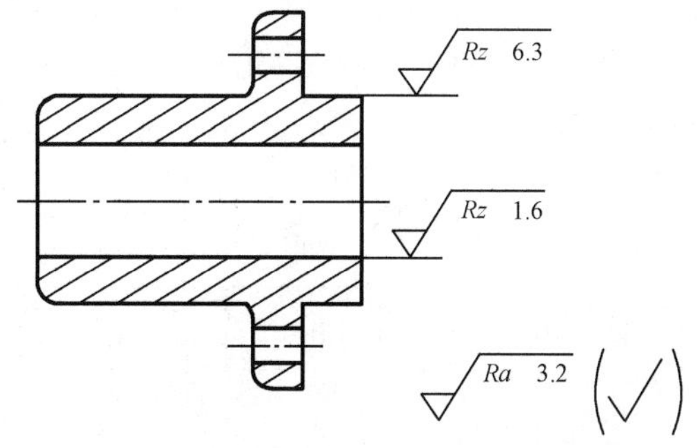

图 5-26　多数表面有相同表面结构要求的简化标注法

当多个表面具有相同的表面结构要求或图纸空间有限时，可用带字母的完整符号、基本图形符号或扩展图形符号，以等式的形式在图形或标题栏附近，对有相同表面结构要求的表面进行简化标注，如图 5-27 和图 5-28 所示。

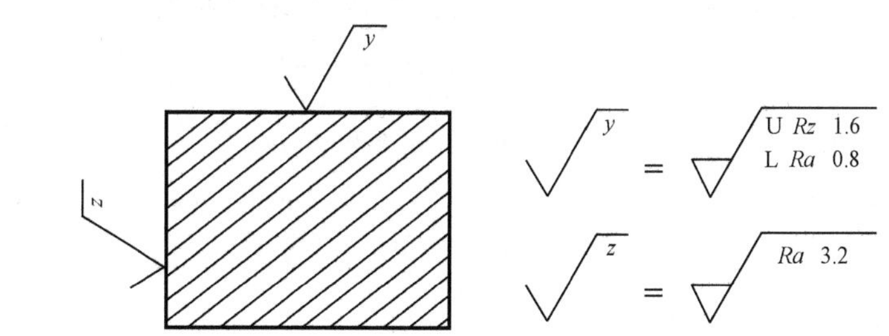

图 5-27　图纸空间有限时的简化标注法

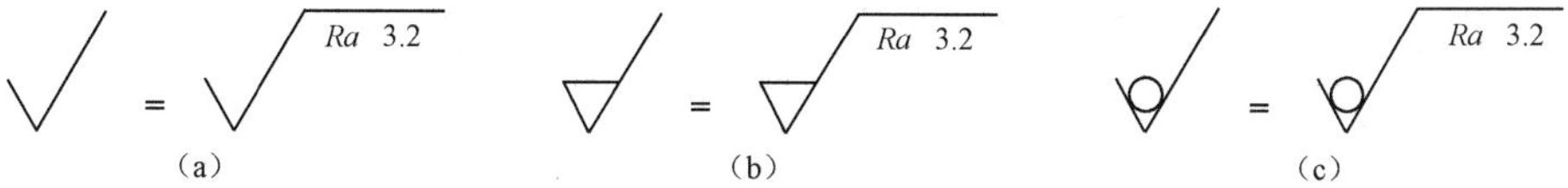

= Ra 3.2　　= Ra 3.2　　= Ra 3.2

（a）　　（b）　　（c）

图 5-28　各种工艺方法多个表面结构要求的简化注法

尽管以上示例均为粗糙度 *R* 参数的标注说明，但仍需强调，GB/T 131—2006 对三种轮廓参数标注的规定是统一的，即上述标注方法完全适用于波纹度 *W* 参数和原始轮廓 *P* 参数的标注。图 5-29（a）表示任意加工方法，表面波纹度轮廓最大高度 *Wz* 不允许超过 0.4μm；图 5-29（b）表示去除材料、传输带 0.8～25mm、评定长度包含 3 个取样长度及波纹度轮廓最大高度 *Wz* 不允许超过 10μm。

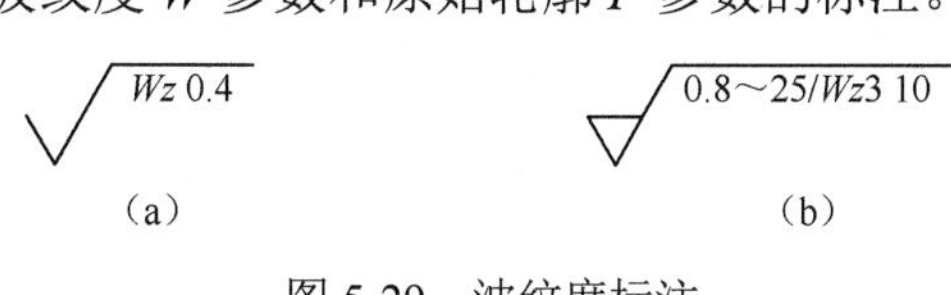

图 5-29　波纹度标注

5.5　表面结构的区域法评定简介

表面粗糙度的研究是随着切削加工技术的发展进行的。出于对零件表面质量的定量评价，人们从理论上给出相关的概念和定义，随着测量技术的发展，评定参数越来越丰富，在一段时间里甚至出现“参数爆炸”的担忧。在对于发动机缸套这一重要产品及其典型工艺的研究和评定的基础上，逐渐又演变出针对“具有复合加工特征的表面”的表面结构国家标准（GB/T 18778）。在轮廓法测量及幅度参数、间距参数、混合参数评价成为主流的同时，同样以轮廓法为基础的“图形参数”国家标准（GB/T 18618—2009）也占有了一席之地。从微观向中观、宏观发展，波纹度的研究、评价及应用也逐渐成熟，并与粗糙度等融合，共同构成“表面结构”。

随着计算机技术、三维测量技术的发展，同时在加工技术日益多元化、产品表面性能要求多样化、表面结构复杂化的推动下，表面结构的定义、评价逐渐走向三维，如图 5-30 所示，即从“轮廓法”走向“区域法”，从“线粗糙度”走向“面粗糙度”。

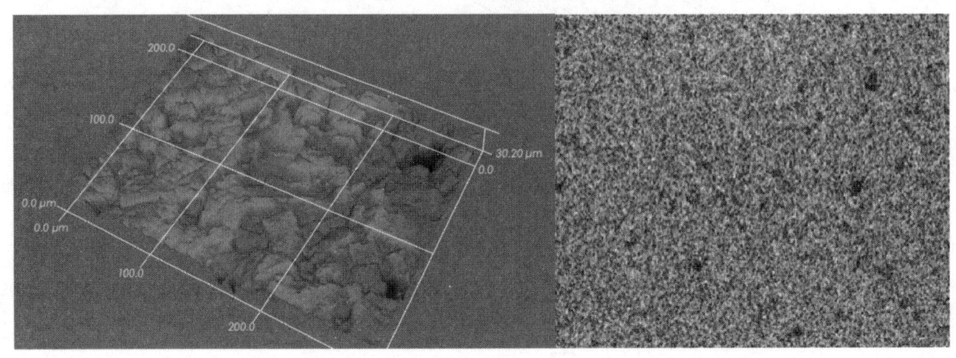

图 5-30　表面结构的区域法评定

本节结合 GB/T 33523.1—2020 《产品几何技术规范（GPS）表面结构 区域法 第 1 部分：表面结构的表示法》和 GB/T 33523.2—2017 《产品几何技术规范（GPS）表面结构 区域法 第 2 部分：术语、定义及表面结构参数》，简要介绍表面结构的区域法评价。

5.5.1 术语和定义

表面结构的区域法评定涉及的术语、定义有三大类，分别是：

（1）通用术语；

（2）几何参数的术语；

（3）几何特征术语。

通用术语定义了原始表面、原始提取表面、表面滤波器、参考表面、评定区域、定义区域等十几个术语。上述几个主要术语和轮廓法中的术语比较对应，也较好理解。比如，表面滤波器也分为去除小尺度成分的滤波器和去除大尺度成分的滤波器；参考平面类似于“中线”；评定区域类似于“评定长度”；等等。

几何参数的术语包括区域参数、特征参数、坐标值，以及局部梯度向量、自相关函数、傅里叶变换、角度谱等与数据处理密切相关的术语。这些术语在轮廓法评定中并不多见。

几何特征术语包含 20 多项，一些术语与轮廓法中的术语相似，如峰、峰区、谷、谷区等，但更多的术语是区域法所独有的，如形貌特征、脊线、鞍、等高线、分割、修剪、变换树等。

从实用的角度考虑，本书省略术语的严格定义。如有需要，可查询 GB/T 33523.2—2017。

5.5.2 表面结构的区域法高度参数

表面结构的区域法评定参数有高度参数、空间参数、混合参数、功能和相关参数，以及其他参数。本节作为知识的拓展，并与 GB/T 3505—2009 中的幅度参数相对应，仅介绍高度参数。限于篇幅，对可能用到的基本概念及其定义，请读者自行阅读 GB/T 33523 及相关著作。

1. 尺度限定表面的均方根高度 *Sq*

Sq 是指一个定义区域 *A* 内坐标值的均方根值，用公式可表示为

$$Sq=\sqrt{\frac{1}{A}\iint_A z^2(x,y)\mathrm{d}x\mathrm{d}y} \tag{5-8}$$

2. 尺度限定表面的偏斜度 *Ssk*

Ssk 是指一个定义区域 *A* 内坐标值的三次方的平均值与 *Sq* 三次方的比值，用公式可表示为

$$Ssk=\frac{1}{Sq^3}\left[\frac{1}{A}\iint_A z^3(x,y)\mathrm{d}x\mathrm{d}y\right] \tag{5-9}$$

3. 尺度限定表面的陡峭度 *Sku*

Sku 是指一个定义区域 *A* 内坐标值的四次方的平均值与 *Sq* 四次方的比值，用公式可表示为

$$Sku=\frac{1}{Sq^4}\left[\frac{1}{A}\iint_A z^4(x,y)\mathrm{d}x\mathrm{d}y\right] \tag{5-10}$$

4. 最大峰高 *Sp*

Sp 是指一个定义区域内最大的峰高值。

5. 最大谷深 *Sv*

Sv 是指一个定义区域内的最大谷深值。

6. 尺度限定表面的最大高度 *Sz*

Sz 是指一个定义区域内最大峰高和最大谷深之和，即

$$Sz=Sp+Sv \tag{5-11}$$

7. 算数平均高度 *Sa*

Sa 是指一个定义区域 *A* 内各点高度绝对值的算数平均值，即

$$Sa=\frac{1}{A}\iint_A |z(x,y)|\mathrm{d}x\mathrm{d}y \tag{5-12}$$

5.5.3 表面结构的表示法

1. 表面结构的图形符号

在产品技术文件中对表面结构的要求可用不同的图形符号表示。为了与 GB/T 131—2006 中轮廓参数的图形符号相区别，区域法中的图形符号增加了一个菱形。图 5-31 所示为区域表面结构的图形符号；图 5-32 为区域表面结构的完整图形符号。

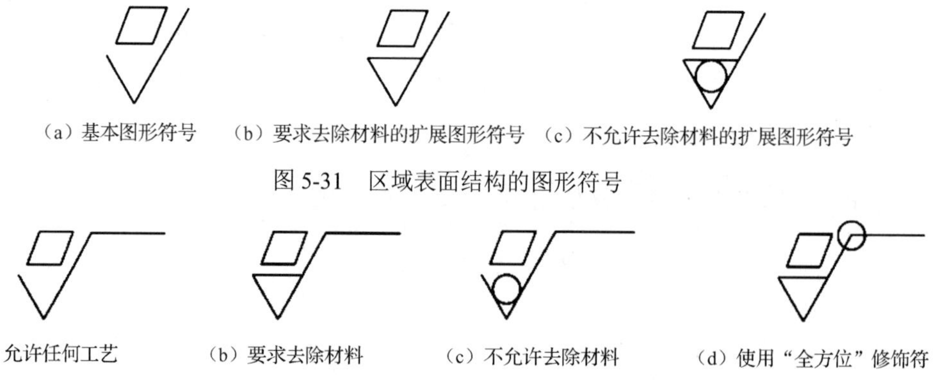

（a）基本图形符号　（b）要求去除材料的扩展图形符号　（c）不允许去除材料的扩展图形符号

图 5-31　区域表面结构的图形符号

（a）允许任何工艺　（b）要求去除材料　（c）不允许去除材料　（d）使用“全方位”修饰符

图 5-32　区域表面结构的完整图形符号

除标注表面结构参数和数值外，必要时还应标注补充要求，如尺度限定的类型、传输带、滤波器、加工工艺、表面纹理和加工余量等。在完整图形符号中，表面结构的各项要求应注写在指定位置，如图 5-33 所示。

位置 a——注写单一表面结构要求；

位置 a 和位置 b——注写两个或更多表面结构要求；

位置 c——注写指示评定区域方向的相交平面；

位置 d——注写加工方法；

位置 e——注写表面纹理；

位置 f——注写用于指示表面纹理方向的相交平面指示符；

位置 g——注写加工余量。

2. 表面结构的标注示例

区域表面参数通常需给出两个条件：一是偏差的类型，即上限或下限，代号为 U 或 L（U 为默认值，可不标注）；二是尺度限定表面的类型，如 S-F 或 S-L。

对区域参数值，应给出必要的信息以使其无歧义。需要给出的信息分为三类：一是滤波器和嵌套指数；二是参数和参数值；三是非默认值。

加工方法及相关信息、表面纹理、加工余量及在图样或技术文件中的标注规范见 GB/T 131—2006（见 5.4 节），这里不再重复。

图 5-34 所示为一标注示例，其含义是：表面无加工要求，S-L 表面，S 滤波器嵌套指数为 0.008mm，L 滤波器嵌套指数为 2.5mm，选定 S 参数为尺度限定表面的均方根高度，*Sq* 的最大极限值为 0.7μm。这里隐含默认评定区域等于定义区域，是边长为 2.5mm 的正方形，与 L 滤波器的嵌套指数相同。

图 5-33　完整图形符号中表面结构要求的注写位置　　图 5-34　标注示例

图 5-35 所示为零件图上的标注示例。当在某个视图上构成封闭轮廓的各表面有相同的表面结构要求时，可在完整图形符号上加一圆圈，标注在工件的封闭轮廓线上，如图 5-36 所示。如果全方位标注会引起歧义，则各表面应分别标注。

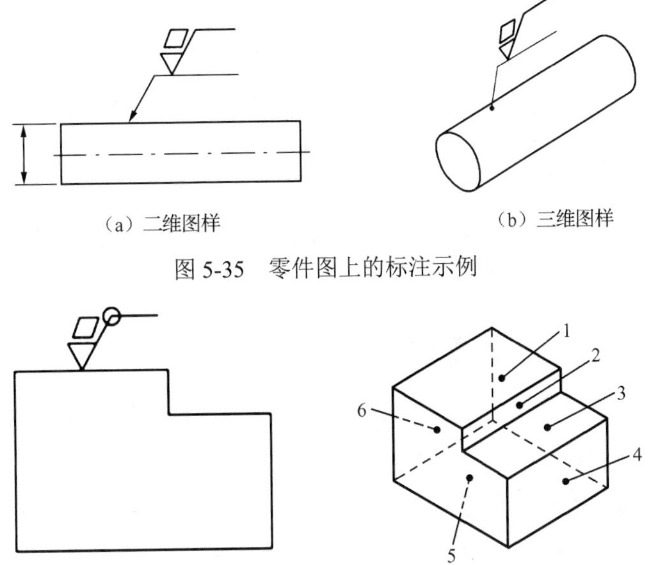

图 5-35　零件图上的标注示例

图 5-36　对周边各表面有相同的表面结构要求的标注

5.6 表面缺陷

表面缺陷是零件表面在加工、运输、储存或使用过程中产生的无一定规则的单元体，是零件表面特征的组成部分。表面缺陷与表面粗糙度、表面波纹度和有限表面上的形状误差综合构成零件的表面特征。现行国家标准 GB/T 15757—2002《产品几何量技术规范（GPS）表面缺陷 术语、定义及参数》，等效采用了国际标准 ISO 8785:1998。

目前，国际标准化组织尚未制定表面缺陷在图样上表示方法的标准。我国国家标准目前也没有关于表面缺陷在图样上表示方法的规定，通常采用文字叙述的方式在图样或技术文件中进行说明。

5.6.1 表面缺陷的一般术语与定义

1. 基准面

基准面是指用于评定表面缺陷参数的一个几何表面。

国家标准表明，基准面应具有以下特征：①基准面具有几何表面形状，且其方位和实际表面在空间上与总的走向相一致；②基准面通过除缺陷之外的实际表面的最高点，且与由最小二乘法确定的表面等距；③基准面应限定在一定的表面区域内，该区域的大小须足够用来评定缺陷，同时在评定时能控制表面形状误差的影响。

2. 表面缺陷评定区域 A

表面缺陷评定区域是指工件实际表面的局部或全部，并在该区域上检验和确定表面缺陷。

3．表面缺陷 SIM

表面缺陷是指在加工、储存或使用期间，非故意或偶然生成的实际表面的单元体、成组的单元体及不规则体。这些单元体或不规则体的类型，明显区别于构成一个表面粗糙度的那些单元体或不规则体。实际表面上存在缺陷并不表示该表面不可用。缺陷的可接受性取决于表面的用途或功能，并由适当的参数来确定，包括缺陷的长度、宽度、深度、高度及单位面积上的缺陷数等。

5.6.2 表面缺陷的特征及参数

1．表面缺陷长度 SIMe

表面缺陷长度是指平行于基准面测得的表面缺陷的最大长度。

2．表面缺陷宽度 SIMw

表面缺陷宽度是指平行于基准面且垂直于表面缺陷长度测得的表面缺陷的最大宽度。

3．单一表面缺陷深度 SIMsd

单一表面缺陷深度是指从基准面垂直测得的表面缺陷的最大深度。

4．混合表面缺陷深度 SIMcd

混合表面缺陷深度是指从基准面垂直测得的该基准面和表面缺陷中的最低点之间的距离。

5．单一表面缺陷高度 SIMsh

单一表面缺陷高度是指从基准面垂直测得的表面缺陷的最大高度。

6．混合表面缺陷高度 SIMch

混合表面缺陷高度是指从基准面垂直测得的该基准面和表面缺陷中的最高点之间的距离。

7．表面缺陷面积 SIMa

表面缺陷面积是指单个表面缺陷投影在基准面上的面积。

8．表面缺陷总面积 SIMt

表面缺陷总面积是指在商定的判别极限内，各单个表面缺陷面积之和。其计算公式为

$$\mathrm{SIMt} = \mathrm{SIMa1} + \mathrm{SIMa2} + \cdots + \mathrm{SIMa}n \tag{5-13}$$

使用判别极限时，采用的尺寸判别条件规定了表面缺陷特征的最小尺寸。因此，在确定 SIMa 值时，小于该判别条件的表面缺陷将被忽略。

9．表面缺陷数 SIMn

表面缺陷数是指在商定判别极限范围内，实际表面上的表面缺陷总数。

10．单位面积表面缺陷数 SIMn/A

单位面积表面缺陷数是指在给定的评定区域面积 A 内表面缺陷的个数。

5.6.3　表面缺陷的类型

表面缺陷主要分为四大类，分别是凹缺陷、凸缺陷、混合缺陷和区域缺陷与外观缺陷。表 5-10 中列出各种缺陷的特征，并给出图示。特殊的制造工艺会产生其他类型的表面缺陷，这里不一一列举。

表 5-10　表面缺陷的类型

分类及特征	图　示	分类及特征	图　示
1．凹缺陷，即向内的缺陷			
沟槽 具有一定长度、底部为圆弧形或平面的凹缺陷	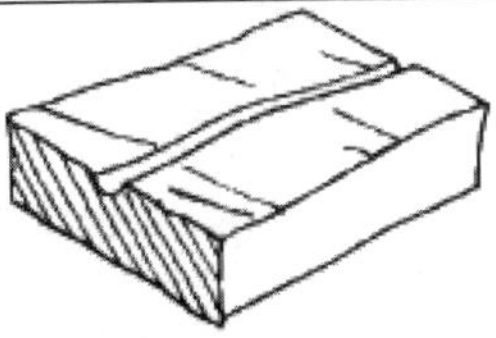	擦痕 形状不规则和没有确定方向的凹缺陷	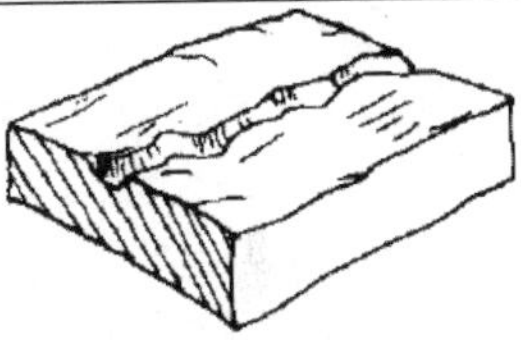
破裂 表面和基体完整性破损造成具有尖锐底部的条状缺陷		毛孔 尺寸很小、斜壁很陡的孔穴，通常带锐边；孔穴的上边缘不高过基准面的切平面	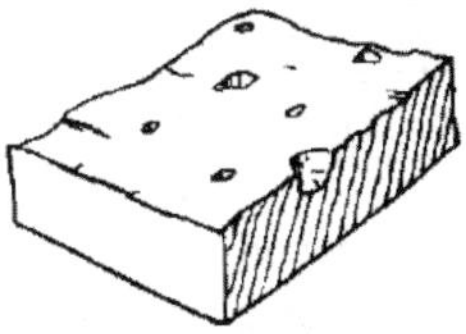
砂眼 由于杂粒失落、侵蚀或气体影响形成的以单个凹缺陷形式出现的表面缺陷	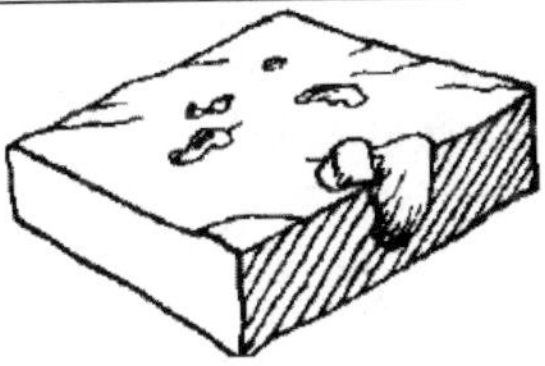	缩孔 铸件、焊缝等在凝固时，由于不均匀收缩所引起的凹缺陷	
裂缝、缝隙、裂隙 条状凹缺陷，呈尖角形，有很浅的不规则开口		缺损 在工件两个表面的相交处呈圆弧状的缺陷	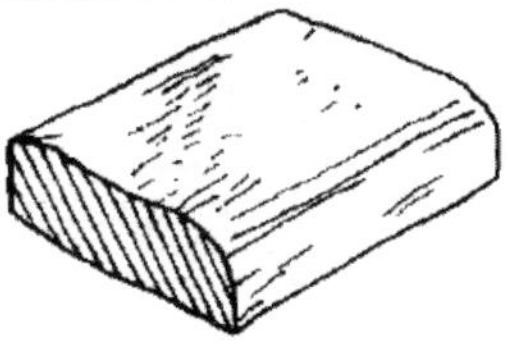
（凹面）瓢曲 板材表面由于局部弯曲而形成的凹缺陷		窝陷 无隆起的凹坑，通常由于压印或打击产生塑性变形而引起的凹缺陷	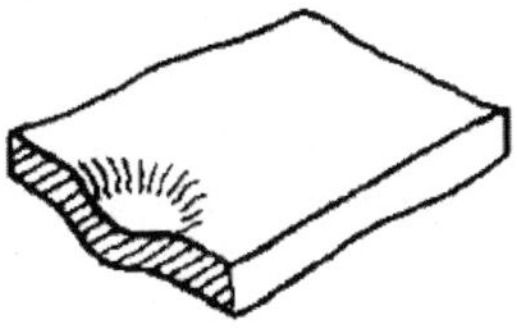
2．凸缺陷，即向外的缺陷			
树瘤 小尺寸和有限高度的脊状或丘状凸起	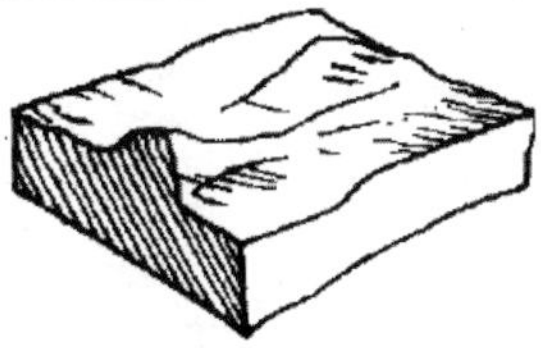	疙疤 由于表面下层含有气体或液体而形成的局部凸起	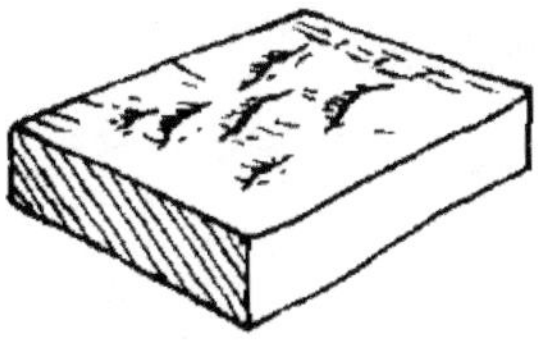

续表

分类及特征	图　示	分类及特征	图　示
孤曲（凸面） 板材表面由于局部弯曲而形成的拱起	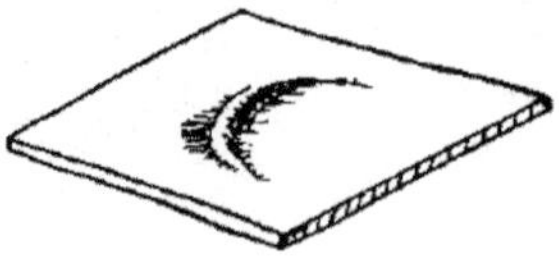	氧化皮 和基体材料成分不同的表皮层剥落形成局部脱离的小厚度鳞片状凸起	
夹杂物 嵌入工件材料里的杂物	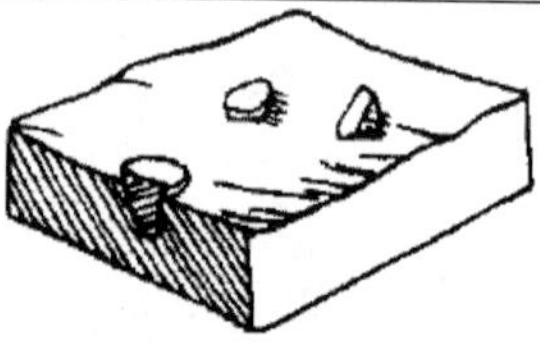	飞边 表面周边尖锐状的凸起，通常在对应的一边出现缺损	
缝脊 工件材料的脊状凸起，由于模铸或模锻等成形加工时材料从模子缝隙挤出，或在电阻焊接两表面（电阻对焊、熔化对焊等）时，在受压面的垂直方向形成		附着物 堆积在工件上的杂物或另一工件的材料	
3．混合缺陷，即部分向外和部分向内的缺陷			
环形坑 环形周边隆起、类似火山口的坑，其周边高出基准面	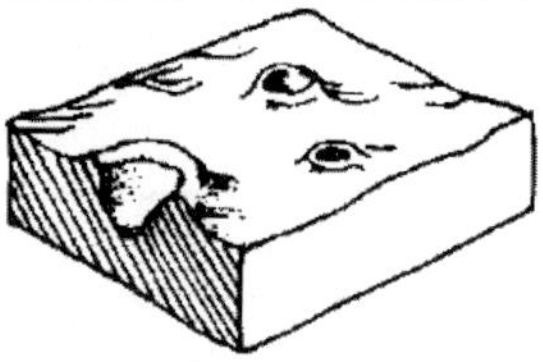	折叠 微小厚度的蛇状隆起，一般呈皱纹状，由于滚压或锻压时的材料被褶皱压向表层所形成	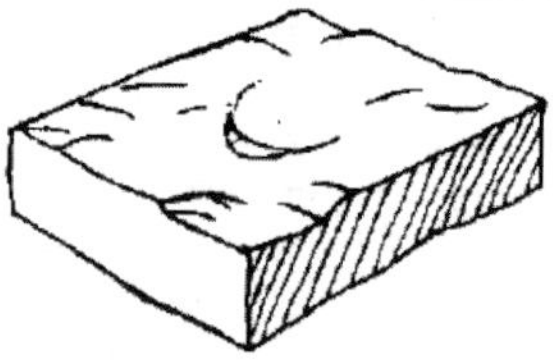
划痕 由于外来物移动，划掉或挤压工件表层材料而形成的连续凹凸状缺陷	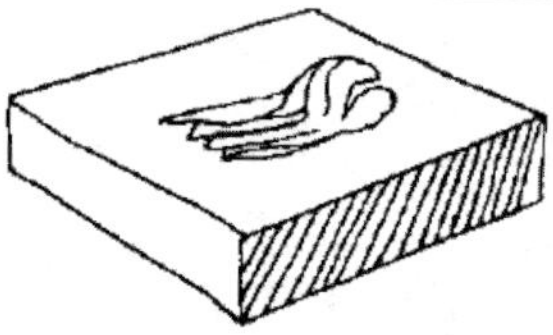	切屑残余 由于切屑去除不良而引起的带状隆起	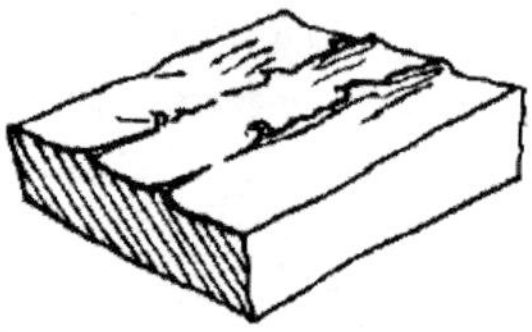
4．区域缺陷、外观缺陷，即散布在最外层表面，一般没有尖锐的轮廓，且通常没有实际可测量的深度或高度			
滑痕 由于间断性过载在表面不连续区域，如球轴承、滚珠轴承和轴承座圈上出现而形成的雾状表面损伤	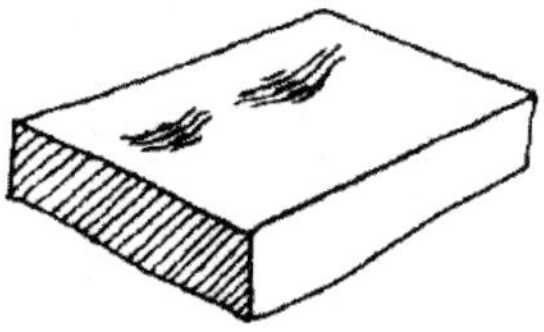	磨蚀 由于物理性破坏或磨损而造成的表面损伤	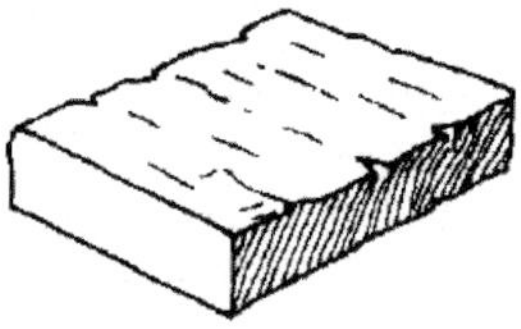
腐蚀 由于化学性破坏而造成的表面损伤	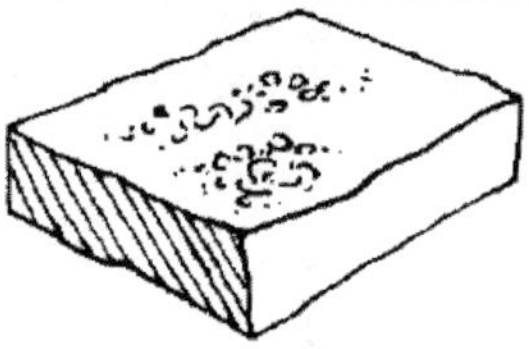	麻点 在表面大面积分布，通常是深的凹点状和小孔状缺陷	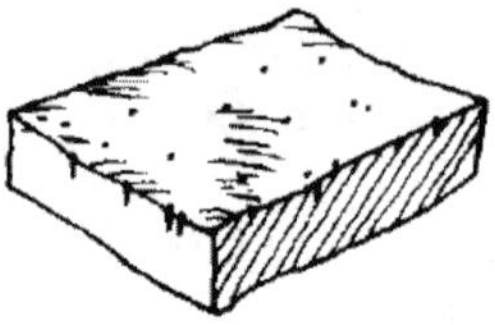

续表

分类及特征	图　示	分类及特征	图　示
裂纹 表面呈网状破裂的缺陷		斑点、斑纹 区域外观与相邻表面不同	
褪色 区域表面脱色或颜色变淡		条纹 区域呈带状的较浅凹陷或表面结构异样	
劈裂、鳞片 局部工件表层部分分离所形成的缺陷			

作业题

1．表面粗糙度的含义是什么？对零件的使用性能有哪些影响？

2．在一般情况下，ϕ40H7 与 ϕ6H7 相比，$\phi 40\dfrac{H6}{f5}$ 与 $\phi 40\dfrac{H6}{s5}$ 相比，哪个零件应选用较小的表面粗糙度幅度值？

3．某一传动轴的轴径，其尺寸为 $\phi 40_{+0.002}^{+0.013}$，圆柱度公差为 2.5μm，试确定该轴径的表面粗糙度评定参数 *Ra* 的允许值。

4．图 2-13 所示的锥齿轮为图 2-21 所示拖拉机带轮部件中的重要零件。结合第 2、4、5 章所学习的知识及对图 2-18、图 2-13 的功能及配合关系的认识，为图 2-13 所示的锥齿轮进行表面粗糙度标注。

5．图 4-1 所示滑套为图 2-17 所示铣削动力头中的零件，内孔装有主轴轴承，可带着主轴沿箱体内孔移动，从而实现主轴的轴向移动。试画出图 4-1 的零件图（轴向尺寸按比例自定），为内、外表面标注粗糙度。

思考题

1．测量与评定表面粗糙度时，为什么要确定取样长度和评定长度？取样长度值应根据什么确定？评定长度和取样长度有无关系？

2．在评定表面粗糙度的参数中，常用的是哪几个？在设计零件时，对这几个参数选用的依据是什么？

3．选择表面粗糙度参数值所遵循的一般原则有哪些？

4．表面粗糙度参数最大允许值与几何公差、尺寸公差应如何协调？

5．表面粗糙度的常用检测方法有几种，它们分别检测哪些参数值？

6．阅读标准 JB/T 9924—2014《磨削表面波纹度》，分析外圆磨削加工表面波纹度产生的原因及特点。

7．查阅资料，了解常用加工工艺（切削加工、铸造、锻造等）可能产生的表面缺陷。

主要相关国家标准

1．GB/T 3505—2009 产品几何技术规范（GPS）表面结构 轮廓法 术语、定义及表面结构参数

2．GB/T 131—2006 产品几何技术规范（GPS）技术产品文件中表面结构的表示法

3．GB/T 1031—2009 产品几何技术规范（GPS）表面结构 轮廓法 表面粗糙度参数及其数值

4．GB/T 10610—2009 产品几何技术规范（GPS）表面结构 轮廓法 评定表面结构的规则和方法

5．GB/T 16747—2009 产品几何技术规范（GPS）表面结构 轮廓法 表面波纹度词汇

6．GB/T 33523.1—2020 产品几何技术规范（GPS）表面结构 区域法 第1部分：表面结构的表示法

7．GB/T 33523.2—2017 产品几何技术规范（GPS）表面结构 区域法 第2部分：术语、定义及表面结构参数

8．GB/T 15757—2002 产品几何量技术规范（GPS）表面缺陷 术语、定义及参数

Chapter 6

第6章 光滑工件尺寸的检验

本章结构与主要知识点

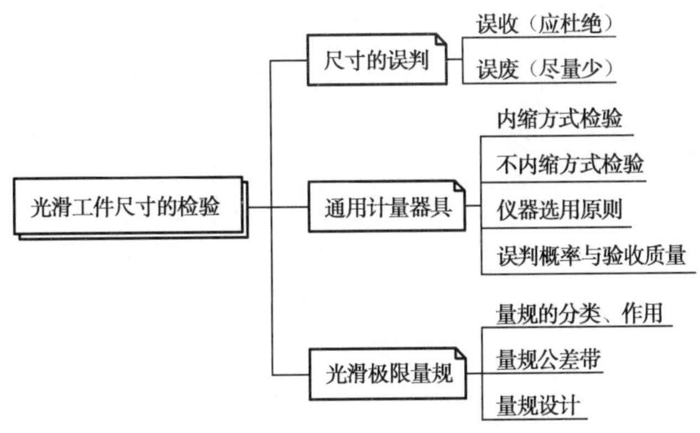

光滑工件的尺寸主要使用通用计量器具和极限量规进行检验。通用计量器具能测出工件尺寸的具体数值，通过这些数值可以了解尺寸偏差及其分布规律，从而有利于对生产过程进行分析和监控，适用于单件小批量生产和质量监控。极限量规无法获取工件尺寸的准确数值，但能快速判断尺寸是否合格，适用于批量较大的生产。另外，通用计量器具通常对两点尺寸进行测量，而极限量规的通规是对实际尺寸与形状误差的综合检验，即对作用尺寸的检验，符合包容要求，更有利于保证产品的互换性。

工件的检验是产品符合尺寸公差、几何公差等精度设计的技术保证之一，是产品实现互换性的需要。由于计量器具、测量系统都存在误差，所以任何测量都不可能测出产品的真值。基于产品误判不可避免，希望读者通过学习本章，初步掌握通用计量器具的选用原则、选用方法，并掌握光滑极限量规的设计。

6.1 尺寸误判的概念

用通用计量器具（如游标卡尺、千分尺及车间使用的比较仪等）检验工件时，通常采用两点法测量，所得量值为局部实际尺寸。计量器具本身的误差、测量条件的偏差，以及工件的几何误差等都会对测量结果产生影响。因此，真实尺寸位于公差带内但接近极限偏差的合格品，可能因测得的实际尺寸超出公差带而被判为废品，这种现象称为误废；真实尺寸已超出公差带范围但靠近极限偏差的不合格品，可能因测得的实际尺寸仍处于公差带内而被判为合格品，这种现象称为误收。误废和误收统称为误判。

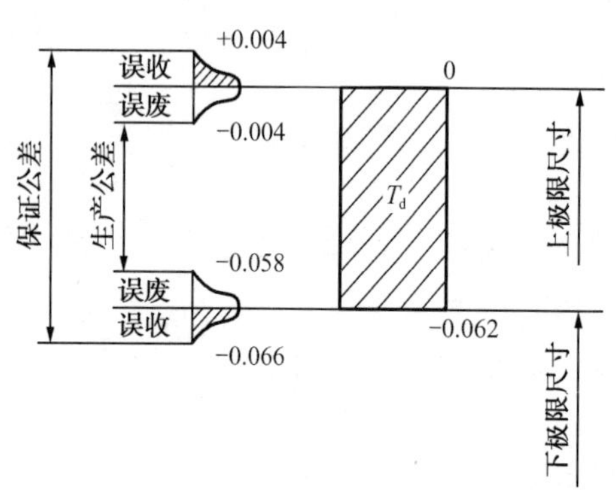

图 6-1 误收与误废

如图 6-1 所示，用测量不确定度为 0.004mm 的杠杆千分尺测量 $\phi 40_{-0.062}^{\ 0}$ 的轴。若按极限尺寸验收，则凡是测量结果在 ϕ39.938 ～ ϕ40 范围内的轴都应认为是合格品。测量误差的存在，使得真值为 ϕ40 ～ ϕ40.004 与 ϕ39.934 ～ ϕ39.938 的不合格品有可能被误收，而真值为 ϕ39.996 ～ ϕ40 与 ϕ39.938 ～ ϕ39.942 的合格品有可能被误废。可见，测量误差的存在有可能改变公差带，使之缩小或扩大。合格工件可能的最小公差称为生产公差，而合格工件可能的最大公差称为保证公差。生产公差应能满足加工的经济性要求，保证公差应能满足设计规定的使用要求。显然，单从各自观点来说，生产公差越大越好，而保证公差越小越好，两者存有矛盾。为了解决这一矛盾，必须规定验收极限和允许的测量不确定度。

6.2 用通用计量器具测量工件

6.2.1 验收极限

验收极限是判断所检验工件尺寸合格与否的尺寸界限。根据验收方式的不同，国家标准 GB/T 3177—2009《产品几何技术规范（GPS） 光滑工件尺寸的检验》对使用游标卡尺、千分尺、分度值不小于 0.5μm 的指示表和比较仪等通用计量器具检测工件尺寸，规定了两种验收方式及其验收极限。

1．验收方式

1）内缩方式

内缩方式，即其验收极限是从规定的最大实体尺寸（MMS）和最小实体尺寸（LMS）分别向工件公差带内移动一个安全裕度，如图 6-2 所示。其中，安全裕度值 A 按工件尺寸公差 T 的 1/10 确定，即

$$A = T/10$$

这样，孔尺寸的验收极限为

上验收极限=最小实体尺寸（LMS）–安全裕度（A）

下验收极限=最大实体尺寸（MMS）+安全裕度（A）

轴尺寸的验收极限为

上验收极限=最大实体尺寸（MMS）–安全裕度（A）

下验收极限=最小实体尺寸（LMS）+安全裕度（A）

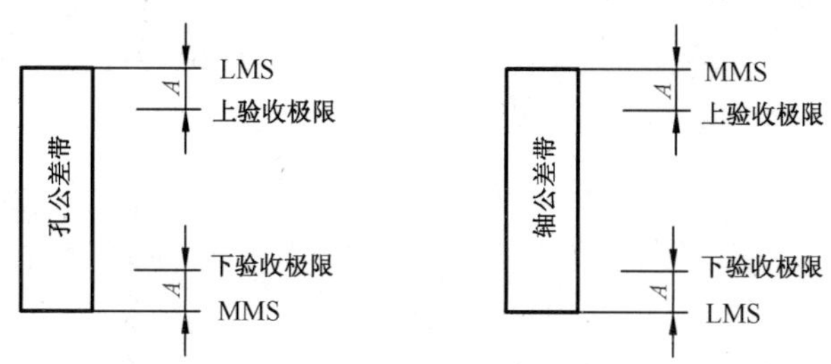

图 6-2　内缩方式的验收极限

2）不内缩方式

不内缩方式，即其验收极限为规定的最大实体尺寸（MMS）和最小实体尺寸（LMS），相当于安全裕度值 A 等于零。

2．验收方式的选择

验收方式的选择要结合尺寸功能要求及其重要程度、尺寸公差等级、测量不确定度，并综合考虑工艺能力等因素。

（1）遵循包容要求的尺寸、公差等级较高的尺寸，应选择内缩方式。

（2）工艺能力指数 $C_p \geq 1$ 时（$C_p = \dfrac{T}{6\sigma}$，其中，T 为工件尺寸公差，σ 为工件尺寸分布的标准偏差），可选择不内缩方式。对遵循包容要求的尺寸，在最大实体尺寸一侧的验收极限仍应选择内缩，即单边内缩。

（3）偏态分布的尺寸（如手控加工时，为了避免出现不可修复的废品，轴尺寸多偏大，孔尺寸多偏小），其验收极限可只对尺寸偏向的一侧选择内缩，即单边内缩，如图 6-3 所示。

（4）非配合尺寸和采用一般公差的尺寸，其验收极限选择不内缩。

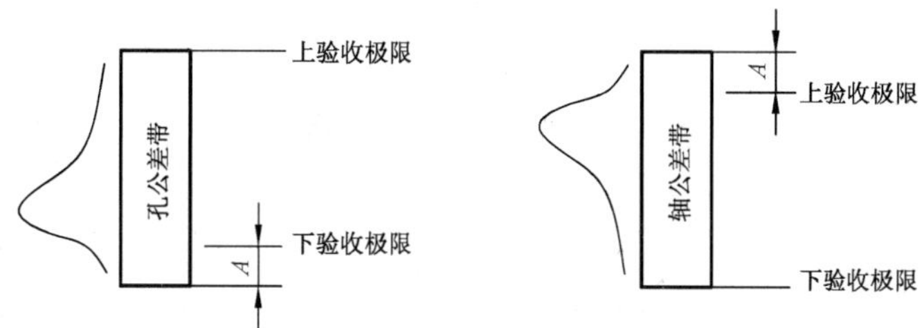

图 6-3　单侧采用内缩方式的验收极限

6.2.2　通用计量器具的选择

用通用计量器具检测工件尺寸时，测量不确定度除主要包括计量器具的不确定度外，还受测量温度、工件形状误差及因测量力而产生的工件被测处的压缩变形等实际因素的影响。统计分析表明，计量器具的不确定度约占测量不确定度的 90%。

因此，在确定测量不确定度允许值 u 之后，就可以将 $0.9u$ 作为计量器具的不确定度允许值 u_1。所选计量器具的不确定度不得大于 u_1。

测量不确定度允许值 u 按其与工件尺寸公差的比值分挡。公差等级 IT6～IT11 级分为Ⅰ、Ⅱ、Ⅲ三挡，公差等级 IT12～IT18 级分为Ⅰ、Ⅱ两挡，如表 6-1 所示。一般情况下，优先选用Ⅰ挡，其次为Ⅱ挡、Ⅲ挡。

千分尺、游标卡尺、比较仪和指示表的不确定度列于表 6-2、表 6-3 和表 6-4，可供选择时参考。

表 6-1　测量不确定度允许值 u

被测尺寸的公差等级	IT6～IT11			IT12～IT18	
分挡	Ⅰ	Ⅱ	Ⅲ	Ⅰ	Ⅱ
允许值	$T/10$	$T/6$	$T/4$	$T/10$	$T/6$

注：T 为被测尺寸的公差值。

表 6-2　千分尺和游标卡尺的不确定度　　单位：mm

<table>
<tr><th rowspan="2">尺寸范围</th><th colspan="4">计量器具的类型</th></tr>
<tr><th>分度值为 0.01 的外径千分尺</th><th>分度值为 0.01 的内径千分尺</th><th>分度值为 0.02 的游标卡尺</th><th>分度值为 0.05 的游标卡尺</th></tr>
<tr><td>～50</td><td>0.004</td><td rowspan="3">0.008</td><td rowspan="6">0.020</td><td rowspan="4">0.050</td></tr>
<tr><td>>50～100</td><td>0.005</td></tr>
<tr><td>>100～150</td><td>0.006</td></tr>
<tr><td>>150～200</td><td>0.007</td><td rowspan="3">0.013</td></tr>
<tr><td>>200～250</td><td>0.008</td><td rowspan="8">0.100</td></tr>
<tr><td>>250～300</td><td>0.009</td></tr>
<tr><td>>300～350</td><td>0.010</td><td rowspan="3">0.020</td><td rowspan="7"></td></tr>
<tr><td>>350～400</td><td>0.011</td></tr>
<tr><td>>400～450</td><td>0.012</td></tr>
<tr><td>>450～500</td><td>0.013</td><td>0.025</td></tr>
<tr><td>>500～600</td><td rowspan="3"></td><td rowspan="3">0.030</td></tr>
<tr><td>>600～700</td></tr>
<tr><td>>700～1000</td><td>0.150</td></tr>
</table>

注：当千分尺采用微差比较测量时，其不确定度可小于表中数值，约为 60%。

表 6-3　比较仪的不确定度　　单位：mm

<table>
<tr><th rowspan="2">尺寸范围</th><th colspan="4">计量器具的类型</th></tr>
<tr><th>分度值为 0.0005 的比较仪</th><th>分度值为 0.001 的比较仪</th><th>分度值为 0.002 的比较仪</th><th>分度值为 0.005 的比较仪</th></tr>
<tr><td>～25</td><td>0.0006</td><td rowspan="2">0.0010</td><td>0.0017</td><td rowspan="4">0.0030</td></tr>
<tr><td>>25～40</td><td>0.0007</td><td rowspan="3">0.0018</td></tr>
<tr><td>>40～65</td><td>0.0008</td><td rowspan="2">0.0011</td></tr>
<tr><td>>65～90</td><td>0.0008</td></tr>
</table>

续表

<table>
<tr><th rowspan="2">尺寸范围</th><th colspan="4">计量器具的类型</th></tr>
<tr><th>分度值为 0.0005 的比较仪</th><th>分度值为 0.001 的比较仪</th><th>分度值为 0.002 的比较仪</th><th>分度值为 0.005 的比较仪</th></tr>
<tr><td>>90～115</td><td>0.0009</td><td>0.0012</td><td rowspan="2">0.0019</td><td rowspan="3">0.0030</td></tr>
<tr><td>>115～165</td><td>0.0010</td><td>0.0013</td></tr>
<tr><td>>165～215</td><td>0.0012</td><td>0.0014</td><td>0.0020</td></tr>
<tr><td>>215～265</td><td>0.0014</td><td>0.0015</td><td>0.0021</td><td rowspan="2">0.0035</td></tr>
<tr><td>>265～315</td><td>0.0016</td><td>0.0017</td><td>0.0022</td></tr>
</table>

注：测量时，使用的标准器由 4 块 1 级（或 4 等）量块组成。

【例】 试确定轴 $\phi30\text{h}7(^{\ 0}_{-0.021})$ Ⓔ的验收极限，并选择相应的计量器具。

解：由于遵守包容要求，故应采用内缩方式确定验收极限。

安全裕度为　　$A = T/10$ =0.021mm/10=0.0021mm

验收极限为　上验收极限=(30−0.0021)mm=29.9979mm

下验收极限=(30−0.021+0.0021)mm=29.9811mm

按表 6-1，测量不确定度允许值为　　$u = T/10$ =0.0021mm

计量器具的不确定度允许值为　　$u_1 = 0.9u \approx 0.0019$ mm

查表 6-3 知，应选用分度值为 0.002 的比较仪。该比较仪的不确定度为 0.0018，刚好小于允许值 u_1。

表 6-4　指示表的不确定度　　单位：mm

<table>
<tr><th rowspan="2">尺寸范围</th><th colspan="4">计量器具的类型</th></tr>
<tr><th>分度值为 0.001 的千分表（0 级在全程范围内，1 级在 0.2mm 内）；分度值为 0.002 的千分表（在 1 转范围内）</th><th>分度值为 0.001、0.002、0.005 的千分表（1 级在全程范围内）；分度值为 0.01 的百分表（0 级在任意 1mm 内）</th><th>分度值为 0.01 的百分表（0 级在全程范围内，1 级在任意 1mm 内）</th><th>分度值为 0.01 的百分表（1 级在全程范围内）</th></tr>
<tr><td>～25
>25～40
>40～65
>65～90
>90～115</td><td>0.005</td><td>0.010</td><td>0.018</td><td>0.030</td></tr>
<tr><td>>115～165
>165～215
>215～265
>265～315</td><td>0.006</td><td></td><td></td><td></td></tr>
</table>

注：测量时，使用的标准器由 4 块 1 级（或 4 等）量块组成。

文 16　指示表——车间测量的万用“神器”

文 17　【Gaging Tips】外径测量——卡规

文 18　【Gaging Tips】内径、外径测量

文 19　【Gaging Tips】深度尺测量

6.2.3 误判概率与验收质量评估

由于误检具有不可避免性，对检验质量进行统计分析就显得非常必要。其中，检验质量的主要评判指标是误判概率，包括误收率和误废率。

1．尺寸误判概率的计算

尺寸误判概率计算用到的符号、代号及其含义如表 6-5 所示。

表 6-5　尺寸误判概率计算用到的代号及其含义

代　号	含　义	代　号	含　义
m	误收率	s	测量误差分布标准差
n	误废率	T	工件公差
x	工件尺寸	A	安全裕度
y	测量误差	u	测量不确定度
$f(x)$	工件尺寸密度函数	C_p	工艺能力指数
$g(y)$	测量误差密度函数	v	测量误差比
σ	工件尺寸分布标准差	C	常数

参照图 6-4，误判概率的求解如下：

$$m=\int_{\frac{T}{2}}^{\frac{T}{2}+u-A} f(x)\left[\int_{-u}^{\frac{T}{2}-x-A} g(y)\mathrm{d}y\right]\mathrm{d}x+\int_{-\left(\frac{T}{2}+u-A\right)}^{-\frac{T}{2}} f(x)\left[\int_{-\left(\frac{T}{2}+x-A\right)}^{u} g(y)\mathrm{d}y\right]\mathrm{d}x \tag{6-1}$$

$$n=\int_{\frac{T}{2}-u-A}^{\frac{T}{2}} f(x)\left[\int_{\frac{T}{2}-x-A}^{u} g(y)\mathrm{d}y\right]\mathrm{d}x+\int_{-\frac{T}{2}}^{-\left(\frac{T}{2}-u-A\right)} f(x)\left[\int_{-u}^{-\left(\frac{T}{2}+x-A\right)} g(y)\mathrm{d}y\right]\mathrm{d}x \tag{6-2}$$

当 $f(x)$ 为对称型分布函数时，以上二项式可以简化为

$$m=2\int_{\frac{T}{2}}^{\frac{T}{2}+u-A} f(x)\left[\int_{-u}^{\frac{T}{2}-x-A} g(y)\mathrm{d}y\right]\mathrm{d}x \tag{6-3}$$

$$n=2\int_{\frac{T}{2}-u-A}^{\frac{T}{2}} f(x)\left[\int_{\frac{T}{2}-x-A}^{u} g(y)\mathrm{d}y\right]\mathrm{d}x \tag{6-4}$$

决定误判概率的条件如下。

由计算公式可见，m 与 n 取决于 x 与 y 的分布形式及其积分界限。这里，工件公差 T 以工件尺寸分布标准差 σ 为单位；测量不确定度 u 以测量误差分布标准差 s 为单位；工艺能力指数 $C_p=\dfrac{T}{6\sigma}$；测量误差比 $v=\dfrac{2u}{T}$。于是误收率 m 与误废率 n 值取决于 $f(x)$、C_p、$g(y)$、v 及 A。其中，$f(x)$ 与 C_p 由工艺条件决定，$g(y)$ 与 v 由测量条件决定，A 由验收极限决定。

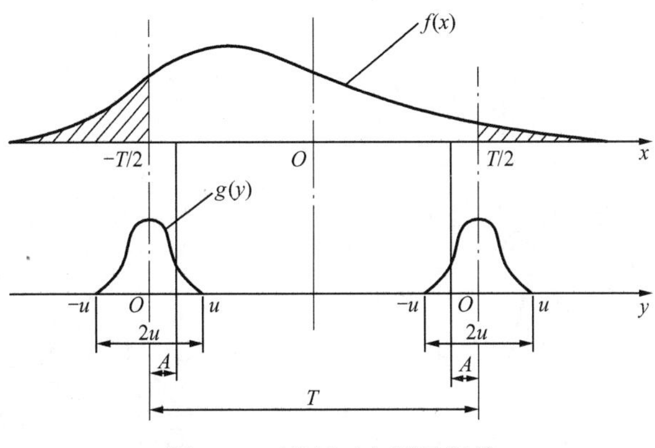

图 6-4　工件尺寸与测量误差

2. 验收质量评估

（1）按不内缩方式验收，即 A=0。若工件尺寸、测量误差服从不同分布，则验收质量不同。若工件尺寸服从正态分布，$C_{\mathrm{p}}=\dfrac{T}{6\sigma}$，测量误差也服从正态分布并取 $u=2s$，则 m、n 如图 6-5 所示。

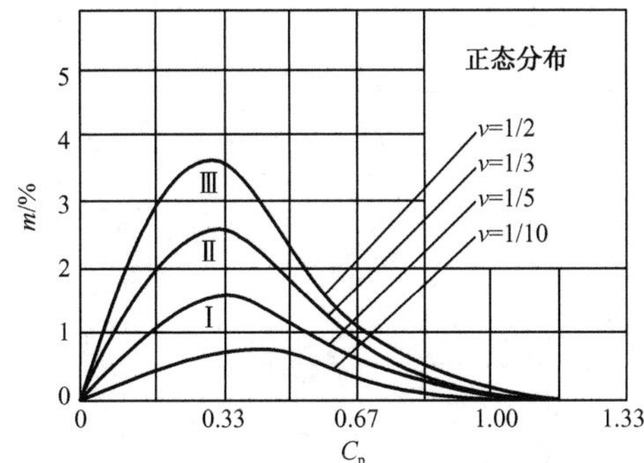

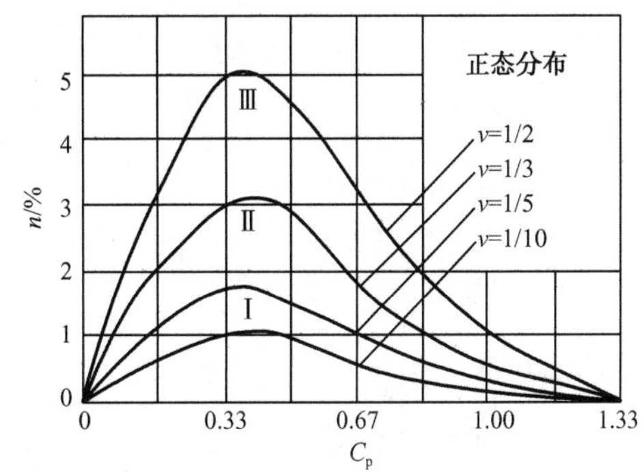

图 6-5　误收率 m 与误废率 n（不内缩方式；服从正态分布）

若工件尺寸服从偏态分布，$C_{\mathrm{p}}=\dfrac{T}{5\sigma}$，测量误差也服从正态分布并取 $u=2s$，则 m、n 如图 6-6 所示。

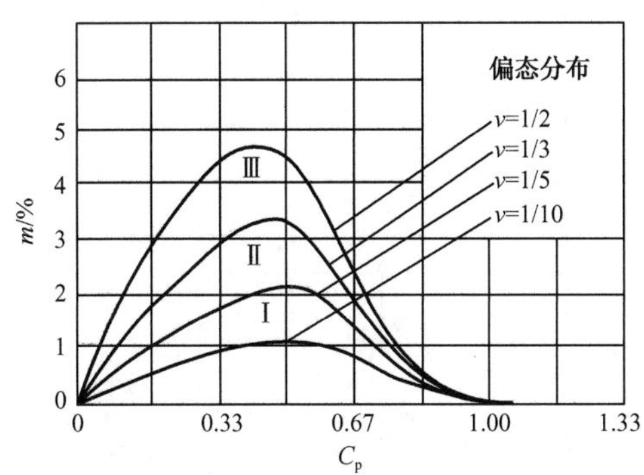

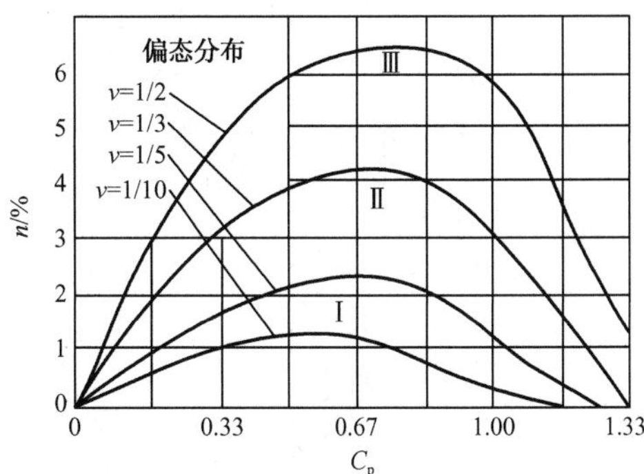

图 6-6　误收率 m 与误废率 n（不内缩方式；服从偏态分布）

若工件尺寸服从均匀分布，$C_{\mathrm{p}}=\dfrac{T}{3.46\sigma}$，测量误差也服从正态分布并取 $u=2s$，则 m、n 如

图 6-7 所示。

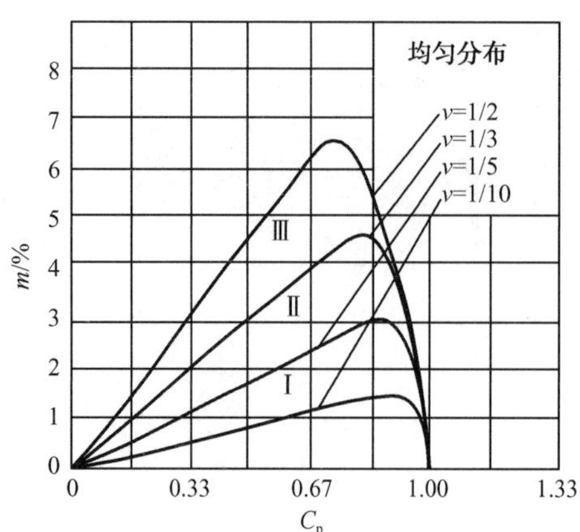

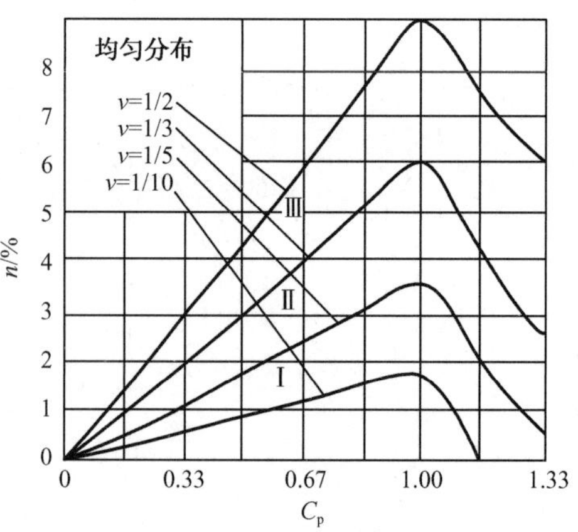

图 6-7　误收率 *m* 与误废率 *n*（不内缩方式；服从均匀分布）

（2）按内缩方式验收。安全裕度不同，对应的验收极限也不同。若 *A* 值分别取 0、$\frac{1}{5}u$、$\frac{2}{5}u$、$\frac{3}{5}u$、$\frac{4}{5}u$或$\frac{5}{5}u$，则可得各自不同的验收极限；另取 $C_p = 0.67$，则工件尺寸在不同分布的前提下，按不同的验收极限进行验收，误判概率分别如图 6-8、图 6-9 和图 6-10 所示，都有随 *A* 值增大，*m* 值迅速下降，而 *n* 值急剧上升的特征。

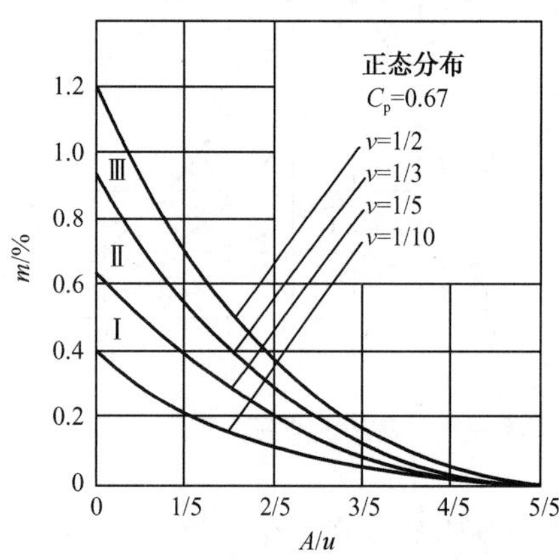

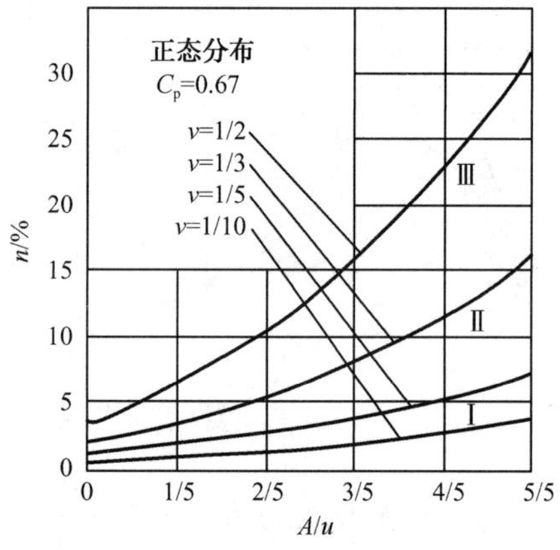

图 6-8　误收率 *m* 与误废率 *n*（内缩方式；服从正态分布）

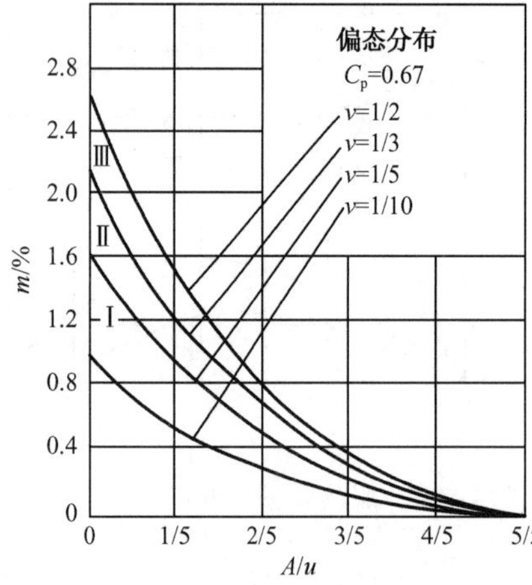

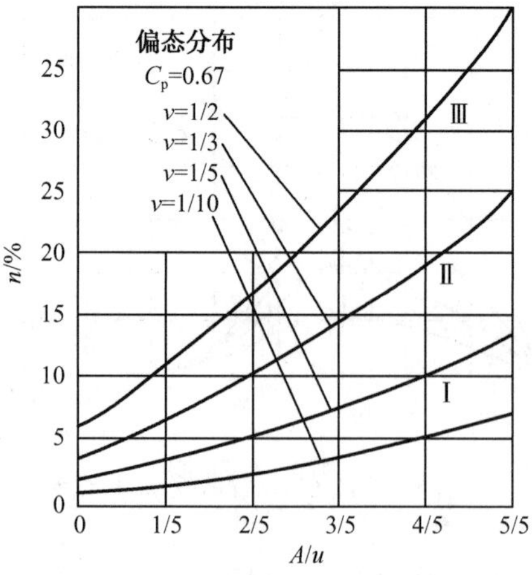

图 6-9　误收率 *m* 与误废率 *n*（内缩方式；服从偏态分布）

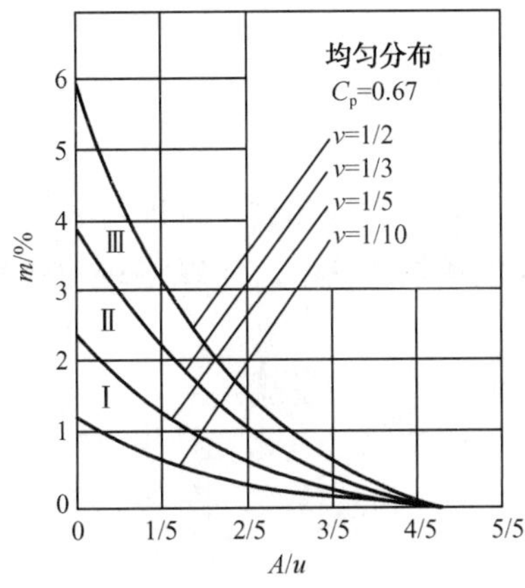

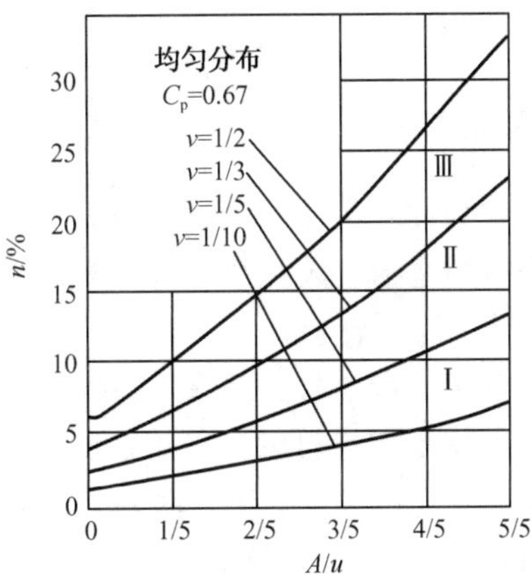

图 6-10　误收率 m 与误废率 n（内缩方式；服从均匀分布）

6.3 光滑极限量规

6.3.1 光滑极限量规及其分类

1. 光滑极限量规概述

光滑极限量规，简称量规，是指具有以孔或轴的最大极限尺寸或最小极限尺寸为公称尺寸的标准测量面，能反映被检孔或轴边界条件的无刻线长度测量器具，分为塞规和环规。其中，塞规是指用于孔径检验的光滑极限量规，其测量面为外圆柱面；环规是指用于轴径检验的光滑极限量规，其测量面为内圆环面。检验轴径的量规，其测量面有时会做成两个平行内表面，根据其形状特点，也被称为卡规。

光滑极限量规成对设计和使用。其中一个称为通规，体现工件的最大实体边界，用于控制其体外作用尺寸，测量时通常能通过被检孔或轴；另一个称为止规，体现工件的最小实体尺寸，用于控制其实际尺寸，测量时通常不能通过被检孔或轴。由此可进一步分别表述为：检验孔的塞规分为孔用通规和孔用止规，其中，孔用通规以被检孔径最小极限尺寸为公称尺寸，且通常能通过被检孔，而孔用止规以被检孔径最大极限尺寸为公称尺寸，且通常不能通过被检孔，如图 6-11 所示；检验轴的环规或卡规分为轴用通规和轴用止规，其中，轴用通规以被检轴径最大极限尺寸为公称尺寸，且通常能通过被检轴，而轴用止规以被检轴径最小极限尺寸为公称尺寸，且通常不能通过被检轴，如图 6-12 所示。

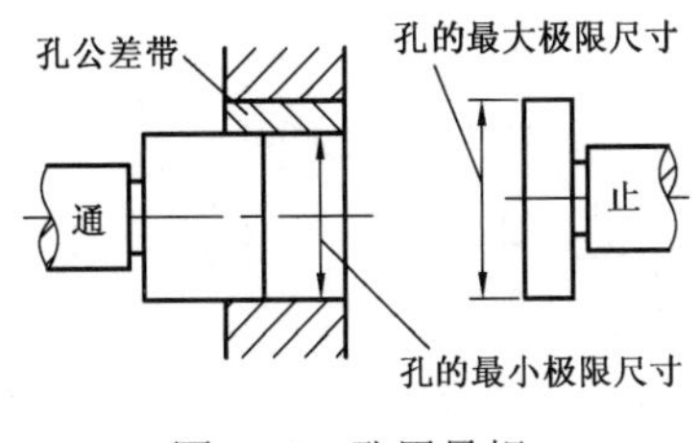

图 6-11　孔用量规

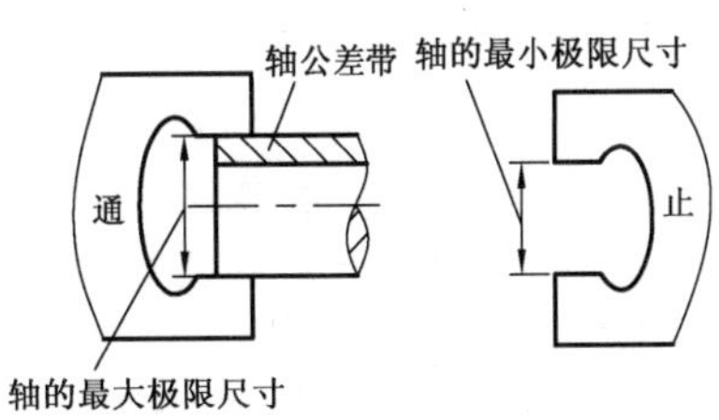

图 6-12　轴用量规

光滑极限量规结构简单，使用方便，虽不能测量出工件的实际尺寸，但能快速、准确地判断尺寸的合格与否，因此特别适合批量生产中对工件尺寸的检验。

2．光滑极限量规的分类

光滑极限量规按其用途的不同可分为工作量规、验收量规和校对量规三类。

（1）工作量规是指工人在加工时用来检验工件的量规。其中，通规/通端用代号“T”表示，止规/止端用代号“Z”表示。

（2）验收量规是指检验部门或用户代表验收工件时使用的量规。

（3）校对量规是指检验轴用量规在制造时是否符合制造公差，在使用中是否已达到磨损极限所使用的量规。孔用量规的工作面为外表面，易用通用量仪检验，故没有为其设置校对量规。

轴用校对量规又可分为以下三种：

①“校通—通”量规（代号 TT）是检验轴用通规的校对量规。检验时应能通过轴用通规，否则该通规不合格。

② “校止—通”量规（代号 ZT）是检验轴用止规的校对量规。检验时应能通过轴用止规，否则该止规不合格。

③ “校通—损”量规（代号 TS）是检验轴用通规是否达到磨损极限的量规。检验时应不能通过轴用通规，否则说明该通规已达到或超过磨损极限。

需要说明的是，国家标准 GB/T 1957—2006《光滑极限量规 技术条件》并没有对“工作量规”“验收量规”做特别规定，但在附录中做了如下规范性说明：

① 制造厂对工件进行检验时，操作者应使用新的或磨损较少的通规；

② 检验部门应使用与操作者相同形式的，且已磨损较多的通规；

③ 用户代表在用量规验收工件时，通规应接近工件的最大实体尺寸，止规应接近工件的最小实体尺寸。

视频7 可调极限卡规

视频8 高精度数显内卡规

视频9 快速卡规

视频10 数显管壁厚卡规

6.3.2 量规公差带

图6-13显示了量规公差带与被检验工件公差带的相对位置，显然通规和止规都采用了内缩方案。相关国家标准之所以这样规定，是为了确保量规的公差带全部偏置于被检工件的公差带内，有利于防止误收，从而保证产品质量。

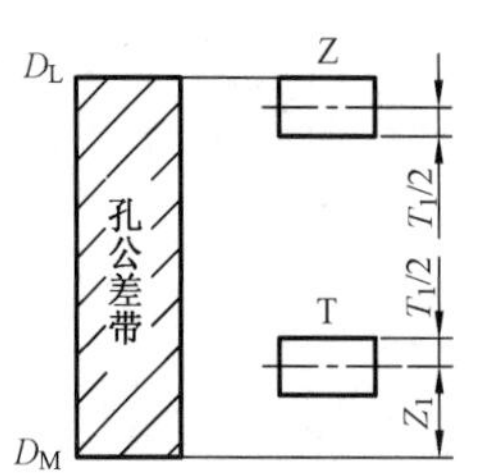

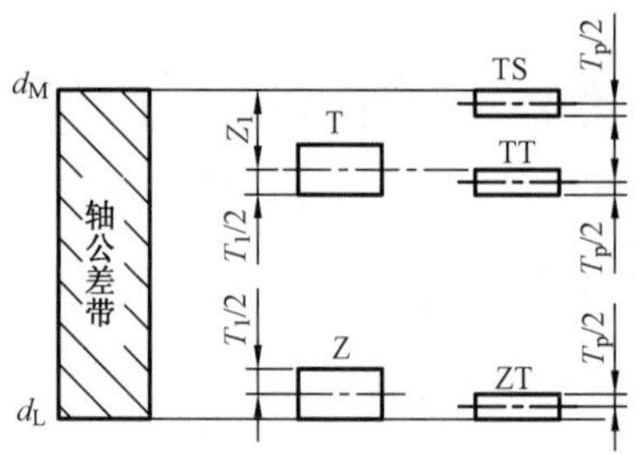

图6-13 量规公差带图

由图 6-13 可见，工作量规的通规除规定了制造公差 T_1 外，还规定了公差带中心到被检工件最大实体尺寸之间的距离 Z_1（位置要素）。这是因为在检验工件时，通规要经常通过被检孔或轴而产生磨损，为了保证通规的合理使用寿命，特将通规的制造公差带相对于被检工件的公差带内移一段距离。工作量规的制造公差 T_1 和位置要素 Z_1 的数值可查表 6-6。

表 6-6　IT6～IT15 级工作量规的制造公差与位置要素（摘自 GB/T 1957—2006）　单位：μm

基本尺寸	IT6			IT7			IT8			IT9			IT10			IT11			IT12			IT13			IT14			IT15		
D/mm	IT6	T_1	Z_1	IT7	T_1	Z_1	IT8	T_1	Z_1	IT9	T_1	Z_1	IT10	T_1	Z_1	IT11	T_1	Z_1	IT12	T_1	Z_1	IT13	T_1	Z_1	IT14	T_1	Z_1	IT15	T_1	Z_1
～3	6	1	1	10	1.2	1.6	14	1.6	2	25	2	3	40	2.4	4	60	3	6	100	4	9	140	6	14	250	9	20	400	14	30
>3～6	8	1.2	1.4	12	1.4	2	18	2	2.6	30	2.4	4	48	3	5	75	4	8	120	5	11	180	7	16	300	11	25	480	16	35
>6～10	9	1.4	1.6	15	1.8	2.4	22	2.4	3.2	36	2.8	5	58	3.6	6	90	5	9	150	6	13	220	8	20	360	13	30	580	20	40
>10～18	11	1.6	2	18	2	2.8	27	2.8	4	43	3.4	6	70	4	8	110	6	11	180	7	15	270	10	24	430	15	35	700	24	50
>18～30	13	2	2.4	21	2.4	3.4	33	3.4	5	52	4	7	84	5	9	130	7	13	210	8	18	330	12	28	520	18	40	840	28	60
>30～50	16	2.4	2.8	25	3	4	39	4	6	62	5	8	100	6	11	160	8	16	250	10	22	390	14	34	620	22	50	1000	34	75
>50～80	19	2.8	3.4	30	3.6	4.6	46	4.6	7	74	6	9	120	7	13	190	9	19	300	12	26	460	16	40	740	26	60	1200	40	90
>80～120	22	3.2	3.8	35	4.2	5.4	54	5.4	8	87	7	10	140	8	15	220	10	22	350	14	30	540	20	46	870	30	70	1400	46	100
>120～180	25	3.8	4.4	40	4.8	6	63	6	9	100	8	12	160	9	18	250	12	250	400	16	35	630	22	52	1000	35	80	1600	52	120
>180～250	29	4.4	5	46	5.4	7	72	7	10	115	9	14	185	10	20	290	14	29	460	18	40	720	26	60	1150	40	90	1850	60	130
>250～315	32	4.8	5.6	52	6	8	81	8	11	130	10	16	210	12	22	320	16	32	520	20	45	810	28	66	1300	45	100	2100	66	150
>315～400	36	5.4	6.2	57	7	9	89	9	12	140	11	18	230	14	25	360	18	36	570	22	50	890	32	74	1400	50	110	2300	74	170
>400～500	40	6	7	63	8	10	97	10	14	155	12	20	250	16	28	400	20	40	630	24	55	970	36	80	1550	55	120	2500	80	190

在工程应用中，新通规的实际尺寸必须在制造公差带内，而经使用磨损后的尺寸可以超出制造公差带，直至达到磨损极限（被检工件的最大实体尺寸）时才停止使用。

相关国家标准还规定，量规的形状误差和位置误差应在其尺寸公差带内，且公差值为尺寸公差的 50%；当量规的尺寸公差小于或等于 0.002mm 时，形状和位置公差取 0.001mm。

校对量规的尺寸公差 T_p 为被校对轴用量规尺寸公差的 1/2，且尺寸公差中包含形状误差。

6.3.3　量规设计

1．量规设计的原则

光滑极限量规的设计应符合极限尺寸判断原则，也称泰勒原则，即要求被检孔或轴的体外作用尺寸不允许超过最大实体尺寸，在任何位置上的实际尺寸不允许超过最小实体尺寸。因此，通规的测量面应是与被检工件形状相对应的完整表面（因此被称为全形量规），其尺寸应等于工件的最大实体尺寸，长度应等于工件的配合长度；止规的测量面应是点状的（因此被称为非全形量规），其尺寸应等于工件的最小实体尺寸。

2．量规形式的选用

使用符合泰勒原则的光滑极限量规检验工件，基本可以保证其公差与配合的要求。在实际应用中，为了使量规的制造和使用方便，量规常偏离上述原则，如轴用通规按泰勒原则应为圆形环规如图 6-14（a）所示，但环规使用不方便，故一般做成卡规，如图 6-14（b）、（c）所示；检验大尺寸孔的通规，为了减轻质量，常做成非全形塞规或球端杆规，如图 6-15（a）、（b）、（c）所示。由于点接触容易磨损，故止规也不一定是两点接触式，一般常用小平面或圆柱面，即采用线、面接触形式；为了加工方便，检验小尺寸孔的止规常做成全形（圆柱形）塞规，如图 6-15（d）所示。

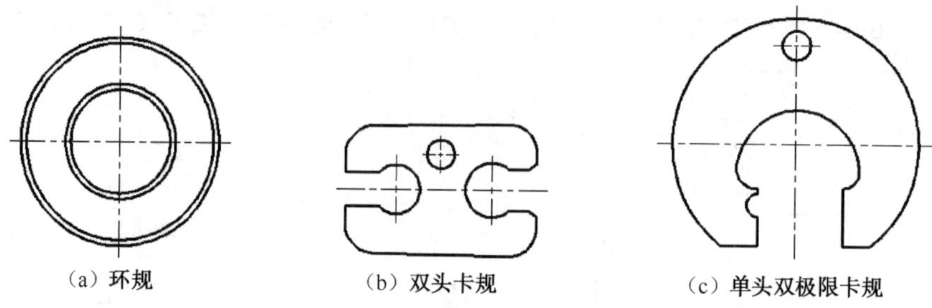

（a）环规　（b）双头卡规　（c）单头双极限卡规

图 6-14　轴用光滑极限量规的结构形式

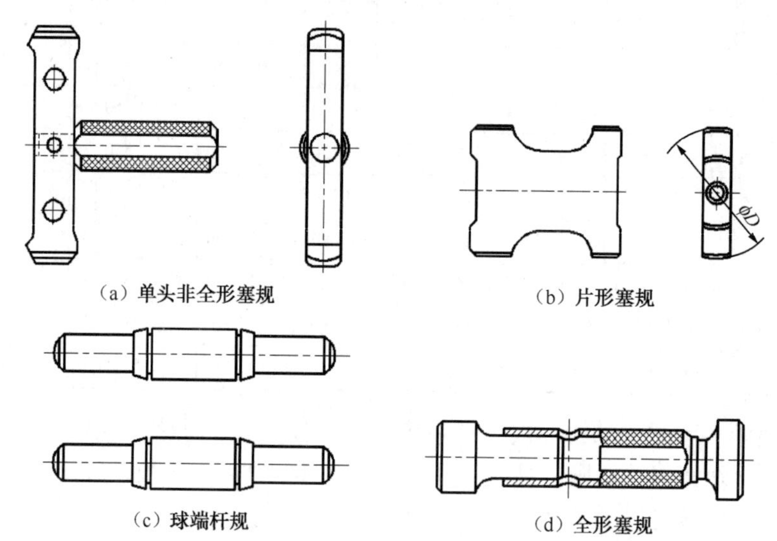

（a）单头非全形塞规　（b）片形塞规　（c）球端杆规　（d）全形塞规

图 6-15　孔用光滑极限量规的结构形式

相关国家标准规定，使用偏离泰勒原则量规的条件是应保证被检工件的形状误差不致影响配合的性质。推荐的量规形式及对应的工作尺寸范围见表 6-7。

表 6-7　推荐的量规形式及对应的工作尺寸范围

用　　途	推荐顺序	量规的工作尺寸/mm			
		~18	>18~100	>100~315	>315~500
工件孔用通端量规形式	1	全形塞规		非全形塞规	球端杆规
	2	—	非全形塞规或片形塞规	片形塞规	—
工件孔用止端量规形式	1	全形塞规	全形或片形塞规		球端杆规
	2	—	非全形塞规		—
工件轴用通端量规形式	1	环规		卡规	
	2	卡规		—	
工件轴用止端量规形式	1	卡规			
	2	环规	—		

3．量规工作尺寸的计算

计算量规工作尺寸时，应首先查出被检验工件的标准公差与基本偏差，然后从表 6-6 中查出量规的制造公差 T_1 和位置要素 Z_1，并画出量规的公差带图。

现以检验 ϕ40H7/f6 配合的孔用量规与轴用量规为例，计算各种量规的工作尺寸，并将计算结果列于表 6-8，其公差带图如图 6-16 所示。

计算完成量规工作尺寸后，应绘制出图 6-17 所示的量规工作图。为了给量规制造提供方便，量规图纸上的工作尺寸也可以量规的最大实体尺寸作为基本尺寸来标注，如表 6-8 的最右列所示。

表 6-8　量规工作尺寸的计算

被检工件尺寸	量规种类	量规公差 $T_1(T_p)$/μm	位置要素 Z_1/μm	量规极限尺寸/mm		量规工作尺寸/mm
				最　大	最　小	
$\phi40^{+0.025}_{0}$ (ϕ40H7)	T（通）	3	4	40.0055	40.0025	$40.0055^{0}_{-0.003}$
	Z（止）	3	—	40.0250	40.0220	$40.0250^{0}_{-0.003}$
$\phi40^{-0.025}_{-0.041}$ (ϕ40f6)	T（通）	2.4	2.8	39.9734	39.9710	$39.9710^{+0.0024}_{0}$
	Z（止）	2.4	—	39.9614	39.9590	$39.9590^{+0.0024}_{0}$
	TT	1.2	—	39.9722	39.9710	$39.9722^{0}_{-0.0012}$
	ZT	1.2	—	39.9602	39.9590	$39.9602^{0}_{-0.0012}$
	TS	1.2	—	39.9750	39.9738	$39.9750^{0}_{-0.0012}$

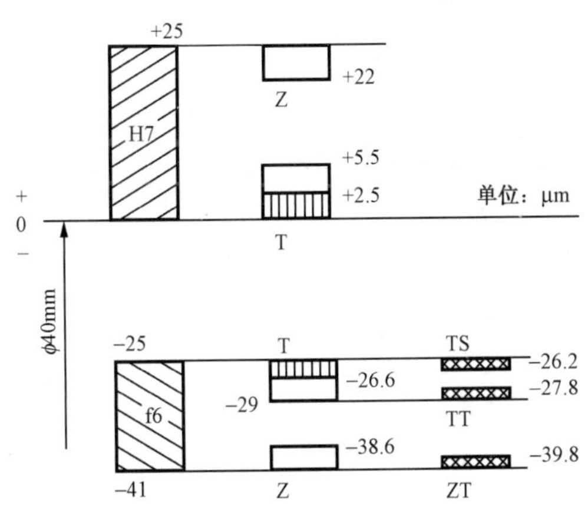

图 6-16　ϕ40 H7/f6 孔、轴及量规公差带图

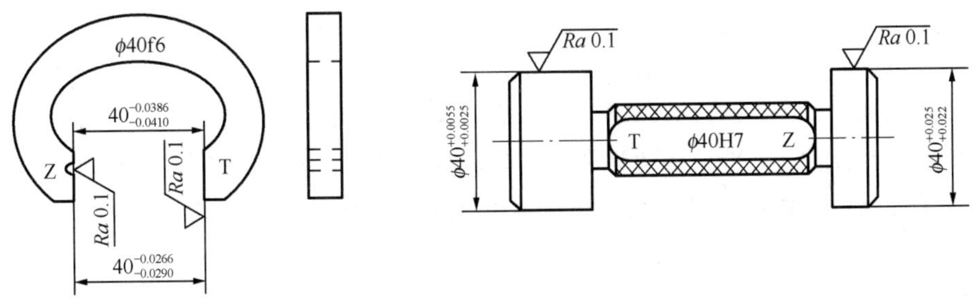

图 6-17　量规工作图

4．量规的技术要求

光滑极限量规的技术要求主要包括以下几个方面：

（1）量规的测量面不应有锈迹、毛刺、黑斑、划痕等明显影响外观和使用质量的缺陷，其他表面也不应有锈蚀和裂纹；

（2）塞规的测头与手柄的连接应牢固可靠，在使用过程中不应有松动；

（3）量规应用合金工具钢、碳素工具钢、渗碳钢及其他耐磨材料制造，测量面的硬度不应小于 700HV（或 60HRC）；

（4）量规测量面的表面粗糙度 *Ra* 值不应大于表 6-9 的规定，校对量规测量面的表面粗糙度值为被校对轴用量规测量面的表面粗糙度值的 1/2；

（5）量规应进行稳定性处理。

表 6-9 量规测量面的表面粗糙度 *Ra*　　单位：μm

<table>
<tr><th rowspan="2">量　规</th><th>D≤120mm</th><th>120mm<D≤315mm</th><th>315mm<D≤500mm</th></tr>
<tr><th colspan="3">Ra</th></tr>
<tr><td>IT6 级孔用工作塞规</td><td>0.05</td><td>0.10</td><td>0.20</td></tr>
<tr><td>IT7～IT9 级孔用工作塞规</td><td>0.10</td><td>0.20</td><td>0.40</td></tr>
<tr><td>IT10～IT12 级孔用工作塞规</td><td>0.20</td><td>0.40</td><td rowspan="2">0.80</td></tr>
<tr><td>IT13～IT16 级孔用工作塞规</td><td>0.40</td><td>0.80</td></tr>
<tr><td>IT6～IT9 级轴用工作环规</td><td>0.10</td><td>0.20</td><td>0.4</td></tr>
<tr><td>IT10～IT12 级轴用工作环规</td><td>0.20</td><td>0.40</td><td rowspan="2">0.80</td></tr>
<tr><td>IT13～IT16 级轴用工作环规</td><td>0.40</td><td>0.80</td></tr>
<tr><td>IT6～IT9 级轴用工作环规的校对塞规</td><td>0.05</td><td>0.10</td><td>0.20</td></tr>
<tr><td>IT10～IT12 级轴用工作环规的校对塞规</td><td>0.10</td><td>0.20</td><td rowspan="2">0.40</td></tr>
<tr><td>IT13～IT16 级轴用工作环规的校对塞规</td><td>0.20</td><td>0.40</td></tr>
</table>

注：*D* 为量规的基本尺寸。

作业题

1．图 2-20 所示铣削动力头为中批生产，现对主要零件进行检验：

（1）主轴（见图 4-109）端部直径 ϕ128.57h5，安装轴承部直径 ϕ80k5、ϕ70k5，问各处都为 IT5 级精度时，是否可以用相同的比较仪检验？选择比较仪并计算验收极限。

（2）双键套（见图 8-6）的键槽宽为 28H9，为其选择游标卡尺并计算验收极限。

要求用通用计量器具测量 ϕ40f8 轴、ϕ20H9 孔，试分别选用计量器具并计算验收极限。

2．图 2-21 所示拖拉机带轮部件为大批生产，箱壳盖的右端 ϕ90J7 为轴承座孔。试计算检验该孔的量规工作尺寸，画出量规的公差带图，并完成量规图样设计（画在 A4 纸上）。

思考题

1．测量工件尺寸时，为什么应按验收极限来验收工件？验收极限如何确定？
2．光滑极限量规通规和止规工作部分的形状有何不同？为什么？
3．为什么光滑极限量规通规和止规应成对使用？它们各用来控制什么尺寸？
4．为什么孔用工作量规没有校对量规？
5．量规的主要技术要求有哪些？

主要相关国家标准

1．GB/T 3177—2009 产品几何技术规范（GPS）光滑工件尺寸的检验
2．GB/T 1957—2006 光滑极限量规 技术条件
3．JJG 343—2012 光滑极限量规

Chapter 7

第 7 章 滚动轴承的互换性

本章结构与主要知识点

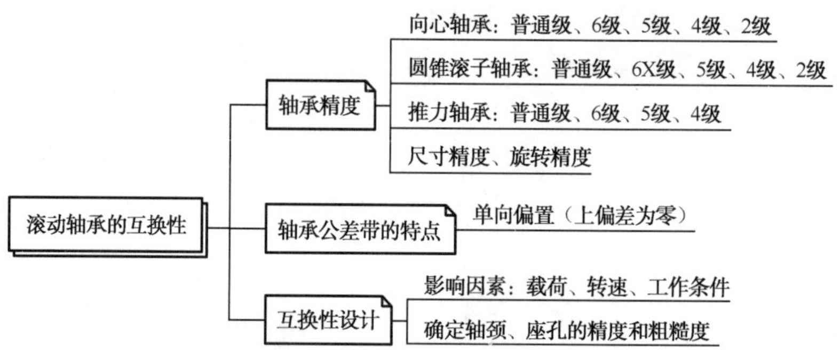

滚动轴承是将旋转的轴与轴承座之间的滑动摩擦变为滚动摩擦，从而减少摩擦损失的一种精密机械元件。它不仅支撑转动的轴及轴上的零部件，而且能保持轴的正常工作位置和旋转精度。其优点是使用维护方便、工作可靠、起动性能好，在中等速度下承载能力较高。与滑动轴承相比，滚动轴承的径向尺寸偏大，抗振能力较差。

滚动轴承是标准件，由专业化工厂生产。在工程中，普通用户关心的是滚动轴承与轴颈、轴承座孔的配合；设计重点是轴承精度的选用，以及轴颈与轴承座孔配合面的尺寸公差、几何公差及表面粗糙度的确定。

通过对本章的学习，读者应初步具备滚动轴承的互换性设计能力。

7.1 滚动轴承的公差等级与公差值

滚动轴承的典型结构如图 7-1 所示，由外圈、内圈、滚动体和保持架组成。在通常情况下，外圈装在轴承座孔内，固定不动；内圈与轴颈配合，随轴一起转动。

滚动轴承由专业化工厂生产，外圈内滚道、内圈外滚道与滚动体之间的游隙通常很小，采用分组装配，即它们的互换性为不完全互换性。对普通机械产品的设计者来说，滚动轴承是标准件，应具备完全互换性，关注的技术指标主要是轴承内圈、外圈的尺寸精度和旋转精度。

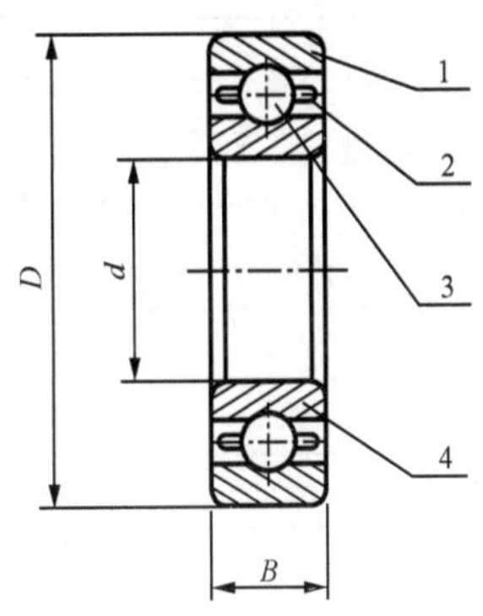

1—外圈；2—保持架；3—滚动体；4—内圈

图 7-1　滚动轴承的典型结构

1. 滚动轴承的公差等级

滚动轴承的公差包括尺寸公差和旋转精度两部分。国家标准 GB/T 307.3—2017《滚动轴承　通用技术规则》按滚动轴承的尺寸公差和旋转精度进行分级如下：

（1）向心轴承——普通级、6 级、5 级、4 级、2 级，共五级；

（2）圆锥滚子轴承——普通级、6X 级、5 级、4 级、2 级，共五级；

（3）推力轴承——普通级、6 级、5 级、4 级，共四级。

从普通级到 2 级，精度依次升高，其中，2 级精度最高，普通级精度最低。

普通级用于旋转精度要求不高的机构，如汽车、拖拉机变速机构，普通电动机，水泵，压缩机和涡轮机等。普通级轴承在机械制造业中的应用最广。

6 级（6X 级）、5 级、4 级和 2 级轴承用于转速较高和旋转精度也要求较高的机械，如普通机床主轴的前支承采用 5 级轴承，后支承采用 6 级轴承；精密车床和磨床、高速离心机等的主轴轴承多采用 5 级和 4 级轴承；2 级轴承主要应用于高精度、高转速的机械，如坐标镗床主轴、高精度磨床主轴和高精度仪器主轴等。

2. 滚动轴承的尺寸公差

滚动轴承的尺寸公差是指轴承的内径 d、外径 D 和宽度 B 等的尺寸公差。因轴承内、外圈为薄壁结构，在制造及存放中易变形（常呈椭圆形），所以需要控制内、外圈圆柱任意截面内两点尺寸的内径 dsp 和外径 Dsp 。由于轴承的变形在装配后一般能得到矫正，且影响轴承与结合件配合性质的仅是内、外圈在其单一平面内的平均直径 dmp 和 Dmp ，因此还应控制 dmp 和 Dmp 。

单一平面内的平均内径为

$$\mathrm{dmp}=\frac{\mathrm{dsp}_{\max}+\mathrm{dsp}_{\min}}{2}$$

单一平面内的平均外径为

$$\mathrm{Dmp}=\frac{\mathrm{Dsp}_{\max}+\mathrm{Dsp}_{\min}}{2}$$

其中，$\mathrm{dsp}_{\max}$ 、$\mathrm{dsp}_{\min}$ 为单一平面内的最大、最小内径；

$\mathrm{Dsp}_{\max}$ 、$\mathrm{Dsp}_{\min}$ 为单一平面内的最大、最小外径。

3. 滚动轴承的旋转精度

滚动轴承的旋转精度是指轴承内、外圈做相对转动时的跳动，包括成套轴承内、外圈的径向跳动，成套轴承内、外圈的轴向跳动及外圈凸缘背面的轴向跳动。

滚动轴承尺寸公差、旋转精度的主要参数符号见表 7-1。

表 7-1 滚动轴承尺寸公差、旋转精度的主要参数符号

符　号	解　释
Δdmp	单一平面平均内径偏差
ΔDmp	单一平面平均外径偏差
Vdsp	单一平面单一内径最大值与最小值之差
VDsp	单一平面单一外径最大值与最小值之差
Vdmp	单个套圈单一平面平均内径最大值与最小值之差
VDmp	单个套圈单一平面平均外径最大值与最小值之差
Kia	成套轴承内圈径向跳动
Kea	成套轴承外圈径向跳动
Sia	成套轴承内圈轴向跳动
Sea	成套轴承外圈轴向跳动

视频 11 万能比较测量台

视频 12 三点式万能比较测量台

4. 滚动轴承的公差和极限偏差

参照 GB/T 307.1—2017，表 7-2～表 7-5 给出了向心轴承和圆锥滚子轴承的内圈公差和外圈公差。

表 7-2 向心轴承（圆锥滚子轴承除外）内圈公差　　单位：μm

项目	公差等级			内径基本尺寸 *d*/mm					
				>10～18	>18～30	>30～50	>50～80	>80～120	>120～180
*t*Δdmp	普通级		下偏差 L（上偏差 U=0）	-8	-10	-12	-15	-20	-25
	6			-7	-8	-10	-12	-15	-18
	5			-5	-6	-8	-9	-10	-13
	4			-4	-5	-6	-7	-8	-10
	2			-2.5	-2.5	-2.5	-4	-5	-7
t_{Vdsp}[a]	普通级	直径系列	9	10	13	15	19	25	31
			0,1	8	10	12	19	25	31
			2,3,4	6	8	9	11	15	19
	6	直径系列	9	9	10	13	15	19	23
			0,1	7	8	10	15	19	23
			2,3,4	5	6	8	9	11	14
	5	直径系列	9	5	6	8	9	10	13
			0,1,2,3,4	4	5	6	7	8	10
	4	直径系列	9	4	5	6	7	8	10
			0,1,2,3,4	3	4	5	5	6	8
	2			2.5	2.5	2.5	4	5	7

续表

项目	公差等级	内径基本尺寸 d/mm					
		>10～18	>18～30	>30～50	>50～80	>80～120	>120～180
t_{Vdmp}[a]	普通级	6	8	9	11	15	19
	6	5	6	8	9	11	14
	5	3	3	4	5	5	7
	4	2	2.5	3	3.5	4	5
	2	1.5	1.5	1.5	2	2.5	3.5
t_{Kia}	普通级	10	13	15	20	25	30
	6	7	8	10	10	13	18
	5	4	4	5	5	6	8
	4	2.5	3	4	4	5	6
	2	1.5	2.5	2.5	2.5	2.5	2.5
t_{Sia}[b]	普通级	—	—	—	—	—	—
	6	—	—	—	—	—	—
	5	7	8	8	8	9	10
	4	3	4	4	5	5	7
	2	1.5	2.5	2.5	2.5	2.5	2.5

注：1．a 表示仅适用于内、外止动环安装前或拆卸后。

2．b 表示仅适用于沟型球轴承。

表 7-3　向心轴承（圆锥滚子轴承除外）外圈公差　单位：μm

项目	公差等级			外径基本尺寸 D/mm						
				>6～18	>18～30	>30～50	>50～80	>80～120	>120～150	>150～180
$t\Delta Dmp$	普通级		下偏差 L（上偏差 U= 0）	-8	-9	-11	-13	-15	-18	-25
	6			-7	-8	-9	-11	-13	-15	-18
	5			-5	-6	-7	-9	-10	-11	-13
	4			-4	-5	-6	-7	-8	-9	-10
	2			-2.5	-4	-4	-4	-5	-5	-7
$tVDsp$[a]	普通级	直径系列	9	10	12	14	16	19	23	31
			0, 1	8	9	11	13	19	23	31
			2, 3, 4	6	7	8	10	11	14	19
	6	直径系列	9	9	10	11	14	16	19	23
			0, 1	7	8	9	11	16	19	23
			2, 3, 4	5	6	7	8	10	11	14
	5	直径系列	9	5	6	7	9	10	11	13
			0, 1, 2, 3, 4	4	5	5	7	8	8	10
	4	直径系列	9	4	5	6	7	8	9	10
			0, 1, 2, 3, 4	3	4	5	5	6	7	8
	2			2.5	4	4	4	5	5	7

续表

项目	公差等级	外径基本尺寸 D/mm						
		>6～18	>18～30	>30～50	>50～80	>80～120	>120～150	>150～180
t_{VDmp}[a]	普通级	6	7	8	10	11	14	19
	6	5	6	7	8	10	11	14
	5	3	3	4	5	5	6	7
	4	2	2.5	3	3.5	4	5	5
	2	1.5	2	2	2	2.5	2.5	2.5
t_{Kea}	普通级	15	15	20	25	35	40	45
	6	8	9	10	13	18	20	23
	5	5	6	7	8	10	11	13
	4	3	4	5	5	6	7	8
	2	1.5	2.5	2.5	4	5	5	5
t_{Sea}[b]	普通级	—	—	—	—	—	—	—
	6	—	—	—	—	—	—	—
	5	8	8	8	10	11	13	14
	4	5	5	5	5	6	7	8
	2	1.5	2.5	2.5	4	5	5	5

注：1．a 表示仅适用于内、外止动环安装前或拆卸后。

2．b 表示仅适用于沟型球轴承。

表 7-4　圆锥滚子轴承内圈公差　　单位：μm

项目	公差等级		内径基本尺寸 d/mm					
			>10～18	>18～30	>30～50	>50～80	>80～120	>120～180
$t\Delta dmp$	普通级	下偏差 L（上偏差 U=0）	-12	-12	-12	-15	-20	-25
	6X		-12	-12	-12	-15	-20	-25
	5		-7	-8	-10	-12	-15	-18
	4		-5	-6	-8	-9	-10	-13
	2		-4	-4	-5	-5	-6	-7
t_{Vdsp}	普通级		12	12	12	15	20	25
	6X		12	12	12	15	20	25
	5		5	6	8	9	11	14
	4		4	5	6	7	8	10
	2		2.5	2.5	3	4	5	7
t_{Vdmp}	普通级		9	9	9	11	15	19
	6X		9	9	9	11	15	19
	5		5	5	5	6	8	9
	4		4	4	5	5	5	7
	2		1.5	1.5	2	2	2.5	3.5

续表

项目	公 差 等 级	内径基本尺寸 d/mm					
		>10～18	>18～30	>30～50	>50～80	>80～120	>120～180
t_{Kia}	普通级	15	18	20	25	30	35
	6X	15	18	20	25	30	35
	5	5	5	6	7	8	11
	4	3	3	4	4	5	6
	2	2	2.5	2.5	3	3	4
t_{Sia}	普通级	—	—	—	—	—	—
	6X	—	—	—	—	—	—
	5	—	—	—	—	—	—
	4	3	4	4	4	5	7
	2	2	2.5	2.5	3	3	4

表 7-5　圆锥滚子轴承外圈公差　　单位：μm

项目	公 差 等 级		外径基本尺寸 D/mm						
			～18	>18～30	>30～50	>50～80	>80～120	>120～150	>150～180
$t\Delta Dmp$	普通级	下偏差 L（上偏差 U= 0）	-12	-12	-14	-16	-18	-20	-25
	6X		-12	-12	-14	-16	-18	-20	-25
	5		-8	-8	-9	-11	-13	-15	-18
	4		-6	-6	-7	-9	-10	-11	-13
	2		-5	-5	-5	-6	-6	-7	-7
t_{VDsp}	普通级		12	12	14	16	18	20	25
	6X		12	12	14	16	18	20	25
	5		6	6	7	8	10	11	14
	4		5	5	5	7	8	8	10
	2		4	4	4	4	5	5	7
t_{VDmp}	普通级		9	9	11	12	14	15	19
	6X		9	9	11	12	14	15	19
	5		5	5	5	6	7	8	9
	4		4	4	5	5	5	6	7
	2		2.5	2.5	2.5	2.5	3	3.5	4
t_{Kea}	普通级		18	18	20	25	35	40	45
	6X		18	18	20	25	35	40	45
	5		6	6	7	8	10	11	13
	4		4	4	5	5	6	7	8
	2		2.5	2.5	2.5	4	5	5	5
t_{Sea}*	普通级		—	—	—	—	—	—	—
	6X		—	—	—	—	—	—	—
	5		—	—	—	—	—	—	—
	4		5	5	5	5	6	7	8
	2		2.5	2.5	2.5	4	5	5	5

注：*表示不适用于凸缘外圆轴承。

7.2 滚动轴承内、外径公差带及其特点

由于滚动轴承使用的普遍性和特殊性，相关国家标准规定，轴承外圈外径公差带位于公称外径的下方，它与国家标准 GB/T 1800.1—2020 中具有基本偏差 h 的基准轴的公差带相类似，但公差值不同；规定轴承内圈内径公差带位于公称内径 d 的下方，如图 7-2 所示。

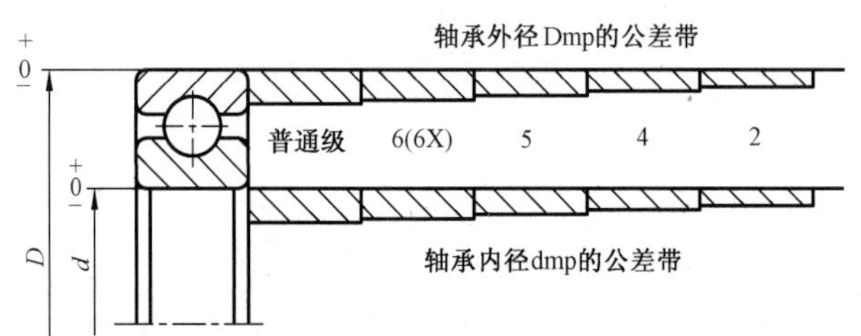

图 7-2　滚动轴承内、外径公差带分布

尽管滚动轴承内、外径公差带均位于公称尺寸的下方，但因其为标准件，而配合应以非标准件适应标准件，所以轴承外圈外径与轴承座孔的配合称作基轴制配合，轴承内圈孔与轴颈的配合称作基孔制配合。

滚动轴承内径、外径公差带的上极限偏差均为零，下极限偏差均为负值，均呈现单向分布的特点，这样的公差带分布有其合理性。特别是轴承内孔，当它与一般过渡配合的轴相配合时，可以获得一定的过盈量，即比一般基孔制过渡配合更紧，从而满足轴承内圈通常与轴一起旋转的工作需要。

7.3 滚动轴承与轴颈、轴承座孔的配合及选用

国家标准 GB/T 275—2015《滚动轴承　配合》规定了与轴承内、外圈相配合的轴颈和轴承座孔的尺寸公差、几何公差、表面粗糙度及配合选用的基本原则。

7.3.1 轴颈、轴承座孔的尺寸公差带

如前所述，轴承内圈与轴颈的配合采用基孔制，轴承外圈与轴承座孔的配合采用基轴制。GB/T 275—2015 推荐了普通级滚动轴承与轴颈和轴承座孔配合的常用公差带，如图 7-3 所示。

6 级（6X 级）、5 级、4 级、2 级滚动轴承与轴颈和轴承座孔构成不同的配合，见表 7-6。

在表 7-6 中，应该注意的是由于轴承内孔的公差带在公称尺寸线以下，所以与轴颈的配合比普通基孔制同名配合紧，如公差带为 m5 的轴颈与轴承内孔形成的配合已成为过盈配合，要比它与基准孔 H6 形成的配合 H6/m5 紧得多。类似地，基本偏差为 g、h、j、js 的轴颈，与普通零件的基准孔应形成间隙配合，但与滚动轴承内孔却形成过渡配合。

轴承外径公差带在公称尺寸线下方，虽与普通零件的基准轴公差值有差异，但公差带位置不变。因此，二者与同名孔公差带形成的配合不完全相同，但配合性质并没有改变。

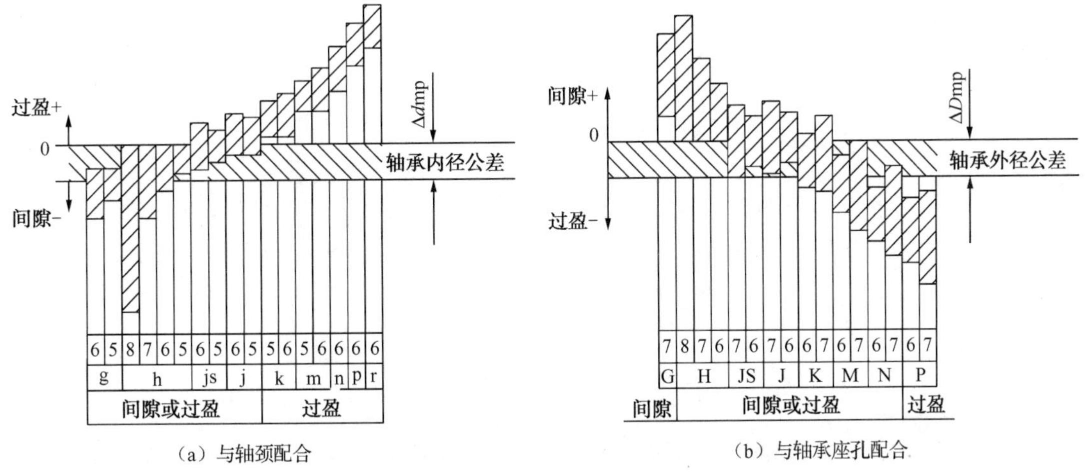

（a）与轴颈配合　　（b）与轴承座孔配合

图 7-3　普通级滚动轴承与轴颈和轴承座孔配合的常用公差带图

表 7-6　与滚动轴承相配合的轴颈、轴承座孔的公差带

公差等级	轴颈公差带		轴承座孔公差带		
	过渡配合	过盈配合	间隙配合	过渡配合	过盈配合
6（6X）	g6、h6、j6、js6 g5、h5、j5	r7 k6、m6、n6、p6、r6 k5、m5	H8 G7、H7 H6	J7、JS7、K7、M7、N7 J6、JS6、K6、M6、N6	P7 P6
5	h5、j5、js5	k6、m6 k5、m5	G6、H6	JS6、K6、M6、 JS5、K5、M5	
4	h5、 js5 h4、 js4	k5、m5 k4	H5	K6 JS5、K5、M5	
2	h3、 js3		H4 H3	JS4、K4 JS3	

注：① 孔 N6 与普通级轴承（外径 D<150mm）和 6 级轴承（外径 D<315mm）的配合为过盈配合。

② 轴 r6 用于内径 d>120～500mm；轴 r7 用于内径 d>180～500mm。

7.3.2　配合的选用

滚动轴承与轴颈、轴承座孔配合的正确选用，对保证机器的正常运转，提高轴承的使用寿命，充分利用轴承的承载能力有很大作用。

选择轴承配合时，应综合考虑轴承的工作条件，如作用在轴承上载荷的大小、方向和性质，轴承的类型和尺寸，与轴承相配的轴和轴承座的材料与结构，工作温度、装卸和调整等因素。

1．轴承的工作条件

当轴承的内圈或外圈为旋转圈时，应采用稍紧的配合，其过盈量的选择应使配合面在工作载荷下不发生“爬行”为宜。大的过盈量将造成套圈的弹性变形，增加发热量，减小轴承内部游隙，从而影响轴承的正常运转。

若轴承的内圈或外圈为不旋转套圈，为拆卸和调整的方便，宜选用较松的配合。由于不同的工作温升，将使轴和机器外壳在纵向产生不同的伸长量，因此在选择配合时，以达到轴承沿轴向可以自由移动、消除轴承内部应力为原则，但是间隙量过大会降低整个部件的刚度，引起振动，加剧磨损。

2. 载荷的类型

1）固定载荷

作用于轴承上的合成径向载荷与套圈相对静止，即载荷方向始终不变地作用在套圈滚道的局部区域上，当载荷作用在外圈上时，称为固定的外圈载荷；当载荷作用在内圈上时，称为固定的内圈载荷。如图 7-4（a）的外圈和图 7-4（b）的内圈所示，它们均受到一个定向的径向载荷 F_0 的作用。

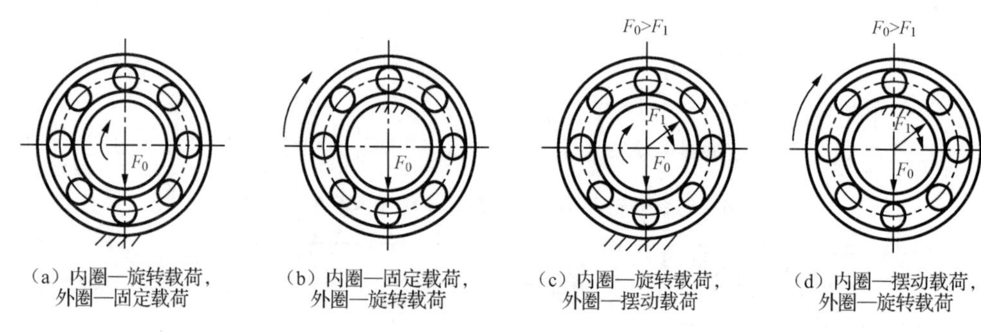

图 7-4 轴承套圈承受的载荷类型

承受固定载荷的轴承套圈与轴颈或轴承座孔的配合应选较松的过渡配合或小间隙配合，以便让滚动体的摩擦力矩带动套圈缓慢转位，使套圈受力均匀，从而延长轴承的使用寿命。

2）旋转载荷

作用于轴承上的合成径向载荷与套圈相对旋转，即载荷顺次作用在套圈的整个圆周上，该套圈所承受的这种载荷称为旋转载荷。当载荷作用在内圈上时，称为旋转的内圈载荷，如图 7-4（a）中的内圈所示；当载荷作用在外圈上时，称为旋转的外圈载荷，如图 7-4（b）中的外圈所示。

承受旋转载荷的轴承套圈与轴颈或轴承座孔的配合应选过盈配合或较紧的过渡配合，这样可以防止套圈在轴颈或轴承座孔表面打滑，不会由于配合表面发热过多而使磨损加快，从而避免轴承急剧损坏。过盈量的选择，以不使套圈与轴颈或轴承座孔配合表面间产生爬行现象为原则，具体由运行状况决定。

如图 7-5 所示，输送装置通过滚筒、轴承座带动轴承外圈旋转、支承轴与轴承内圈静止不动。这样外圈承受旋转载荷，与轴承座孔应为过盈配合，而内圈承受固定载荷，与支承轴应为过渡配合或小间隙配合。

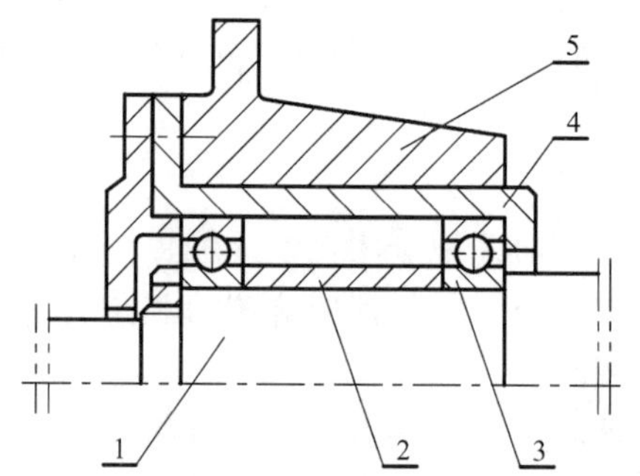

1—支承轴；2—隔套；3—轴承；4—轴承座；5—滚筒

图 7-5 输送装置

3）摆动载荷

作用于轴承上的合成径向载荷与套圈在一定区域内相对摆动，即载荷不断变动地作用在套圈滚道的部分圆周上，该套圈所承受的载荷称为摆动载荷。

例如，轴承承受一个方向不变的径向载荷 F_0 和一个较小的旋转径向载荷 F_1，两者的合成径向载荷为 F，其大小与方向都在变动，且仅在非旋转套圈 AB 一段滚道内摆动，如图 7-6 所示。承受摆动载荷的套圈，如图 7-4（c）中的外圈和图 7-4（d）中的内圈所示，其配合要求与循环载荷相同或略松一点。

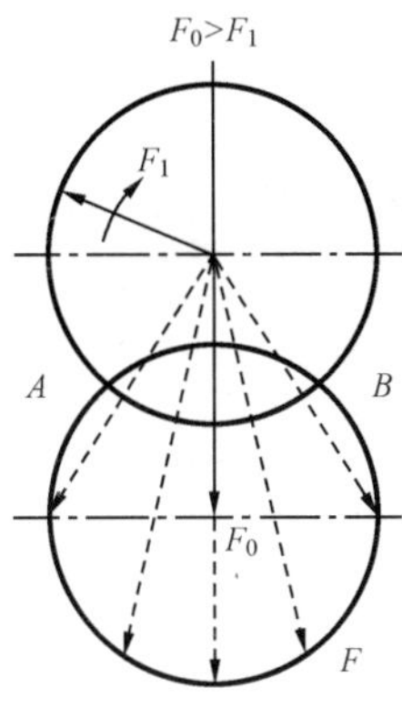

图 7-6　摆动载荷

3. 载荷的大小

轴承与轴颈或轴承座孔的配合与载荷的大小有关，载荷越大，配合的过盈量越大，承受变化的载荷应比承受平稳的载荷选用更紧的配合。这是因为在重载荷或冲击载荷的作用下，套圈容易产生变形，使配合面受力不均匀，易引起配合松动。

对于向心轴承，载荷的大小用径向当量动载荷 P_r 与径向额定动载荷 C_r 的比值区分。GB/T 275—2015 中规定：当 $P_r \leqslant 0.06C_r$ 时，为轻载荷；当 $0.06C_r < P_r \leqslant 0.12C_r$ 时，为正常载荷；当 $P_r > 0.12C_r$ 时，为重载荷。

4. 其他因素

轴承工作时，由于摩擦发热和其他热源的影响，套圈的温度常常高于与其相配合零件的温度。内圈的热膨胀会引起它与轴颈的配合松动，而外圈的热膨胀会引起它与轴承座孔的配合变紧，因此，轴承的工作温度较高时，应对选用的配合做适当修正。

为了安装与拆卸的方便，宜采用较松的配合，对重型机械用的大型或特大型轴承，这一点尤为重要。如要求拆卸方便而又需紧配合时，可采用分离型轴承，或采用内圈带锥孔、带紧定套和退卸套的轴承。

综上所述，由于滚动轴承配合的影响因素众多，如轴承的旋转速度、旋转精度、工作温度，轴和轴承座的材料、结构及安装与拆卸等，配合难以用计算方法确定。因此，通常依靠经验类比法选取，计算方法仅作为校核。一般情况下，普通级、6 级（6X 级）轴承配合的轴颈取 IT6 级，轴承座孔取 IT7 级。设计时，应根据具体情况查阅相关资料，表 7-7、表 7-8、表 7-9 和表 7-10 分别列出相关国家标准推荐的向心轴承、推力轴承和轴颈、轴承座孔配合的公差带。

表 7-7 向心轴承和轴的配合——轴公差带

圆柱孔轴承							
载荷情况			举例	深沟球轴承、调心球轴承和角接触球轴承	圆柱滚子轴承和圆锥滚子轴承	调心滚子轴承	公差带
				轴承公称内径/mm			
内圈承受旋转载荷或方向不定载荷	轻载荷		输送机、轻载齿轮箱	≤18 >18～100 >100～200 —	— ≤40 >40～140 >140～200	— ≤40 >40～100 >100～200	h5 j6① k6① m6①
	正常载荷		一般通用机械、电动机、泵、内燃机、正齿轮传动装置	≤18 >18～100 >100～140 >140～200 >200～280 — —	— ≤40 >40～100 >100～140 >140～200 >200～400 —	— ≤40 >40～65 >65～100 >100～140 >140～280 >280～500	j5、js5 k5② m5② m6 n6 p6 r6
	重载荷		铁路机车车辆轴箱、牵引电动机、破碎机等	—	>50～140 >140～200 >200 —	>50～100 >100～140 >140～200 >200	n6③ p6③ r6③ r7③
内圈承受固定载荷	所有载荷	内圈需轴向易移动	非旋转轴上的各种轮子	所有尺寸			f6 g6①
		内圈不需轴向易移动	张紧轮、绳轮				h6 j6
仅有轴向载荷				所有尺寸			j6、js6
圆锥孔轴承							
所有载荷	铁路机车车辆轴箱			装在退卸套上	所有尺寸		h8(IT6)④⑤
	一般机械传动			装在紧定套上	所有尺寸		h9(IT7)④⑤

① 凡对精度有较高要求的场合，应以 j5、k5、m5 代替 j6、k6、m6。

② 圆锥滚子轴承、角接触球轴承配合对游隙影响不大，可用 k6、m6 代替 k5、m5。

③ 重载荷下轴承游隙应选大于 0 组。

④ 凡对精度或转速有较高要求的场合，应用 h7(IT5)代替 h8(IT6)等。

⑤ IT6、IT7 表示圆柱度公差数值。

表 7-8 向心轴承和轴承座孔的配合——孔公差带

载荷情况		举例	其他状态	公差带①	
				球轴承	滚子轴承
外圈承受固定载荷	轻、正常、重	一般机械、铁路机车车辆轴箱	轴向易移动，可采用剖分式轴承座	H7、G7②	
	冲击		轴向能移动，可采用整体或剖分式轴承座	J7、JS7	
方向不定载荷	轻、正常	电动机、泵、曲轴主轴承			
	正常、重		轴向不移动，可采用整体式轴承座	K7	
	重、冲击	牵引电动机		M7	
外圈承受旋转载荷	轻	皮带张紧轮		J7	K7
	正常	轮毂轴承		M7	N7
	重			—	N7、P7

① 并列公差带随尺寸的增大从左至右选择。对旋转精度有较高要求时，可相应提高 1 个公差等级。

② 不适用于剖分式轴承座。

表 7-9　推力轴承和轴的配合——轴公差带

载荷情况		轴承类型	轴承公称内径/mm	公差带
仅有轴向载荷		推力球和推力圆柱滚子轴承	所有尺寸	j6、js6
径向和轴向联合载荷	轴圈承受固定载荷	推力调心滚子轴承 推力角接触球轴承 推力圆锥滚子轴承	≤250	j6
			>250	js6
	轴圈承受旋转载荷或方向不定载荷		≤200	k6①
			>200～400	m6
			>400	n6

① 当要求较小过盈时，可用 j6、k6、m6 分别代替 k6、m6、n6。

表 7-10　推力轴承和轴承座孔的配合——孔公差带

载荷情况		轴承类型	公差带	备注
仅有轴向载荷		推力球轴承	H8	
		推力圆柱、圆锥滚子轴承	H7	
		推力调心滚子轴承	—	轴承座孔与座圈的间隙为 0.001*D*（*D* 为轴承公称外径）
径向和轴向联合载荷	座圈承受固定载荷	推力角接触球轴承 推力调心滚子轴承 推力圆锥滚子轴承	H7	
	座圈承受旋转载荷或方向不定载荷		K7	一般工作条件下
			M7	有较大径向载荷时

7.3.3　配合表面的几何公差与表面粗糙度

滚动轴承与轴颈及轴承座孔的公差等级和配合性质确定以后，为保证轴承正常工作，还应对轴颈及轴承座孔的几何公差和表面粗糙度提出要求。表 7-11 为相关国家标准规定的轴和轴承座孔的几何公差；表 7-12 为各配合表面及定位端面的表面粗糙度，供设计时参考。

表 7-11　轴和轴承座孔的几何公差　　单位：μm

公称尺寸/mm	圆柱度 t				轴向圆跳动 t_1			
	轴颈		轴承座孔		轴肩		轴承座孔肩	
	轴承公差等级							
	普通级	6 级(6X 级)	普通级	6 级(6X 级)	普通级	6 级(6X 级)	普通级	6 级(6X 级)
≤6	2.5	1.5	4	2.5	5	3	8	5
>6～10	2.5	1.5	4	2.5	6	4	10	6
>10～18	3.0	2.0	5	3.0	8	5	12	8
>18～30	4.0	2.5	6	4.0	10	6	15	10
>30～50	4.0	2.5	7	4.0	12	8	20	12
>50～80	5.0	3.0	8	5.0	15	10	25	15
>80～120	6.0	4.0	10	6.0	15	10	25	15
>120～180	8.0	5.0	12	8.0	20	12	30	20
>180～250	10.0	7.0	14	10.0	20	12	30	20
>250～315	12.0	8.0	16	12.0	25	15	40	25
>315～400	13.0	9.0	18	13.0	25	15	40	25
>400～500	15.0	10.0	20	15.0	25	15	40	25

表 7-12　各配合表面及定位端面的表面粗糙度

轴颈或轴承座孔直径/mm	轴颈或轴承座孔配合表面直径公差等级					
	IT7		IT6		IT5	
	表面粗糙度 Ra /μm					
	磨	车	磨	车	磨	车
≤80	1.6	3.2	0.8	1.6	0.4	0.8
>80～500	1.6	3.2	1.6	3.2	0.8	1.6
>500～1250	3.2	6.3	1.6	3.2	1.6	3.2
端面	3.2	6.3	3.2	6.3	1.6	3.2

【例】某铣削动力头主轴部件如图 2-20 所示，主轴后支承轴承为件 24，其内圈与主轴 5 的轴颈配合，外圈与滑套 11 的孔配合。试确定：

（1）轴承的精度等级及主轴轴颈、滑套孔的公差带代号；

（2）计算所选配合的间隙值与过盈值；

（3）选取主轴轴颈、滑套孔的几何公差值及表面粗糙度参数值。

解：

（1）确定轴承的精度等级及与轴承配合的轴颈、滑套孔的公差带代号。

因铣削动力头为组合机床最重要的部件，其主轴与支承轴承的配合为机床最高精度的配合；已有资料表明主轴转速较低，为 78～395r/min；所受载荷为中等载荷，且较为平稳；从结构上看，轴承为内圈旋转、外圈固定的后支承。另需注意，从机床设计的角度考虑，件 24 作为后支承轴承，精度可比前支承轴承件 8 低一级。

综上分析，选取轴承为 6 级精度；由表 7-7，将主轴轴颈的公差带代号选为 m5，由表 7-8，将滑套孔的公差带代号选为 J7，考虑到本例轴承的重要性，将其公差带代号改为 J6。

（2）计算所选配合的间隙值与过盈值。

由“标准公差数值”表 2-1 和轴、孔“基本偏差”数值表 2-2、表 2-3 查得：

轴颈为 $\phi70\text{m}5(^{+0.024}_{+0.011})$，　　滑套孔为 $\phi125\text{J}6(^{+0.018}_{-0.007})$；

由表 7-2 和表 7-3 查得 6 级精度轴承：

单一平面平均内径偏差为：上极限偏差 0，下极限偏差-0.012。

单一平面平均外径偏差为：上极限偏差 0，下极限偏差-0.015。

则所选配合的间隙值与过盈值分别为：

轴承内圈与主轴颈过盈配合　$Y_{max}=-0.012-0.024=-0.036$

$Y_{min}=0-0.011=-0.011$

轴承外圈与滑套孔过渡配合　$X_{max}=+0.018-(-0.015)=+0.033$

$Y_{max}=-0.007-0=-0.007$

（3）选取主轴轴颈、滑套孔的几何公差值及表面粗糙度参数值。

由表 7-11 选取的主轴颈、滑套孔的几何公差值为：

主轴颈　圆柱度公差值 0.003，轴肩轴向圆跳动公差值 0.010。

滑套孔　圆柱度公差值 0.008，孔肩轴向圆跳动公差值 0.020。

由表 7-12 选取的主轴颈、滑套孔的表面粗糙度参数值为：

主轴颈　轴颈表面 Ra0.4，轴肩端面 Ra1.6。

滑套孔　圆柱面 Ra1.6，孔肩端面 Ra3.2。

轴颈、轴承座零件图标注如图 7-7 所示。

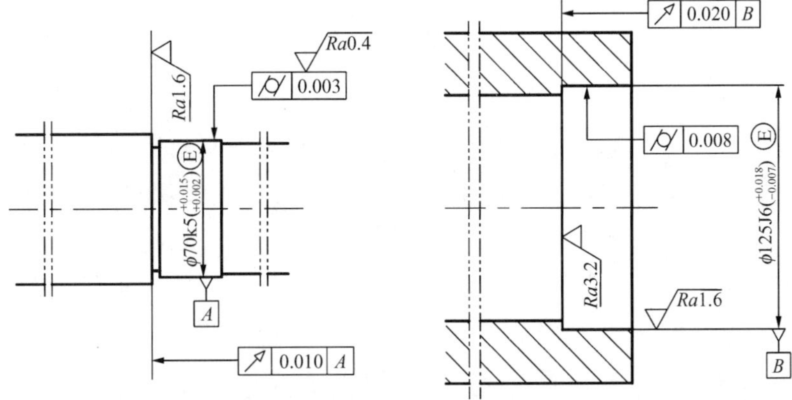

图 7-7　轴颈、轴承座零件图标注示例

作业题

1．试完成图 2-20 中轴承座 16、23 的零件图（未知尺寸合理自定），要求完整标注尺寸，并重点标注配合面的尺寸公差、几何公差及表面粗糙度。

2．有一个 6 级滚动轴承，内径为 45mm，外径为 100mm。内圈与轴颈ϕ45j5 配合，外圈与轴承座孔ϕ100H6 配合。试分别画出配合的公差带图，并计算它们的极限间隙和极限过盈。

3．某减速器中有一个普通级滚动轴承 207（$d=35$mm，$D=72$mm，额定动载荷 C_r 为 19 700N)，其工作情况为：轴承座固定，轴旋转，转速为 980r/min，承受的固定径向载荷为 1300N。试确定：轴颈和轴承座孔的公差带代号、几何公差和配合面及端面的表面粗糙度允许值。

思考题

1．滚动轴承内圈与轴颈、外圈与轴承座孔的配合，分别采用何种基准制？有什么特点？

2．滚动轴承的互换性有何特点？

3．滚动轴承内径公差带分布有何特点？为什么？

4．选择滚动轴承与轴颈、轴承座孔的配合时，应考虑哪些主要因素？

5．查阅国家标准 GB/T 307.3—2017《滚动轴承 通用技术规则》，试将表 7-12 与滚动轴承内圈内孔表面、外圈外圆柱表面及端面的粗糙度进行比较。

主要相关国家标准

1．GB/T 4199—2003 滚动轴承 公差 定义

2．GB/T 275—2015 滚动轴承 配合

3．GB/T 307.1—2017 滚动轴承 向心轴承 产品几何技术规范（GPS）和公差值

4．GB/T 307.3—2017 滚动轴承 通用技术规则

Chapter 8

第8章

常用结合件的互换性与检测

本章结构与主要知识点

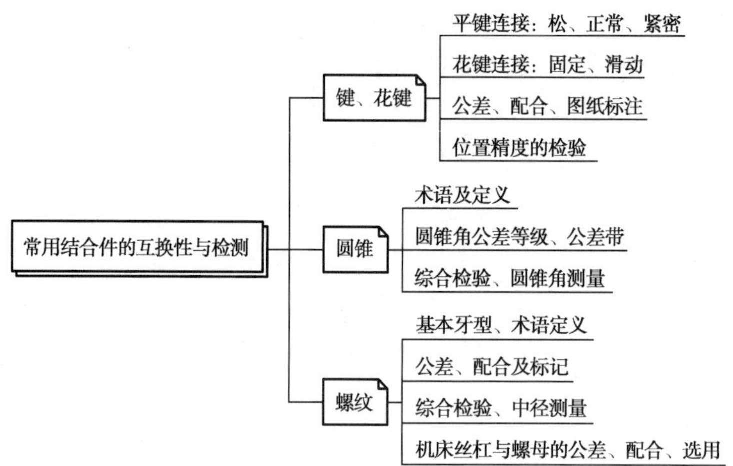

键连接、圆锥连接、螺纹连接，是机械产品中最常见和最重要的连接形式，其基本结构已标准化。本章围绕它们的互换性问题，详细介绍它们的尺寸精度、几何精度及表面粗糙度规范，并简要介绍检测的相关知识，为产品的设计、制造、选型及使用提供必要准备。本章是第 2 章至第 6 章的延续及应用，学习过程中应紧密联系前述章节的有关知识。

8.1 键结合的公差配合与检测

键连接在机器中有着广泛的应用，其属于可拆卸连接，主要用于齿轮、皮带轮、联轴器等轴上零件与轴的结合，目的是传递转矩。当轴与传动件之间有轴向相对运动要求时，键还起导向作用。可将键分为平键、半圆键、楔键和切向键等多种类型，这些键统称为单键。其中，平键和半圆键用得最多。花键分为矩形花键、渐开线花键、三角形花键等，其中，矩形花键应用最多。单键和花键的类型如图 8-1 所示。

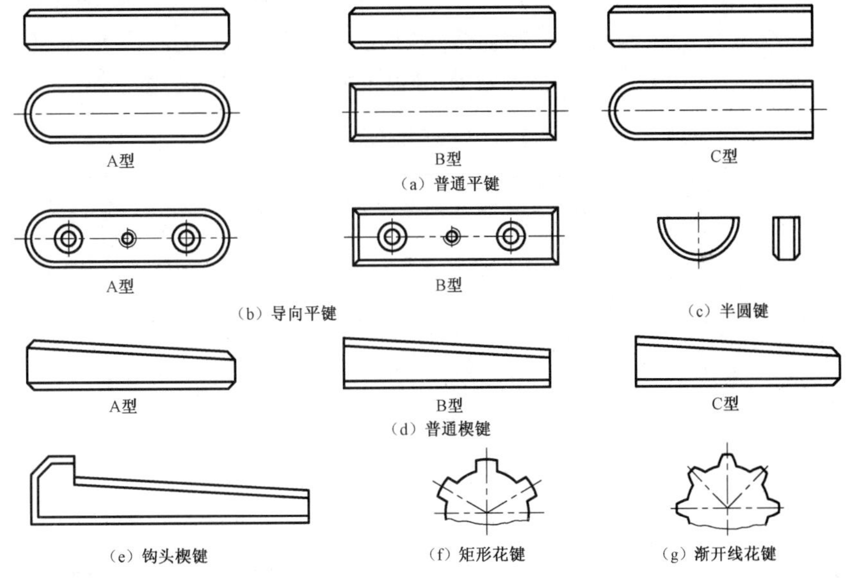

图 8-1　单键和花键的类型

本节主要介绍平键和矩形花键的公差配合与检测。

8.1.1 平键连接的公差配合与检测

1．平键连接的公差配合

平键的连接方式及尺寸如图 8-2 所示，从剖面图可看出，由键、轴键槽和轮毂键槽三个主要部分组成，键宽 b 同时与轴键槽和轮毂键槽配合，通过键的侧面接触传递转矩。因此，键宽和键槽宽是主要配合尺寸，其配合性质应由 b 的尺寸公差来决定，而键高 h 的配合精度要求较低。t_1 为轴键槽深度，t_2 为轮毂键槽深度。

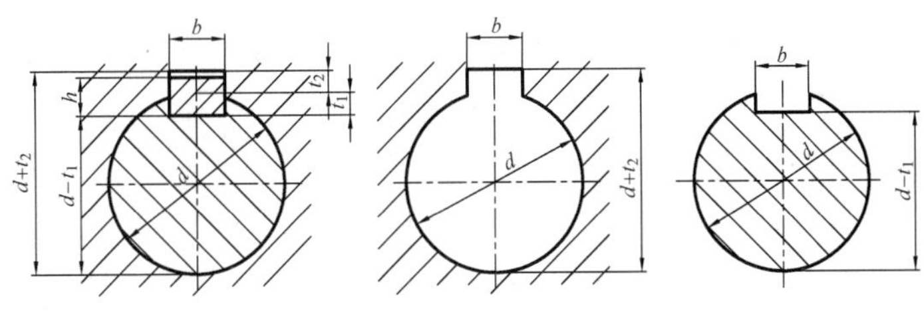

图 8-2　平键的连接方式及尺寸

国家标准 GB/T 1095—2003《平键　键槽的剖面尺寸》对平键与轴键槽和轮毂键槽的宽度 b 规定了三类配合，即正常连接、紧密连接和松连接，配合均为基轴制，其中，键是标准件，宽度 b 只有一种公差带 h8。三类配合的公差带代号和应用场合如表 8-1 所示。

表 8-1　三类配合的公差带代号和应用场合

配合种类	尺寸 b 的公差带			应用场合
	键	轴键槽	轮毂键槽	
松连接	h8	H9	D10	用于导向平键，轮毂可在轴上移动，如变速滑移齿轮
正常连接		N9	JS9	键在轴键槽和轮毂键槽中均固定，用于载荷不大的场合
紧密连接		P9	P9	键在轴键槽和轮毂键槽中均固定，传递重载荷、冲击载荷及双向转矩

相关国家标准对普通平键连接的槽宽 b 及非配合尺寸 t_1、t_2 的尺寸与公差做了规定，见表 8-2。另外规定，导向型平键的轴槽与轮毂槽用较松键连接的公差；平键轴槽的长度公差用 H14。

表 8-2　普通平键键槽的尺寸与公差　　单位：mm

轴颈 d	键尺寸 $b×h$	键槽											
		宽度 b						深度				半径 r	
		基本尺寸	极限偏差					轴 t_1		毂 t_2			
			松连接		正常连接		紧密连接						
			轴 H9	毂 D10	轴 N9	毂 JS9	轴和毂 P9	基本尺寸	极限偏差	基本尺寸	极限偏差	最小值	最大值
6~8	2×2	2	+0.025 0	+0.060 +0.020	−0.004 −0.029	±0.0125	−0.006 −0.031	1.2	+0.1 0	1.0	+0.1 0	0.08	0.16
>8~10	3×3	3						1.8		1.4			
>10~12	4×4	4	+0.030 0	+0.078 +0.030	0 −0.030	±0.015	−0.012 −0.042	2.5		1.8			
>12~22	5×5	5						3.0		2.3		0.16	0.25
>22~27	6×6	6						3.5		2.8			
>27~30	8×7	8	+0.036 0	+0.098 +0.040	0 −0.036	±0.018	−0.015 −0.051	4.0	+0.2 0	3.3	+0.2 0	0.25	0.40
>30~38	10×8	10						5.0		3.3			
>38~44	12×8	12	+0.043 0	+0.120 +0.050	0 −0.043	±0.0215	−0.018 −0.061	5.0		3.3			
>44~50	14×9	14						5.5		3.8			
>50~58	16×10	16						6.0		4.3			
>58~65	18×11	18						7.0		4.4			
>65~75	20×12	20	+0.052 0	+0.149 +0.065	0 −0.052	±0.026	−0.022 −0.074	7.5		4.9		0.40	0.60
>75~85	22×14	22						9.0		5.4			
>85~95	25×14	25						9.0		5.4			
>95~110	28×16	28						10.0		6.4			
>110~130	32×18	32	+0.062 0	+0.180 +0.080	0 −0.062	±0.031	−0.026 −0.088	11.0		7.4			
>130~150	36×20	36						12.0	+0.3 0	8.4	+0.3 0	0.70	1.00
>150~170	40×22	40						13.0		9.4			
>170~200	45×25	45						15.0		10.4			
>200~230	50×28	50						17.0		11.4			
>230~260	56×32	56	+0.074 0	+0.220 +0.100	0 −0.074	±0.037	−0.032 −0.106	20.0		12.4		1.20	1.60
>260~290	63×32	63						20.0		12.4			
>290~330	70×36	70						22.0		14.4			
>330~380	80×40	80						25.0		15.4			
>380~440	90×45	90	+0.087 0	+0.260 +0.120	0 −0.087	±0.0435	−0.037 −0.124	28.0		17.4		2.00	2.50
>440~500	100×50	100						31.0		19.5			

键与键槽的几何误差会使装配困难，影响连接的松紧程度，使工作面负荷不均匀，对中性不好，因此需要给予限制。相关国家标准规定：轴槽、轮毂槽的宽度 b 对轴及轮毂轴心线的对称度一般可按国家标准 GB/T 1184—1996 中表 B4 对称度公差 7～9 级选取，见表 4-7。

轴槽、轮毂槽的两侧面为配合表面，相关国家标准中推荐表面粗糙度参数 Ra 的允许值取 1.6～3.2μm；键槽底面为非配合表面，推荐其 Ra 的允许值取 6.3μm。

轴槽和轮毂槽的完整标注示例如图 8-3 所示。

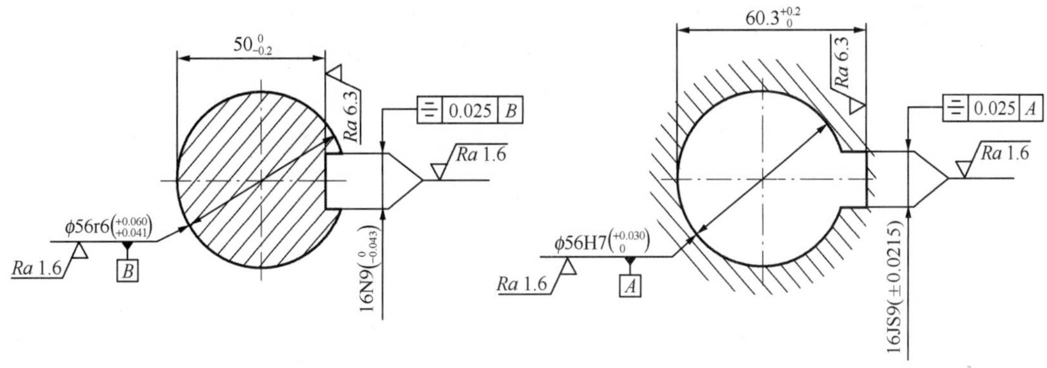

图 8-3　轴槽和轮毂槽的完整标注示例

2. 平键结合的检测

平键和键槽的尺寸检测相对比较简单，检测的项目主要有键和键槽宽度、键槽深度及键槽的对称度等。单件、小批量生产常采用游标卡尺、千分尺等一些通用计量器具测量其宽度和深度，成批生产时可采用专用的极限量规来检测键槽宽度及对称度误差，如图 8-4 所示，如果对称度量规能插入轮毂或伸入轴槽底，则为合格。对称度误差属于位置误差，故其量规只有通规而没有止规。

视频 13　数显键槽深度规

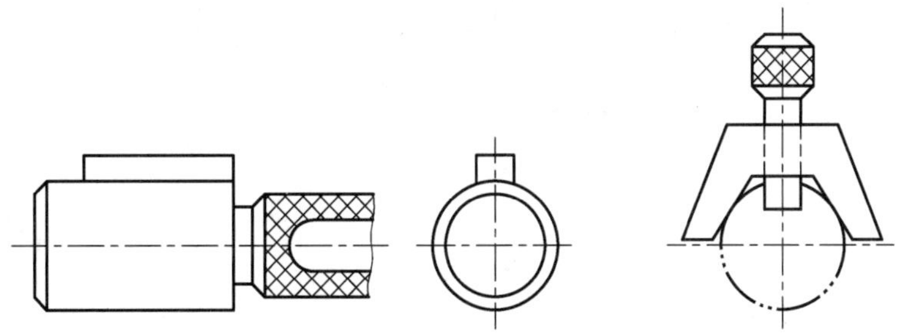

图 8-4　键槽检测量具

图 8-5 为一种常见的测量轴槽对称度的方法。该方法用 V 形块模拟基准轴线，将与键槽宽度相等的量块组塞入键槽，转动轴件用指示表将量块上平面校平，记下指示表读数；将轴件转过 180°，在同一横截面方向上再次将量块校平（见图中左方虚线），再次记下指示表读数，两次读数之差为 a，则由图示几何关系可得键槽该横截面内的对称度误差近似为：

$$f = at_1 / (d - t_1) \tag{8-1}$$

式中　d ——轴的直径；

t_1 ——轴的键槽深度。

将轴固定不动，沿轴线方向测量，分别取长度方向上读数最大和最小的两点，其读数差 $f' = a_{高} - a_{低}$为键槽长度方向上的对称度误差。

取 f、f' 中的较大值作为该键槽的对称度误差值。

3．应用举例

在图 2-20 所示的铣削动力头部件图中，件 20 为双键套，外圆 ϕ100h6 上有单键槽，通过键与件 14、15 连接，内孔有双键槽，装有导向键 22，允许主轴 5 轴向进刀，最大行程为 80mm。考虑到键槽对称度的综合误差，将有可能影响键连接的装配和主轴的进刀运动，故外圆上的单键、内孔中的双键均选用较松连接，即外圆键槽公差带取 28H9，对称度公差按表 4-7 取 8 级精度，内孔的双键槽公差带取 18H9，对称度公差也取 8 级。完整的标注如图 8-6 所示。

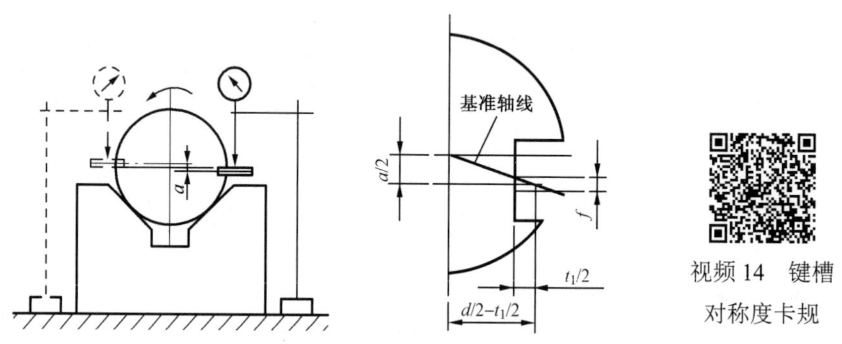

图 8-5　一种常见的测量轴槽对称度的方法

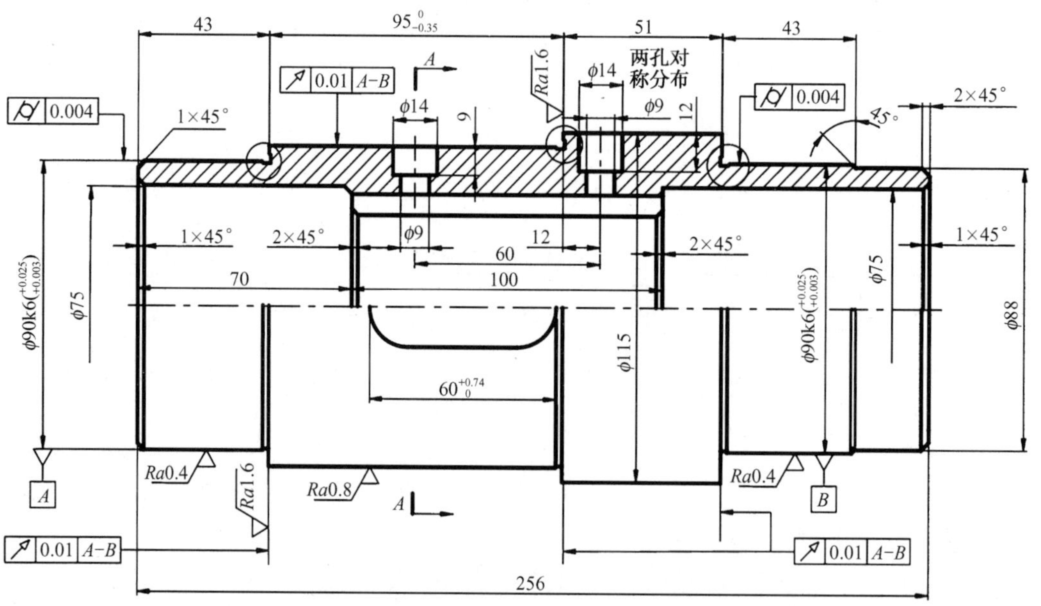

图 8-6　双键套完整标注图

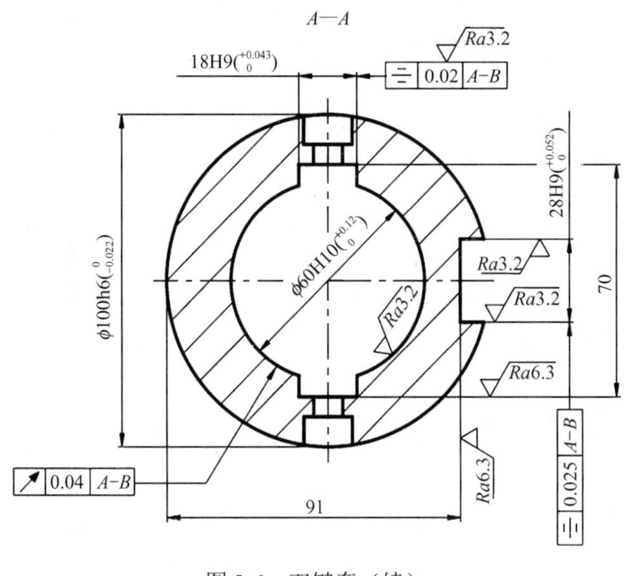

图 8-6　双键套（续）

8.1.2　矩形花键连接的公差配合与检测

1. 矩形花键连接的特点及配合尺寸

花键可作固定连接，也可作滑动连接。与单键相比，花键具有承载能力强（可传递较大的转矩）、定心精度高、导向性好等优点，故在机械中被广泛应用，但花键的制造工艺比单键复杂，成本也较高。花键可分为内花键（花键孔）和外花键（花键轴）。按齿形不同，花键主要分为矩形花键、渐开线花键两种。

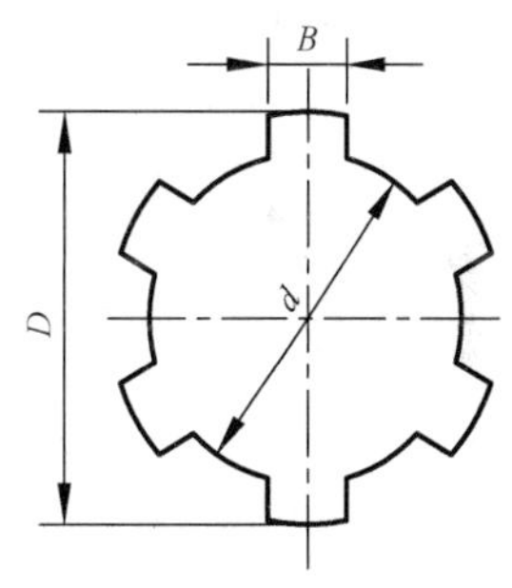

图 8-7　矩形花键连接的尺寸

相关国家标准规定，矩形内花键和外花键的基本尺寸包括小径 d、大径 D 和键宽 B，如图 8-7 所示。键数 N 取偶数，分为 6、8、10 三种。这里，小径 d、大径 D 和键宽 B 是花键连接的主要配合尺寸。

按承载能力来分，矩形花键连接分为轻系列和中系列两种规格，其基本尺寸系列见表 8-3。

表 8-3　矩形花键连接基本尺寸系列　　单位：mm

小径 d	轻系列				中系列			
	规格 $N\times d\times D\times B$	键数 N	大径 D	键宽 B	规格 $N\times d\times D\times B$	键数 N	大径 D	键宽 B
11	—	—	—	—	6×11×14×3	6	14	3
13					6×13×16×3.5		16	3.5
16					6×16×20×4		20	4
18					6×18×22×5		22	5
21					6×21×25×5		25	

续表

小径 d	轻系列				中系列			
	规格 $N \times d \times D \times B$	键数 N	大径 D	键宽 B	规格 $N \times d \times D \times B$	键数 N	大径 D	键宽 B
23	6×23×26×6	6	26	6	6×23×28×6	6	28	6
26	6×26×30×6		30		6×26×32×6		32	
28	6×28×32×7		32	7	6×28×34×7		34	7
32	8×32×36×6	8	36	6	8×32×38×6	8	38	6
36	8×36×40×7		40	7	8×36×42×7		42	7
42	8×42×46×8		46	8	8×42×48×8		48	8
46	8×46×50×9		50	9	8×46×54×9		54	9
52	8×52×58×10		58	10	8×52×60×10		60	10
56	8×56×62×10		62		8×56×65×10		65	
62	8×62×68×12		68	12	8×62×72×12		72	12
72	10×72×78×12	10	78		10×72×82×12	10	82	
82	10×82×88×12		88		10×82×92×12		92	
92	10×92×98×14		98	14	10×92×102×14		102	14
102	10×102×108×16		108	16	10×102×112×16		112	16
112	10×112×120×18		120	18	10×112×125×18		125	18

2. 矩形花键连接的公差配合

矩形花键在使用中，要求保证内花键（孔）和外花键（轴）连接后有较高的同轴度，并传递转矩。若要求三个尺寸参数同时起配合定心作用，则保证同轴度是很困难的，而且也无此必要。因此选择一个结合面作为主要配合面，规定其较高的精度，有利于保证使用性能，从而达到所需配合性质和定心精度。该表面可称为定心表面，其硬度要求也较高。

若以大径定心，则内花键的大径淬火后磨削加工困难，在工艺上难以实现；若以小径定心，当定心表面硬度要求高时，外花键的小径可用成形砂轮磨削加工，而内花键小径也可在一般内圆磨床上加工。因此，国家标准 GB/T 1144—2001《矩形花键尺寸、公差和检验》规定，矩形花键小径精度最高，以小径定心，如表 8-4 所示，并规定内、外花键小径的极限尺寸应遵守 GB/T 4249—2018 规定的包容要求。非定心的大径尺寸，精度要求可以较低，并在配合后有较大间隙；由于矩形花键是靠键侧接触传递转矩的，因此键宽和键槽宽也应保证有足够的精度。

表 8-4 矩形花键的配合

用途	配合种类	d	D	B	说明
		配合代号			
用于一般传动	滑动	H7/f7	H10/a11	H11/d10 H9/d10	拉削后不热处理的，内花键 B 的公差带用 H9，拉削后热处理的用 H11 内花键 d 的公差带 H7 允许与提高 1 级的外花键 f6、g6、h6 相配合
	紧滑动	H7/g7		H11/f9 H9/f9	
	固定	H7/h7		H11/h10 H9/h10	
用于精密传动	滑动	H5/f5 H6/f6	H10/a11	H9/d8 H7/d8	当需要控制键侧间隙时，内花键 B 的公差带可选用 H7，一般情况可用 H9 d 为 H6 内花键时，允许与提高 1 级的外花键 f5、g5、h5 相配合
	紧滑动	H5/g5 H6/g6		H9/f7 H7/f7	
	固定	H5/h5 H6/h6		H9/h8 H7/h8	

从表 8-4 还可看出，矩形花键结合均采用基孔制，其优点是可以减少加工花键孔所用拉刀的种类，经济性好。

花键连接按使用要求不同，可分为一般传动和精密传动两种情况。“精密传动”如机床变速箱等，“一般传动”的范围较宽，指定心精度要求不高但传递转矩较大的载重汽车、拖拉机的变速箱等。

按装配要求的不同，花键连接还可分为滑动配合、紧滑动配合和固定配合三种连接。这里，固定配合连接仍属光滑圆柱结合的间隙配合，但因几何误差的影响使配合变紧了。当要求定位准确度高或传递转矩大，且经常有正、反转变动时，应选紧一些的配合，反之应选松一些的配合。当内、外花键需频繁相对滑动或配合长度较大时，也应选松一些的配合。

几何精度对花键结合的传力性能和装配性能影响很大，因此对花键的几何公差要求，主要体现在位置度（包括键齿和键槽的等分度及对称度）和平行度方面。花键的位置度公差值见表 8-5，其标注方法如图 8-8 所示，需采用最大实体要求，并应用花键综合量规检验。

表 8-5　花键的位置度公差值　　单位：mm

键槽宽或键宽 B			3	3.5～6	7～10	12～18
t_1	键槽宽		0.010	0.015	0.020	0.025
	键宽	滑动、固定	0.010	0.015	0.020	0.025
		紧滑动	0.006	0.010	0.013	0.016

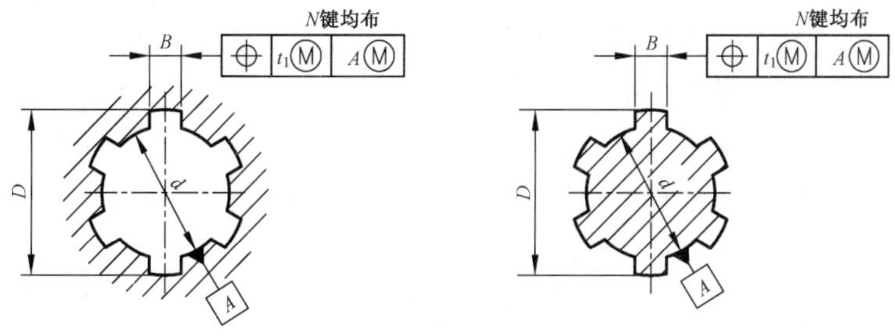

图 8-8　花键的位置度公差的标注方法

对于单件、小批量生产，花键不会使用综合量规进行检验，设计者可将位置度公差改为键宽的对称度公差和键齿（槽）的等分度公差，并只能按独立原则要求。花键的对称度公差值见表 8-6，其标注方法如图 8-9 所示。

表 8-6　花键的对称度公差值　　单位：mm

键槽宽或键宽 B		3	3.5～6	7～10	12～18
t_2	一般传动用	0.010	0.012	0.015	0.018
	精密传动用	0.006	0.008	0.009	0.011

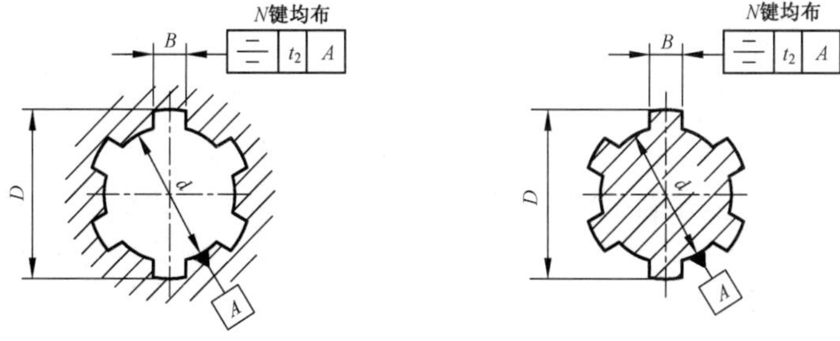

图 8-9　花键的对称度公差的标注方法

矩形花键各配合面的表面粗糙度 Ra 的允许值见表 8-7。

表 8-7 矩形花键各配合面的表面粗糙度 Ra 的允许值 单位：μm

加工表面	内花键 Ra	外花键 Ra
小 径	1.6	0.8
大 径	6.3	3.2
键 侧	6.3	1.6

3．矩形花键连接的标注

矩形花键的图纸标注应按次序进行，包括键数 N、小径 d、大径 D 和键宽 B，以及基本尺寸及配合公差带代号和标准号。示例如下：

内花键：6×28H7×32H10×7H9 GB/T 1144—2001。

外花键：6×28g7×32a11×7f9 GB/T 1144—2001。

花键副：$6\times28\dfrac{\text{H7}}{\text{g7}}\times32\dfrac{\text{H10}}{\text{a11}}\times7\dfrac{\text{H9}}{\text{f9}}$ GB/T 1144—2001。

4．矩形花键的检验

矩形花键的检验分为单项检验和综合检验两种。

单件、小批量生产中，用通用量具分别对各尺寸（小径 d、大径 D 和键宽 B）进行单项测量，并检验键宽的对称度，键齿（槽）的等分度和大、小径的同轴度等几何误差项目。

对大批量生产，一般采用量规进行检验，即用综合通规（内花键用塞规，外花键用环规）来综合检验小径 d、大径 D 和键宽 B 的作用尺寸，即包括上述位置度（等分度和对称度）、同轴度等几何误差，如图 8-10 所示，然后用单项止端量规（或其他量具）分别检验尺寸 d、D 和 B 的最小实体尺寸。

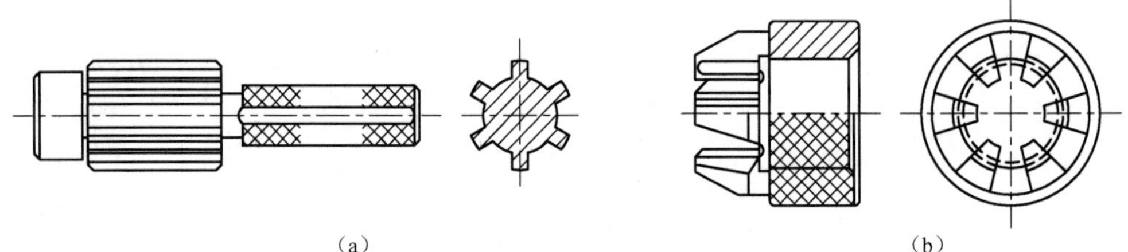

图 8-10 花键的综合量规

5．矩形花键精度设计举例

拖拉机带轮部件图 2-21 中的件 20 为主动锥齿轮，其左端外圆柱面 ϕ50k6 通过深沟球轴承件 26，在箱壳盖件 19 中定位；齿轮内花键与输入轴件 22 连接。显然，圆柱面 ϕ50k6 为内花键的基准，图中对花键小径注有 0.012 的径向圆跳动要求。一般传动用花键连接选用：小径 ϕ28H7 为定心面，精度最高，大径 ϕ32H10 的精度最低，键槽宽为 7H9。因该产品为大批量生产，适合用综合量规对花键进行检验，选键槽宽的位置度公差取 0.02，并采用最大实体要求；花键各配合面的表面粗糙度 Ra 值从表 8-7 中选用。主动锥齿轮的完整标注如图 8-11 所示。

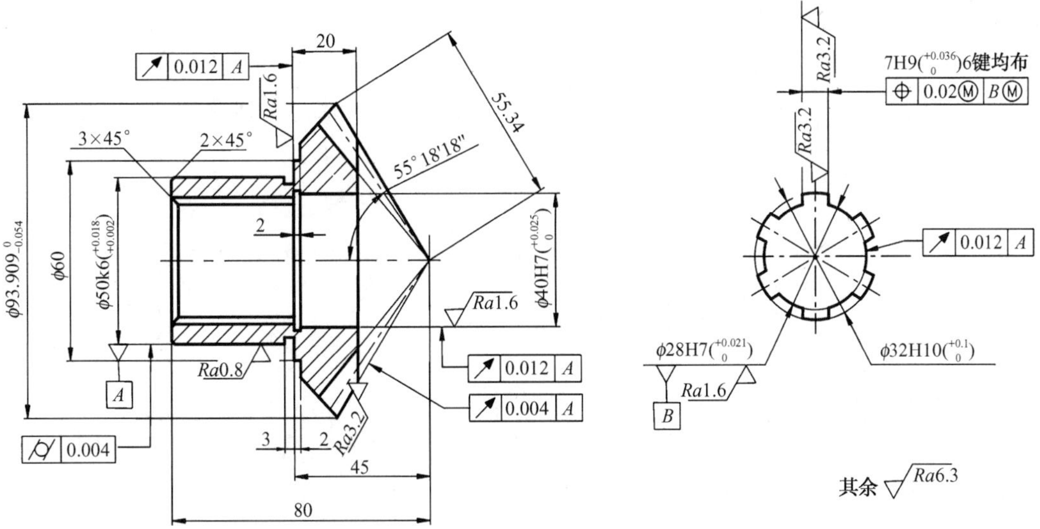

图 8-11　主动锥齿轮的完整标注

8.2 圆锥结合的公差配合与检测

圆锥面是组成机械零件的典型要素之一，圆锥结合是各种机械中常用的连接与配合形式，具有自动定心、较高的同轴度、配合的自锁性好、密封性好、间隙及过盈可自由调整等优点。

圆锥结合的极限与配合分别由国家标准 GB/T 157—2001《产品几何量技术规范（GPS） 圆锥的锥度与锥角系列》、GB/T 11334—2005《产品几何量技术规范（GPS） 圆锥公差》、GB/T 12360—2005《产品几何量技术规范（GPS） 圆锥配合》做出规定；圆锥的检测项则由 GB/T 11852—2003《圆锥量规公差与技术条件》做了规定。

本节主要结合以上标准，介绍圆锥的公差配合与检测。

8.2.1 锥度与锥角

1. 常用术语及定义

1）圆锥表面

圆锥表面是指与轴线成一定角度，且一端相交于轴线的一条直线段（母线），围绕着该轴线旋转形成的表面，如图 8-12（a）所示。圆锥表面与通过圆锥轴线的平面的交线称为素线。

2）圆锥

圆锥是指由圆锥表面与一定线性尺寸和角度尺寸所限定的几何体，分为外圆锥和内圆锥。外圆锥是外表面为圆锥表面的几何体；内圆锥是内表面为圆锥表面的几何体。

3）圆锥角

圆锥角是指在通过圆锥轴线的截面内两条素线间的夹角，用 α 表示，如图 8-12（b）所示。圆锥角的一半称为斜角，用 $\alpha/2$ 表示。

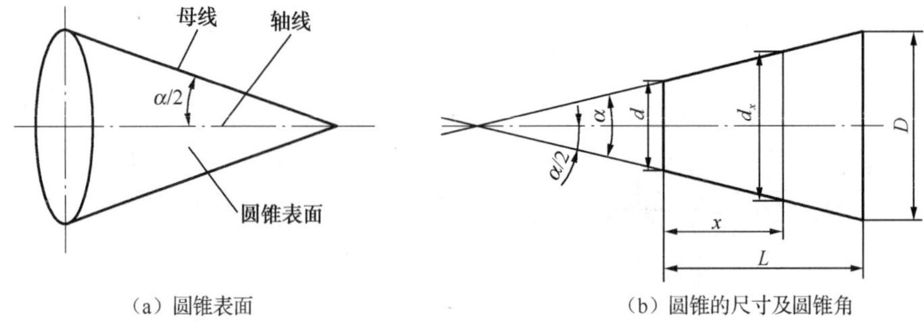

（a）圆锥表面　　（b）圆锥的尺寸及圆锥角

图 8-12　圆锥表面、圆锥的尺寸及圆锥角

4）锥度

锥度是指两个垂直于圆锥轴线截面的圆锥直径 D 和 d 之差与这两个截面间的轴向距离 L 之比，用 C 表示。

$$C=\frac{D-d}{L} \tag{8-2}$$

锥度 C 与圆锥角 α 的关系为：

$$C=2\tan\frac{\alpha}{2}=1:\frac{1}{2}\cot\frac{\alpha}{2} \tag{8-3}$$

锥度关系式反映了圆锥直径、圆锥长度、圆锥角和锥度之间的相互关系，这一关系式是圆锥的基本公式。

通常，锥度用比例或分数形式表示，如 1:10、7:24、1/3 等。

2．锥度与锥角系列

GB/T 157—2001 规定了一般用途圆锥的锥度与锥角系列及特定用途的圆锥的锥度与锥角系列，适用于光滑圆锥，见表 8-8 和表 8-9，为方便使用，表中列出了锥度与锥角的换算值。表 8-8 所列的一般用途圆锥的锥度与锥角包括 21 种，选用圆锥时，应优先选用系列 1，当系列 1 不能满足要求时才选系列 2。表 8-9 所列特定用途圆锥的锥度与锥角包括 24 种，通常只用于表中最后一栏所指定的用途。

表 8-8　一般用途圆锥的锥度与锥角系列

基本值		换算值			
系列 1	系列 2	圆锥角 α			锥度 C
		(°) (') (")	(°)	rad	
120°	—	—	—	2.094 395 10	1 : 0.2886751
90°	—			1.570 796 33	1 : 0.5000000
—	75°			1.308 996 94	1 : 0.6516127
60°	—			1.047 197 55	1 : 0.8660254
45°	—			0.785 398 16	1 : 1.2071068
30°	—			0.523 598 78	1 : 1.8660254
1 : 3	—	18°55'28.7199"	18.924 644 42°	0.330 297 35	—
—	1 : 4	14°15'0.1177"	14.250 032 70°	0.248 709 99	
1 : 5	—	11°25'16.2706"	11.421 186 27°	0.199 337 30	

续表

基本值		换算值			
系列 1	系列 2	圆锥角α			锥度 C
		(°) (') (")	(°)	rad	
—	1:6	9°31'38.2202"	9.527 283 38°	0.166 282 46	—
—	1:7	8°10'16.4408"	8.171 233 56°	0.142 614 93	
—	1:8	7°9'9.6075"	7.152 668 75°	0.124 837 62	
1:10	—	5°43'29.3176"	5.724 810 45°	0.099 916 79	
—	1:12	4°46'18.7970"	4.771 888 06°	0.083 285 16	
—	1:15	3°49'5.8975"	3.818 304 87°	0.066 641 99	
1:20	—	2°51'51.0925"	2.864 192 37°	0.049 989 59	
1:30	—	1°54'34.8570"	1.909 682 51°	0.033 330 25	
1:50	—	1°8'45.1586"	1.145 877 40°	0.019 999 33	
1:100	—	0°34'22.6309"	0.572 953 02°	0.009 999 92	
1:200	—	0°17'11.3219"	0.286 478 30°	0.004 999 99	
1:500	—	0°6'52.5295"	0.114 591 52°	0.0020 000 00	

注：系列 1 中 120°～1 : 3 的数值近似按 R10/2 优先数系列，1 : 5～1 : 500 的数值按 R10/3 优先数系列。

表 8-9　特定用途的圆锥的锥度与锥角系列

基本值	换算值				用途
	圆锥角α			锥度 C	
	(°) (') (")	(°)	rad		
11°54'	—	—	0.207 694 18	1 : 4.797 4511	纺织机械和附件
8°40'	—	—	0.151 261 87	1 : 6.598 4415	
7°	—	—	0.122 173 05	1 : 8.174 9277	
1 : 38	1°30'27.7080"	1.507 696 67°	0.026 314 27	—	
1 : 64	0°53'42.8220"	0.895 228 34°	0.015 624 68		
7 : 24	16°35'39.4443"	16.594 290 08°	0.289 625 00	1 : 3.428 5714	机床主轴工具配合
1 : 12.262	4°40'12.1514"	4.670 042 05°	0.081 507 61	—	贾各锥度 No.2
1 : 12.972	4°24'52.9039"	4.414 695 52°	0.077 050 97		贾各锥度 No.1
1 : 15.748	3°38'13.4429"	3.637 067 47°	0.063 478 80		贾各锥度 No.33
6 : 100	3°26'12.1776"	3.436 716 00°	0.059 982 01	1 : 16.666 6667	医疗设备
1 : 18.779	3°3'1.2070"	3.050 335 27°	0.053 238 39	—	贾各锥度 No.3
1 : 19.002	3°0'52.3956"	3.014 554 34°	0.052 613 90		莫氏锥度 No.5
1 : 19.180	2°59'11.7258"	2.986 590 50°	0.052 125 84		莫氏锥度 No.6
1 : 19.212	2°58'53.8255"	2.981 618 20°	0.052 039 05		莫氏锥度 No.0
1 : 19.254	2°58'30.4217"	2.975 117 13°	0.051 925 59		莫氏锥度 No.4
1 : 19.264	2°58'24.8644"	2.973 573 43°	0.051 898 65		贾各锥度 No.6
1 : 19.922	2°52'31.4463"	2.875 401 76°	0.050 185 23		莫氏锥度 No.3
1 : 20.020	2°51'40.7960"	2.861 332 23°	0.049 939 67		莫氏锥度 No.2
1 : 20.047	2°51'26.9283"	2.857 480 08°	0.049 872 44		莫氏锥度 No.1
1 : 20.288	2°49'24.7802"	2.823 550 06°	0.049 280 25		贾各锥度 No.0
1 : 23.904	2°23'47.6244"	2.396 562 32°	0.041 827 90		布朗夏普锥度 No.1 至 No.3
1 : 28	2°2'45.8174"	2.046 060 38°	0.035 710 49		复苏器（医用）
1 : 36	1°35'29.2096"	1.591 447 11°	0.027 775 99		麻醉器具
1 : 40	1°25'56.3516"	1.432 319 89°	0.024 998 70		

8.2.2 圆锥公差

1. 圆锥公差的基本术语

1）公称圆锥

公称圆锥是指设计给定的理想形状的圆锥。在零件图样上，公称圆锥可以用两种形式确定：一个公称圆锥直径（D、d、d_x）、公称圆锥长度 L、公称圆锥角 α 或公称锥度 C；两个公称圆锥直径和公称圆锥长度 L。

当锥度是标准锥度系列之一时，可用标准系列号和相应的标记表示，如 Morse No.3。

2）实际圆锥

实际圆锥是指实际存在并与周围介质分隔的圆锥。实际圆锥上的任一直径，称为实际圆锥直径 d_a，如图 8-13 所示。

实际圆锥的任一轴向截面内，包容其素线且距离最短的两对平行直线之间的夹角，称为实际圆锥角，如图 8-14 所示。

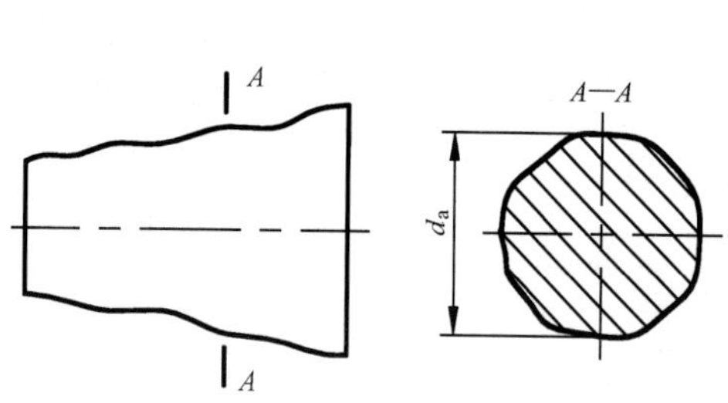

图 8-13 实际圆锥和实际圆锥直径

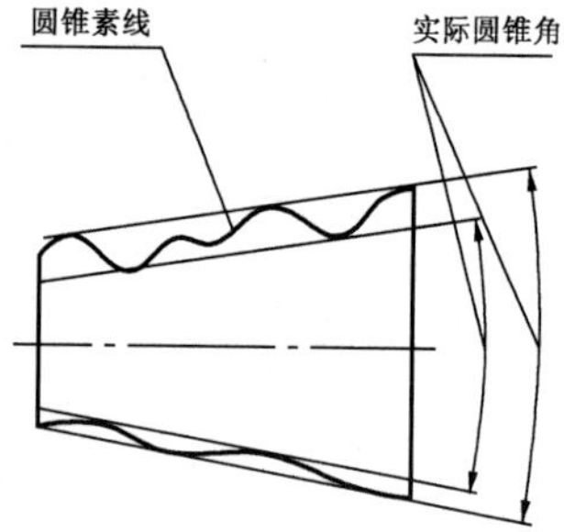

图 8-14 实际圆锥角

3）极限圆锥

极限圆锥是指与公称圆锥共轴且圆锥角相等，直径分别为上极限直径和下极限直径的两个圆锥。在垂直圆锥轴线的任一截面上，这两个圆锥的直径差都相等，如图 8-15 所示。

极限圆锥上的任一直径，包括图 8-15 中的 D_{max}、D_{min}、d_{max}、d_{min}，称为极限圆锥直径。

4）圆锥直径公差

圆锥直径公差是指圆锥直径的允许变动量。

两个极限圆锥所限定的区域，称为圆锥直径公差区，如图 8-15 所示。

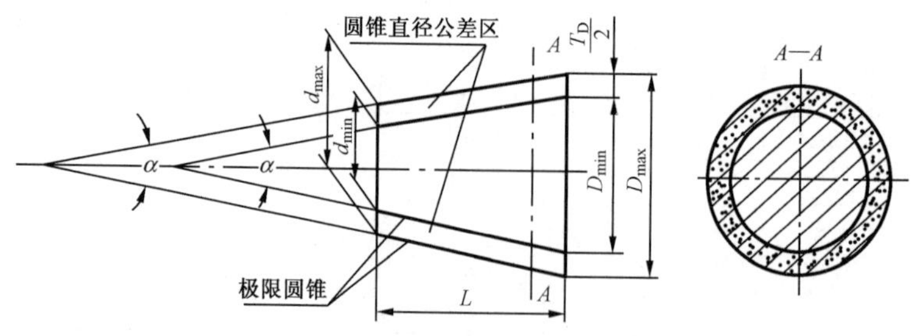

图 8-15 极限圆锥及圆锥直径公差区

在垂直圆锥轴线的给定截面内，圆锥直径允许的变动量称为给定截面圆锥直径公差 T_{DS}；在该截面内，由两个同心圆所限定的区域，称为给定截面圆锥直径公差区，如图 8-16 所示。

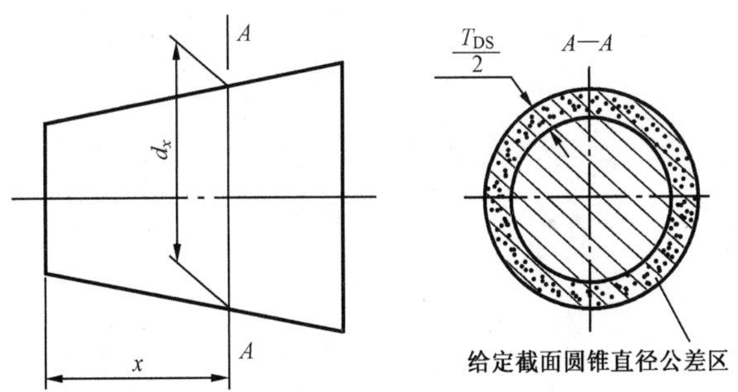

图 8-16　给定截面圆锥直径公差及公差区

5）圆锥角公差 AT（AT_D 或 AT_α）

圆锥角公差是指圆锥角的允许变动量。允许的上极限圆锥角或下极限圆锥角，称为极限圆锥角；两个极限圆锥角所限定的区域，称为圆锥角公差区，如图 8-17 所示。

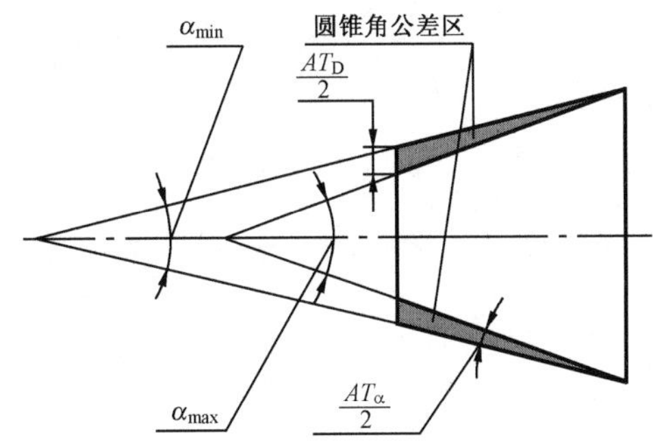

图 8-17　极限圆锥角及圆锥角公差区

2. 圆锥公差项目和公差值

圆锥公差项目包括圆锥直径公差、圆锥角公差、圆锥的形状公差和给定截面圆锥直径公差。

1）圆锥直径公差 T_D

圆锥直径公差 T_D 以公称圆锥直径（一般取最大圆锥直径 D）为公称尺寸，按 GB/T 1800.1—2020 规定的标准公差选取。以圆柱体极限与配合标准符号表示，如 ϕ50js10 。

对于有配合要求的圆锥，其内、外圆锥直径公差带位置，按国家标准 GB/T l2360—2005《产品几何技术规范（GPS）圆锥配合》中的有关规定选取。对于没有配合要求的内、外圆锥，建议选用双向对称的基本偏差 JS 和 js。

给定截面圆锥直径公差 T_{DS}，以给定截面圆锥直径 d_x 为公称尺寸，按国家标准 GB/T 1800.1—2020 规定的标准公差选取。

2）圆锥角公差 AT

圆锥角公差 AT 分为 12 个等级，由高到低依次用 $AT1$，$AT2$，…，$AT12$ 表示。各公差等级的圆锥角公差数值见表 8-10。表中数值用于棱体的角度时，以该角短边长度作为 L 选取公差值。当需要更高或更低等级的圆锥角公差时，按公比 1.6 向两端延伸得到。更高等级用 $AT0$, $AT01$,…

表示，更低等级用 $AT13$, $AT14$, …表示。

表 8-10 圆锥角公差数值

公称圆锥长度 L/mm		圆锥角公差等级								
		$AT1$			$AT2$			$AT3$		
		AT_{α}		AT_{D}	AT_{α}		AT_{D}	AT_{α}		AT_{D}
大于	至	μrad	(")	μm	μrad	(")	μm	μrad	(")	μm
6	10	50	10	>0.3～0.5	80	16	>0.5～0.8	125	26	>0.8～1.3
10	16	40	8	>0.4～0.6	63	13	>0.6～1.0	100	21	>1.0～1.6
16	25	31.5	6	>0.5～0.8	50	10	>0.8～1.3	80	16	>1.3～2.0
25	40	25	5	>0.6～1.0	40	8	>1.0～1.6	63	13	>1.6～2.5
40	63	20	4	>0.8～1.3	31.5	6	>1.3～2.0	50	10	>2.0～3.2
63	100	16	3	>1.0～1.6	25	5	>1.6～2.5	40	8	>2.5～4.0
100	160	12.5	2.5	>1.3～2.0	20	4	>2.0～3.2	31.5	6	>3.2～5.0
160	250	10	2	>1.6～2.5	16	3	>2.5～4.0	25	5	>4.0～6.3
250	400	8	1.5	>2.0～3.2	12.5	2.5	>3.2～5.0	20	4	>5.0～8.0
400	630	6.3	1	>2.5～4.0	10	2	>4.0～6.3	16	3	>6.3～10.0

公称圆锥长度 L/mm		圆锥角公差等级								
		$AT4$			$AT5$			$AT6$		
		AT_{α}		AT_{D}	AT_{α}		AT_{D}	AT_{α}		AT_{D}
大于	至	μrad	(")	μm	μrad	(")	μm	μrad	(")	μm
6	10	200	41"	>1.3～2.0	315	1'05"	>2.0～3.2	500	1'43"	>3.2～5.0
10	16	160	33"	>1.6～2.5	250	52"	>2.5～4.0	400	1'22"	>4.0～6.3
16	25	125	26"	>2.0～3.2	200	41"	>3.2～5.0	315	1'05"	>5.0～8.0
25	40	100	21"	>2.5～4.0	160	33"	>4.0～6.3	250	52"	>6.3～10.0
40	63	80	16"	>3.2～5.0	125	26"	>5.0～8.0	200	41"	>8.0～12.5
63	100	63	13"	>4.0～6.3	100	21"	>6.3～10.0	160	33"	>10.0～16.0
100	160	50	10"	>5.0～8.0	80	16"	>8.0～12.5	125	26"	>12.5～20.0
160	250	40	8"	>6.3～10.0	63	13"	>10.0～16.0	100	21"	>16.0～25.0
250	400	31.5	6"	>8.0～12.5	50	10"	>12.5～20.0	80	16"	>20.0～32.0
400	630	25	5"	>10.0～16.0	40	8"	>16.0～25.0	63	13"	>25.0～40.0

公称圆锥长度 L/mm		圆锥角公差等级								
		$AT7$			$AT8$			$AT9$		
		AT_{α}		AT_{D}	AT_{α}		AT_{D}	AT_{α}		AT_{D}
大于	至	μrad	(') (")	μm	μrad	(') (")	μm	μrad	(') (")	μm
6	10	800	2'45"	>5.0～8.0	1250	4'18"	>8.0～12.5	2000	6'52"	>12.5～20.0
10	16	630	2'10"	>6.3～10.0	1000	3'26"	>10.0～16.0	1600	5'30"	>16.0～25.0
16	25	500	1'43"	>8.0～12.5	800	2'45"	>12.5～20.0	1250	4'18"	>20.0～32.0
25	40	400	1'22"	>10.0～16.0	630	2'10"	>16.0～25.0	1000	3'26"	>25.0～40.0
40	63	315	1'05"	>12.5～20.0	500	1'43"	>20.0～32.0	800	2'45"	>32.0～50.0
63	100	250	52"	>16.0～25.0	400	1'22"	>25.0～40.0	630	2'10"	>40.0～63.0
100	160	200	41"	>20.0～32.0	315	1'05"	>32.0～50.0	500	1'43"	>50.0～80.0
160	250	160	33"	>25.0～40.0	250	52"	>40.0～63.0	400	1'22"	>63.0～100.0
250	400	125	26"	>32.0～50.0	200	41"	>50.0～80.0	315	1'05"	>80.0～125.0
400	630	100	21"	>40.0～63.0	160	33"	>63.0～100.0	250	52"	>100.0～160.0

续表

公称圆锥长度 L/mm		圆锥角公差等级								
		*AT*10			*AT*11			*AT*12		
		AT_α		AT_D	AT_α		AT_D	AT_α		AT_D
大于	至	μrad	(') (")	μm	μrad	(') (")	μm	μrad	(') (")	μm
6	10	3150	10'49"	>20～32	5000	17'10"	>32～50	8000	27'28"	>50～80
10	16	2500	8'35"	>25～40	4000	13'44"	>40～63	6300	21'38"	>63～100
16	25	2000	6'52"	>32～50	3150	10'49"	>50～80	5000	17'10"	>80～125
25	40	1600	5'30"	>40～63	2500	8'35"	>63～100	4000	13'44"	>100～160
40	63	1250	4'18"	>50～80	2000	6'52"	>80～125	3150	10'49"	>125～200
63	100	1000	3'26"	>63～100	1600	5'30"	>100～160	2500	8'35"	>160～250
100	160	800	2'45"	>80～125	1250	4'18"	>125～200	2000	6'52"	>200～320
160	250	630	2'10"	>100～160	1000	3'26"	>160～250	1600	5'30"	>250～400
250	400	500	1'43"	>125～200	800	2'45"	>200～320	1250	4'18"	>320～500
400	630	400	1'22"	>160～250	630	2'10"	>250～400	1000	3'26"	>400～630

圆锥角公差可用两种形式表示：

① AT_α——以角度单位微弧度（μrad）或以度（°）、分（'）、秒（"）表示；

② AT_D——以长度单位微米（μm）表示。

AT_α 与 AT_D 的关系如下：

$$AT_D = AT_\alpha \cdot L \times 10^{-3} \tag{8-4}$$

式中，AT_D 的单位为 μm；AT_α 的单位为 μrad；L 的单位为 mm。

例如，L 为 63mm，选用 *AT*7 级，查表 8-10 得 AT_α 为 315μrad 或 1'05"，AT_D 为 20μm。

再如，L 为 50mm，选用 *AT*7 级，查表 8-10 得 AT_α 为 315μrad 或 1'05"，则

$$AT_D = AT_\alpha \cdot L \times 10^{-3} = 315 \times 50 \times 10^{-3} = 15.75\mu m$$

取 AT_D 为 15.8μm。

圆锥角的极限偏差可按单向或双向（对称或不对称）取值，如图 8-18 所示。

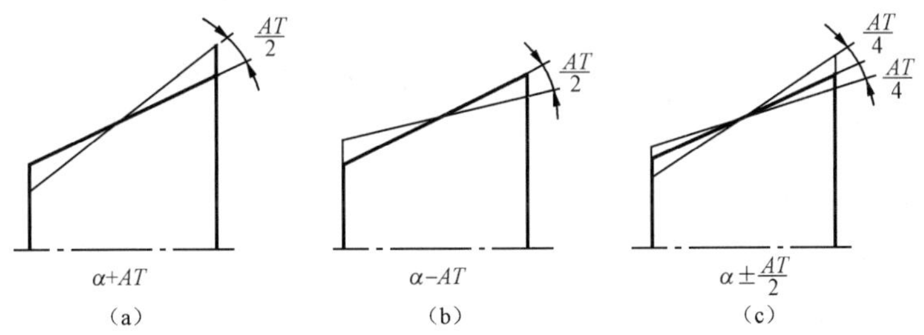

图 8-18　圆锥角的极限偏差

3）圆锥的形状公差 T_F

圆锥的形状公差推荐按 GB/T 1184—1996 中的附录 B“图样上注出公差值的规定”选取。对于要求不高的圆锥，其形状公差也可用直径公差加以控制。

圆锥的形状公差包括圆锥素线直线度公差和截面圆度公差。

4）给定截面圆锥直径公差 T_{DS}

公差值以给定截面圆锥直径 d_x 为基本尺寸，按 GB/T 1800.1—2020 规定的标准公差选取。

3．圆锥公差的给定方法

对于一个具体的圆锥，应根据零件功能的要求规定所需的公差项目，不必给出上述所有公差项目。GB/T 11334—2005 规定了下面两种圆锥公差的给定方法。

（1）给出圆锥的公称圆锥角 α（或锥度 C）和圆锥直径公差 T_D，由 T_D 确定两个极限圆锥。此时，圆锥角误差和圆锥的形状误差均应在极限圆锥所限定的区域内。

当对圆锥有更高的要求时，可再给出圆锥角公差 AT、圆锥的形状公差 T_F。此时，AT 和 T_F 仅占 T_D 的一部分。

（2）给出给定截面圆锥直径公差 T_{DS} 和圆锥角公差 AT。此时，给定截面圆锥直径和圆锥角应分别满足这两项公差的要求。T_{DS} 和 AT 的关系如图 8-19 所示。

该方法是在假定圆锥素线为理想直线的情况下给出的。当对圆锥形状公差有更高的要求时，可再给出圆锥的形状公差 T_F。

由图 8-19 可知，当圆锥在给定截面上具有最小极限尺寸 d_{xmin} 时，圆锥角公差带为图中下面两条实线限定的两对顶三角形区域，此时实际锥角必须在此公差带内；当圆锥在给定截面上具有最大极限尺寸 d_{xmax} 时，其圆锥角公差带为图中上面的两条实线限定的两对顶三角形区域；当圆锥在给定截面上具有某一实际尺寸 d_x 时，其圆锥角公差带为图中两条点划线限定的两对顶三角形区域。

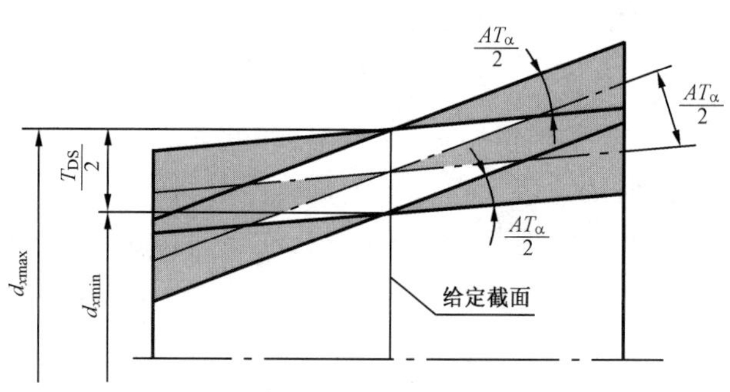

图 8-19　T_{DS} 和 AT 的关系

图 8-19 亦称“公差锥度法”，是在假定圆锥素线为理想直线的情况下给出的，其适用于对圆锥工件的给定截面有较高精度要求的情况，如阀类零件，为使圆锥配合在给定截面上有较好的接触以保证有良好的密封性，常采用这种公差。

8.2.3　圆锥配合

1．圆锥配合的种类

圆锥配合是指基本圆锥相同的内、外圆锥面之间，由于结合松紧的不同所形成的相互关系，可分为以下三类。

（1）间隙配合。配合时具有一定的间隙，用于做相对运动的圆锥配合，如机床主轴的圆锥轴颈与滑动轴承的配合。

（2）过盈配合。配合时具有一定的过盈，用于定心和传递转矩的配合，如锥柄铰刀、扩孔钻等刀具的锥柄与机床主轴锥孔的配合。

（3）过渡配合。配合时间隙等于零或略小于零，用于保证定心精度和要求密封性的配合，也称密配合，如各种气密或水密装置。

2．圆锥配合的形成方式

圆锥配合是通过相互结合的内、外圆锥规定的轴向相对位置获得要求的间隙或过盈而形成的。按确定相互结合的内、外圆锥轴向相对位置的不同方法，圆锥配合可以有以下两种形式。

1）结构型圆锥配合

结构型圆锥配合是指由内、外圆锥的结构或基准平面之间的尺寸确定装配的最终位置而获得的圆锥配合。如图 8-20（a）所示，由相互结合的内、外圆锥大端的基准平面相接触来确定它们的轴向相对位置；如图 8-20（b）所示，由相互结合的内、外圆锥保证基准平面之间的距离 a 来确定它们的轴向相对位置（保证距离 a 的结构在图中未画出）。

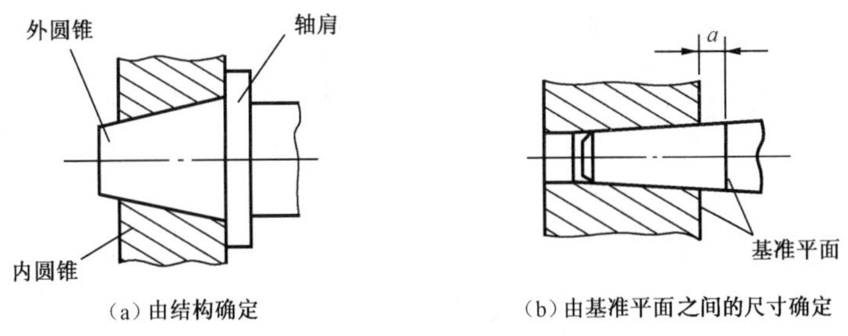

（a）由结构确定　（b）由基准平面之间的尺寸确定

图 8-20　结构型圆锥配合

显然，结构型圆锥配合的松紧程度由内、外圆锥直径公差带的相对位置决定，因此可以得到间隙、过盈和过渡配合。

2）位移型圆锥配合

位移型圆锥配合是指相互结合的内、外圆锥由实际初始位置（P_a）开始，做一定的相对轴向位移（E_a）而获得要求的间隙或过盈的圆锥配合，如图 8-21 所示。

位移型圆锥配合的间隙或过盈的变动，取决于相对轴向位移（E_a）的变动，而与相互结合的内、外圆锥的直径公差带无关。通常，位移型圆锥配合只适用于形成间隙配合或过盈配合。

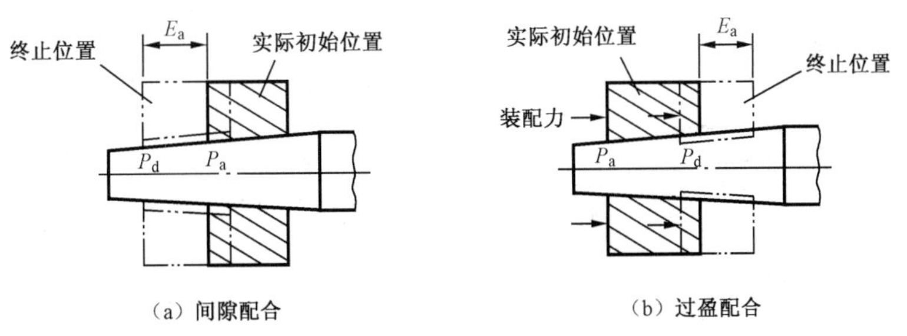

（a）间隙配合　（b）过盈配合

图 8-21　位移型圆锥配合

3．圆锥配合的确定

无论是结构型圆锥配合还是位移型圆锥配合，内、外圆锥通常都按第一种方法给定公差，即给出理论正确圆锥角和圆锥直径公差带。

1）结构型圆锥配合的确定

结构型圆锥配合的轴向相对位置是固定的，其配合性质主要取决于内、外圆锥的直径公差带。因此，其设计方法与光滑圆柱形的轴孔公差配合类同。

（1）确定基准制。推荐优先选用基孔制，即内圆锥直径的基本偏差取 H。

（2）确定公差等级。按国家标准 GB/T 1800.1—2020 的标准公差系列选取公差等级，推荐内、外圆锥的直径公差等级不低于 IT9 级。

（3）确定配合。内、外圆锥公差带及配合直接从国家标准 GB/T 1800.1—2020 中规定的常用和优先配合中选取。如对接触精度有更高要求，可另给出圆锥角极限偏差和圆锥的形状公差。

圆锥配合一般不用于大间隙的场合，如基本偏差 A（a）、B（b）、C（c）等一般不用。

2）位移型圆锥配合的确定

位移型圆锥配合的性质由内、外圆锥的轴向位移或轴向装配力决定，即取决于轴向位置的调整，而与内、外圆锥的直径公差带无关。其直径公差带的基本偏差推荐采用单向分布或双向对称分布，即内圆锥基本偏差采用 H 或 JS，外圆锥基本偏差采用 h 或 js，而极限位置的最小轴向位移 $E_{\mathrm{a\,min}}$、最大轴向位移 $E_{\mathrm{a\,max}}$ 及位移公差 T_{E} 可计算如下：

对间隙配合：

$$\begin{cases} E_{\mathrm{a\,max}} = |X_{\max}|/C \\ E_{\mathrm{a\,min}} = |X_{\min}|/C \\ T_{\mathrm{E}} = E_{\mathrm{a\,max}} - E_{\mathrm{a\,min}} = |X_{\max} - X_{\min}|/C \end{cases} \tag{8-5}$$

对过盈配合：

$$\begin{cases} E_{\mathrm{a\,max}} = |Y_{\max}|/C \\ E_{\mathrm{a\,min}} = |Y_{\min}|/C \\ T_{\mathrm{E}} = E_{\mathrm{a\,max}} - E_{\mathrm{a\,min}} = |Y_{\max} - Y_{\min}|/C \end{cases} \tag{8-6}$$

式中，C 为锥度；$X_{\max}$、$X_{\min}$ 分别为配合的最大和最小间隙量；$Y_{\max}$、$Y_{\min}$ 分别为配合的最大、最小过盈量。

【例】 有一位移型圆锥配合，锥度 C 为 1∶50，基本圆锥直径为 100mm，要求配合后得到 H8/s7 的配合性质，试计算极限轴向位移及轴向位移公差。

解：该配合为过盈配合，最大过盈量 $Y_{\max}$=−0.106，最小过盈量 $Y_{\min}$=−0.017。

由式（8-6）得

$$E_{\mathrm{a\,max}} = |Y_{\max}|/C = 0.106 \times 50 = 5.3\mathrm{mm}$$
$$E_{\mathrm{a\,min}} = |Y_{\min}|/C = 0.017 \times 50 = 0.85\mathrm{mm}$$
$$T_{\mathrm{E}} = E_{\mathrm{a\,max}} - E_{\mathrm{a\,min}} = 5.3 - 0.85 = 4.45\mathrm{mm}$$

8.2.4 圆锥的检测

1. 圆锥的综合检验

大批量生产条件下，多用圆锥量规对圆锥进行综合检测，即同时检测内、外锥体工件的锥度和基面距偏差。检验内锥体锥度用塞规，检验外锥体锥度用套规。圆锥量规的结构形式如图 8-22 所示，它的公差和技术条件，在国家标准 GB/T 11852—2003 中有详细规定（特定用途的量规也有相应的国家标准），可供设计时选用。

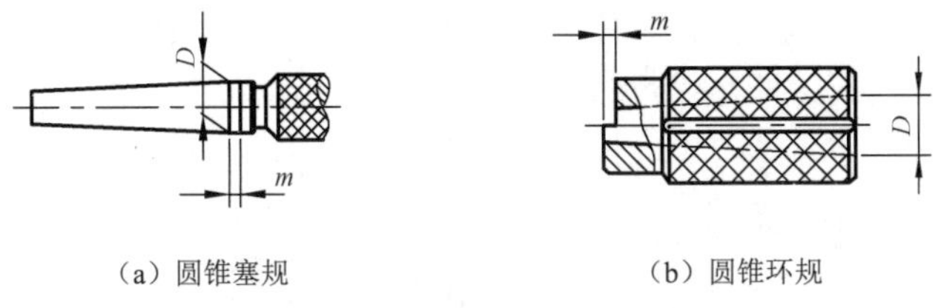

（a）圆锥塞规　　　（b）圆锥环规

图 8-22　圆锥量规的结构形式

圆锥结合时，通常对锥度的要求比对直径的要求严，所以用圆锥量规检验工件时，首先应采用涂色法检验工件的锥度。用涂色法检验锥度时，要求工件锥体表面接触靠近大端，接触长度不低于相关国家标准的规定：高精度工件为工作长度的 85%；精密工件为工作长度的 80%；普通工件为工作长度的 75%。

用圆锥量规检验工件的基面距偏差时，是用该量规与工件间的基面距离来控制的，如图 8-21 所示。圆锥量规的一端有两条刻线（塞规）或台阶（套规），其间的距离 m 就是基面距公差，若被测锥体端面在量规的两条刻线或台阶的两端面之间，则被检验锥体的基面距合格。

2．圆锥角和斜角的测量

圆锥测量主要是测量圆锥角 α 或斜角 $\alpha/2$。一般情况下，可用间接测量法来测量圆锥角，具体方法很多，其特点都是先测量与被测圆锥角有关的线值尺寸，然后通过三角函数关系，计算出被测角度值。

常用的计量器具有正弦尺、滚柱和钢球等。

（1）正弦尺。正弦尺是锥度测量常用的计量器具，分为宽型和窄型，每种类型又按两圆柱中心距 L 分为 100mm 和 200mm 两种，其主要尺寸的偏差和工作部分的形状、位置误差都很小，在检验锥度时不确定度为±1～±5μm，适用于测量公称锥角小于 30°的锥度。

测量前，首先按下式计算量块组的高度，如图 8-23 所示。

$$h = L\sin\alpha$$

式中　α——圆锥角；

　　L——正弦尺两圆柱中心距。

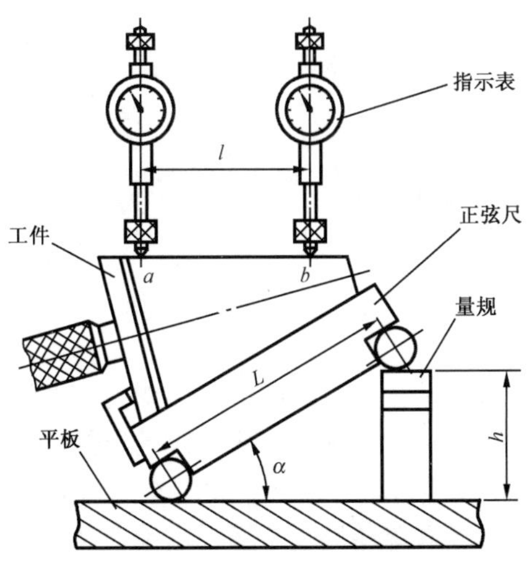

图 8-23　正弦尺测量圆锥量规

按图 8-23 所示进行测量。如果被测的圆锥角恰好等于公称值，则指示表在两点的指示值应相同，即锥体上母线平行于平板的工作面；如被测角度有误差，则 a、b 两点指示值必有一差值 δ，该差值与测量长度 l 之比，即是锥度误差：

$$\Delta C=\delta/l \tag{8-7}$$

如换算成锥角误差，则可按下式近似计算：

$$\Delta(\alpha)=\Delta C\times 2\times 10^5=2\times 10^5\frac{\delta}{l}('') \tag{8-8}$$

（2）钢球和滚柱。利用钢球测内圆锥体和利用标准滚柱测外圆锥体的典型方法如图 8-24 所示。如图 8-24（a）所示，把直径分别为 d、D 的一小、一大两个钢球先、后放入被测零件的内圆锥面，以被测零件的大头端面作为测量基准面，分别测出钢球顶点到该基准面的距离 L_1 和 L_2，则被测内圆锥半角 $\frac{\alpha}{2}$ 的计算式为：

$$\sin\frac{\alpha}{2}=\frac{D-d}{2L_1-2L_2+d-D} \tag{8-9}$$

图 8-24（b）为利用标准滚柱测量外圆锥体的示意图，将两个直径为 d 的圆柱与被测零件的外圆锥面贴合，测出尺寸 N，然后垫高度为 L 的量块，再测出尺寸 M，则外圆锥半角 $\frac{\alpha}{2}$ 的计算式为：

$$\tan\frac{\alpha}{2}=\frac{M-N}{2L} \tag{8-10}$$

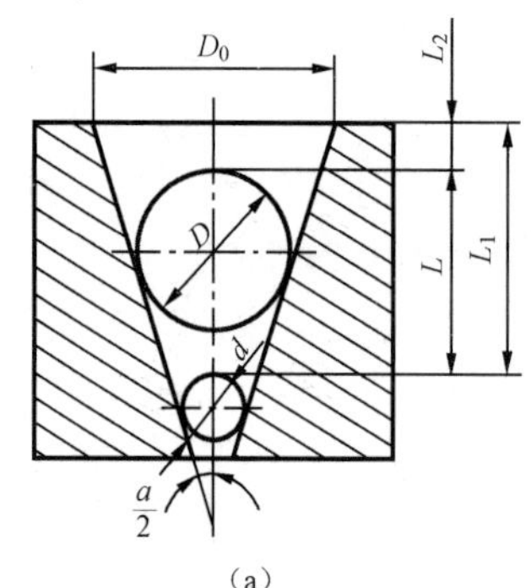

（a）

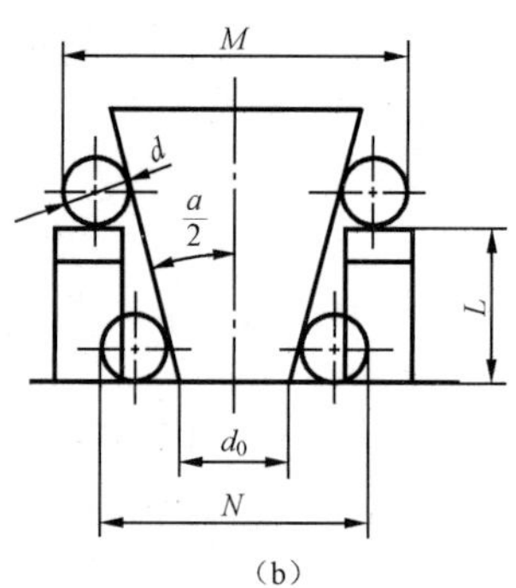

（b）

图 8-24　利用钢球和滚柱测量内、外圆锥体

8.3 螺纹结合的公差配合与检测

螺纹结合在工业生产和日常生活中的应用极为广泛，应具有较高的互换性。按螺纹的用途，可将其分为三类：

（1）普通螺纹。普通螺纹通常又称紧固螺纹，其牙形为三角形，用于连接或紧固零件。普通螺纹按螺距分为粗牙螺纹和细牙螺纹两种，细牙螺纹的连接强度较高。公制普通螺纹又称米制螺纹，是使用最广泛的一种螺纹结合，对它的主要要求是可旋合性和一定的连接强度。

（2）传动螺纹。传动螺纹的牙形有梯形、矩形、锯齿形及三角形等。这种螺纹用于传递动力或位移，如机床中的丝杠螺母副，量仪中的测微螺旋副。使用时应满足传递动力的可靠、传动比的稳定和保证一定的间隙等要求。

（3）密封螺纹。密封螺纹的主要用于密封，要求是结合紧密，配合具有一定的过盈，以保证不漏水、不漏气、不漏油，包括管用螺纹、锥螺纹与锥管螺纹。

按其母体形状，可将螺纹分为圆柱螺纹和圆锥螺纹；按其在母体上所处的位置，可将螺纹分为外螺纹、内螺纹；按其截面形状（牙型），可将螺纹分为三角形螺纹（牙型角为 60°）、矩形螺纹（牙型角为 0°）、梯形螺纹（牙型角为 30°）、锯齿形螺纹（牙型角为 33°）及其他特殊形状螺纹等。

本节主要介绍普通螺纹、梯形螺纹，以及丝杠的公差、配合及应用。

8.3.1 螺纹的基本牙型及主要几何参数

按相关国家标准的规定，公制普通螺纹的基本牙型是指螺纹轴剖面内高为 *H* 的正三角形（原始三角形）上，顶部截去 *H*/8，底部截去 *H*/4，所得的螺纹牙型，如图 8-25 所示。梯形螺纹的基本牙型为等腰梯形，牙型角为 30°，如图 8-30 所示。内、外螺纹的基本牙型相同。

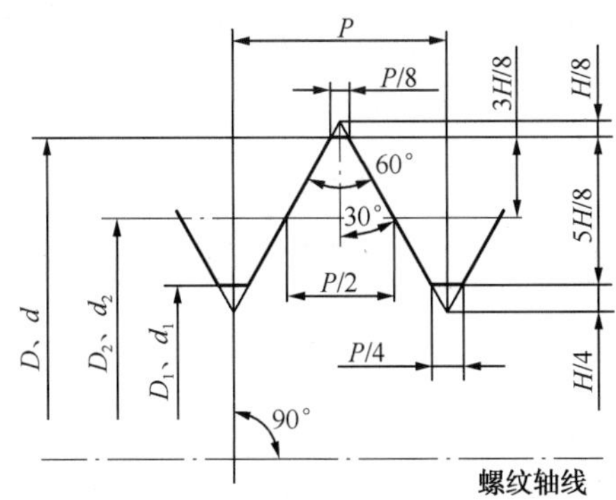

图 8-25 公制普通螺纹的基本牙型

普通螺纹的主要几何参数如下：

1）公称直径

公称直径是指代表螺纹尺寸的直径。

2）大径 d 或 D

大径是指与外螺纹牙顶或内螺纹牙底相切的假想圆柱或圆锥的直径。螺纹大径的基本尺寸为螺纹的公称直径。其中，内螺纹的大径用 D 表示，外螺纹的大径用 d 表示。

3）小径 d_1 或 D_1

小径是指与外螺纹牙底或内螺纹牙顶相切的假想圆柱或圆锥的直径。其中，内螺纹的小径用 D_1 表示，外螺纹的小径用 d_1 表示。

内螺纹的小径和外螺纹的大径合称顶径；内螺纹的大径和外螺纹的小径合称底径。

4）中径 d_2 或 D_2

中径是指一个假想圆柱或圆锥的直径，该圆柱或圆锥的母线通过牙型上沟槽和凸起宽度相等的地方。此假想圆柱或圆锥称为中径圆柱或中径圆锥，其中，内螺纹的中径用 D_2 表示，外螺纹的中径用 d_2 表示。

根据定义可知，螺纹中径不等于大径和小径的平均值，不受大径、小径尺寸变化的影响。中径的大小决定了螺纹牙侧相对于轴线的径向位置，因此，中径是螺纹公差与配合的主要参数之一。

由图 8-25 可知，中径（d_2 或 D_2）、大径（d 或 D）与原始三角形高度 H 满足下列关系：

内螺纹：$D_2 = D - 2\times\frac{3}{8}H$

外螺纹：$d_2 = d - 2\times\frac{3}{8}H$

5）单一中径

单一中径也是一个假想圆柱或圆锥的直径，该圆柱或圆锥的母线通过牙型上沟槽宽度等于基本螺距一半的地方，如图 8-26 所示。

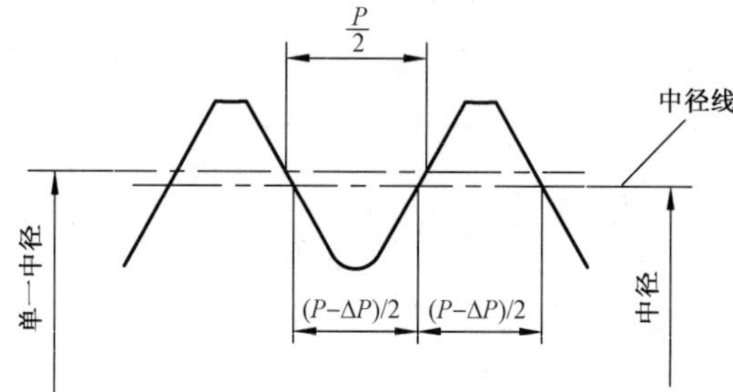

P—基本螺距；ΔP—螺距误差

图 8-26　中径与单一中径

单一中径可以通过测量得到，当螺距无误差时，单一中径等于中径。如螺距有误差，则二者不相等。

6）作用中径

作用中径是指在规定的旋合长度内，恰好包容实际螺纹的一个假想螺纹的中径。这个假想螺纹具有理想的螺距、半角及牙型高度，并另在牙顶处和牙底处留有间隙，以保证包容时不与实际螺纹的大径和小径发生干涉，如图 8-27 所示。

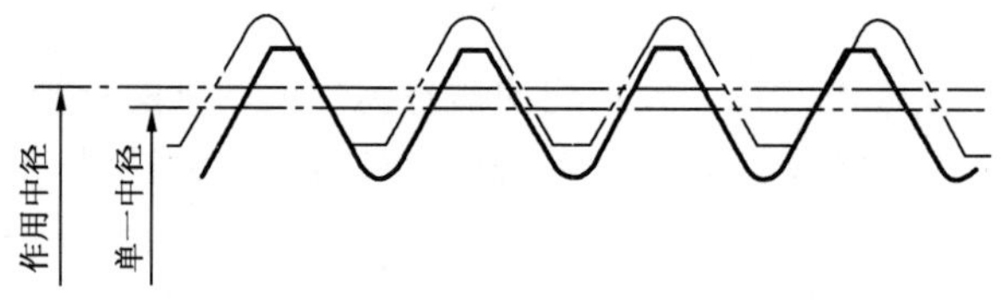

图 8-27　作用中径

7）螺距 P 与导程 P_h

螺距是指螺纹的相邻两牙在中径线上对应两点间的轴向距离。同一条螺旋线上的相邻两牙在中径线上对应两点间的轴向距离，称为导程。单线螺纹的导程等于螺距，即 $P_h=P$；多线螺纹的导程等于线数 n 乘以螺距，即 $P_h = nP$。

8）牙型角 α 与牙型半角 $\alpha/2$

牙型角是指通过螺纹轴线剖面内螺纹牙型上相邻两牙侧间的夹角，公制普通螺纹的牙型角

α=60°。牙型半角是指牙侧与螺纹轴线的垂线间的夹角。

显然，牙型角正确时，牙型半角仍可能有误差，如两半角分别为 29°和 31°，故工程中牙型半角的测量更重要。

9）螺纹升角 φ

螺纹升角是指在中径圆柱或中径圆锥上，螺旋线的切线与垂直于螺纹轴线的平面的夹角。其与螺距 P 和中径 d_2 的关系为

$$\tan\varphi = \frac{nP}{\pi d_2}$$

式中　n——螺纹线数。

10）螺纹旋合长度 L_e

螺纹旋合长度是指两个相互配合的螺纹沿螺纹轴线方向相互旋合部分的长度。

8.3.2　螺纹几何参数的公差原则应用

影响螺纹互换性的主要因素是螺距误差、牙型半角误差和中径偏差，而螺距误差和牙型半角误差对互换性的影响均可以折算为中径当量，故可用公差原则来分别处理。

对精密螺纹，如丝杠、螺纹量规、测微螺纹等，为满足其功能要求，应对螺距、牙型半角和中径分别规定较严的公差，即按独立原则对待。其中，螺距误差常体现为多个螺距的累积误差。

对紧固连接用的普通螺纹，主要是要求保证可旋合性和一定的连接强度，故应采用公差原则中的包容要求来处理，即对这种产量极大的螺纹，标准中只规定中径公差，而螺距及牙型半角误差都由中径公差来综合控制。或者说，是用中径极限偏差构成的牙廓最大实体边界，来限制以螺距误差及牙型半角误差形式呈现的几何误差。检测时，应采用螺纹综合量规（见 8.3.6 节）来体现最大实体边界，控制含有螺距误差和牙型半角误差的螺纹作用中径。当有螺距误差和牙型半角误差时，内螺纹的作用中径小于实际中径，外螺纹的作用中径大于实际中径，即

$$\begin{cases} d_{2\text{作用}} = d_{2\text{实际}} + (f_p + f_{\alpha/2}) \\ D_{2\text{作用}} = D_{2\text{实际}} - (f_p + f_{\alpha/2}) \end{cases} \tag{8-11}$$

式中　f_p、$f_{\alpha/2}$——螺距误差和牙型半角误差在中径上造成的影响。

对螺纹的大径和小径，主要是要求旋合时不发生干涉。相关标准对外螺纹大径 d 和内螺纹小径 D_1，规定了较大的公差值，对外螺纹小径 d_1 和内螺纹大径 D，没有规定公差值，而只规定该处的实际轮廓不得超越按基本偏差所确定的最大实体牙型，即保证旋合时不会发生干涉。

8.3.3　普通螺纹的公差、配合及其选用

1．普通螺纹的公差带

国家标准 GB/T 197—2018《普通螺纹　公差》规定了螺纹顶径和中径公差带，并给出公差等级和基本偏差。考虑到旋合长度对螺纹配合的影响，将旋合长度分为短旋合长度组（S）、中等旋合长度组（N）和长旋合长度组（L）。根据使用场合，螺纹的公差精度也可定性分为精密

（用于精密螺纹）、中等（用于一般用途螺纹）和粗糙（用于制造困难场合）三级。

1）公差等级与公差值

螺纹顶径和中径的公差等级见表8-11。其中，3级精度最高，公差值最小；9级精度最低，公差值最大。公差见表8-12和表8-13。

表8-11　螺纹公差等级

螺纹直径	公差等级
内螺纹小径 D_1	4，5，6，7，8
内螺纹中径 D_2	4，5，6，7，8
外螺纹中径 d_2	3，4，5，6，7，8，9
外螺纹大径 d	4，6，8

在同一个公差等级中，考虑到内螺纹比外螺纹加工困难，故内螺纹中径公差比外螺纹中径公差大32%左右，以满足工艺等价性原则。

对外螺纹小径和内螺纹大径，虽没有规定公差值，但由于螺纹加工时外螺纹中径 d_2 与小径 d_1 及内螺纹中径 D_2 与大径 D 同时由刀具切出，其尺寸由刀具保证，故在正常情况下，外螺纹小径 d_1 不会过小，而内螺纹大径 D 不会过大。

表8-12　普通螺纹直径的基本偏差和公差　　单位：μm

螺距 P/mm	内螺纹 D_2、D_1 的基本偏差 EI		外螺纹 d_2、d 的基本偏差 es				公差等级					公差等级		
							4	5	6	7	8	4	6	8
	G	H	e	f	g	h	内螺纹小径公差 T_{D_1}					外螺纹大径公差 T_d		
0.5	+20		−50	−36	−20		90	112	140	180	—	67	106	—
0.6	+21		−53	−36	−21		100	125	160	200	—	80	125	—
0.7	+22		−56	−38	−22		112	140	180	224	—	90	140	—
0.75	+22		−56	−38	−22		118	150	190	236	—	90	140	—
0.8	+24		−60	−38	−24		125	160	200	250	315	95	150	236
1	+26		−60	−40	−26		150	190	236	300	375	112	180	280
1.25	+28		−63	−42	−28		170	212	265	335	425	132	212	335
1.5	+32		−67	−45	−32		190	236	300	375	475	150	236	375
1.75	+34		−71	−48	−34		212	265	335	425	530	170	265	425
2	+38	0	−71	−52	−38	0	236	300	375	475	600	180	280	450
2.5	+42		−80	−58	−42		280	355	450	560	710	212	335	530
3	+48		−85	−63	−48		315	400	500	630	800	236	375	600
3.5	+53		−90	−70	−53		355	450	560	710	900	265	425	670
4	+60		−95	−75	−60		375	475	600	750	950	300	475	750
4.5	+63		−100	−80	−63		425	530	670	850	1060	315	500	800
5	+71		−106	−85	−71		450	560	710	900	1120	335	530	850
5.5	+75		−112	−90	−75		475	600	750	950	1180	355	560	900
6	+80		−118	−85	−80		500	630	800	1000	1250	375	600	950
8	+100		−140	−118	−100		630	800	1000	1250	1600	450	710	1180

表 8-13　普通螺纹中径公差

单位：μm

公称直径 D/mm		螺距 P/mm	公差等级					公差等级						
			4	5	6	7	8	3	4	5	6	7	8	9
>	≤		内螺纹中径公差 T_{D_2}					外螺纹中径公差 T_{d_2}						
5.6	11.2	0.75	85	106	132	170	—	50	63	80	100	125	—	—
		1	95	118	150	190	236	56	71	90	112	140	180	224
		1.25	100	125	160	200	250	60	75	95	118	150	190	236
		1.5	112	140	180	224	280	67	85	106	132	170	212	295
11.2	22.4	1	100	125	160	200	250	60	75	95	118	150	190	236
		1.25	112	140	180	224	280	67	85	106	132	170	212	265
		1.5	118	150	190	236	300	71	90	112	140	180	224	280
		1.75	125	160	200	250	315	75	95	118	150	190	236	300
		2	132	170	212	265	335	80	100	125	160	200	250	315
		2.5	140	180	224	280	355	85	106	132	170	212	265	335
22.4	45	1	106	132	170	212	—	63	80	100	125	160	200	250
		1.5	125	160	200	250	315	75	95	118	150	190	236	300
		2	140	180	224	280	355	85	106	132	170	212	265	335
		3	170	212	265	335	425	100	125	160	200	250	315	400
		3.5	180	224	280	355	450	106	132	170	212	265	335	425
		4	190	236	300	375	475	112	140	180	224	280	355	450
		4.5	200	250	315	400	500	118	150	190	236	300	375	475
45	90	1.5	132	170	212	265	335	80	100	125	160	200	250	315
		2	150	190	236	300	375	90	112	140	180	224	280	355
		3	180	224	280	355	450	106	132	170	212	265	335	425
		4	200	250	315	400	500	118	150	190	236	300	375	475
		5	212	265	335	425	530	125	160	200	250	315	400	500
		5.5	224	280	355	450	560	132	170	212	265	335	425	530
		6	236	300	375	475	600	140	180	224	280	355	450	560

2）基本偏差

螺纹的基本牙型是计算螺纹偏差的基准。所谓“基本牙型”是指在通过螺纹轴线的剖面内，作为螺纹设计依据的理想牙型。螺纹公差带相对于基本牙型的位置由基本偏差确定。相关标准中对内螺纹规定了两种基本偏差，代号为 G 和 H，如图 8-28 所示，T_{D_1} 表示内螺纹小径公差，T_{D_2} 表示内螺纹中径公差；对外螺纹规定了 8 种基本偏差，代号为 a、b、c、d、e、f、g 和 h，如图 8-29 所示，T_d 表示外螺纹大径公差，T_{d_2} 表示外螺纹中径公差。显然，外螺纹的公差带在基本牙形以下，基本偏差是上极限偏差 es；内螺纹的公差带在基本牙形以上，基本偏差是下极限偏差 EI。基本偏差值见表 8-12。

公差带代号由表示公差等级的数字和基本偏差的字母组成，如 6H、5g 等。

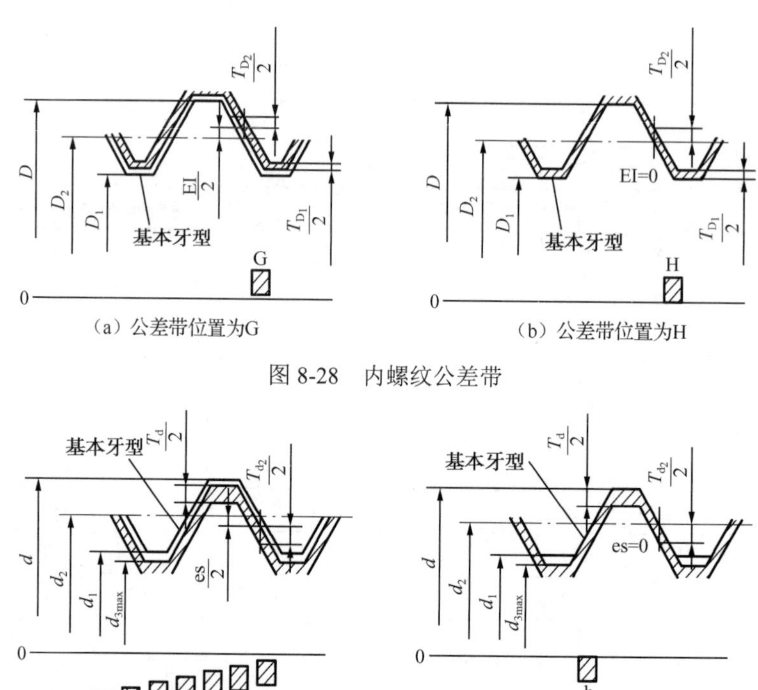

（a）公差带位置为G （b）公差带位置为H

图 8-28 内螺纹公差带

（a）公差带位置为a～g （b）公差带位置为h

图 8-29 外螺纹公差带

2．普通螺纹公差带的选用

1）公差等级的选择

螺纹的三个精度等级中，精密级用于要求配合性质变动较小的精密螺纹；中等级用于一般用途；粗糙级用于对精度要求不高或制造比较困难的场合，如在热轧棒料上和深孔、盲孔内加工螺纹。一般以中等旋合长度下的6级公差等级为中等精度的基准。

2）推荐公差带的优选顺序

按螺纹的公差等级和基本偏差可以组成数目很多的公差带。实际生产中为了减少刀具、量具的规格种类，在相关国家标准中规定了既能满足当前需要，数量又有限的常用公差带，见表8-14和表8-15。除非有特殊需要，否则一般不应选择标准规定以外的公差带。

表 8-14 内螺纹的推荐公差带

公差精度	公差带位置G			公差带位置H		
	S	N	L	S	N	L
精密	—	—	—	4H	5H	6H
中等	(5G)	**6G**	(7G)	**5H**	**6H**	**7H**
粗糙	—	(7G)	(8G)	—	7H	8H

注：公差带优选顺序：粗字体公差带、一般字体公差带。括号内公差带。带方框的粗字体公差带用于大量生产的紧固件螺纹。

表 8-15　外螺纹的推荐公差带

公差精度	公差带位置 e			公差带位置 f			公差带位置 g			公差带位置 h		
	S	N	L	S	N	L	S	N	L	S	N	L
精密	—	—	—	—	—	—	—	(4g)	(5g 4g)	(3h 4h)	**4h**	(5h 4h)
中等	—	**6e**	(7e6e)		**6f**	—	(5g 6g)	**6g**	(7g 6g)	(5h 6h)	6h	(7h 6h)
粗糙	—	(8e)	(9e8e)	—	—	—	—	8g	(9g 8g)	—	—	—

注：同表 8-14 注。

相关国家标准对螺纹连接规定了短、中等、长三种旋合长度，分别用代号 S、N、L 表示，见表 8-16。一般情况下应采用中等旋合长度。从表 8-14 和表 8-15 可见，在同一精度中，对不同的旋合长度（S、N、L），其中径所采用的公差等级也不同，这是考虑不同旋合长度对螺距累积误差有不同影响。

表 8-16　螺纹旋合长度

单位：mm

基本大径 D、d		螺距 P	旋合长度			
			S	N		L
>	≤		≤	>	≤	>
5.6	11.2	0.75	2.4	2.4	7.1	7.1
		1	3	3	9	9
		1.25	4	4	12	12
		1.5	5	5	15	15
11.2	22.4	1	3.8	3.8	11	11
		1.25	4.5	4.5	13	13
		1.5	5.6	5.6	16	16
		1.75	6	6	18	18
		2	8	8	24	24
		2.5	10	10	30	30
22.4	45	1	4	4	12	12
		1.5	6.3	6.3	19	19
		2	8.5	8.5	25	25
		3	12	12	36	36
		3.5	15	15	45	45
		4	18	18	53	53
		4.5	21	21	63	63
45	90	1.5	7.5	7.5	22	22
		2	9.5	9.5	28	28
		3	15	15	45	45
		4	19	19	56	56
		5	24	24	71	71
		5.5	28	28	85	85
		6	32	32	95	95

3）内、外螺纹的公差带组合

表 8-14 和表 8-15 所示内、外螺纹公差带可以任意组合，但为了保证内、外螺纹间有足够的接触高度，以保证连接强度，以及拆装方便，建议采用 H/g、H/h 或 G/h 配合。

对公称直径小于和等于 14 mm 的螺纹，应选用 5H/6h、4H/ 6h 或更精密的配合。

H/h 配合的最小间隙为零，应用较广；H/g 和 G/h 具有一定间隙，多用于以下几种情况：①要求拆卸容易；②高温下工作；③需要涂镀保护层；④改善螺纹的疲劳强度。

4）涂镀螺纹公差

如无其他特殊说明，推荐公差带适用于涂镀前螺纹。涂镀后，螺纹实际牙型轮廓上的任何点不应超越按公差位置 H 或 h 所确定的最大实体牙型。

5）多线螺纹公差

多线螺纹的顶径公差与具有相同螺距单线螺纹的顶径公差相同。多线螺纹的中径公差等于具有相同螺距单线螺纹的中径公差（见表 8-13）乘以修正系数。修正系数见表 8-17。

表 8-17 多线螺纹中径公差的修正系数

螺纹线数	2	3	4	≥5
修正系数	1.12	1.25	1.4	1.6

3. 普通螺纹的标记

螺纹的完整标记由螺纹特征代号、尺寸代号、公差带代号及其他有必要做进一步说明的个别信息组成。

普通螺纹的特征代号用字母“M”表示。

1）单线螺纹标记

单线螺纹尺寸代号为“公称直径×螺距”，公称直径和螺距的数值单位为毫米。对于粗牙螺纹，可以省略标注其螺距项。

[示例 1]：

M8×1	公称直径为 8mm、螺距为 1mm 的单线细牙螺纹
M8	公称直径为 8mm、螺距为 1.25mm 的单线粗牙螺纹

螺纹公差带代号包括中径公差带代号与顶径公差带代号。中径公差带代号在前，顶径公差带代号在后；公差带代号由表示公差等级的数值和表示公差带位置的字母组成；如果中径公差带代号与顶径公差带代号相同，则应只标注一个公差带代号。螺纹尺寸代号与公差带间用“-”号分开。

[示例 2]：

M10 ×1-5g 6g	中径公差带为 5g、顶径公差带为 6g 的外螺纹
M10-6g	中径公差带和顶径公差带均为 6g 的粗牙外螺纹
M10×1-5H6H	中径公差带为 5H、顶径公差带为 6H 的内螺纹
M10-6H	中径公差带和顶径公差带均为 6H 的粗牙内螺纹

内、外螺纹配合代号：内螺纹公差带代号在前，外螺纹公差带代号在后，中间用斜线分开。

[示例 3]：

M20×2-6H/5g6g	公差带为 6H 的内螺纹与公差带为 5g6g 的外螺纹配合
M10-6g	中径公差带和顶径公差带均为 6g 的粗牙外螺纹
M10×1-5H6H	中径公差带为 5H、顶径公差带为 6H 的内螺纹
M10-6H	中径公差带和顶径公差带均为 6H 的粗牙内螺纹

2）多线螺纹标记

多线螺纹的尺寸代号为“公称直径×Ph 导程 P 螺距”。如果要进一步表明螺纹的线数，可在后面增加括号说明（使用英语进行说明：双线为 two starts；三线为 three starts；四线为 four starts）。

[示例 4]：

M16×Ph3P1.5 M16×Ph3P1.5（two starts）	公称直径为 16mm、螺距为 1.5mm、导程为 3mm 的双线螺纹

3）其他信息标记

有必要标记的其他信息包括螺纹的旋合长度和旋向。

对短旋合长度组或长旋合长度组的螺纹，宜在公差带代号后分别标注“S”或“L”，且与公差带间用“-”号分开。中等旋合长度组螺纹不标注旋合长度代号（N）。

对左旋螺纹，应在旋合长度代号之后标注“LH”，且与旋合长度代号用“-”号分开。右旋螺纹不标注代号。

[示例 5]：

M14×Ph6P2-7H-L-LH M14×Ph6P2 (three starts)-7H-L-LH	左旋螺纹
M6	右旋螺纹（螺距、公差带代号、旋合长度代号和旋向代号被省略）

4．应用举例

由铣削动力头主轴部件图 2-20 可见，主轴 5 前端采用一对圆锥滚子轴承 8 支承，为调整预紧量，其后有预紧螺母 2，该螺母须有一定的精度并防松，所以选用了细牙螺纹，配合标记为 M80×1.5-7H/6h。同理，铣削动力头后部动力箱的圆锥滚子轴承 19 也需要预紧，件 18 为其预紧螺母，图中配合标记为 M165×2-7H/6h。

8.3.4 梯形螺纹的公差、配合及其选用

梯形螺纹主要用于一般用途的机械传动，也可用于紧固螺纹。GB/T 5796 系列标准对梯形螺纹的牙形、基本尺寸及公差与配合做了系列规定。本小节仅围绕 GB/T 5796 系列标准介绍梯形螺纹的相关内容，对轴向位移有高精度要求的梯形螺纹，例如，机床丝杠及精确进给螺纹的公差见 8.3.5 节。

梯形螺纹的基本牙形如图 8-30 所示。

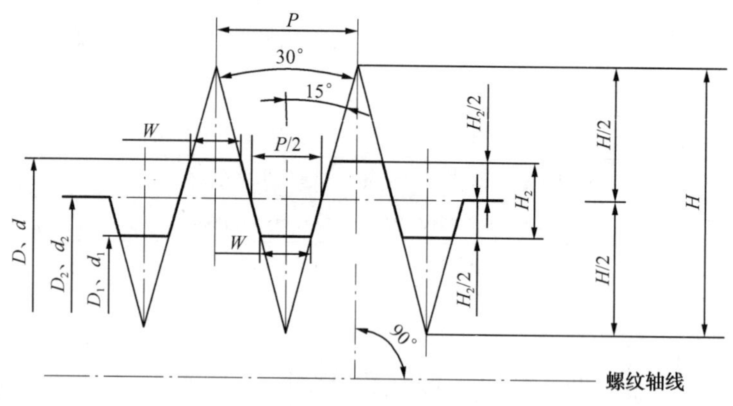

图 8-30 梯形螺纹的基本牙型

其中，重要的尺寸关系式为

$$\begin{cases} H = P/(2\tan 15^\circ) = 1.866P \\ H_2 = 0.5P \\ W = (H - H_2)P/(2H) = 0.366P \end{cases} \tag{8-12}$$

1. 梯形螺纹的公差带

1）公差等级与公差值

梯形螺纹的公差体系是在普通螺纹公差体系的基础上建立的。按公差值的大小，梯形螺纹直径分为若干公差等级，见表 8-18。

表 8-18 梯形螺纹的公差等级

梯形螺纹直径	公差等级
内螺纹小径 D_1	4
内螺纹中径 D_2	7，8，9
外螺纹大径 d	4
外螺纹中径 d_2	7，8，9
外螺纹小径 d_3	7，8，9

与普通螺纹不同，梯形螺纹有"外螺纹小径 d_3"和"内螺纹大径 D_4"的概念，并对外螺纹小径 d_3 规定了与中径 d_2 相同的公差等级（但二者的公差值并不同）。不过，相关国家标准没有对内螺纹大径 D_4 规定公差等级。

内螺纹小径公差 T_{D_1}、外螺纹大径公差 T_d 应符合表 8-19 的规定；内螺纹中径公差 T_{D_2}、外螺纹中径公差 T_{d_2} 应符合表 8-20 的规定；外螺纹小径公差 T_{d_3} 应符合表 8-21 的规定。

表 8-19 内螺纹小径和外螺纹大径的 4 级公差

螺距 P/mm	内螺纹小径公差 T_{D_1}/μm	外螺纹大径公差 T_d/μm
1.5	190	150
2	236	180
3	315	236
4	375	300

续表

螺距 P/mm	内螺纹小径公差 T_{D_1}/μm	外螺纹大径公差 T_d/μm
5	450	335
6	500	375
7	560	425
8	630	450
9	670	500
10	710	530

表 8-20　内、外螺纹中径公差

公称直径 D/mm		螺距 P /mm	内螺纹中径公差等级及公差值 T_{D_2}/μm			外螺纹中径公差等级及公差值 T_{d_2}/μm		
>	≤		7	8	9	7	8	9
5.6	11.2	1.5	224	280	355	170	212	265
		2	250	315	400	190	236	300
		3	280	355	450	212	265	335
11.2	22.4	2	265	335	425	200	250	315
		3	300	375	475	224	280	355
		4	355	450	560	265	335	425
		5	375	475	600	280	355	450
		8	475	600	750	355	450	560
22.4	45	3	335	425	530	250	315	400
		5	400	500	630	300	375	475
		6	450	560	710	335	425	530
		7	475	600	750	355	450	560
		8	500	630	800	375	475	600
		10	530	670	850	400	500	630
		12	560	710	900	425	530	670
45	90	3	355	450	560	265	335	425
		4	400	500	630	300	375	475
		8	530	670	850	400	500	630
		9	560	710	900	425	530	670
		10	560	710	900	425	530	670
		12	630	800	1000	475	600	750
		14	670	850	1060	500	630	800
		16	710	900	1120	530	670	850
		18	750	950	1180	560	710	900

表 8-21　外螺纹小径公差 T_{d_3}

公称直径 d/mm		螺距 P/mm	公差等级			公差等级		
			7	8	9	7	8	9
>	≤		中径公差带位置为 c 时 T_{d_3}/μm			中径公差带位置为 e 时 T_{d_3}/μm		
5.6	11.2	1.5	352	405	471	279	332	398
		2	388	445	525	309	366	446
		3	435	501	589	350	416	504

续表

公称直径 d/mm		螺距 P/mm	公差等级			公差等级		
			7	8	9	7	8	9
>	≤		中径公差带位置为 c 时 T_{d_3} /μm			中径公差带位置为 e 时 T_{d_3} /μm		
11.2	22.4	2	400	462	544	321	383	465
		3	450	520	614	365	435	529
		4	521	609	690	426	514	595
		5	562	656	775	456	550	669
		8	709	828	965	576	695	832
22.4	45	3	482	564	670	397	479	585
		5	587	681	806	481	575	700
		6	655	767	899	537	649	781
		7	694	813	950	569	688	825
		8	734	859	1015	601	726	882
		10	800	925	1087	650	775	937
		12	866	998	1223	691	823	1048
45	90	3	501	589	701	416	504	616
		4	565	659	784	470	564	689
		8	765	890	1052	632	757	919
		9	811	943	1118	671	803	978
		10	831	963	1138	681	813	988
		12	929	1085	1273	754	910	1098
		14	970	1142	1355	805	967	1180
		16	1038	1213	1438	853	1028	1253
		18	1100	1288	1525	900	1088	1320

梯形螺纹旋合长度分为中等组和长组。其旋合长度范围应符合表 8-22 的规定。

表 8-22 梯形螺纹旋合长度 单位：mm

公称直径（D、d）		螺距 P	旋合长度组		
			N		L
>	≤		>	≤	>
5.6	11.2	1.5	5	15	15
		2	6	19	19
		3	10	28	28
11.2	22.4	2	8	24	24
		3	11	32	32
		4	15	43	43
		5	18	53	53
		8	30	85	85
22.4	45	3	12	36	36
		5	21	63	63
		6	25	75	75
		7	30	85	85
		8	34	100	100
		10	42	125	125
		12	50	150	150

续表

公称直径（D、d）		螺距 P	旋合长度组		
			N		L
>	≤		>	≤	>
45	90	3	15	45	45
		4	19	56	56
		8	38	118	118
		9	43	132	132
		10	50	140	140
		12	60	170	170
		14	67	200	200
		16	75	236	236
		18	85	265	265

2）基本偏差

梯形螺纹的公差带位置由基本偏差决定。

对内螺纹而言，螺纹大径 D_4、小径 D_1 及中径 D_2 的公差带位置都是 H，基本偏差（EI）为零，如图 8-31（a）所示。

对外螺纹而言，螺纹大径 d 和小径 d_3 的公差带位置都是 h，其基本偏差（es）为零；而中径 d_2 的公差带位置为 c 或 e，基本偏差 es 为负值，如图 8-31（b）所示。

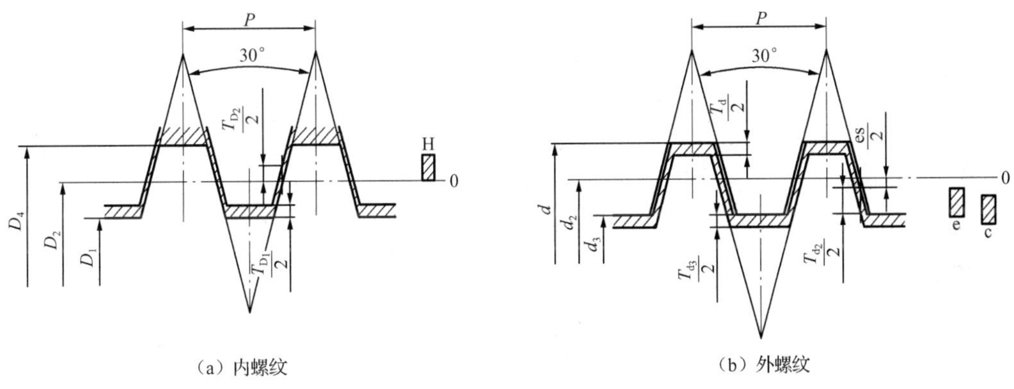

图 8-31　梯形螺纹公差带位置

外螺纹中径基本偏差应符合表 8-23 的规定。

表 8-23　外螺纹中径基本偏差 es　　单位：μm

螺距 P/ mm	c	e
1.5	−140	−67
2	−150	−71
3	−170	−85
4	−190	−95
5	−212	−106
6	−236	−118
7	−250	−125
8	−265	−132
9	−280	−140

续表

螺距 P/ mm	c	e
10	−300	−150
12	−335	−160
14	−355	−180
16	−375	−190
18	−400	−200
20	−425	−212

2．梯形螺纹公差带的选用

在没有特殊要求的情况下，为减少量规和刀具的规格品种与数量，应根据精度等级（中等、粗糙）和旋合长度组（N、L）优先选用表 8-24 推荐的内螺纹中径公差带和表 8-25 推荐的外螺纹中径公差带。其中，中等级精度用于一般用途梯形螺纹，粗糙级精度用于制造可能有困难的场合。

表 8-24　内螺纹中径推荐公差带

精 度 等 级	旋合长度组	
	N	L
中等	7H	8H
粗糙	8H	9H

表 8-25　外螺纹中径推荐公差带

精 度 等 级	旋合长度组	
	N	L
中等	7e	8e
粗糙	8c	9c

如果不知道螺纹的实际旋合长度值，则推荐按 N 组选择螺纹公差带。

对于多线螺纹，中径公差应等于相同螺距单线螺纹中径公差值（T_{D_2} 或 T_{d_2}）乘以表 8-26 中的放大系数；顶径和底径公差与相同螺距单线螺纹相等。

表 8-26　多线螺纹中径公差的放大系数

线数	2	3	4	≥5
放大系数	1.12	1.25	1.4	1.6

3．梯形螺纹的标记

梯形螺纹的完整标记由螺纹特征代号、尺寸、公差带代号及其有必要进一步说明的其他信息组成。

1）单线螺纹标记

对符合 GB/T 5796 系列标准公差要求的梯形螺纹，其标记应为字母“Tr”、公称直径和螺距的毫米值。公称直径与螺距间用“×”号分开。

[示例 1]：Tr 40×7

公差带代号只包含中径公差带代号，无须标注其他直径的公差带。因为它们的公差带位置是不变的，为 H 或 h；对内螺纹小径（D_1）和外螺纹大径（d）只规定了一个公差等级；外螺纹小径（d_3）的公差等级总与其中径（d_2）相同。

每个公差带代号包含代表中径公差等级的数字和代表中径公差带位置的字母，内螺纹用大写字母，外螺纹用小写字母。

[示例 2]：外螺纹　Tr 40×7—7e；　　　内螺纹　Tr 40×7—7H

螺纹配合的标注应内螺纹公差带代号在前，外螺纹公差带代号在后，中间用斜线分开。

[示例 3]：　Tr 40×7—7H/7e

表示螺纹旋合长度的长组，应在公差带代号后标注“L”，两者间用“—”号分开。对于中等组（N）螺纹旋合长度，则不必标注其旋合长度组代号。

[示例 4]：Tr 40×7—7H—L

2）多线螺纹标记

多线螺纹标记与单线螺纹标记类似，只需把“Tr 公称直径×”之后的“螺距值”改为“导程值 P 螺距值”。

[示例 5]：双线螺纹　Tr 40×14P7—7e

Tr 40×14P7—7H/7e

Tr 40×14P7—7H/7e—L

8.3.5　机床丝杠与螺母的公差、配合及其选用

机床丝杠是一种典型的传动螺纹，它能精确地确定工作台的坐标位置，将旋转运动转换成直线运动，并且能传递一定的动力，在精度、强度及耐磨性等方面都有很高的要求。因此，丝杠加工从毛坯到成品的每道工序都要周密考虑，以提高其精度。

机床丝杠按其摩擦特性可分为三类：滑动丝杠、滚动丝杠和静压丝杠。

滑动丝杠螺母副在机床传动中应用广泛，牙型多为梯形，比三角形牙型具有传动效率高、运动精度高、加工方便等优点。丝杠与螺母的大径和小径的公称直径不相同，两者结合后，在大径、中径及小径上均有间隙。我国对机床传动用的丝杠、螺母制定了行业标准 JB/T 2886—2008《机床梯形螺纹丝杠、螺母　技术条件》。本节主要介绍滑动丝杠精度设计的相关内容。

1．丝杠和螺母的精度等级

按 JB/T 2886—2008 的规定，丝杠和螺母的精度等级各分为 7 级：3 级、4 级、5 级、6 级、7 级、8 级、9 级。精度依次降低，即 3 级精度最高，9 级精度最低。3 级、4 级用于超高精度的坐标镗床和坐标磨床的传动定位丝杠和螺母；5 级用于螺丝磨床、坐标镗床主传动丝杠和螺母及没有校正装置的分度机构和测量仪器；6 级用于大型螺纹磨床、齿轮磨床、坐标镗床、刻线机精确传动丝杠和螺母及没有校正装置的分度机构和测量仪器；7 级用于铲床、精密螺纹车床及精密齿轮机床；8 级用于普通螺丝车床及螺丝铣床；9 级用于没有分度盘的进给机构。其他机械装置的丝杠精度可参考使用。

2．丝杠的公差

为了保证丝杠的传动精度，对丝杠的尺寸精度、几何精度应做全面要求。

1）大径、中径和小径的极限偏差

丝杠螺纹的大径、中径和小径的极限偏差不分精度等级，每种螺距的公差值和基本偏差均只有一种，见表 8-27。大径和小径的上极限偏差为零，下极限偏差为负值。中径的上、下极限偏差皆为负值。

表 8-27 丝杠螺纹的大径、中径和小径的极限偏差

螺距 P/mm	公称直径 d/mm		螺纹大径		螺纹中径		螺纹小径	
	自	至	上偏差/μm	下偏差/μm	上偏差/μm	下偏差/μm	上偏差/μm	下偏差/μm
2	10	16	0	−100	−34	−294	0	−362
	18	28				−314		−388
	30	42				−350		−399
3	10	14	0	−150	−37	−336	0	−410
	22	28				−360		−447
	30	44				−392		−465
	46	60				−392		−478
4	16	20	0	−200	−45	−400	0	−485
	44	60				−438		−534
	65	80				−462		−565
5	22	28	0	−250	−52	−462	0	−565
	30	42				−482		−578
	85	110				−530		−650
6	30	42	0	−300	−56	−522	0	−635
	44	60				−550		−646
	65	80				−572		−665
	120	150				−585		−720
8	22	28	0	−400	−67	−590	0	−720
	44	60				−620		−758
	65	80				−656		−765
	160	190				−682		−930
10	30	40	0	−550	−75	−680	0	−820
	44	60				−696		−854
	65	80				−710		−865
	200	220				−738		−900

注：螺纹大径表面作工艺基准时，其尺寸公差及形状公差由工艺提出。

2）中径尺寸的一致性公差

当丝杠螺纹各处的中径实际尺寸在公差带范围内相差较大时，会影响丝杠与螺母配合间隙的均匀性和丝杠螺纹两侧螺旋面的一致性。因此，规定丝杠螺纹有效长度范围内中径尺寸的一致性公差，见表 8-28。

表 8-28 中径尺寸的一致性公差

精度等级	螺纹有效长度/mm					
	≤1000	>1000～2000	>2000～3000	>3000～4000	>4000～5000	>5000，长度每增加1000，一致性公差应增加
	一致性公差/μm					
3	5	—	—	—	—	—

续表

精度等级	螺纹有效长度/mm					
	≤1000	>1000～2000	>2000～3000	>3000～4000	>4000～5000	>5000，长度每增加1000，一致性公差应增加
	一致性公差/μm					
4	6	11	17	—	—	—
5	8	15	22	30	38	—
6	10	20	30	40	50	5
7	12	26	40	53	65	10
8	16	36	53	70	90	20
9	21	48	70	90	116	30

3）大径表面对螺纹轴线的径向圆跳动公差

丝杠螺纹的大径对螺纹轴线的径向圆跳动用千分表和顶尖进行检测，如图 8-32 所示。

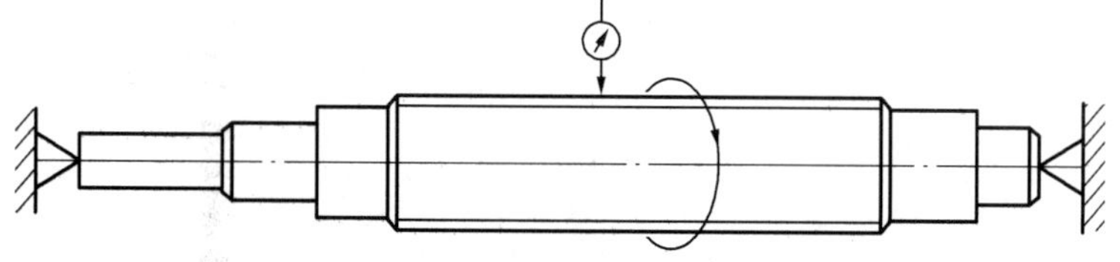

图 8-32　大径对轴线的径向圆跳动测量

当丝杠全长与螺纹公称直径之比较大时，丝杠容易变形，引起丝杠轴线弯曲，从而影响丝杠螺纹螺旋线的精度及丝杠与螺母配合间隙的均匀性。规定大径表面对螺纹轴线的径向圆跳动公差，可以保证丝杠与螺母配合间隙的均匀性和提高丝杠位移的准确性，其值见表 8-29。

表 8-29　大径表面对螺纹轴线的径向圆跳动公差　　单位：μm

长径比	精度等级						
	3	4	5	6	7	8	9
≤10	2	3	5	8	16	32	63
>10～15	2.5	4	6	10	20	40	80
>15～20	3	5	8	12	25	50	100
>20～25	4	6	10	16	32	63	125
>25～30	5	8	12	20	40	80	160
>30～35	6	10	16	25	50	100	200
>35～40	—	12	20	32	63	125	250
>40～45	—	16	25	40	80	160	315
>45～50	—	20	32	50	100	200	400
>50～60	—	—	—	63	125	250	500
>60～70	—	—	—	80	160	315	630
>70～80	—	—	—	100	200	400	800
>80～90	—	—	—	—	250	500	—

注：长径比指丝杠全长与螺纹公称直径之比。

4）螺旋线轴向公差和螺距公差

在丝杠螺纹加工中，常常会产生螺旋线轴向误差，它是实际螺旋线相对于理论螺旋线在轴向上偏离的最大代数差值，反映了丝杠的位移精度。

螺旋线轴向公差是指螺旋线轴向实际测量值相对于理论值的允许变动量，按任意的 2πrad、25mm、100mm、300mm 螺纹长度内及测量有效长度内分别规定公差值（见表 8-30），其适用于 3～6 级高精度丝杠。对于 7～9 级丝杠，则测量螺距偏差，并用螺距公差来限制丝杠的位移误差。螺距公差见表 8-31。

表 8-30 丝杠螺旋线轴向公差

精度等级	$\delta_{L2\pi}$/μm	在下列长度内的螺旋线轴向公差/mm			在下列螺纹有效长度内的螺旋线轴向公差/mm				
		25	100	300	≤1000	>1000～2000	>2000～3000	>3000～4000	>4000～5000
		允差/μm							
3	0.9	1.2	1.8	2.5	4	—	—	—	—
4	1.5	2	3	4	6	8	12	—	—
5	2.5	3.5	4.5	6.5	10	14	19	—	—
6	4	7	8	11	16	21	27	33	39

注：7～9 级丝杠不规定螺旋线轴向公差。$\delta_{L2\pi}$为任意一个螺距长度内的螺旋线轴向公差。

表 8-31 丝杠螺纹的螺距公差和螺距累积公差

精度等级	螺距公差/μm	在下列长度内的螺距累积公差/mm		在下列螺纹有效长度内的螺距累积公差/mm					
		60	300	≤1000	>1000～2000	>2000～3000	>3000～4000	>4000～5000	>5000，长度每增加1000，应增加
		允差/μm							
7	6	10	18	28	36	44	52	60	8
8	12	20	35	55	65	75	85	95	10
9	25	40	70	110	130	150	170	190	20

5）牙型半角的极限偏差

牙型半角偏差是指丝杠螺纹牙型半角实际值与公称值的代数差。由于牙型半角偏差的存在，丝杠与螺母牙侧间的接触便会不均匀，从而影响丝杠的耐磨性和传动精度。牙型半角偏差值由牙型半角极限偏差限制，见表 8-32。

表 8-32 丝杠螺纹牙型半角的极限偏差

螺距 P/mm	精度等级						
	3	4	5	6	7	8	9
	牙型半角极限偏差/′						
2~5	±8	±10	±12	±15	±20	±30	±30
6~10	±6	±8	±10	±12	±18	±25	±28
12~20	±5	±6	±8	±10	±15	±20	±25

3. 螺母的公差

1）中径公差

由于螺母的螺距和牙型半角很难测量，因此相关标准未单独规定公差，而是由中径公差来综合控制，故中径公差是一个综合公差。

非配作螺母的螺纹中径极限偏差见表 8-33，其中径下极限偏差为零，中径上极限偏差为正值。

对高精度丝杠螺母副，在生产中目前主要是按丝杠配作螺母。为了提高合格率，相关标准中规定配作螺母螺纹中径的极限偏差需根据螺母与丝杠配作的径向间隙进行控制。螺母与丝杠配作的径向间隙的规定，见 JB/T 2886—2008 的附录 B。

表 8-33　非配作螺母的螺纹中径极限偏差

螺距 P/mm		精度等级			
自	至	6	7	8	9
		允差/μm			
2	5	+55 0	+65 0	+85 0	+100 0
6	10	+65 0	+75 0	+100 0	+120 0
12	20	+75 0	+85 0	+120 0	+150 0

2）大径和小径公差

在螺母螺纹的大径和小径处均有较大间隙，对其尺寸精度无严格要求，因而公差值均较大，见表 8-34。

表 8-34　螺母螺纹的大径和小径的极限偏差

螺距 P/mm	公称直径 D/mm		螺纹大径		螺纹小径	
	自	至	上偏差/μm	下偏差/μm	上偏差/μm	下偏差/μm
			允差/μm			
2	10 18 30	16 28 42	+328 +355 +370	0	+100	0
3	10 22 30 46	14 28 44 60	+372 +408 +428 +440	0	+150	0
4	16 44 65	20 60 80	+440 +490 +520	0	+200	0
5	22 30 85	28 42 110	+515 +528 +595	0	+250	0

续表

螺距 P/mm	公称直径 D/mm		螺纹大径		螺纹小径	
	自	至	上偏差/μm	下偏差/μm	上偏差/μm	下偏差/μm
			允差/μm			
6	30 44 65 120	42 60 80 150	+578 +590 +610 +660	0	+300	0
8	22 44 65 160	28 60 80 190	+650 +690 +700 +765	0	+400	0
10	30 44 65 200	42 60 80 220	+745 +778 +790 +825	0	+500	0

注：螺纹大径或小径表面作工艺基准时，其尺寸公差及形状公差由工艺提出。

4. 丝杠和螺母的表面粗糙度

丝杠和螺母的表面粗糙度见表 8-35。

表 8-35 丝杠和螺母的表面粗糙度 *Ra* 单位：μm

精度等级	螺纹大径表面		牙型侧面		螺纹小径表面	
	丝杠	螺母	丝杠	螺母	丝杠	螺母
3	0.2	3.2	0.2	0.4	0.8	0.8
4	0.4	3.2	0.4	0.8	0.8	0.8
5	0.4	3.2	0.4	0.8	0.8	0.8
6	0.4	3.2	0.4	0.8	1.6	0.8
7	0.4	6.3	0.8	1.6	3.2	1.6
8	0.8	6.3	1.6	1.6	6.3	1.6
9	1.6	6.3	1.6	1.6	6.3	1.6

注：丝杠和螺母的牙型侧面不应有明显波纹。

5. 丝杠和螺母的标识

丝杠、螺母的标识由产品代号、公称直径、螺距、螺纹旋向及螺纹精度等级组成。具体形式如下：

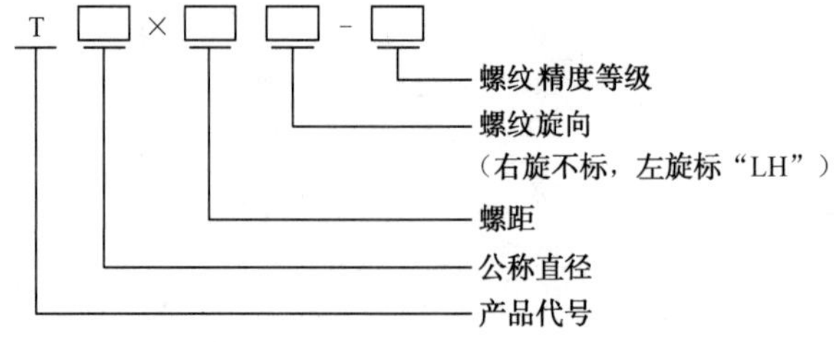

[示例]：

T55×12-6	公称直径为 55mm、螺距为 12mm、精度等级为 6 级的右旋螺纹
T55×12LH-6	公称直径为 55mm、螺距为 12mm、精度等级为 6 级的左旋螺纹

8.3.6　螺纹的检测

螺纹的检测方法可分为综合检验和单项测量两类。

1．综合检验

前已述及，对大量用于紧固连接的普通螺纹，只要求保证可旋合性及一定的连接强度，其螺距误差及半角误差是由中径公差综合控制的，而不需要单独规定公差。因此，检测时应按极限尺寸判断原则（泰勒原则）用螺纹量规（综合极限量规）来检验，即以牙型完整的通规模拟被测螺纹牙廓的最大实体边界来控制包括螺距误差和半角误差在内的螺纹作用中径，而用牙型不完整的止规模拟两点法检验实际中径。

综合检验时，被检螺纹合格的标志是通端量规能顺利地与被检螺纹在被检全长上旋合，而止端量规不能完全旋合或不能旋入。螺纹量规有塞规和环规，分别用于检验内、外螺纹。螺纹量规也分为工作量规、验收量规和校对量规，其功用、区别与光滑圆柱极限量规相同。

外螺纹的大径尺寸和内螺纹的小径尺寸是在加工螺纹之前的工序完成的，它们分别用光滑极限卡规和塞规来检验。因此，螺纹量规主要是检验螺纹的中径，同时还要限制内螺纹的大径（不能过小）和外螺纹的小径（不能过大），否则螺纹不能旋合使用。

图 8-33 表示检验外螺纹的情况，通端螺纹环规控制外螺纹的作用中径及小径最大尺寸，而止端螺纹环规只用来控制外螺纹的实际中径。外螺纹大径用卡规另行检验。

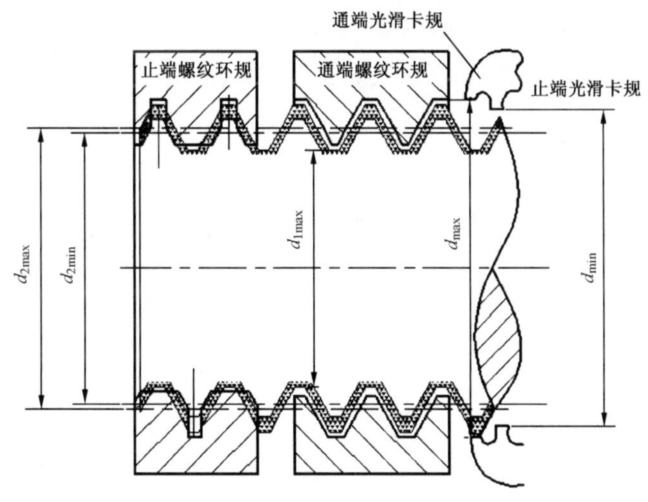

图 8-33　外螺纹的检验

图 8-34 表示检验内螺纹的情况。通端螺纹塞规控制内螺纹的作用中径及大径最小尺寸，而止端螺纹塞规只用来控制内螺纹的实际中径。内螺纹小径由光滑塞规另行检验。

通端螺纹量规主要用来控制被检螺纹的作用中径，故采用完整的牙型，且量规长度应与被检螺纹的旋合长度相同，这样可按包容要求来控制被检螺纹中径的最大实体尺寸（边界）；止端螺纹量规要求控制被检螺纹中径的最小实体尺寸，判断其合格的标志是不能完全旋合或不能旋入被检螺纹。为避免螺距误差和牙型半角误差对检验结果的影响，止端螺纹量规应做成截短牙型，其螺纹圈数也很少（理论上应采用两点法检测，但不可能做到）。

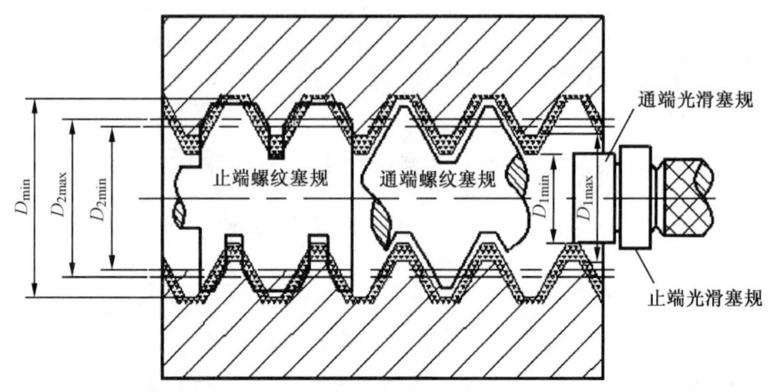

图 8-34 内螺纹的检验

普通螺纹产量很大，用量规进行综合检验非常方便。螺纹量规的准确度很高，在相应的标准中对其中径、螺距、牙型半角的公差都有规定。

2. 单项测量

对精密螺纹，除可旋合性及连接可靠外，还有其他精度要求和功能要求，故按公差原则中的独立原则对其中径、螺距和牙型半角等参数分别规定公差，相应地要求分项进行测量。

分项测量螺纹的方法很多，最典型的是用万能工具显微镜测量中径、螺距和牙型半角。万能工具显微镜是一种应用很广泛的光学计量仪器，测量螺纹是其主要用途之一。

测量外螺纹的单一中径，生产中多用“三针法”。

三针法简便，测量准确度高，故生产中应用很广。如图 8-35 所示，将三根精密量针放在螺纹的牙槽中，再用精密量仪（如杠杆千分尺、光学计、测长仪等）测出 M 值，按公式计算出被测单一中径值 d_2。

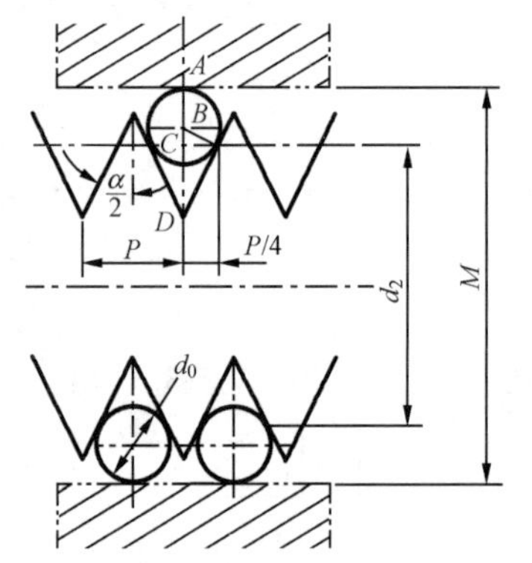

图 8-35 “三针法”测量外螺纹单一中径

由图 8-35 可知：

$$d_2 = M - 2AC = M - 2(AD - CD)$$

$$AD = AB + BD = \frac{d_0}{2} + \frac{d_0}{2\sin\frac{\alpha}{2}} = \frac{d_0}{2}\left(1 + \frac{1}{\sin\frac{\alpha}{2}}\right)$$

$$CD = \frac{P}{4}\cot\frac{\alpha}{2}$$

所以有

$$d_2 = M - d_0\left(1 + \frac{1}{\sin\frac{\alpha}{2}}\right) + \frac{P}{2}\cot\frac{\alpha}{2}$$

对公制螺纹(α=60°)：$d_2 = M - 3d_0 + 0.866P$

对梯形螺纹(α=30°)：$d_2 = M - 4.863d_0 + 1.866P$

式中 d_0 ——量针直径（d_0 值应保证量针在被测螺纹单一中径处接触）；

d_2、P、$\frac{\alpha}{2}$ ——被测螺纹的中径、螺距和牙型半角。

对低精度外螺纹中径，还常用螺纹千分尺测量。

内螺纹的分项测量比较困难，具体方法可参阅有关资料，这里不多介绍。

作业题

1．拖拉机带轮部件图 2-21 中，从动锥齿轮件 17 通过平键将扭矩传递给皮带轮件 9，为安装方便，带轮内孔与齿轮轴配合为 ϕ28H8/h8。试确定轴槽与轮毂槽的剖面尺寸及其极限偏差、键槽对称度公差和键槽表面粗糙度值，并画出带轮草图，对键槽进行标注。

2．某车床主轴箱中有一个变速滑移齿轮与轴相结合，采用矩形花键固定连接，花键的基本尺寸为 6×23×26×6。已知齿轮内孔不需要热处理，试查表确定花键的大径、小径和键宽的公差带代号，并画出公差带图。

3．试确定矩形花键配合 $6\times28\frac{\text{H7}}{\text{g7}}\times32\frac{\text{H10}}{\text{a11}}\times7\frac{\text{H11}}{\text{f9}}$ 中内、外花键的小径、大径、键宽、槽宽的极限偏差和位置度公差，并指出各自应遵守的公差原则。

4．圆锥角公差与倾斜度公差都能控制圆锥的角度，二者有何不同，试加以分析。

5．C620-1 车床尾座顶尖套筒与顶尖的结合采用莫氏 4 号锥度，顶尖的基本圆锥长度 $L = 118\text{mm}$，圆锥角公差为 AT8，试查表确定其基本圆锥角 α 和锥度 C，以及圆锥角公差数值。

6．已知内圆锥的最大直径 $D = \phi23.825\text{mm}$，最小直径 $d = \phi20.2\text{mm}$，锥度 C=1∶19.922，基本圆锥长度 $L = 120\text{mm}$，其直径公差带代号为 H8。试查表确定内圆锥直径公差 T_{D} 所限制的最大圆锥角误差 $\Delta\alpha_{\max}$。

7．有一个螺栓 M20—6f，加工后测得其尺寸为：单一中径 d_{2s}=18.39mm，螺距偏差 ΔP_{Σ}=20μm，牙型半角偏差 $\Delta\frac{\alpha_1}{2} = +30'$，$\Delta\frac{\alpha_2}{2} = +20'$。试画出公差带图，并判断该螺栓是否合格。

8．用三针法测量外螺纹 M24×3—6h 的单一中径，若已知 $\Delta\frac{\alpha}{2} = 0$，$\Delta P = 0$，测得

$M = 24.514\,\text{mm}$，所用三针直径 $d_0 = 1.732\text{mm}$。问此螺纹中径是否合格？

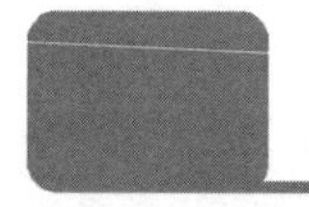

思考题

1．铣削动力头主轴部件图2-20中，件6是端面键，试分析其作用及与主轴端面槽的配合；查阅标准JB/T 4366.3—2011，画出件6的零件图并完整标注。

2．在平键连接中，键、轴槽、轮槽的什么尺寸是配合尺寸，什么尺寸是非配合尺寸？

3．在平键连接中，键宽与轴槽、轮槽宽度的配合以什么为基准件？按松紧程度有几种配合？它们分别应用在什么场合？

4．除规定尺寸公差外，矩形内、外花键还规定哪些位置公差？

5．圆锥结合与圆柱结合相比有何特点？试举几个具体例子予以说明。

6．为什么许多钻头、铰刀、铣刀等刀具的尾柄，与机床主轴孔的连接，采用圆锥配合？试分析它们的工作条件并定性给出对刀具尾柄的几何精度要求。

7．怎样使用圆锥量规测量工件的内、外圆锥？如何判断被测锥度（或圆锥角）实际偏差的正、负号？

8．中径、单一中径、作用中径有何区别与联系？

9．什么是作用中径？为什么螺纹中径要用实际中径和作用中径一起来控制？

10．为什么不对普通螺纹单独规定螺距公差与牙型半角公差？

主要相关国家标准

1．GB/T 1095—2003 平键　键槽的剖面尺寸
2．GB/T 1144—2001 矩形花键尺寸、公差和检验
3．GB/T 157—2001 产品几何量技术规范（GPS）圆锥的锥度与锥角系列
4．GB/T 11334—2005 产品几何量技术规范（GPS）圆锥公差
5．GB/T 12360—2005 产品几何量技术规范（GPS）圆锥配合
6．GB/T 11852—2003 圆锥量规公差与技术条件
7．GB/T 197—2018 普通螺纹公差
8．GB/T 5796.1—2022 梯形螺纹 第1部分：牙型
9．GB/T 5796.2—2022 梯形螺纹 第2部分：直径与螺距系列
10．GB/T 5796.3—2022 梯形螺纹 第3部分：基本尺寸
11．GB/T 5796.4—2022 梯形螺纹 第4部分：公差
12．JB/T 2886—2008 机床梯形螺纹丝杠、螺母　技术条件

Chapter 9

第9章 渐开线圆柱齿轮传动的互换性

本章结构与主要知识点

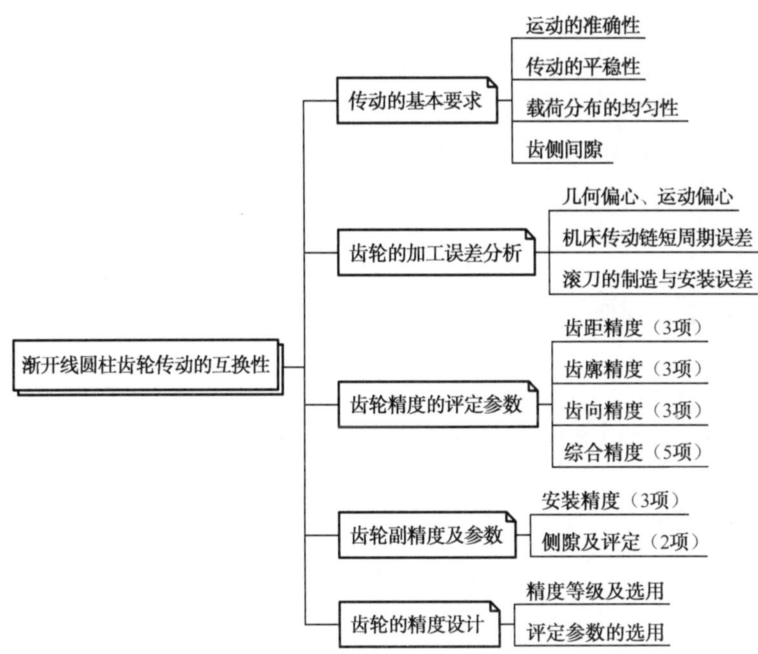

齿轮传动由齿轮副传递运动和动力，是现代机械设备中应用比较广泛的一种机械传动方式。齿轮传动的主要优点是传动比准确，传动效率高，结构紧凑，工作可靠，使用寿命长。齿轮传动的精度与机械设备或仪器的工作性能密切相关。渐开线圆柱齿轮是齿轮中应用比较广泛的一种形式。本章围绕齿轮传动的基本要求，针对不同的齿轮误差，重点介绍渐开线圆柱齿轮及齿轮副精度的各项评定指标、齿轮精度及评定指标的选用原则及方法。通过对本章的学习及实践，初步掌握齿轮的精度设计。

9.1 齿轮传动及加工误差分析

9.1.1 齿轮传动的基本要求

随着工业生产和科学技术的发展，对机械产品的要求是质量轻、传递功率大、转速和工作精度高，因此对齿轮传动的精度提出越来越高的要求。

不同机械所使用的齿轮，对其传动的要求因用途不同而各异，但归纳起来主要有以下 4 项：

（1）传递运动的准确性，即运动精度。要求主动齿轮转过某一角度时，从动齿轮应按传动比关系转过相应的角度，即要求齿轮在一转范围内，最大转角误差应不超出工作情况所允许的范围，保证从动件与主动件协调一致。

（2）传动的平稳性，即平稳性精度。要求齿轮在传动过程中瞬时传动比变化不大，使噪声小、传动和冲击振动小，以保证传动平稳，提高整机的工作精度。

（3）载荷分布的均匀性，即接触精度。要求齿轮啮合时，其齿面的实际接触面积要大、接触要密合，因此齿面载荷分布均匀，不易磨损，可延长齿轮的使用寿命。

（4）齿侧间隙。要求两齿轮啮合时，非工作齿面间有一定的间隙。其目的是储藏润滑油，补偿齿轮传动时因弹性变形、热变形，以及齿轮传动装置的制造误差和装配误差而产生的尺寸变化，防止传动过程中可能出现的卡死现象。

9.1.2 齿轮的加工误差分析

影响上述 4 项基本要求的误差因素主要包括齿轮副的安装误差和齿轮的加工误差。齿轮副的安装误差来源于箱体、轴和轴承等零部件的制造和装配误差。齿轮的加工误差来源于机床、刀具、夹具及齿坯的制造、定位等误差。

齿轮的加工误差按其在齿轮上出现的方向，分为径向误差、切向误差和轴向误差。

根据误差的周期性，以齿轮每旋转一圈（360°）为周期的误差称为长周期误差（或称为低频误差），其主要影响齿轮传递运动的准确性；在齿轮每旋转一圈的过程中反复出现的误差称为短周期误差（或称为高频误差），其主要影响齿轮传动的平稳性，是引起振动和噪声的主要原因。

成批生产中，滚齿是中高精度齿轮的主要加工工艺。滚齿加工中，产生加工误差的主要因素有：

（1）几何偏心。几何偏心包括齿坯基准孔与心轴之间的间隙所造成的安装偏心、心轴与机床工作台回转轴线不重合产生的偏心、齿坯的定位端面与心轴轴线不垂直而引起的偏心等。3 种偏心合成的结果使齿坯加工时的基准轴线与齿轮工作时的旋转轴线不重合。

仅以安装偏心为例，如图 9-1（a）所示，齿坯孔轴线 $o'o'$ 与心轴回转轴线 oo 不重合，产生偏心量 $e_{几}$。此时，因滚刀至 oo 的距离在切齿过程中保持不变，切出的齿以 oo 为轴线均布，而齿轮在工作或测量时以 $o'o'$ 为回转轴线，这样在以 o' 为圆心的分度圆上，齿距和齿厚就不均匀，如图 9-1（b）所示。几何偏心引起的误差属于径向误差。

（2）运动偏心。运动偏心是由于机床分度蜗轮加工误差及安装偏心引起的。如图 9-2 所示，机床分度蜗轮的回转轴线 $o''o''$ 与机床心轴回转轴线 oo 不重合，形成安装偏心 $e_{蜗}$。加工时，蜗杆、蜗轮匀速旋转，但心轴和齿坯会产生不均匀的转速，即被加工齿坯以一转为周期时快时慢，转速快时，齿廓被多切，转速慢时，则被少切，导致齿距分布不均匀。另外，齿廓的多切或少切，使得齿坯与滚刀啮合节点的半径不断变化，基圆半径和渐开线形状也随之变化。由于基圆半径的变化是连续的，对齿轮的整个齿廓来说，相当于基圆有了偏心。因此，将由于齿坯角速度变化引起的基圆偏心称为运动偏心，其数值为基圆半径最大值与最小值之差的一半。误差反映在齿轮圆周的切向，故属于切向误差。

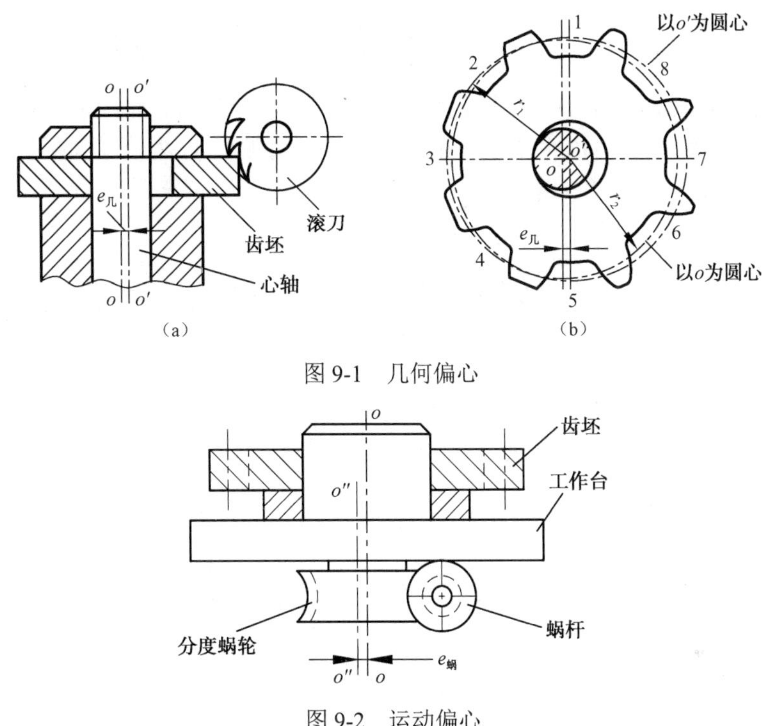

图 9-1　几何偏心

图 9-2　运动偏心

（3）机床传动链的短周期误差。加工直齿轮时，主要受机床分度链各传动零件误差的影响，尤其是受分度蜗杆径向跳动和轴向窜动的影响；加工斜齿轮时，除分度链外，还受差动链误差的影响。

（4）滚刀的制造误差与安装误差，如滚刀的径向跳动、轴向窜动及齿形角误差等。

几何偏心、运动偏心所产生的齿轮误差，以一转为周期，是长周期误差；机床传动链及滚刀各相关误差所产生的齿轮误差，在齿轮一转中多次重复出现，则是短周期误差。

另外，按相对于齿轮的几何方向，齿轮误差还可分为径向误差、切向误差和轴向误差。

9.2 齿轮精度

鉴于齿轮的结构特点，可以将渐开线圆柱齿轮齿廓的几何特征分为尺寸特征（齿厚）、形状特征（齿廓）、方向特征（齿向）和位置特征（齿距）。各项几何特征的偏差或误差都会对齿轮传动的功能产生影响。另外，作为齿轮工作基准的两轴线的尺寸（中心距）和方向（平行度）也是影响传动功能的重要几何参数。

结合渐开线圆柱齿轮齿廓的几何特征，本节按照齿距精度、齿廓精度、齿向精度、综合精度的顺序，依次讨论其评价指标。

9.2.1 齿距精度

齿距精度用齿距偏差值评价，是指实际齿廓圆周分布位置的变动。具体评价指标有 3 项，分别是单个齿距偏差 f_{pt}、齿距累积偏差 F_{pk} 和齿距累积总偏差 F_p。

1. 单个齿距偏差 f_{pt}

单个齿距偏差 f_{pt} 是指端平面上，在接近齿高中部的一个与齿轮轴线同心的圆上，实际齿距与理论齿距 $\widehat{P}_t$ 的代数差。实际齿距大于理论齿距时，齿距偏差 f_{pt} 为正；实际齿距小于理论齿距时，齿距偏差 f_{pt} 为负，如图 9-3 所示。

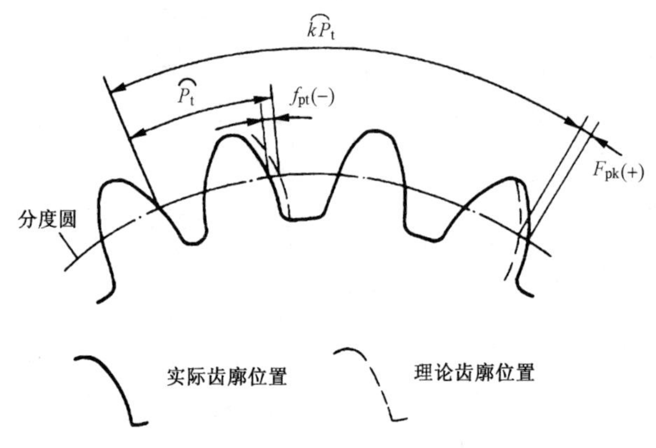

图 9-3 单个齿距偏差和 k 个齿距累积偏差

单个齿距偏差 f_{pt} 主要影响换齿啮合过程的传动平稳性。

2. 齿距累积偏差 F_{pk}

齿距累积偏差 F_{pk} 是指任意 k 个齿距的实际弧长与理论弧长的代数差，如图 9-3 所示。理论上，F_{pk} 等于这 k 个齿距的各单个齿距偏差的代数和。

除非另有规定，通常 F_{pk} 被限定在不大于 1/8 的圆周上评定。因此，F_{pk} 的允许值适用于齿距数 k 为 2 到小于 $z/8$ 的弧段内。通常，取 $k=z/8$ 就足够了，对于特殊的应用（如高速齿轮）还需检验较小弧段，并规定相应的 k 值。

齿距累积偏差 F_{pk} 反映了多齿数齿轮的齿距累积在整个齿圈上分布的均匀性，对于齿数较多的齿轮，可以作为附加指标提出。

3. 齿距累积总偏差 F_p

齿距累积总偏差 F_p 是指齿轮同侧齿面任意弧段（k=1～z）内的最大齿距累积偏差。其表现为齿距累积偏差曲线的总幅值，如图 9-4 所示。齿距累积总偏差主要影响运动精度。

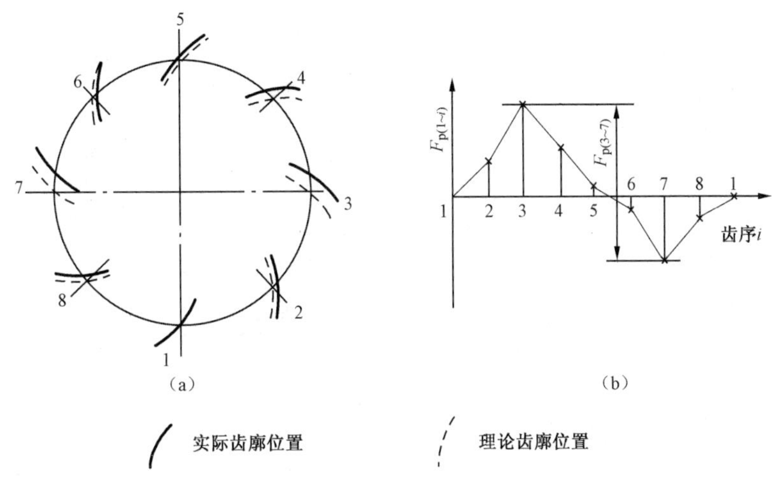

图 9-4　齿距累积总偏差

9.2.2　齿廓精度

齿廓精度用齿廓偏差值评价，是指实际齿廓偏离设计齿廓的量，在端平面内且垂直于渐开线齿廓的方向计值。具体评价指标有三项，分别是齿廓总偏差 F_α、齿廓形状偏差 $f_{f\alpha}$ 和齿廓倾斜偏差 $f_{H\alpha}$。

1．齿廓总偏差 F_α

齿廓总偏差是指在计值范围 L_α 内，包容实际齿廓迹线的两条设计齿廓迹线间的距离，如图 9-5（a）所示。

齿廓计值范围的长度 L_α 约占齿廓有效长度 L_{AE} 的 92%。有效长度是齿廓从齿顶倒棱或倒圆的起始点 A 延伸到与之配对齿轮或基本齿条相啮合的有效齿廓的起始点 E 之间的长度。

2．齿廓形状偏差 $f_{f\alpha}$

齿廓形状偏差是指在计值范围 L_α 内，包容实际齿廓迹线的两条与平均齿廓迹线完全相同的曲线间的距离，并且这两条曲线与平均齿廓迹线的距离相等，如图 9-5（b）所示。

3．齿廓倾斜偏差 $f_{H\alpha}$

齿廓倾斜偏差是指在计值范围 L_α 的两端与平均齿廓迹线相交的两条设计齿廓迹线间的距离，如图 9-5（c）所示。

在图 9-5 所示的实际齿廓记录图形中，横坐标为实际齿廓上各点的展开角，纵坐标为实际齿廓对理想渐开线的变动。由齿廓检查仪的工作原理知，当实际齿廓为理想渐开线时，其记录图形为一条平行于横坐标的直线。显然，设计齿廓为修形的渐开线（如鼓形齿）时，定义齿廓总偏差的曲线和平均齿廓曲线也应做相应的修形，齿廓记录的图形不再是直线。

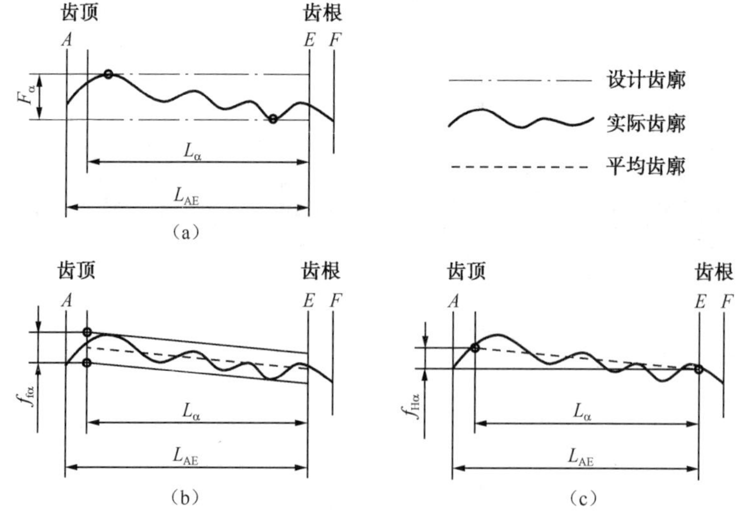

图 9-5 齿廓总偏差、齿廓形状偏差和齿廓倾斜偏差

这里，应对设计齿廓和平均齿廓做补充定义：

设计齿廓是指符合设计规定的齿廓。当无其他限定时，指端面齿廓。

平均齿廓是设计齿廓迹线的纵坐标减去一条斜直线的相应纵坐标后得到的一条迹线。这条斜直线使得在计值范围内，实际齿廓迹线偏离平均齿廓迹线之偏差的平方和最小，因此，平均齿廓迹线的位置和倾斜可以用“最小二乘法”求得。平均齿廓是用来确定 $f_{f\alpha}$ 和 $f_{H\alpha}$ 的一条辅助齿廓迹线。

一般情况下，齿轮设计时仅要求齿廓总偏差 F_α 不得超出其允许值。

齿廓形状偏差 $f_{f\alpha}$ 和齿廓倾斜偏差 $f_{H\alpha}$ 不是强制性的单项检测指标，但由于二者对齿轮的传动性能有重要影响，因此 GB/T 10095.1—2008 仍在附录中规定了齿廓形状偏差允许值和齿廓倾斜偏差允许值。测量时，若实际齿廓记录图形的平均齿廓的齿顶高于齿根，即实际压力角小于理论压力角，则定义齿廓倾斜偏差为正；若平均齿廓的齿顶低于齿根，即实际压力角大于理论压力角，则齿廓倾斜偏差为负。

9.2.3 齿向精度

齿向精度用螺旋线偏差值评价，是指在端面基圆切线方向上测得的实际螺旋线偏离设计螺旋线的量，用于控制轮齿实际齿面方向的变动，其主要影响齿轮传动的承载能力。这里，轮齿的方向由齿面与分度圆柱面的交线，即齿线（也称齿向线）表示。不修形直齿轮的齿线为直线，不修形斜齿轮的齿线为螺旋线。

由于直线可以看做螺旋线的特例（升角为 90°），所以可以只给出斜齿轮的各齿向精度评价指标，分别是螺旋线总偏差 F_β、螺旋线形状偏差 $f_{f\beta}$ 和螺旋线倾斜偏差 $f_{H\beta}$。

1. 螺旋线总偏差 F_β

螺旋线总偏差是指在计值范围 L_β 内，包容实际螺旋线迹线的两条设计螺旋线迹线间的距离，如图 9-6（a）所示。这里，螺旋线计值范围 L_β 等于齿宽 b 的两端各减去齿宽的 5%或一个模数长度（取两者中的较小值）后的齿线长度。

2．螺旋线形状偏差 $f_{f\beta}$

螺旋线形状偏差是指在计值范围 L_β 内，包容实际螺旋线迹线的两条与平均螺旋线迹线完全相同的曲线间的距离，并且这两条曲线与平均螺旋线迹线的距离相等，如图 9-6（b）所示。

3．螺旋线倾斜偏差 $f_{H\beta}$

螺旋线倾斜偏差是指在计值范围 L_β 的两端，与平均螺旋线迹线相交的两条设计螺旋线迹线间的距离，如图 9-6（c）所示。

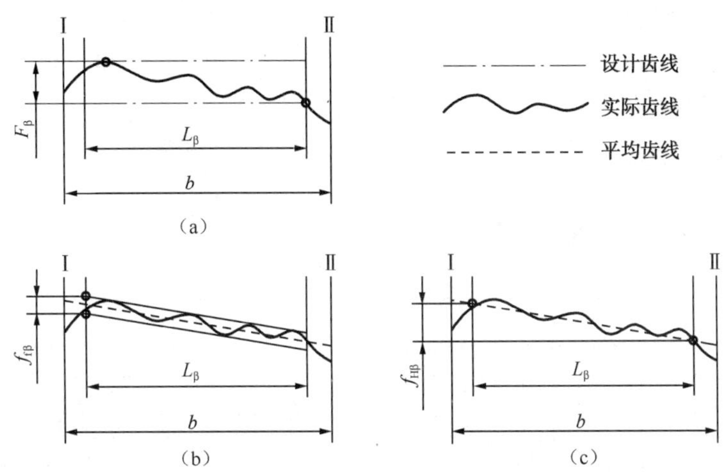

图 9-6　螺旋线总偏差、螺旋线形状偏差和螺旋线倾斜偏差

在图 9-6 所示的实际齿线记录图形中，横坐标为齿轮轴线方向，纵坐标为实际齿线对理想齿线的变动。当实际齿线为理想螺旋线时，测量仪器记录图形为一条平行于横坐标的直线。

这里，应对设计螺旋线和平均螺旋线做补充定义：

设计螺旋线是指符合设计规定的螺旋线。未经修形的螺旋线，仪器记录图形迹线一般为直线。图 9-6 中，设计螺旋线用点画线表示。

平均螺旋线是设计螺旋线的纵坐标减去一条斜直线的纵坐标后得到的一条迹线。使得这条斜直线使得在计值范围内，实际螺旋线对平均螺旋线偏差的平方和最小，因此，平均螺旋线的位置和倾斜可以用“最小二乘法”求得。

当采用修形的设计齿线（如鼓形齿）时，定义螺旋线总偏差和平均齿线的曲线也应做相应的修形。

一般情况下，齿轮设计时仅要求螺旋线总偏差 F_β 不得超过其允许值。螺旋线形状偏差 $f_{f\beta}$ 和螺旋线倾斜偏差 $f_{H\beta}$ 不是强制性的单项检测指标，但由于二者对齿轮的传动性能有重要影响，因此 GB/T 10095.1—2008 仍在附录中规定了螺旋线形状偏差允许值和螺旋线倾斜偏差允许值。

9.2.4　综合精度

以上介绍的各项评价指标是关于渐开线齿面影响齿轮传动功能要求的位置、形状和方向等单项几何特征的精度指标。由于齿轮各单项偏差有相互叠加或抵消的作用，所以还应采用综合精度指标进行评价。

综合精度的评价指标有 5 项，分别是切向综合总偏差 F_i'、一齿切向综合偏差 f_i'、径向综合总偏差 F_i''、一齿径向综合偏差 f_i'' 和径向跳动 F_r。

1．切向综合总偏差 F_i'

切向综合总偏差 F_i' 是指被测齿轮与测量齿轮单面啮合检验时，被测齿轮一转内，齿轮分度圆上实际圆周位移与理论圆周位移的最大差值，如图 9-7 所示。

这里，“测量齿轮”是一种精度远高于被测齿轮的检验齿轮，一般至少比被测齿轮（产品齿轮）的精度高两级。

切向综合总偏差 F_i' 是几何偏心、运动偏心等加工误差的综合反映，但由于其测量精度受限于测量齿轮，因此其检验不是强制性的。若确需检验，应与轮齿接触的检验同时进行，同时要加以足够的载荷，确保只有同侧齿面单面接触。

2．一齿切向综合偏差 f_i'

一齿切向综合偏差 f_i' 是指在一个齿距内的切向综合偏差值，如图 9-7 所示。

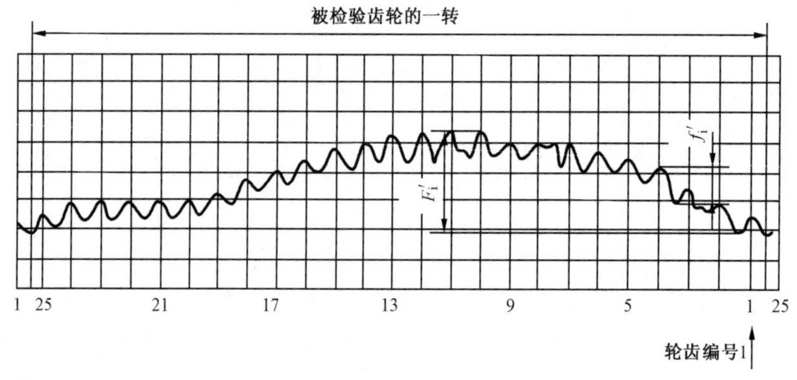

图 9-7 切向综合偏差

切向综合偏差需用单面啮合齿轮综合测量仪（简称单啮仪）进行测量。单啮仪的工作原理如图 9-8 所示。与齿轮同轴安装的测角传感器（圆光栅）分别测量两个齿轮的实际转角 θ_1 和 θ_2，如以主动轮的转角 θ_1 为基准，则从动轮的理论转角为 $\theta_2' = \theta_1/i$（i 为传动比），从动轮的实际转角 θ_2 与理论转角 θ_2' 的差值即为传动误差。如果主动轮和从动轮中有一个是高精度的测量齿轮，那么传动误差即被视为被测齿轮的切向综合偏差 $\delta = \theta_2 - \theta_2' = \theta_2 - \theta_1/i$。

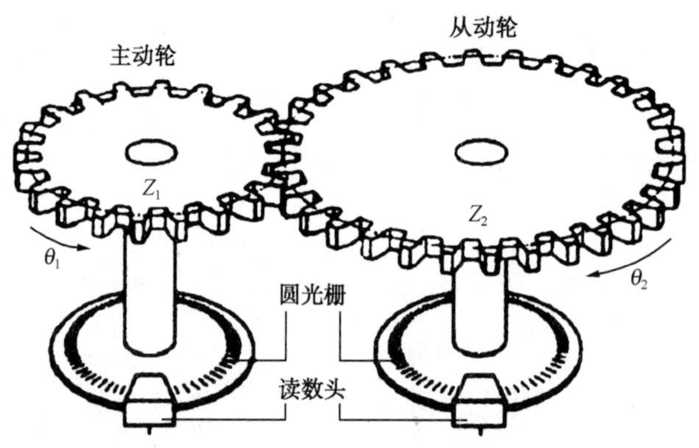

图 9-8 单啮仪的工作原理

对于规格较大的齿轮，可以在机构中安装好齿轮后，测量齿轮副的综合偏差，再用数据处理的方法分离出各单个齿轮的切向综合偏差。

3．径向综合总偏差 F_i''

径向综合总偏差 F_i'' 是指在径向（双面）综合检验时，产品齿轮的左、右齿面同时与测量齿轮接触，并转过一整圈时出现的中心距最大值和最小值之差，如图 9-9 所示。

4．一齿径向综合偏差 f_i''

一齿径向综合偏差 f_i'' 是指当产品齿轮啮合一整圈时，对应一个齿距（360°/z）的径向综合偏差值，如图 9-9 所示。

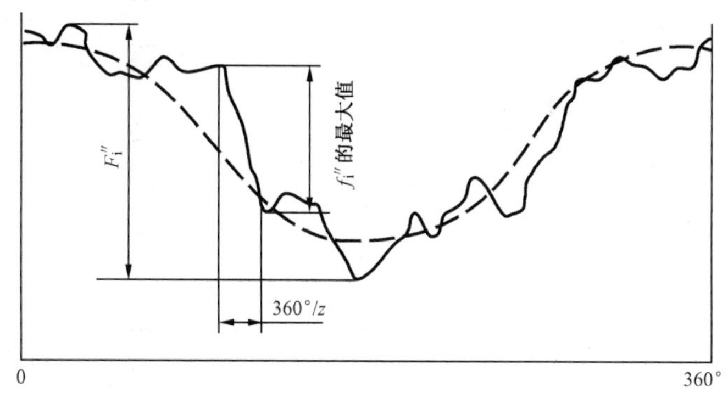

图 9-9　径向综合偏差

径向综合检查仪的工作原理如图 9-10 所示。显然，径向综合偏差的测量值受到测量齿轮精度和两齿轮的总重合度的影响。因此，对于直齿轮，可按规定的公差确定测量齿轮的精度等级；对于斜齿轮，其齿宽应使与被测齿轮（产品齿轮）啮合时的纵向重合度小于或等于 0.5。

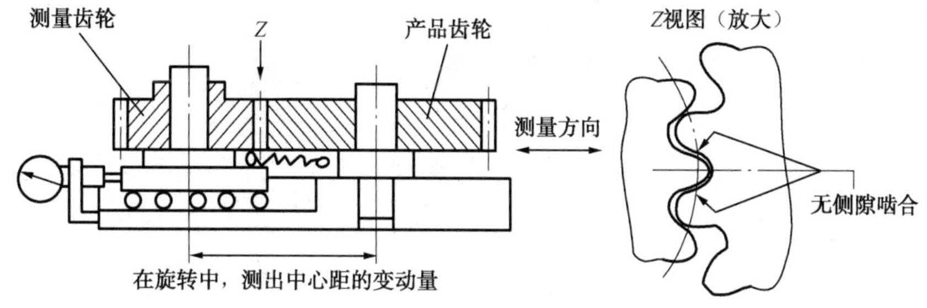

图 9-10　径向综合检查仪的工作原理

径向综合偏差仪适用于产品齿轮与测量齿轮的啮合检查，而不适用于两个产品齿轮啮合的测量。

5．径向跳动 F_r

齿轮径向跳动为测头（球形、圆柱形、砧形）相继置于每个齿槽内时，测头到齿轮轴线的最大径向距离和最小径向距离之差，如图 9-11 所示。

F_r 反映齿廓径向位置的变化，但并不反映由运动偏心引起的切向误差，故不能全面评价传递运动的准确性。齿圈径向跳动可以在齿圈径向跳动检查仪、万能测齿仪或普通偏摆检查仪上用指示表测量。

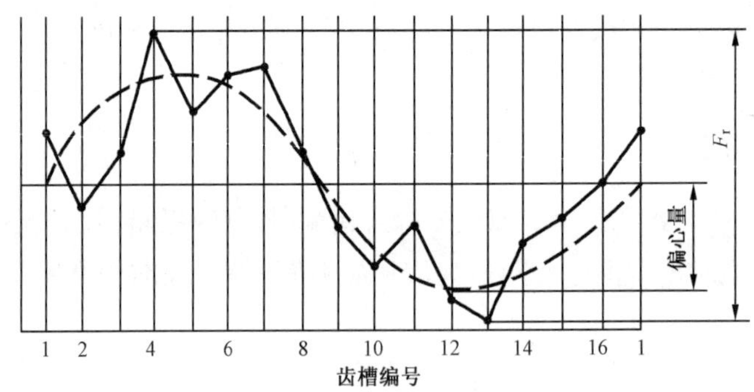

图 9-11　径向跳动

测量时，以齿轮孔为基准，将测头放入各齿槽内，如图 9-12 所示，测头与齿槽（或轮齿）双面接触，沿齿圈逐齿测量一整转，在指示表上读出测头径向位置的最大示值和最小示值之差，这个值就是被测齿轮的齿圈径向跳动。

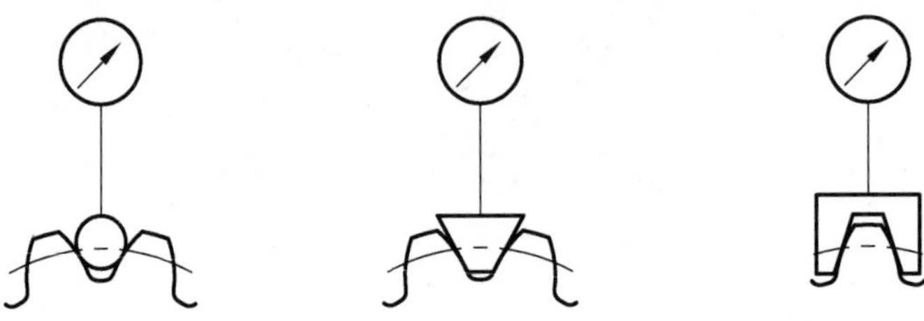

图 9-12　径向跳动测量

切向综合偏差（F_i'、f_i'）只与齿轮同侧齿面的误差有关，比较接近齿轮的实际工作状态，可以用于较高精度齿轮传动性能的评价；径向综合偏差（F_i''、f_i''）与齿轮两侧齿面误差的综合结果有关。当被测齿轮的规格较大时，由于受测量仪器的限制，可以用齿圈径向跳动 F_r 代替径向综合总偏差。

径向综合偏差（F_i''、f_i''）和齿圈径向跳动 F_r 之所以只适用于一般和较低精度齿轮的评价，是由于它们只反映齿面对齿轮轴线的径向位置偏差，而直接影响齿轮传动精度的是齿面的切向位置偏差。例如，用分度法切齿时，只要刀具与被切齿坯轴线的径向相对位置不变，就不会造成齿轮的径向综合偏差或齿圈的径向跳动，但分度机构的分度误差会导致齿面的圆周分布（切向位置）偏差，从而直接影响齿轮的传动精度。

9.3 齿轮副的安装精度与侧隙

两个齿轮啮合传动时，影响齿轮副传动的因素是多方面的，除控制单个齿轮的精度外，还必须控制齿轮副的安装误差及齿轮配合的侧隙等。

9.3.1 齿轮副的安装精度

对于渐开线圆柱齿轮副，为保证传动精度，从装配方面考虑，应分别限制齿轮轴线在两个互相垂直方向上的平行度误差 $f_{\Sigma\delta}$ 和 $f_{\Sigma\beta}$，同时，还应限制两齿轮的中心距偏差 f_a。

1．轴线的平行度误差 $f_{\Sigma\delta}$、$f_{\Sigma\beta}$

齿轮副轴线的平行度误差应在互相垂直的两个方向上测量。如图 9-13 所示，轴线平面内的平行度误差 $f_{\Sigma\delta}$ 是在两条轴线的公共平面上测量的。公共平面是以两个轴承跨距中较长的一个 L，与另一个轴上的一个轴承来确定的。如果两个轴承的跨距相同，则用小齿轮轴和大齿轮轴的一个轴承确定公共平面。垂直平面上的平行度误差 $f_{\Sigma\beta}$ 是在与轴线公共平面相垂直的"交错轴平面"上测量的。

$f_{\Sigma\delta}$ 和 $f_{\Sigma\beta}$ 均是以与有关轴承间距离 L（轴承中间距）相关联的值来表示的，两者会影响齿面的正常接触，使载荷分布不均匀。具体而言，轴线平面上的平行度误差 $f_{\Sigma\delta}$ 影响螺旋线啮合偏差，这个影响是工作压力角的正弦函数，而垂直平面上的平行度误差 $f_{\Sigma\beta}$ 的影响是工作压力角的余弦函数。可见，垂直平面上的误差比同样大小的轴线平面上的误差导致的啮合偏差要大 2～3 倍。因此，对两种平行度误差应规定不同的最大允许值。

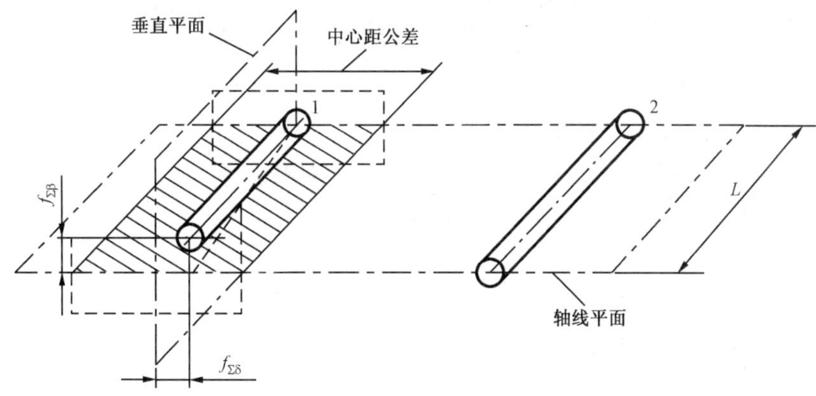

图 9-13　轴线的平行度误差

2．中心距偏差 f_a

中心距偏差 f_a 是指在齿轮副的齿宽中间平面内，实际中心距与公称中心距之差，如图 9-14 所示。

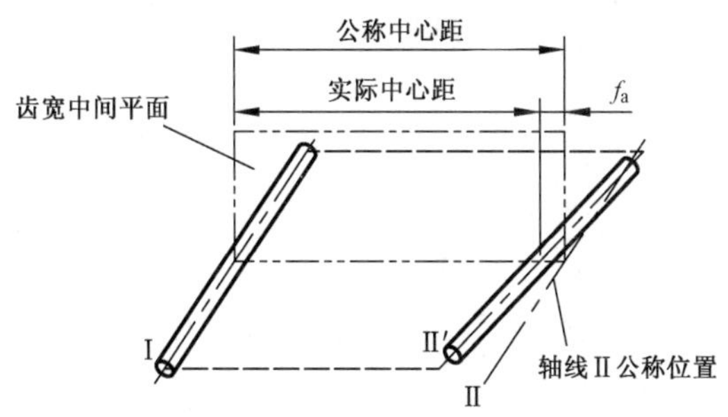

图 9-14　齿轮副中心距偏差

公称中心距是在考虑最小侧隙及两个齿轮的齿顶与其相啮合的非渐开线齿廓齿根部分的干涉后确定的。在齿轮只是单向承载运转而不经常反转的情况下，最大侧隙的控制不是一个重要的考虑因素，此时，中心距允许偏差主要取决于重合度。

位置控制用的齿轮副，其侧隙必须严格控制。当轮齿上的负载常常反向时，中心距的精度还必须仔细考虑轴、箱体、轴承等的制造误差、安装误差及其他因素的影响。

9.3.2 齿轮副的侧隙

1. 齿轮副侧隙的定义

齿轮副的侧隙是两个相配齿轮的相啮齿间的间隙，指在节圆上齿槽宽度超过相啮合的轮齿齿厚的量。侧隙可以在法向平面上或沿啮合线测量，如图 9-15 所示，但它却是在端平面上或啮合平面（基圆切平面）上计算和规定的。按照不同的计值方式，侧隙分为圆周侧隙 j_{wt}、法向侧隙 j_{bn} 和径向侧隙 j_r。

圆周侧隙 j_{wt} 是指装配好的齿轮副，当一个齿轮固定时，另一个齿轮所能转过的节圆弧长的最大值。

法向侧隙 j_{bn} 是指装配好的齿轮副，当工作齿面接触时，非工作齿面之间的最短距离。其与圆周侧隙 j_{wt} 的关系为

$$j_{bn} = j_{wt} \cos\beta_b \cos\alpha_{wt} \tag{9-1}$$

式中，β_b 为基圆螺旋角；α_{wt} 为节圆上的齿形角。

圆周侧隙 j_{wt}、法向侧隙 j_{bn} 均可用于评定齿轮副的侧隙。

径向侧隙 j_r 是互啮齿轮双面啮合（无侧隙啮合）时的中心距与公称中心距之差。

$$j_r = \frac{j_{wt}}{2\tan\alpha_{wt}} \tag{9-2}$$

圆周侧隙 j_{wt}、法向侧隙 j_{bn} 和径向侧隙 j_r 三者的关系如图 9-16 所示。

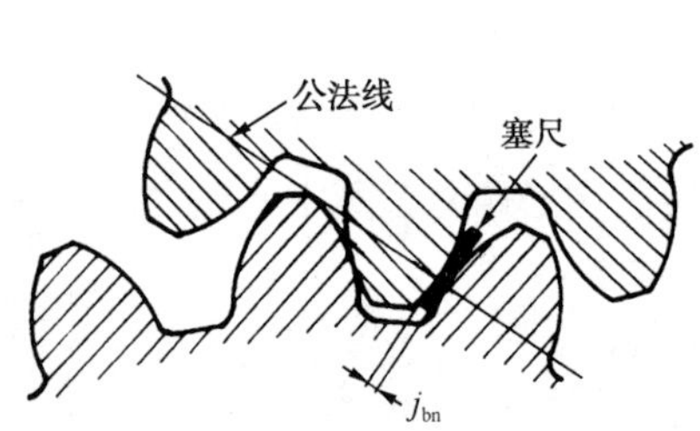

图 9-15　用塞尺测量侧隙（法向平面）

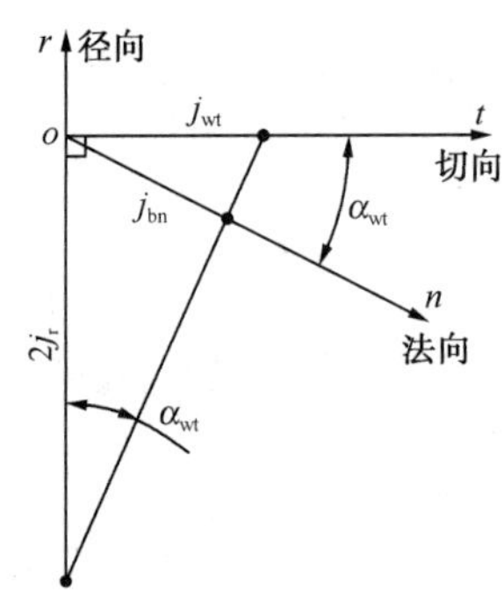

图 9-16　三种齿轮副侧隙之间的关系

2. 齿厚

在分度圆柱上法向平面的“法向齿厚 S_n”是指齿厚的理论值。具有理论齿厚的两个齿轮，在理论中心距下啮合是无侧隙的。对于直齿轮，公称齿厚 S_n 可计算得到：

文 20　齿厚测量—车间篇

对于外齿轮：

$$S_n = m_n\left(\frac{\pi}{2} + 2\tan\alpha_n x\right) \tag{9-3}$$

对于内齿轮：

$$S_n = m_n\left(\frac{\pi}{2} - 2\tan\alpha_n x\right) \tag{9-4}$$

通常，在设计时规定齿厚的极限偏差（上偏差 E_{sns}、下偏差 E_{sni}）作为齿厚偏差 E_{sn} 允许变化的界限值。齿厚偏差 E_{sn} 是实际齿厚 S_{na} 与公称齿厚 S_n 之差，即

$$E_{sn} = S_{na} - S_n \tag{9-5}$$

式中，实际齿厚 S_{na} 可以通过测量得到。

控制齿厚的目的是获得合理的侧隙。由于齿轮传动通常须保证有侧隙，因此实际齿厚必须小于公称齿厚，即齿厚上、下偏差均应为负值，并满足

$$E_{sni} \leqslant E_{sn} \leqslant E_{sns} \tag{9-6}$$

与尺寸公差相似，齿厚公差 T_{sn} 等于齿厚上、下偏差之差，其是实际齿厚的允许变动量。齿厚偏差与公差如图 9-17 所示。

$$T_{sn} = E_{sns} - E_{sni} \tag{9-7}$$

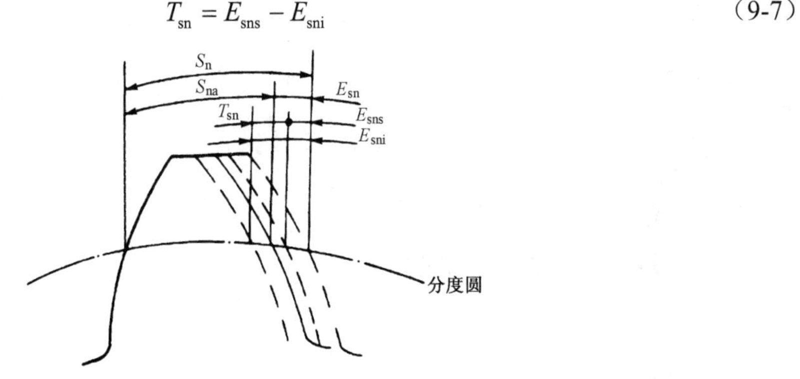

图 9-17　齿厚偏差与公差

3．公法线长度偏差 E_{bn}

对于中、小模数齿轮，出于对测量便利性及测量精度的考虑，通常用公法线长度偏差代替齿厚偏差。

文 21　【测量应用】－公法线测量

公法线是渐开线齿轮任意两个异侧齿面的公共法线，即基圆的切线。跨 k 个齿的公法线长度 W_k 等于（k−1）个基圆齿距与 1 个基圆齿厚之和，可以规定公法线长度极限偏差（上偏差 E_{bns}、下偏差 E_{bni}）作为公法线长度偏差 E_{bn} 允许变化的界限值。

公法线长度偏差 E_{bn} 是公法线的实际长度 W_{ka} 与其公称长度 W_k 之差，即

$$E_{bn} = W_{ka} - W_k \tag{9-8}$$

式中，跨 k 个齿的公法线公称长度 W_k 可按照下式计算：

$$W_k = m_n \cos\alpha_n[(k-0.5)\pi + z\,\mathrm{inv}\alpha_t + 2\tan\alpha_n x] \tag{9-9}$$

而跨齿数 k 的选择应使公法线与两侧齿面在分度圆附近相交。

公法线长度极限偏差可由齿厚极限偏差换算得到：

$$\begin{cases} E_{bns} = E_{sns}\cos\alpha_n \\ E_{bni} = E_{sni}\cos\alpha_n \end{cases} \tag{9-10}$$

显然，公法线长度极限偏差也都是负值，并应满足

$$E_{bni} \leqslant E_{bn} \leqslant E_{bns} \tag{9-11}$$

公法线长度公差 T_{bn} 可按下式计算：

$$T_{\text{bn}} = E_{\text{bns}} - E_{\text{bni}} = T_{\text{sn}} \cos\alpha_{\text{n}} \tag{9-12}$$

公法线长度偏差与公差如图 9-18 所示。

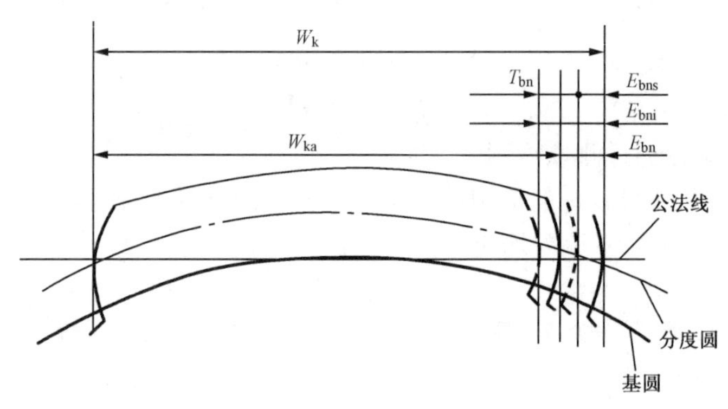

图 9-18 公法线长度偏差与公差

9.4 渐开线圆柱齿轮的精度及设计

9.4.1 渐开线圆柱齿轮的精度

1. 适用范围

GB/T 10095.1—2008 规定了圆柱齿轮轮齿同侧齿面的精度制，包括齿距（位置）、齿廓（形状）、齿向（方向）和切向综合偏差的精度。GB/T 10095.2—2008 规定了圆柱齿轮径向综合偏差与径向跳动的精度制。两个标准均只适用于单个齿轮的各要素，而不包括相互啮合的齿轮副的精度。GB/T 10095 规定的精度等级和基本参数的适用范围见表 9-1。

表 9-1 GB/T 10095 规定的精度等级和基本参数的适用范围

标 准 编 号		精 度 等 级	法向模数 m_n/mm	分度圆直径 d/mm	齿宽 b/mm
GB/T 10095.1－2008		0～12	0.5～70	5～10000	4～1000
GB/T 10095.2－2008	F_r				—
	F_i''、f_i''	4～12	0.2～10	5～1000	

2. 齿轮精度等级

GB/T 10095.1—2008 规定了齿轮的 13 个精度等级，用 0, 1, 2, 3, …, 12 表示，其中，0 级精度最高，12 级精度最低。

GB/T 10095.2—2008 中的径向综合总偏差 F_i'' 和一齿径向综合偏差 f_i'' 只规定了 4～12 共 9 个精度等级。其中，4 级精度最高，12 级精度最低。

相关标准规定的齿轮各评定参数与齿轮传动功能要求的关系见表 9-2。

表 9-2　齿轮各评定参数与齿轮传动功能要求的关系

功 能 要 求	精 度 项 目
运动精度	F_p、$\pm F_{pk}$、F_i'、F_i''、F_r
传动平稳性	F_α($f_{f\alpha}$、$\pm f_{H\alpha}$)、$\pm f_{pt}$、f_i'、f_i''
承载能力	F_β ($f_{f\beta}$、$\pm f_{H\beta}$)、$f_{\Sigma\delta}$、$f_{\Sigma\beta}$

齿轮各评定参数的精度等级一般取相同等级，特殊情况下也可取不同级别（一般相差 1～2 级）。选择齿轮精度等级时应综合考虑齿轮的用途、使用要求及工作条件等。此外，还应考虑工艺的可能性与经济性。目前多采用经过实践验证的齿轮精度所适用的产品性能、工作条件等经验资料，进行齿轮精度类比法的选择。

表 9-3 列出一些机械采用的齿轮精度等级范围，表 9-4 列出部分渐开线圆柱齿轮精度等级的适用范围，供选用时参考。

表 9-3　一些机械采用的齿轮精度等级范围

应 用 范 围	精 度 等 级	应 用 范 围	精 度 等 级
单啮仪、双啮仪	2～5	载重汽车	6～9
汽轮机减速器	3～5	通用减速器	6～8
金属切削机床	3～8	轧钢机	5～10
航空发动机	4～7	矿用绞车	6～10
内燃机车、电气机车	5～8	起重机	6～9
轻型汽车	5～8	拖拉机	6～10

表 9-4　部分渐开线圆柱齿轮精度等级的适用范围

精度等级		4	5	6	7	8	9
工作条件与适用范围		特殊精密分度机构的齿轮；在速度极高、要求高平稳及无噪声情况下工作的齿轮；高速汽轮机的齿轮；检验 6～7 精度齿轮的测量齿轮	精密分度机构的齿轮；在高速、要求高平稳性及无噪声情况下工作的齿轮；高速汽轮机的齿轮；检验 8～9 精度齿轮的测量齿轮	高速情况下平稳工作，要求高效率及无噪声的齿轮；航空制造业中特殊且重要的小齿轮；读数设备中特殊精密传动的齿轮	在提高了速度与适度功率或相反情况下工作的齿轮；金属切削机床中的进给齿轮（要求运动协调）；具有一定速度的减速器中的齿轮；读数设备中的传动及具有一定速度的非直齿齿轮传动；航空制造业中的齿轮	一般机器制造业中，不要求特殊精度的齿轮；分度链以外的机床用齿轮；航空与汽车拖拉机制造业中不重要的小齿轮；起重机构的齿轮；农业机器中的小齿轮；普通减速器的齿轮	不提出精度要求的粗糙工作的齿轮；按照大载荷设计，且用于轻载的齿轮
直齿	圆周速度/(m/s)	<35	<20	<15	<10	<6	<2
斜齿		<70	<40	<30	<15	<10	<4

3．评定参数的选用

齿轮精度评定参数的选用主要考虑精度等级、参数间的协调、被检产品的批量和检测成本等因素。

精度等级较高的齿轮，应该选用同侧齿面的评定参数，如齿距偏差、齿廓偏差、齿向偏差、切向综合偏差等。精度等级较低的齿轮，可以选用径向综合偏差或径向跳动偏差等双侧齿面的参数。因为同侧齿面的精度参数比较接近齿轮的实际工作状态，而双侧齿面的精度参数受非工作齿面精度的影响，反映齿轮实际工作状态的可靠性较差。

当运动精度的评定选用切向综合总偏差 F_i' 时，传动平稳性评定最好能选用一齿切向综合偏差 f_i'；当运动精度的评定选用齿距累积总偏差 F_p 时，传动平稳性评定最好能同时选用单个齿距偏差 f_{pt}。两种功能的评定选用同一种测量和检验方法，效率高、经济性好。

生产批量较大时，应重点考虑检测效率，采用综合性精度评定参数，如切向综合偏差和径向综合偏差。评定参数的选定还应考虑测量设备等实际条件。表 9-5 列出典型机械齿轮的精度等级及评定参数，表 9-6 列出各评定参数所使用的测量仪器及其应用说明。

表 9-5 典型机械齿轮的精度等级及评定参数

用　途	精度等级	功能要求		
		运动精度	传动平稳性	承载能力
分度、读数	3～5	F_i' 或 F_p	f_i' 或 F_α 与 f_{pt}	F_β
航空、汽车、机床	4～6	F_i' 或 F_p	f_i' 或 F_α 与 f_{pt}	
	6～8	F_r 或 F_i''	f_i''	
拖拉机、减速机、农用机械	7～12	F_r 或 F_i''	f_{pt}	
蜗轮机、轧钢机	3～6	F_p	F_α 与 f_{pt}	
	6～8		f_{pt}	

表 9-6 各评定参数所使用的测量仪器及其应用说明

功能要求			精度等级	测量仪器	应用说明
运动精度	传动平稳性	承载能力			
F_i'	f_i'	F_β	3～6	万能齿轮测量仪、齿向仪	属高精仪器，反映误差真实、准确，并能分析单项误差，适用于精密、分度、读数、高速、测量等齿轮和齿轮刀具
			5～8	整体误差测量仪	能反映转角误差和轴向误差，也能分析单项误差，适用于机床、汽车等齿轮
			6～8	单面啮合仪、齿向仪	用测量齿轮作基准件，接近齿轮工作状态，反映转角真实误差，易于实现自动化
F_p	F_α f_{pt}		3～7	半自动齿距仪、渐开线检查仪、齿向仪	准确度高，有助于齿轮机床调整，做工艺分析，适用于中高精度、磨削后的齿轮，宽斜、人字齿轮，以及剃、插齿刀
F_i''	f_i''		6～9	双面啮合仪、齿向仪	接近加工状态，经济性好，适用于大量或成批生产的汽车、拖拉机齿轮
F_p	f_{pt}		7～9	万能测齿仪、齿向仪	适用于大尺寸齿轮，或多齿数的滚切齿轮
F_r	F_α		5～7	跳动仪、齿形仪、齿向仪	准确度高，有助于齿轮机床调整，便于做工艺分析，适用于中高精度、磨削后的齿轮
F_r	f_{pt}		8～12	跳动仪、齿距仪、齿向仪	适用于中低精度齿轮、多齿数滚切齿轮，便于工艺分析

需要注意的是，在齿轮精度设计时，如果只给出按 GB/T 10095.1—2008 的某级精度而无其他规定时，则该齿轮同侧齿面的各评定参数均应按该精度等级确定其公差或偏差的最大允许值。

GB/T 10095.1—2008 还规定，根据供需双方的协议，齿轮的工作齿面和非工作齿面可以采用不同的精度等级，也可以只给出工作齿面的精度等级，而不对非工作齿面提出精度要求。

此外，GB/T 10095.2—2008 规定的径向综合偏差（F_i''、f_i''）和径向跳动偏差（F_r）不一定要选用与 GB/T 10095.1—2008 规定的同侧齿面的评定参数相同的精度等级。因此，在技术文件中说明齿轮精度等级时，应注明标准编号（GB/T 10095.1—2008 或 GB/T 10095.2—2008）。

4．各评定参数偏差的最大允许值

齿轮各评定参数偏差的最大允许值分别见表 9-7～表 9-17。齿轮中心距偏差和轴线平行度误差的允许值，见表 9-18 和表 9-19。

另外，切向综合总偏差 F_i' 的允许值应按下式计算：

$$F_i' = F_p + f_i' \tag{9-13}$$

表 9-7　渐开线圆柱齿轮齿距累积总偏差 F_p 的允许值　　单位：μm

分度圆直径 d/mm	法向模数 m_n/mm	精度等级				
		5	6	7	8	9
5≤d≤20	0.5≤m_n≤2	11.0	16.0	23.0	32.0	45.0
	2<m_n≤3.5	12.0	17.0	23.0	33.0	47.0
20<d≤50	0.5≤m_n≤2	14.0	20.0	29.0	41.0	57.0
	2<m_n≤3.5	15.0	21.0	30.0	42.0	59.0
	3.5<m_n≤6	15.0	22.0	31.0	44.0	62.0
	6<m_n≤10	16.0	23.0	33.0	46.0	65.0
50<d≤125	0.5≤m_n≤2	18.0	26.0	37.0	52.0	74.0
	2<m_n≤3.5	19.0	27.0	38.0	53.0	76.0
	3.5<m_n≤6	19.0	28.0	39.0	55.0	78.0
	6<m_n≤10	20.0	29.0	41.0	58.0	82.0
125<d≤280	0.5≤m_n≤2	24.0	35.0	49.0	69.0	98.0
	2<m_n≤3.5	25.0	35.0	50.0	70.0	100.0
	3.5<m_n≤6	25.0	36.0	51.0	72.0	102.0
	6<m_n≤10	26.0	37.0	53.0	75.0	106.0
280<d≤560	0.5≤m_n≤2	32.0	46.0	64.0	91.0	129.0
	2<m_n≤3.5	33.0	46.0	65.0	92.0	131.0
	3.5<m_n≤6	33.0	47.0	66.0	94.0	133.0
	6<m_n≤10	34.0	48.0	68.0	97.0	137.0

表 9-8　渐开线圆柱齿轮单个齿距偏差的允许值 $\pm f_{pt}$　　单位：μm

分度圆直径 d/mm	法向模数 m_n/mm	精度等级				
		5	6	7	8	9
5≤d≤20	0.5≤m_n≤2	4.7	6.5	9.5	13.0	19.0
	2<m_n≤3.5	5.0	7.5	10.0	15.0	21.0
20<d≤50	0.5≤m_n≤2	5.0	7.0	10.0	14.0	20.0
	2<m_n≤3.5	5.5	7.5	11.0	15.0	22.0

续表

分度圆直径 d/mm	法向模数 m_n/mm	精度等级				
		5	6	7	8	9
$20<d\le 50$	$3.5<m_n\le 6$	6.0	8.5	12.0	17.0	24.0
	$6<m_n\le 10$	7.0	10.0	14.0	20.0	28.0
$50<d\le 125$	$0.5\le m_n\le 2$	5.5	7.5	11.0	15.0	21.0
	$2<m_n\le 3.5$	6.0	8.5	12.0	17.0	23.0
	$3.5<m_n\le 6$	6.5	9.0	13.0	18.0	26.0
	$6<m_n\le 10$	7.5	10.0	15.0	21.0	30.0
$125<d\le 280$	$0.5\le m_n\le 2$	6.0	8.5	12.0	17.0	24.0
	$2<m_n\le 3.5$	6.5	9.0	13.0	18.0	26.0
	$3.5<m_n\le 6$	7.0	10.0	14.0	20.0	28.0
	$6<m_n\le 10$	8.0	11.0	16.0	23.0	32.0
$280<d\le 560$	$0.5\le m_n\le 2$	6.5	9.5	13.0	19.0	27.0
	$2<m_n\le 3.5$	7.0	10.0	14.0	20.0	29.0
	$3.5<m_n\le 6$	8.0	11.0	16.0	22.0	31.0
	$6<m_n\le 10$	8.5	12.0	17.0	25.0	35.0

表 9-9　渐开线圆柱齿轮齿廓总偏差 F_α 的允许值　　单位：μm

分度圆直径 d/mm	法向模数 m_n/mm	精度等级				
		5	6	7	8	9
$5\le d\le 20$	$0.5\le m_n\le 2$	4.6	6.5	9.0	13.0	18.0
	$2<m_n\le 3.5$	6.5	9.5	13.0	19.0	26.0
$20<d\le 50$	$0.5\le m_n\le 2$	5.0	7.5	10.0	15.0	21.0
	$2<m_n\le 3.5$	7.0	10.0	14.0	20.0	29.0
	$3.5<m_n\le 6$	9.0	12.0	18.0	25.0	35.0
	$6<m_n\le 10$	11.0	15.0	22.0	31.0	43.0
$50<d\le 125$	$0.5\le m_n\le 2$	6.0	8.5	12.0	17.0	23.0
	$2<m_n\le 3.5$	8.0	11.0	16.0	22.0	31.0
	$3.5<m_n\le 6$	9.5	13.0	19.0	27.0	38.0
	$6<m_n\le 10$	12.0	16.0	23.0	33.0	46.0
$125<d\le 280$	$0.5\le m_n\le 2$	7.0	10.0	14.0	20.0	28.0
	$2<m_n\le 3.5$	9.0	13.0	18.0	25.0	36.0
	$3.5<m_n\le 6$	11.0	15.0	21.0	30.0	42.0
	$6<m_n\le 10$	13.0	18.0	25.0	36.0	50.0
$280<d\le 560$	$0.5\le m_n\le 2$	8.5	12.0	17.0	23.0	33.0
	$2<m_n\le 3.5$	10.0	15.0	21.0	29.0	41.0
	$3.5<m_n\le 6$	12.0	17.0	24.0	34.0	48.0
	$6<m_n\le 10$	14.0	20.0	28.0	40.0	56.0

表 9-10　渐开线圆柱齿轮齿廓形状偏差 $f_{f\alpha}$ 的允许值　　单位：μm

分度圆直径 d/mm	法向模数 m_n/mm	精度等级				
		5	6	7	8	9
5≤d≤20	0.5≤m_n≤2	3.5	5.0	7.0	10.0	14.0
	2<m_n≤3.5	5.0	7.0	10.0	14.0	20.0
20<d≤50	0.5≤m_n≤2	4.0	5.5	8.0	11.0	16.0
	2<m_n≤3.5	5.5	8.0	11.0	16.0	22.0
	3.5<m_n≤6	7.0	9.5	14.0	19.0	27.0
	6<m_n≤10	8.5	12.0	17.0	24.0	34.0
50<d≤125	0.5≤m_n≤2	4.5	6.5	9.0	13.0	18.0
	2<m_n≤3.5	6.0	8.5	12.0	17.0	24.0
	3.5<m_n≤6	7.5	10.0	15.0	21.0	29.0
	6<m_n≤10	9.0	13.0	18.0	25.0	36.0
125<d≤280	0.5≤m_n≤2	5.5	7.5	11.0	15.0	21.0
	2<m_n≤3.5	7.0	9.5	14.0	19.0	28.0
	3.5<m_n≤6	8.0	12.0	16.0	23.0	33.0
	6<m_n≤10	10.0	14.0	20.0	28.0	39.0
280<d≤560	0.5≤m_n≤2	6.5	9.0	13.0	18.0	26.0
	2<m_n≤3.5	8.0	11.0	16.0	22.0	32.0
	3.5<m_n≤6	9.0	13.0	18.0	26.0	37.0
	6<m_n≤10	11.0	15.0	22.0	31.0	43.0

表 9-11　渐开线圆柱齿轮齿廓倾斜偏差的允许值 $\pm f_{H\alpha}$　　单位：μm

分度圆直径 d/mm	法向模数 m_n/mm	精度等级				
		5	6	7	8	9
5≤d≤20	0.5≤m_n≤2	2.9	4.2	6.0	8.5	12.0
	2<m_n≤3.5	4.2	6.0	8.5	12.0	17.0
20<d≤50	0.5≤m_n≤2	3.3	4.6	6.5	9.5	13.0
	2<m_n≤3.5	4.5	6.5	9.0	13.0	18.0
	3.5<m_n≤6	5.5	8.0	11.0	16.0	22.0
	6<m_n≤10	7.0	9.5	14.0	19.0	27.0
50<d≤125	0.5≤m_n≤2	3.7	5.5	7.5	11.0	15.0
	2<m_n≤3.5	5.0	7.0	10.0	14.0	20.0
	3.5<m_n≤6	6.0	8.5	12.0	17.0	24.0
	6<m_n≤10	7.5	10.0	15.0	21.0	29.0
125<d≤280	0.5≤m_n≤2	4.4	6.0	9.0	12.0	18.0
	2<m_n≤3.5	5.5	8.0	11.0	16.0	23.0
	3.5<m_n≤6	6.5	9.5	13.0	19.0	27.0
	6<m_n≤10	8.0	11.0	16.0	23.0	32.0

续表

分度圆直径 d/mm	法向模数 m_n/mm	精度等级				
		5	6	7	8	9
280<d≤560	0.5≤m_n≤2	5.5	7.5	11.0	15.0	21.0
	2<m_n≤3.5	6.5	9.0	13.0	18.0	26.0
	3.5<m_n≤6	7.5	11.0	15.0	21.0	30.0
	6<m_n≤10	9.0	13.0	18.0	25.0	35.0

表 9-12 渐开线圆柱齿轮螺旋线总偏差 F_β 的允许值 单位：μm

分度圆直径 d/mm	齿宽 b/mm	精度等级				
		5	6	7	8	9
5≤d≤20	4≤b≤10	6.0	8.5	12.0	17.0	24.0
	10<b≤20	7.0	9.5	14.0	19.0	28.0
	20<b≤40	8.0	11.0	16.0	22.0	31.0
	40<b≤80	9.5	13.0	19.0	26.0	37.0
20<d≤50	4≤b≤10	6.5	9.0	13.0	18.0	25.0
	10<b≤20	7.0	10.0	14.0	20.0	29.0
	20<b≤40	8.0	11.0	16.0	23.0	32.0
	40<b≤80	9.5	13.0	19.0	27.0	38.0
	80<b≤160	11.0	16.0	23.0	32.0	46.0
50<d≤125	4≤b≤10	6.5	9.5	13.0	19.0	27.0
	10<b≤20	7.5	11.0	15.0	21.0	30.0
	20<b≤40	8.5	12.0	17.0	24.0	34.0
	40<b≤80	10.0	14.0	20.0	28.0	39.0
	80<b≤160	12.0	17.0	24.0	33.0	47.0
	160<b≤250	14.0	20.0	28.0	40.0	56.0
125<d≤280	4≤b≤10	7.0	10.0	14.0	20.0	29.0
	10<b≤20	8.0	11.0	16.0	22.0	32.0
	20<b≤40	9.0	13.0	18.0	25.0	36.0
	40<b≤80	10.0	15.0	21.0	29.0	41.0
	80<b≤160	12.0	17.0	25.0	35.0	49.0
	160<b≤250	14.0	20.0	29.0	41.0	58.0
280<d≤560	10<b≤20	8.5	12.0	17.0	24.0	34.0
	20<b≤40	9.5	13.0	19.0	27.0	38.0
	40<b≤80	11.0	15.0	22.0	31.0	44.0
	80<b≤160	13.0	18.0	26.0	36.0	52.0
	160<b≤250	15.0	21.0	30.0	43.0	60.0

表 9-13　渐开线圆柱齿轮螺旋线形状偏差 $f_{f\beta}$ 和螺旋线倾斜偏差 $\pm f_{H\beta}$ 的允许值　单位：μm

分度圆直径 d/mm	齿宽 b/mm	精度等级				
		5	6	7	8	9
5≤d≤20	4≤b≤10	4.4	6.0	8.5	12.0	17.0
	10<b≤20	4.9	7.0	10.0	14.0	20.0
	20<b≤40	5.5	8.0	11.0	16.0	22.0
	40<b≤80	6.5	9.5	13.0	19.0	26.0
20<d≤50	4≤b≤10	4.5	6.5	9.0	13.0	18.0
	10<b≤20	5.0	7.0	10.0	14.0	20.0
	20<b≤40	6.0	8.0	12.0	16.0	23.0
	40<b≤80	7.0	9.5	14.0	19.0	27.0
	80<b≤160	8.0	12.0	16.0	23.0	33.0
50<d≤125	4≤b≤10	4.8	6.5	9.5	13.0	19.0
	10<b≤20	5.5	7.5	11.0	15.0	21.0
	20<b≤40	6.0	8.5	12.0	17.0	24.0
	40<b≤80	7.0	10.0	14.0	20.0	28.0
	80<b≤160	8.5	12.0	17.0	24.0	34.0
	160<b≤250	10.0	14.0	20.0	28.0	40.0
125<d≤280	4≤b≤10	5.0	7.0	10.0	14.0	20.0
	10<b≤20	5.5	8.0	11.0	16.0	23.0
	20<b≤40	6.5	9.0	13.0	18.0	25.0
	40<b≤80	7.5	10.0	15.0	21.0	29.0
	80<b≤160	8.5	12.0	17.0	25.0	35.0
	160<b≤250	10.0	15.0	21.0	29.0	41.0
280<d≤560	10<b≤20	6.0	8.5	12.0	17.0	24.0
	20<b≤40	7.0	9.5	14.0	19.0	27.0
	40<b≤80	8.0	11.0	16.0	22.0	31.0
	80<b≤160	9.0	13.0	18.0	23.0	37.0
	160<b≤250	11.0	15.0	22.0	30.0	43.0

表 9-14　渐开线圆柱齿轮一齿切向综合偏差 f_i'/K 的允许值　单位：μm

分度圆直径 d/mm	法向模数 m_n/mm	精度等级				
		5	6	7	8	9
5≤d≤20	0.5≤m_n≤2	14.0	19.0	27.0	38.0	54.0
	2<m_n≤3.5	16.0	23.0	32.0	45.0	64.0
20<d≤50	0.5≤m_n≤2	14.0	20.0	29.0	41.0	58.0
	2<m_n≤3.5	17.0	24.0	34.0	48.0	68.0
	3.5<m_n≤6	19.0	27.0	38.0	54.0	77.0
	6<m_n≤10	22.0	31.0	44.0	63.0	89.0

续表

分度圆直径 d/mm	法向模数 m_n/mm	精度等级				
		5	6	7	8	9
$50<d\leqslant125$	$0.5\leqslant m_n\leqslant2$	16.0	22.0	31.0	44.0	62.0
	$2<m_n\leqslant3.5$	18.0	25.0	36.0	51.0	72.0
	$3.5<m_n\leqslant6$	20.0	29.0	40.0	57.0	81.0
	$6<m_n\leqslant10$	23.0	33.0	47.0	66.0	93.0
$125<d\leqslant280$	$0.5\leqslant m_n\leqslant2$	17.0	24.0	34.0	49.0	69.0
	$2<m_n\leqslant3.5$	20.0	28.0	39.0	56.0	79.0
	$3.5<m_n\leqslant6$	22.0	31.0	44.0	62.0	88.0
	$6<m_n\leqslant10$	25.0	35.0	50.0	70.0	100.0
$280<d\leqslant560$	$0.5\leqslant m_n\leqslant2$	19.0	27.0	39.0	54.0	77.0
	$2<m_n\leqslant3.5$	22.0	31.0	44.0	62.0	87.0
	$3.5<m_n\leqslant6$	24.0	34.0	48.0	68.0	96.0
	$6<m_n\leqslant10$	27.0	38.0	54.0	76.0	108.0

注：① f_i' 的值由表中值乘以 K 得出。当 $\varepsilon_r<4$ 时，$K=0.2(\varepsilon_r+4)/\varepsilon_r$；当 $\varepsilon_r\geqslant4$ 时，K=0.4。

② ε_r 为总重合度。

表 9-15　渐开线圆柱齿轮径向综合总偏差 F_i'' 的允许值　　单位：μm

分度圆直径 d/mm	法向模数 m_n/mm	精度等级				
		5	6	7	8	9
$5\leqslant d\leqslant20$	$0.5\leqslant m_n\leqslant0.8$	12	16	23	33	46
	$0.8<m_n\leqslant1.0$	12	18	25	35	50
	$1.0<m_n\leqslant1.5$	14	19	27	38	54
	$1.5<m_n\leqslant2.5$	16	22	32	45	63
	$2.5<m_n\leqslant4.0$	20	28	39	56	79
$20<d\leqslant50$	$0.5\leqslant m_n\leqslant0.8$	14	20	28	40	56
	$0.8<m_n\leqslant1.0$	15	21	30	42	60
	$1.0<m_n\leqslant1.5$	16	23	32	45	64
	$1.5<m_n\leqslant2.5$	18	26	37	52	73
	$2.5<m_n\leqslant4.0$	22	31	44	63	89
	$4.0<m_n\leqslant6.0$	28	39	56	79	111
	$6.0<m_n\leqslant10.0$	37	52	74	104	147
$50<d\leqslant125$	$0.5\leqslant m_n\leqslant0.8$	17	25	35	49	70
	$0.8<m_n\leqslant1.0$	18	26	36	52	73
	$1.0<m_n\leqslant1.5$	19	27	39	55	77
	$1.5<m_n\leqslant2.5$	22	31	43	61	86
	$2.5<m_n\leqslant4.0$	25	36	51	72	102
	$4.0<m_n\leqslant6.0$	31	44	62	88	124
	$6.0<m_n\leqslant10.0$	40	57	80	114	161

续表

分度圆直径 d/mm	法向模数 m_n/mm	精度等级				
		5	6	7	8	9
125<d≤280	0.5≤m_n≤0.8	22	31	44	63	89
	0.8<m_n≤1.0	23	33	46	65	92
	1.0<m_n≤1.5	24	34	48	68	97
	1.5<m_n≤2.5	26	37	53	75	106
	2.5<m_n≤4.0	30	43	61	86	121
	4.0<m_n≤6.0	36	51	72	102	144
	6.0<m_n≤10.0	45	64	90	127	180
280<d≤560	0.5≤m_n≤0.8	29	40	57	81	114
	0.8<m_n≤1.0	29	42	59	83	117
	1.0<m_n≤1.5	30	43	61	86	122
	1.5<m_n≤2.5	33	46	65	92	131
	2.5<m_n≤4.0	37	52	73	104	146
	4.0<m_n≤6.0	42	60	84	119	169
	6.0<m_n≤10.0	51	73	103	145	205

表 9-16 渐开线圆柱齿轮一齿径向综合偏差 f_i'' 的允许值 单位：μm

分度圆直径 d/mm	法向模数 m_n/mm	精度等级				
		5	6	7	8	9
5≤d≤20	0.5≤m_n≤0.8	2.5	4.0	5.5	7.5	11
	0.8<m_n≤1.0	3.5	5.0	7.0	10	14
	1.0<m_n≤1.5	4.5	6.5	9.0	13	18
	1.5<m_n≤2.5	6.5	9.5	13	19	26
	2.5<m_n≤4.0	10	14	20	29	41
20<d≤50	0.5≤m_n≤0.8	2.5	4.0	5.5	7.5	11
	0.8<m_n≤1.0	3.5	5.0	7.0	10	14
	1.0<m_n≤1.5	4.5	6.5	9.0	13	18
	1.5<m_n≤2.5	6.5	9.5	13	19	26
	2.5<m_n≤4.0	10	14	20	29	41
	4.0<m_n≤6.0	15	22	31	43	61
	6.0<m_n≤10.0	24	34	48	67	95
50<d≤125	0.5≤m_n≤0.8	3.0	4.0	5.5	8.0	11
	0.8<m_n≤1.0	3.5	5.0	7.0	10	14
	1.0<m_n≤1.5	4.5	6.5	9.0	13	18
	1.5<m_n≤2.5	6.5	9.5	13	19	26
	2.5<m_n≤4.0	10	14	20	29	41
	4.0<m_n≤6.0	15	22	31	44	62
	6.0<m_n≤10.0	24	34	48	67	95

续表

分度圆直径 d/mm	法向模数 m_n/mm	精度等级				
		5	6	7	8	9
125<d≤280	0.5≤m_n≤0.8	3.0	4.0	5.5	8.0	11
	0.8<m_n≤1.0	3.5	5.0	7.0	10	14
	1.0<m_n≤1.5	4.5	6.5	9.0	13	18
	1.5<m_n≤2.5	6.5	9.5	13	19	27
	2.5<m_n≤4.0	10	15	21	29	41
	4.0<m_n≤6.0	15	22	31	44	62
	6.0<m_n≤10.0	24	34	48	67	95
280<d≤560	0.5≤m_n≤0.8	3.0	4.0	5.5	8.0	11
	0.8<m_n≤1.0	3.5	5.0	7.5	10	15
	1.0<m_n≤1.5	4.5	6.5	9.0	13	18
	1.5<m_n≤2.5	6.5	9.5	13	19	27
	2.5<m_n≤4.0	10	15	21	29	41
	4.0<m_n≤6.0	15	22	31	44	62
	6.0<m_n≤10.0	24	34	48	68	96

表 9-17　渐开线圆柱齿轮径向跳动 F_r 的允许值　　单位：μm

分度圆直径 d/mm	法向模数 m_n/mm	精度等级				
		5	6	7	8	9
5≤d≤20	0.5≤m_n≤2	9.0	13	18	25	36
	2<m_n≤3.5	9.5	13	19	27	38
20<d≤50	0.5≤m_n≤2	11	16	23	32	46
	2<m_n≤3.5	12	17	24	34	47
	3.5<m_n≤6	12	17	25	35	49
	6<m_n≤10	13	19	26	37	52
50<d≤125	0.5≤m_n≤2	15	21	29	42	59
	2<m_n≤3.5	15	21	30	43	61
	3.5<m_n≤6	16	22	31	44	62
	6<m_n≤10	16	23	33	46	65
125<d≤280	0.5≤m_n≤2	20	28	39	55	78
	2<m_n≤3.5	20	28	40	56	80
	3.5<m_n≤6	20	29	41	58	82
	6<m_n≤10	21	30	42	60	85
280<d≤560	0.5≤m_n≤2	26	36	51	73	103
	2<m_n≤3.5	26	37	52	74	105
	3.5<m_n≤6	27	38	53	75	106
	6<m_n≤10	27	39	55	77	109

表 9-18　渐开线圆柱齿轮中心距偏差 $\pm f_a$ 的允许值　　单位：μm

齿轮副中心距 a/mm	精度等级		
	5～6	7～8	9～10
6<a≤10	±7.5	±11	±18
10<a≤18	±9	±13.5	±21.5
18<a≤30	±10.5	±16.5	±26
30<a≤50	±12.5	±19.5	±31
50<a≤80	±15	±23	±37
80<a≤120	±17.5	±27	±43.5
120<a≤180	±20	±31.5	±50
180<a≤250	±23	±36	±57
250<a≤315	±26	±40.5	±65
315<a≤400	±28.5	±44.5	±70
400<a≤500	±31.5	±48.5	±77.5
500<a≤630	±35	±55	±87
630<a≤800	±40	±62	±100
800<a≤1000	±45	±70	±115

表 9-19　渐开线圆柱齿轮轴线平行度偏差 $f_{\Sigma\delta}$、$f_{\Sigma\beta}$ 的允许值

公差项目	代　　号	公差计算式
公共平面内的平行度公差	$f_{\Sigma\delta}$	$f_{\Sigma\delta}=2f_{\Sigma\beta}$
垂直平面内的平行度公差	$f_{\Sigma\beta}$	$f_{\Sigma\beta}=0.5F_{\beta}(L/b)$

注：L—较大的轴承跨距；b—齿宽。

5．接触斑点

除按标准规定选用适当的精度等级及精度评定指标，以满足齿轮的各项功能要求外，工程上还可以用轮齿的接触斑点的检验来评价齿轮轮齿在齿长和齿高方向上的精度，进一步评价齿轮的承载能力。

接触斑点的检验应在齿轮副安装入箱体后进行，也可以在齿轮副滚动试验机上或齿轮式单面啮合检查仪上进行。有光泽法和着色法两种检验方法。光泽法是指被测齿轮副经足够时间的啮合运转，齿面能见到清晰的擦亮痕迹。着色法是指先在齿轮副的小齿轮部分齿面上涂以适当厚度的涂料，然后扳动小齿轮轴使齿轮副做工作齿面啮合，直到齿面上出现清晰的涂料被擦掉的痕迹。

接触斑点主要用作齿线精度的评估，但也受齿廓精度的影响。接触斑点的检验具有简易、快捷、测试结果可再现等特点，特别适用于大型齿轮、圆锥齿轮和航天齿轮。接触斑点用于测量齿轮对产品齿轮的检验，也可用于相配齿轮副的直接检验。

齿轮副接触斑点的评定应以小齿轮齿面的斑点为准，并以小齿轮齿面上接触斑点面积最小的齿面所计算的接触斑点的大小作为测量结果。

接触斑点的大小是以齿面上接触痕迹沿齿长方向的长度（扣除超过模数值的断开部分）和沿齿高方向的平均高度分别相对于工作长度和工作高度的百分比来确定的，如图 9-19 所示。

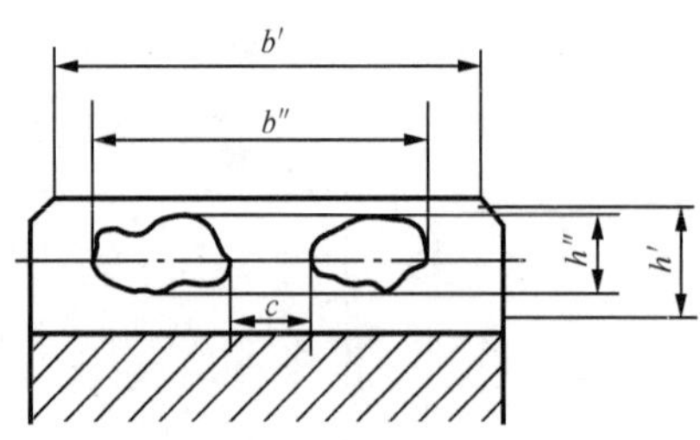

图 9-19　接触斑点的评定

沿齿长方向接触痕迹的百分比为

$$\frac{b''-c}{b'}\times 100\% \tag{9-14}$$

式中　b''——接触痕迹的总长度（包括断开部分），单位为 mm；

c——超过模数值的断开部分的长度，单位为 mm；

b'——工作长度，单位为 mm。

沿齿高方向接触痕迹的百分比为

$$\frac{h''-c}{h'}\times 100\% \tag{9-15}$$

式中　h''——接触痕迹的平均高度，单位为 mm；

h'——工作高度，单位为 mm。

由于实际接触斑点的形状常常与图 9-19 所示的不同，其评定结果更多地取决于实际经验，因此，接触斑点的评定不能替代标准规定的精度项目的评定。

表 9-20 给出了接触斑点的数值规定。

表 9-20　接触斑点的数值规定　　单位：%

接触斑点	精度等级			
	6	7	8	9
按高度不小于	50 (40)	45 (35)	40 (30)	30
按长度不小于	70	60	50	40

注：1．接触斑点的分布位置应趋近齿面中部，齿顶和两端部棱边处不允许接触；

2．括号内的数值用于轴向重合度 $\varepsilon_\beta>0.8$ 的斜齿轮。

6．齿轮副侧隙及齿厚极限偏差的确定

标准中心距条件下安装的齿轮副，若两个齿轮的分度圆齿厚都为公称值 $\pi m/2$，则为无间隙啮合。要使齿轮传动具有所必需的侧隙，通常在加工中采取减薄齿厚或增加吃刀深度来获得齿侧间隙。对单个齿轮来说，影响侧隙的误差因素就是刀具切齿时的径向深度不精确。此外，齿轮副的中心距偏差 f_a 也直接影响装配后的侧隙大小。

齿厚极限偏差的确定一般采用计算法，步骤如下：

1）确定齿轮副所需的最小法向侧隙

合理的齿轮副侧隙应由齿轮的工作条件决定，与齿轮的精度等级无关。在工作时有较大温升的齿轮，为避免发热卡死，要求有较大的侧隙；对于需要正反转或有读数机构的齿轮，为避

免空程影响，则要求较小的侧隙。设计选定的最小法向侧隙 $j_{\text{bn min}}$ 应足以补偿齿轮传动时温升所引起的变形，并保证正常润滑。必要时，可以将法向侧隙折算成圆周侧隙或径向侧隙。

齿轮副的最小法向侧隙 $j_{\text{bn min}}$ 可参考表 9-21 给出的推荐值。

表 9-21　齿轮副的最小法向侧隙 j_{bnmin} 的推荐值　　单位：mm

法向模数 m_n	最小中心距 a_i					
	50	100	200	400	800	1600
1.5	0.09	0.11	—	—	—	
2	0.10	0.12	0.15	—	—	—
3	0.12	0.14	0.17	0.24	—	—
5	—	0.18	0.21	0.28	—	—
8	—	0.24	0.27	0.34	0.47	—
12	—	—	0.35	0.42	0.55	—
18	—	—	—	0.54	0.67	0.94

$j_{\text{bn min}}$ 的数值也可用下列公式进行计算：

$$j_{\text{bn min}}=\frac{2}{3}(0.06+0.0005a_{\text{i}}+0.03m_{\text{n}}) \tag{9-16}$$

确定齿轮副中两个齿轮齿厚的上偏差 E_{sns1} 和 E_{sns2} 时，应考虑除保证形成齿轮副所需的最小法向侧隙外，还要补偿由于齿轮的制造误差和安装误差所引起的侧隙减小量，即

$$E_{\text{sns1}}+E_{\text{sns2}}=-\left(2f_{\text{a}}\tan\alpha_{\text{n}}+\frac{j_{\text{bn min}}+J_{\text{n}}}{\cos\alpha_{\text{n}}}\right) \tag{9-17}$$

式中　f_{a}——中心距偏差的允许值；

J_{n}——补偿齿轮制造误差和安装误差引起的侧隙减小量，可按下式计算：

$$J_{\text{n}}=\sqrt{(f_{\text{pt1}}^2+f_{\text{pt2}}^2)\cos^2\alpha_{\text{n}}+2F_{\beta}^2} \tag{9-18}$$

求出两个齿轮齿厚上偏差之和以后，可将此值等值分配给小齿轮和大齿轮，即

$$E_{\text{sns1}}=E_{\text{sns2}}=E_{\text{sns}}$$

如果采用不等值分配，一般大齿轮的齿厚减薄量略大于小齿轮的齿厚减薄量，以尽量增大小齿轮轮齿的强度。

2）*确定齿厚公差 T_{sn} 和齿厚下偏差 E_{sni}*

齿厚公差 T_{sn} 由径向跳动偏差 F_{r} 的允许值和切齿时径向进刀公差 b_{r} 两项组成，将它们按随机误差合成，即有

$$T_{\text{sn}}=\sqrt{F_{\text{r}}^2+b_{\text{r}}^2}\cdot 2\tan\alpha_{\text{n}} \tag{9-19}$$

式中，径向进刀公差 b_{r} 由表 9-22 确定。

由于齿厚下偏差只影响齿轮副的最大侧隙，所以通常可以由工艺保证。齿厚合格条件可以简化为

$$E_{\text{sn}}\leqslant E_{\text{sns}} \tag{9-20}$$

由于通常以齿顶圆作为齿厚测量的定位基准，测量准确度不高，所以可以用公法线偏差代替齿厚偏差。相应地，规定公法线长度偏差 E_{bn} 满足式（9-11）。

表 9-22 渐开线圆柱齿轮径向进刀公差 b_r 的推荐值

切齿方法	精度等级	b_r
磨	4	1.26IT7
	5	IT8
	6	1.26IT8
滚、插	7	IT9
	8	1.26IT9
铣	9	IT10

注：IT 值根据齿轮分度圆直径由 GB/T 1800 查得。

7. 齿坯公差的确定

齿坯公差包括齿轮内孔（或齿轮轴的轴颈）、齿顶圆和端面的尺寸公差、几何公差及各表面的粗糙度要求等。

齿轮内孔或轴颈常常作为加工、测量和安装基准，应按齿轮精度对它们提出较高的精度要求。

单件生产或尺寸较大的齿轮在加工时，齿顶圆也常作为安装基准，或以它作为测量基准（如测量齿厚），而在使用时又以内孔或轴颈作为基准，这种基准不一致的情况会影响传动质量，所以对齿顶圆直径及其相对于内孔或轴颈的径向跳动也要有一定的精度要求。

端面在加工时常作定位基准。如前所述，若端面与孔心线不垂直，则会引起齿向误差，所以也要提出一定的位置要求。

以上各项公差的确定可参照表 9-23，齿坯各表面的粗糙度可按表 9-24 选取。

表 9-23 渐开线圆柱齿轮齿坯几何公差的推荐值

公差项目		推荐值
圆度		$0.04(L/b)F_\beta$ 或 $0.06\sim0.1F_p$
圆柱度		$0.04(L/b)F_\beta$ 或 $0.1F_p$
平面度		$0.06(d/b)F_\beta$
圆跳动	径向	$0.15(L/b)F_\beta$ 或 $0.3F_p$
	轴向	$0.2(d/b)F_\beta$

注：L—较大的轴承跨距；b—齿宽；d—端面直径。

表 9-24 渐开线圆柱齿轮各表面粗糙度 *Ra* 的推荐值 单位：μm

表面种类	齿轮精度等级				
	5	6	7	8	9
齿面	0.5～0.63	0.8～1.0	1.25～1.6	2.0～2.5	3.2～4.0
基准孔	0.32～0.63	1.25	2.5		
基准轴	0.32	0.63	1.25		2.5
基准端面	1.25～2.5	2.5～5		5	
顶圆柱面	1.25～2.5	5			

9.4.2　渐开线圆柱齿轮的精度设计及图样标注

【例 9-1】 铣削动力头主轴组件如图 2-20 所示。其中，件 15 为从动齿轮，齿数 z_1=60，模数 m_n=3.5mm，齿形角 α_n=20°，最高转速 n_1=395r/min。另已知对应的主动齿轮齿数 z_2=34，两个齿轮齿宽 b_1=b_2=35mm。试确定齿轮的精度等级、精度评定参数，并将从动齿轮各参数偏差的允许值及齿厚偏差标注在零件图上。

解：（1）确定齿轮的精度等级。

齿轮的精度等级通常可根据其分度圆圆周线速度确定：

$$v = \pi d_1 n_1/(1000\times 60)$$
$$= (\pi\times 3.5\times 60\times 395)/(1000\times 60)$$
$$\approx 4.34\text{m/s}$$

查表 9-4，该齿轮的精度应为 8 级，但由于该齿轮属于铣削动力头，所以建议选定 7 级精度，并确定 GB/T 10095.1—2008 和 GB/T 10095.2—2008 的各精度评定参数均采用 7 级精度。

（2）确定精度评定参数偏差的允许值。

参照表 9-5，选定为 F_i''、f_i'' 和 F_β 三个精度指标，主动齿轮、从动齿轮偏差允许值见表 9-25。

表 9-25　主动齿轮、从动齿轮偏差允许值

精 度 项 目	所 查 表 格	从动齿轮偏差允许值	主动齿轮偏差允许值
径向综合总偏差 F_i''	表 9-15	F_{i1}''=0.061	F_{i2}''=0.051
一齿径向综合偏差 f_i''	表 9-16	f_{i1}''=0.021	f_{i2}''=0.020
螺旋线总偏差 F_β	表 9-12	$F_{\beta1}$=0.018	$F_{\beta2}$=0.017

（3）确定齿厚上、下偏差。

由式（9-16）可计算最小法向侧隙得

$$j_{\text{bn min}} = \frac{2}{3}(0.06 + 0.0005\times 164.5 + 0.03\times 3.5) \approx 0.165$$

由表 9-8，查得两个齿轮齿距偏差的允许值为

$$f_{\text{pt1}}=0.013\text{mm},\qquad f_{\text{pt2}}=0.012\text{mm}$$

代入式（9-18）得

$$J_n = \sqrt{(f_{\text{pt1}}^2 + f_{\text{pt2}}^2)\cos^2\alpha_n + 2F_{\beta1}^2} = \sqrt{(0.013^2 + 0.012^2)\cos^2 20° + 2\times 0.018^2}$$
$$\approx 0.030\text{mm}$$

由表 9-18 查得中心距偏差的允许值：f_a=0.0315mm

因两个齿轮的齿数相差不大，可设两个齿轮齿厚上偏差相等，则由式（9-17）可得

$$E_{\text{sns1}} = -\left(f_a\tan\alpha_n + \frac{j_{\text{bn min}} + J_n}{2\cos\alpha_n}\right) = -\left(0.0315\tan 20° + \frac{0.165 + 0.030}{2\cos 20°}\right)$$
$$\approx -0.115\text{mm}$$

查表 9-17 知 F_{r1}=0.040mm，查表 9-22 知 b_{r1}=IT9=0.115mm，代入式（9-19）可得齿厚公差：

$$T_{\text{sn1}} = \sqrt{F_{r1}^2 + b_{r1}^2}\cdot 2\tan\alpha_n = \sqrt{0.040^2 + 0.115^2}\cdot 2\tan 20° \approx 0.089\text{mm}$$

则齿厚下偏差为：

$$E_{\text{sni1}} = E_{\text{sns1}} - T_{\text{sn1}} = -0.115 - 0.089 = -0.204\text{mm}$$

（4）确定公法线长度极限偏差。

用公法线长度偏差代替齿厚偏差来检验侧隙时，需进行换算。由式（9-10）可得公法线长度极限偏差为：

$$E_{\text{bns1}} = E_{\text{sns1}} \cos\alpha_{\text{n}} = -0.115\cos 20^{\circ} \approx -0.108\text{mm}$$
$$E_{\text{bni1}} = E_{\text{sni1}} \cos\alpha_{\text{n}} = -0.204\cos 20^{\circ} \approx -0.192\text{mm}$$

公法线测量时，应跨齿数 k 为

$$k = \frac{z_1}{9} + 0.5 = \frac{60}{9} + 0.5 \approx 7$$

这样，由式（9-9）可得公法线公称长度为

$$\begin{aligned} W_{\text{k}} &= m_{\text{n}} \cos\alpha_{\text{n}}[(k-0.5)\pi + z\text{inv}\alpha_{\text{t}} + 2\tan\alpha_{\text{n}} x] \\ &= 3.5\cos 20^{\circ}[6.5\pi + 60 \times 0.0149] \\ &\approx 70.101\text{mm} \end{aligned}$$

公法线长度及其极限偏差应记为：$W_{\text{k}} = 70.101_{-0.192}^{-0.108}$

（5）确定齿坯技术要求。

齿轮内孔为设计、工艺基准，尺寸公差可按基孔制 IT7 级、几何公差可按 6 级选取；齿顶圆既不作加工基准，也不作测量基准，尺寸公差可按 IT11 级选取。齿坯其他几何要素的几何公差、表面粗糙度可按表 9-23 和表 9-24 选取。

将选取的齿轮精度等级、精度参数及其公差值或偏差的允许值、齿坯技术要求等标注在齿轮零件图上，如图 9-20 所示。

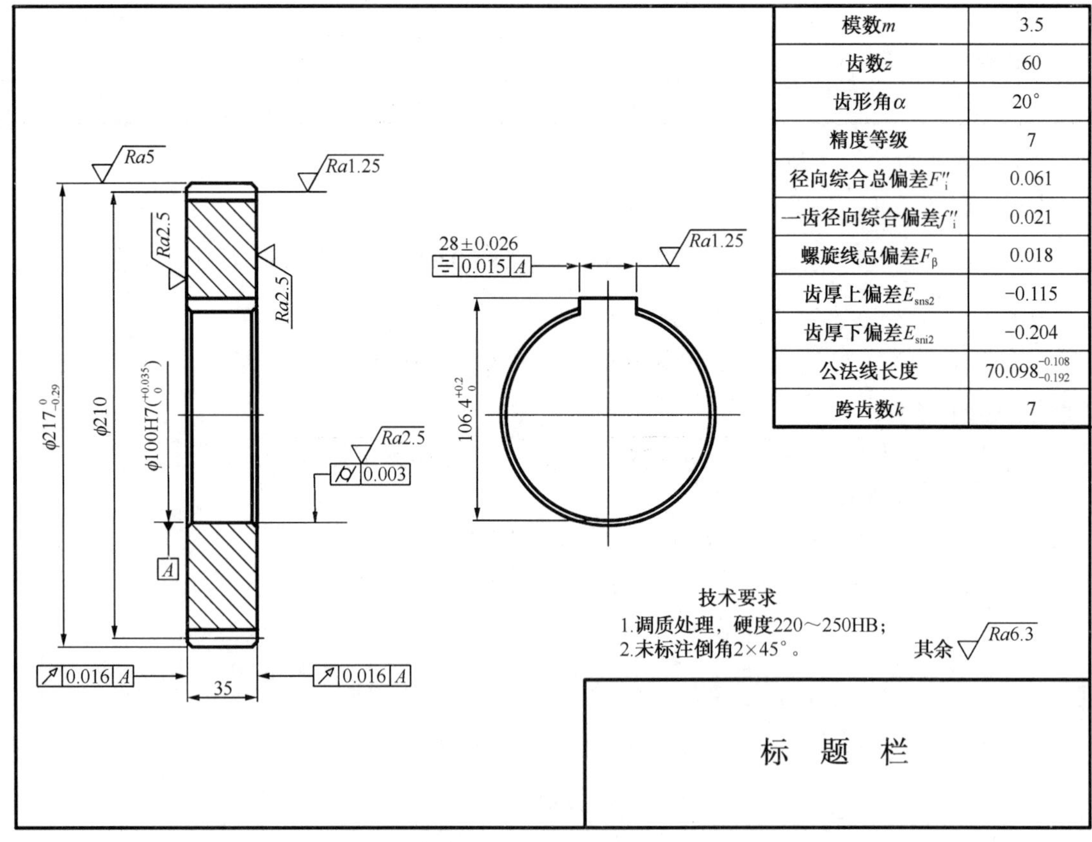

模数m	3.5
齿数z	60
齿形角α	20°
精度等级	7
径向综合总偏差F''_{i}	0.061
一齿径向综合偏差f''_{i}	0.021
螺旋线总偏差F_{β}	0.018
齿厚上偏差E_{sns2}	−0.115
齿厚下偏差E_{sni2}	−0.204
公法线长度	$70.098_{-0.192}^{-0.108}$
跨齿数k	7

图 9-20 齿轮零件图

作业题

1．为什么要对齿坯提出精度要求？齿坯精度主要包括哪些方面？

2．齿轮副侧隙有什么作用？获得齿轮副侧隙的方法有哪些？指出可以表征齿轮副侧隙的指标有哪些？

3．有一个直齿圆柱齿轮，m=2.5mm，z=40，b=25mm，$\alpha = 20°$。经检验知其各参数实际偏差值为：F_α=12μm，f_{pt}=−10μm，F_p=35μm，F_β=20μm。问该齿轮可达几级精度？

4．某减速器中有一个直齿圆柱齿轮，模数 $m = 3$mm，齿数 $z = 32$，齿宽 b=25mm，基准齿形角 $\alpha = 20°$，传递最大功率为 5kW，转速为 960r/min。该齿轮在修配厂单件生产，试确定：

（1）齿轮的精度等级；

（2）齿轮的齿廓、齿距、齿向精度各项参数的偏差允许值。

5．某直齿圆柱齿轮副的基本参数为：模数 $m = 5$mm，基准齿形角 $\alpha = 20°$，齿数 $z_1 = 20$、$z_2 = 50$，齿宽 $b = 50$mm。已知其精度等级为 6 级（GB/T 10095—2008），并假设为大批生产。试确定齿轮副的精度评定参数及其偏差的允许值。

思考题

1．参观实验室、实习工厂，走访相关科研人员、实验老师，了解工程中齿轮的加工及常用齿轮的精度。

2．某普通车床主轴变速箱中的一个直齿圆柱齿轮如图 9-21 所示，已知传递功率 $P = 7.5$kW，转速 $n = 750$ r/min，模数 $m = 3$ mm，齿数 $z = 50$，基准齿形角 $\alpha = 20°$，齿宽 $b = 25$mm，齿轮内孔直径 $d = 45$mm，齿轮副中心距 $a = 180$mm，最小侧隙 $j_{bn\min} = 0.13$mm，成批生产。试确定：

（1）齿轮的精度等级和齿厚偏差；

（2）齿轮各项精度评定参数的偏差允许值；

（3）齿坯的尺寸公差和几何公差；

（4）孔键槽宽度和深度的公称尺寸及极限偏差；

（5）齿轮齿面和其他主要表面的粗糙度允许值。

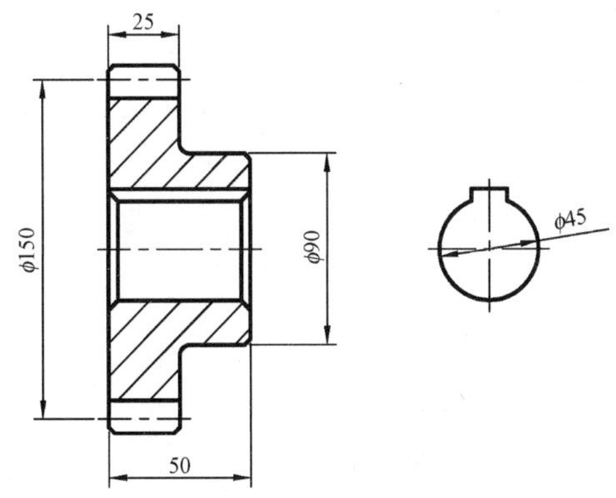

图 9-21　思考题 2 图

主要相关国家标准

1．GB/T 10095.1—2008 圆柱齿轮 精度制 第 1 部分：轮齿同侧齿面偏差的定义和允许值

2．GB/T 10095.2—2008 圆柱齿轮 精度制 第 2 部分：径向综合偏差与径向跳动的定义和允许值

3．GB/T 13924—2008 渐开线圆柱齿轮精度 检验细则

4．GB/Z 18620.1—2008 圆柱齿轮 检验实施规范 第 1 部分：齿轮同侧侧面的检验

5．GB/Z 18620.2—2008 圆柱齿轮 检验实施规范 第 2 部分：径向综合偏差、径向跳动、齿厚和侧隙的检验标准

6．GB/Z 18620.3—2008 圆柱齿轮 检验实施规范 第 3 部分：齿轮坯轴中心距和轴线平行度的检验

7．GB/Z 18620.4—2008 圆柱齿轮 检验实施规范 第 4 部分：表面结构和轮齿接触斑点的检验

Chapter 10

第 10 章 尺寸链

本章结构与主要知识点

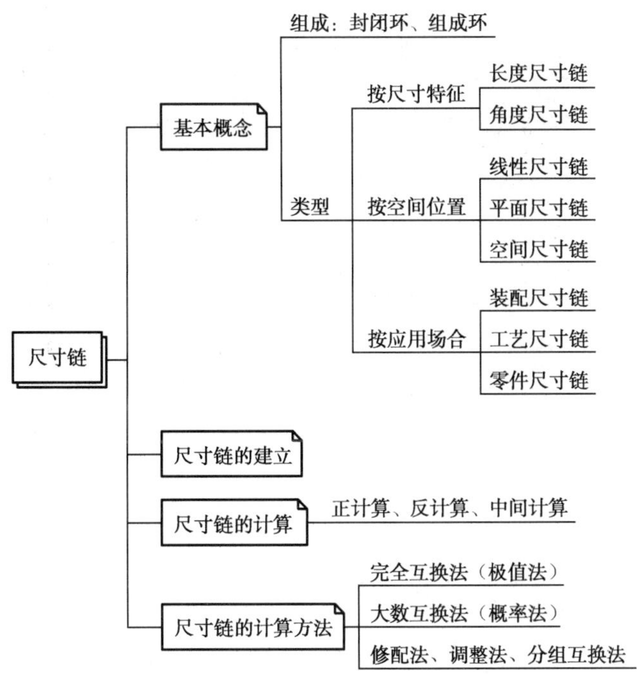

机械产品由零部件组成，部件或整机的最终尺寸及其公差是由若干相关联零件的尺寸及其公差组成的，这些零件的尺寸、尺寸公差和装配精度的关系可以用尺寸链的方式来表示。简单地说，尺寸链主要研究尺寸公差与位置公差的计算和达到产品公差要求的设计方法与工艺方法。本章讲授的尺寸链原理和方法，就是结合零件的设计、制造和装配，通过对这种联系的全面分析，从而经济、合理地确定各相关尺寸及相关零件的精度要求，以达到保证产品质量、满足使用要求的最终目的。

10.1 尺寸链的基本概念

1．尺寸链的组成

尺寸链是指零件在加工或装配过程中，由相互连接的尺寸所形成的封闭尺寸组。如图 10-1（a）所示的套筒零件，由轴向设计尺寸 A_0、A_2 及工序尺寸 A_1 构成一个封闭的尺寸组，形成如图 10-1（b）所示的尺寸链。图 10-2（a）为孔、轴的装配，由孔的尺寸 A_1、轴的尺寸 A_2 和装配后的间隙 A_0 构成如图 10-2（b）所示的尺寸链。

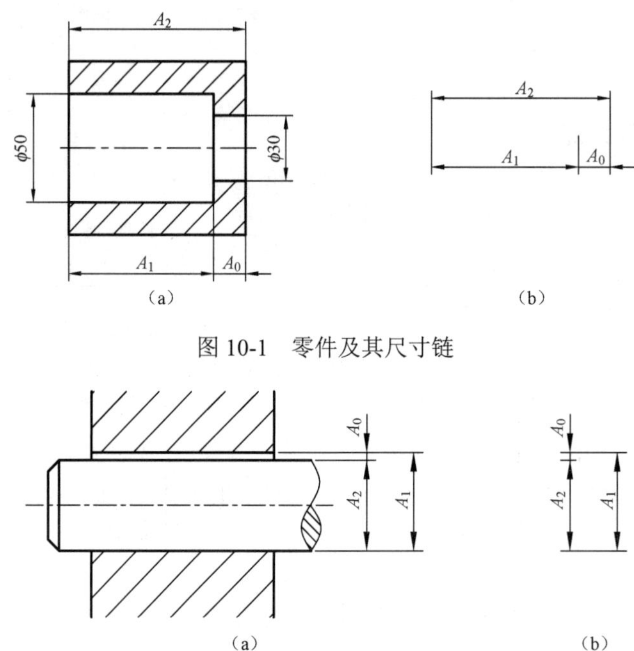

图 10-1　零件及其尺寸链

图 10-2　孔、轴装配及其尺寸链

上面两个例子中，列入尺寸链的每一个尺寸均称为环，尺寸链的环分为封闭环和组成环。

1）封闭环

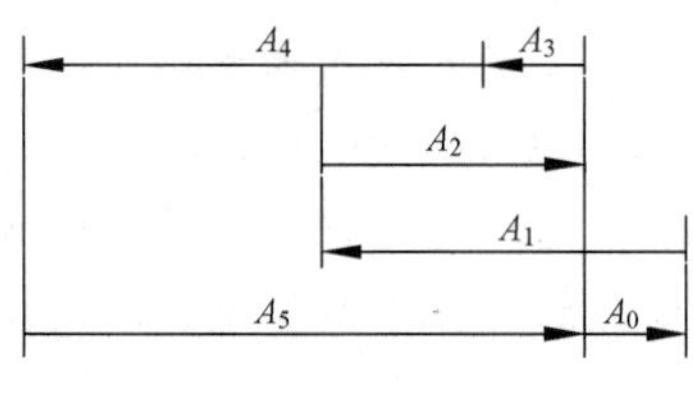

图 10-3　增环和减环的判别

尺寸链中，加工或装配过程中最后形成的一环称为封闭环。对零件工艺尺寸链，封闭环是加工中间接获得的尺寸，如图 10-2 中的 A_0。对装配尺寸链，封闭环是装配后自然形成的一环，如图 10-3 中齿轮和轴的间隙 A_0。一个尺寸链只能有一个封闭环。

2）组成环

尺寸链中，除封闭环外的其他环均称为组成环。根据它们对封闭环影响的不同，组成环又分为增环和减环。

（1）增环。若尺寸链中其他组成环不变，则当某一组成环增大时，封闭环随之增大，该组成环减小时，封闭环随之减小，则此组成环为增环。图 10-1（b）中的 A_2 和图 10-2（b）中的 A_1 为增环。

（2）减环。若尺寸链中其他组成环不变，则当某一组成环增大时，封闭环随之减小，该组成环减小时，封闭环随之增大，则此组成环为减环。图 10-1（b）中的 A_1 和图 10-2（b）中的 A_2 为减环。

增环和减环对封闭环的影响完全相反，因此，在尺寸链中需正确判别。这里介绍一种判别增环和减环的简便方法，即画尺寸链图时，可从任意环开始，用单向箭头顺次画出各环的尺寸线，与封闭环箭头方向相同的组成环是减环，与封闭环箭头方向相反的是增环。图 10-3 中的 A_2、A_5 为减环，A_1、A_3、A_4 为增环。

2. 尺寸链的特性

根据以上诸例和有关概念，可以将尺寸链的特性归纳如下。

（1）封闭性。各环依次连接封闭，因而构成尺寸链的环至少应该是三环，封闭环却只有一个。

（2）关联性。由于封闭环是装配或加工过程中间接得到的一环，因此各组成环的变动必然影响封闭环，这是尺寸链的内在本质。

3. 尺寸链的类型

尺寸链有各种不同的形式，可以按不同的方法分类。

1）按尺寸链中环的特征分类

（1）长度尺寸链。长度尺寸链是指全部组成环为长度尺寸的尺寸链，如图 10-1 所示。

（2）角度尺寸链。角度尺寸链是指全部组成环为角度尺寸的尺寸链，如图 10-4 所示。

2）按各环所在空间位置分类

（1）线性尺寸链。线性尺寸链是指全部组成环平行于封闭环的尺寸链，如图 10-1 所示。

（2）平面尺寸链。平面尺寸链是指全部组成环位于一个或几个平行平面内，但某些组成环不平行于封闭环的尺寸链，如图 10-5 所示。

（3）空间尺寸链。空间尺寸链是指各组成环位于几个不平行平面内的尺寸链。空间尺寸链可以用坐标投影法转换为线性尺寸链或平面尺寸链。

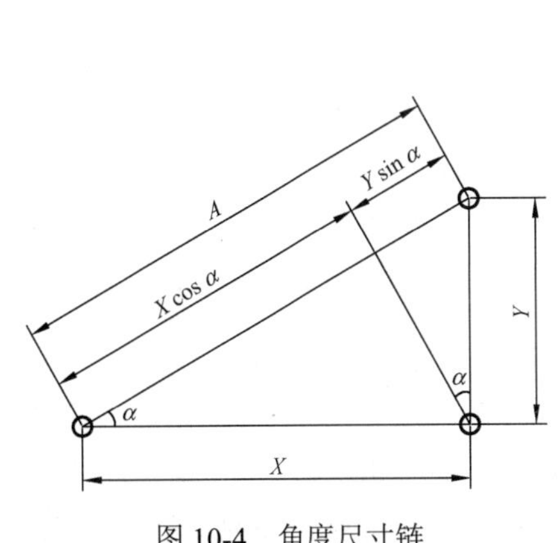

图 10-4　角度尺寸链

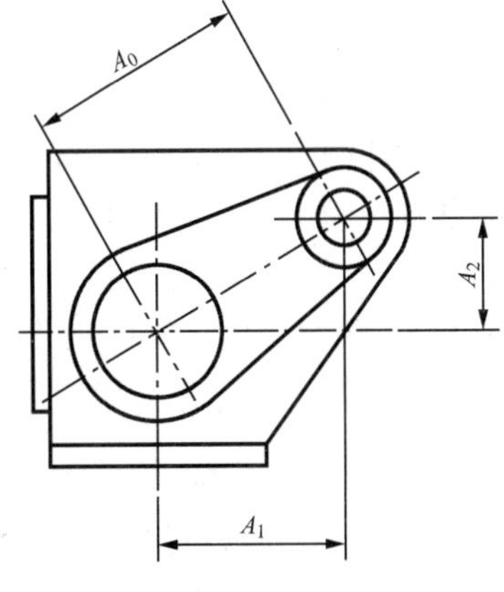

图 10-5　平面尺寸链

3）按尺寸链的应用场合不同分类

（1）装配尺寸链。装配尺寸链的各组成环为不同零件的设计尺寸，而封闭环通常为装配精度，如图10-2所示。

（2）工艺尺寸链。工艺尺寸链是指同一零件，在加工过程中由工序尺寸、定位尺寸和基准尺寸形成的尺寸链，如图10-1所示。

（3）零件尺寸链。

10.2 尺寸链的建立和计算

10.2.1 装配尺寸链的建立

1. 确定封闭环

从机器各零部件之间的尺寸联系中，找出产品设计要求或装配技术条件，即为封闭环，这个要求常以极限尺寸或极限偏差的形式表示。

2. 查找组成环

在确定了封闭环以后，以封闭环的一端为起点，依次找出对封闭环有影响的各个尺寸，最后的一个尺寸应与封闭环的另一端连接，便构成一个闭合的尺寸链。

3. 画尺寸链图

将各尺寸依次首尾相连，即可画出尺寸链图。

10.2.2 工艺尺寸链的建立

工艺尺寸链是同一零件在加工过程中，由相互联系的尺寸（设计尺寸、工序尺寸和定位尺寸等）形成的尺寸链。建立工艺尺寸链必须联系加工工艺过程及具体加工方法来确定封闭环和组成环。

工艺尺寸链的封闭环是加工过程中间接得到的尺寸，其可以是设计尺寸、工序尺寸或加工余量；而组成环的尺寸是加工中直接保证的尺寸，通常为中间工序尺寸或设计尺寸。

下面举例说明工艺尺寸链的建立。

图10-6（a）是一个轴套，轴向设计尺寸已在图中注出，其加工工序是：①车两端面，保证尺寸 A_1；②镗ϕ30H8 孔，保证尺寸 A_2；③磨左端面，直接保证尺寸 $50_{-0.2}^{\ 0}$ mm，间接保证尺寸 $36_{\ 0}^{+0.5}$ mm，现对其尺寸链分析如下：

由加工工序可知，设计尺寸 $36_{\ 0}^{+0.5}$ mm 是最后一道工序间接保证的尺寸，为该尺寸链的封闭环，而工序尺寸 A_1、A_2 及设计尺寸 $50_{-0.2}^{\ 0}$ mm 都是在加工中直接保证的尺寸，因而是组成环，其尺寸链如图10-6（b）所示。另外，由尺寸 $50_{-0.2}^{\ 0}$ mm、A_1 和磨削余量 Z 构成三环尺寸链，余量 Z 是封闭环。

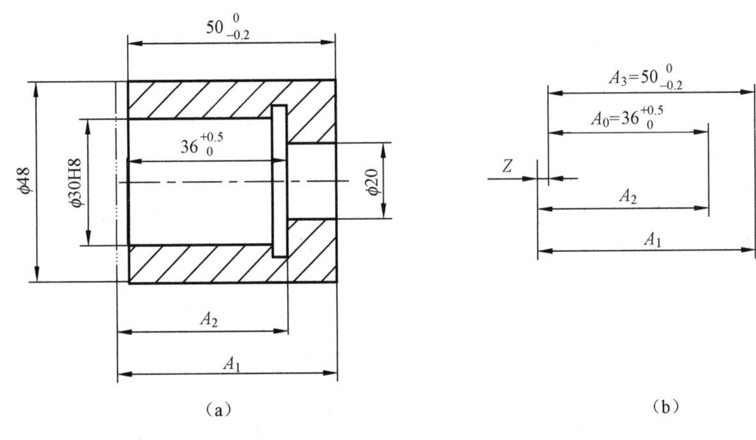

图 10-6　轴套及其尺寸链

10.2.3　尺寸链的计算

尺寸链的计算有正计算、反计算和中间计算 3 种类型。

正计算是指已知各组成环的极限尺寸，求封闭环的极限尺寸。这类计算主要用来验算设计的正确性，所以又称校核计算。

反计算是指已知封闭环的极限尺寸和各组成环的基本尺寸，求各组成环的极限偏差。这类计算主要用在设计上，即根据机器的使用要求来分配各零件的公差。反计算通常用于机械设计计算。

中间计算是指已知封闭环和部分组成环的极限尺寸，求某一个组成环的极限尺寸。这类计算常用在工艺上，如基准换算、工序尺寸计算等。

尺寸链的计算方法有以下三种：

（1）完全互换法（极值法）。完全互换法是尺寸链计算中最基本的方法，其从尺寸链各环的最大与最小极限尺寸出发进行尺寸链计算，不考虑各环实际尺寸的分布情况。按此法计算出的尺寸加工各组成环，装配时各组成环无须挑选或辅助加工，装配后即能满足封闭环的公差要求，即可实现完全互换。

（2）大数互换法（概率法）。这种方法以保证大数互换为出发点。生产实践和大量统计资料表明，在大量生产且工艺过程稳定的情况下，各组成环的实际尺寸趋近公差带中间的概率大，出现在极限值的概率小，增环与减环以相反极限值形成封闭环的概率就更小。因此，用极值法解尺寸链，虽然能实现完全互换，但往往是不经济的。

不是在全部产品中采用大数互换法（概率法），而是在绝大多数产品中采用这种方法，装配时无须挑选或修配，就能满足封闭环的公差要求，即保证大数互换。装配后可能有极少数产品不能满足封闭环规定的公差要求。

在相同封闭环公差条件下，按大数互换法（概率法），可使组成环的公差扩大，从而获得良好的效益，比较科学合理，常用于大批量生产的情况。

（3）其他方法。在某些场合，为了获得更高的装配精度，而生产条件又不具备提高组成环的制造精度，可采用分组互换法、修配法和调整法等。

1．用完全互换法（极值法）解尺寸链

完全互换法（极值法）解尺寸链的基本出发点是由组成环的极值导出封闭环的极值，而不考虑各环实际尺寸的分布特性，即当所有增环均为最大极限尺寸、所有减环均为最小极限尺寸时，获得封闭环的最大极限尺寸；反之亦然。

基本公式：设尺寸链的组成环数为 m，其中，n 个增环，$m-n$ 个减环，A_0 为封闭环的基本尺寸，A_j 为组成环的基本尺寸，则对于直线尺寸链，封闭环的基本尺寸 A_0 为

$$A_0=\sum_{j=1}^{n}A_j-\sum_{j=n+1}^{m}A_j \tag{10-1}$$

即封闭环的基本尺寸等于所有增环的基本尺寸之和减去所有减环的基本尺寸之和。

封闭环的极限偏差（上偏差 ES_0 和下偏差 EI_0）为

$$\mathrm{ES}_0=\sum_{j=1}^{n}\mathrm{ES}_j-\sum_{j=n+1}^{m}\mathrm{EI}_j \tag{10-2}$$

$$\mathrm{EI}_0=\sum_{j=1}^{n}\mathrm{EI}_j-\sum_{j=n+1}^{m}\mathrm{ES}_j \tag{10-3}$$

即封闭环的上偏差等于所有增环的上偏差之和减去所有减环的下偏差之和；封闭环的下偏差等于所有增环的下偏差之和减去所有减环的上偏差之和。

封闭环公差 T_0 为

$$T_0=\sum_{j=1}^{m}T_j \tag{10-4}$$

即封闭环的公差等于所有组成环的公差之和。

2．用完全互换法（极值法）解工艺尺寸链

这类问题属于中间计算问题，多用于工艺中的工序尺寸计算或基准转换计算。

【例 10-1】 加工某一齿轮孔［见图 10-7（a）］，工序为：先镗孔至 $\phi39.4_{\ 0}^{+0.10}$，然后插键槽保证尺寸 X，再镗孔至 $\phi40_{\ 0}^{+0.04}$。要求保证尺寸 $43.3_{\ 0}^{+0.20}$，求工序尺寸 X 及其极限偏差。

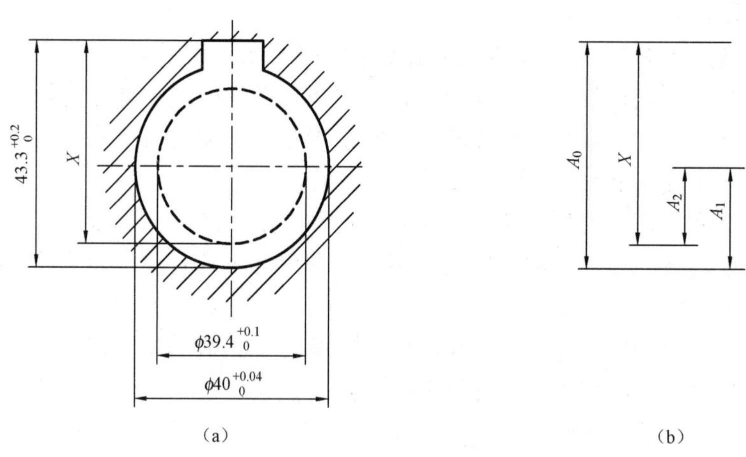

图 10-7　孔键槽加工尺寸链计算

解：

① 确定封闭环。在工艺尺寸链中，封闭环随加工顺序不同而改变，因此工艺尺寸链的封闭环要根据工艺路线去查找。本题的加工顺序已经确定，加工最后形成的尺寸就是封闭环，即 $A_0=43.3^{+0.20}_{\ 0}$。

② 查明组成环。根据本题特点，组成环为 $A_1=20^{+0.02}_{\ 0}$、$A_2=19.7^{+0.05}_{\ 0}$、$A_3=X$。

③ 画尺寸链图，并判断增环和减环。本题可从 A_0 上端开始，画 X（X 的下端为 A_2 的外径处），再画 A_2 至孔中心；由孔中心画 A_1，最后与封闭环下端连接成封闭形，构成工艺尺寸链，如图 10-7（b）所示。其中，X 和 A_1 为增环，A_2 为减环。

④ 尺寸链计算

由式（10-1）得

$$A_0=(A_1+X)-A_2$$

$$43.3=(20+X)-19.7$$

故

$$X=43.3+19.7-20=43.00\text{mm}$$

由式（10-2）得

$$\text{ES}_0=(\text{ES}_1+\text{ES}_x)-\text{EI}_2$$

$$+0.2=(+0.02+\text{ES}_x)-0$$

$$\text{ES}_x=+0.18\text{mm}$$

由式（10-3）得

$$\text{EI}_0=(\text{EI}_1+\text{EI}_x)-\text{ES}_2$$

$$0=0+\text{EI}_x-0.05$$

即

$$\text{EI}_x=+0.05\text{mm}$$

因此

$$X=43^{+0.18}_{+0.05}$$

用式（10-4）验算：

$$T_0=T_1+T_2+T_3$$

$$0.20=0.02+0.13+0.05$$

故极限偏差的计算正确。

3．用完全互换法（极值法）解装配尺寸链

用正计算和反计算两种方法解装配尺寸链。

1）正计算（公差校核计算）

根据装配要求确定封闭环，寻找组成环，画尺寸链图，判断增环和减环，由各组成环的基本尺寸和极限偏差验算封闭环的基本尺寸和极限偏差。

【例 10-2】如图 10-8（a）所示结构，已知各零件尺寸为：$A_1=30^{\ 0}_{-0.13}$ mm，$A_2=A_5=5^{\ 0}_{-0.075}$ mm，$A_3=43^{+0.18}_{+0.02}$ mm，$A_4=3^{\ 0}_{-0.04}$ mm，设计要求间隙 A_0 为 0.1～0.45mm，试进行公差校核计算。

解：

① 确定封闭环为要求的间隙 A_0，寻找组成环并画尺寸链图［见图 10-8（b）］，判断 A_3 为增环，A_1、A_2、A_4 和 A_5 为减环。

② 根据式（10-1）计算封闭环的基本尺寸：

$$A_0=A_3-(A_1+A_2+A_4+A_5)=43-(30+5+3+5)=0$$

由设计要求间隙为 0.1～0.45mm，可得封闭环的尺寸为 $0^{+0.45}_{+0.10}$ mm。

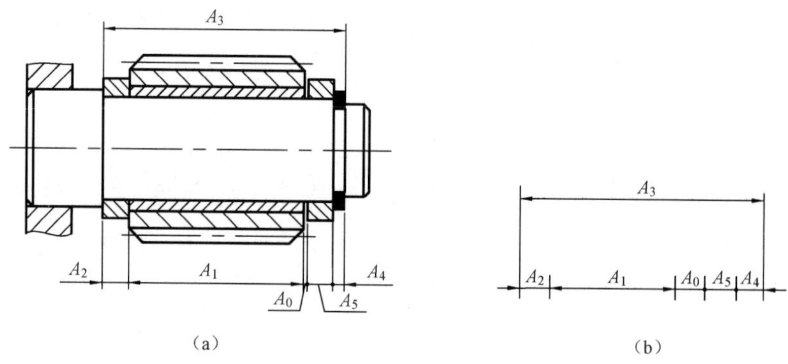

图 10-8　齿轮部件装配尺寸链

③ 根据式（10-2）和式（10-3）计算封闭环的极限偏差：

$$\begin{aligned}ES_0 &= ES_3 - (EI_1 + EI_2 + EI_4 + EI_5)\\ &= 0.18 - (-0.13 - 0.075 - 0.04 - 0.075)\\ &= 0.5\text{mm}\end{aligned}$$

$$\begin{aligned}EI_0 &= EI_3 - (ES_1 + ES_2 + ES_4 + ES_5)\\ &= 0.02 - (0 + 0 + 0 + 0)\\ &= 0.02\text{mm}\end{aligned}$$

④ 根据式（10-4）计算封闭环的公差：

$$\begin{aligned}T_0 &= T_1 + T_2 + T_3 + T_4 + T_5\\ &= 0.13 + 0.075 + 0.16 + 0.075 + 0.04\\ &= 0.48\text{mm}\end{aligned}$$

公差校核结果表明，封闭环的上、下偏差及公差均已超过规定范围，必须调整组成环的极限偏差。

2）反计算（公差设计计算）

反计算又分为等公差法和等精度法两种。

等公差法是先假定各组成环公差相等，在满足式（10-4）的条件下，求出组成环的平均公差，然后按各环加工的难易，凭经验进行调整，将某些环的公差加大，再将某些环的公差减小，但调整后的各组成环公差之和仍等于封闭环的公差，这种方法称为等公差法，即

$$T_j = \frac{T_0}{m} \tag{10-5}$$

采用等公差法时，各组成环分配得到的公差不是等精度的。要求严格时，可采用等精度法进行计算。所谓等精度法，是假定各组成环按同一公差等级进行制造，由此求出平均公差等级系数，然后确定各组成环公差，但是最后也应对个别组成环的公差进行适当调整，以满足式（10-4）的要求。

按 GB/T1800.1—2009 规定，在 IT5～IT18 公差等级内，标准公差的计算公式为 $T = ai$，其中，i 为标准公差因子，a 为公差等级系数。在常用尺寸段内，$i = 0.45\sqrt[3]{D} + 0.001D$，其中，$D$ 为基本尺寸分段的计算尺寸。为应用方便，将公差等级系数的值列于表 10-1 中。

表 10-1　公差等级系数 a 的数值

公差等级	IT8	IT9	IT10	IT11	IT12	IT13	IT14	IT15	IT16	IT17	IT18
系数 a	25	40	64	100	160	250	400	640	1000	1600	2500

令各组成环公差等级系数相等，$a_1=a_2=a_3=\cdots=a_m=a$，代入式（10-4），得

$$T_0=\sum_{j=1}^{m}T_j=a_1i_1+a_2i_2+\cdots+a_mi_m=a\sum_{j=1}^{m}i_j$$

所以

$$a=\frac{T_0}{\sum_{j=1}^{m}i_j} \tag{10-6}$$

标准公差因子 i 的值可由表 10-2 查得。

用等公差法或等精度法确定了各组成环的公差之后，先留一个组成环作为调整环，其余各组成环的极限偏差按“入体原则”确定，即包容件尺寸的基本偏差为 H，被包容件尺寸的基本偏差为 h，一般长度尺寸用 js。

表 10-2 标准公差因子 *i* 的值

尺寸段 D/mm	>1～3	>3～6	>6～10	>10～18	>18～30	>30～50	>50～80	>80～120	>120～180	>180～250	>250～315	>315～400	>400～500
标准公差因子 i/μm	0.54	0.73	0.90	1.08	1.31	1.56	1.86	2.17	2.52	2.90	3.23	3.54	3.89

计算出 a 后，按标准查取与其相近的公差等级系数，并通过查表确定各组成环的公差。

进行公差设计计算时，最后必须进行校核，以保证设计的正确性。

【例 10-3】如图 10-8 所示，已知 A_1=30mm，A_2=A_5=5mm，A_3=43mm，A_4=3mm，设计要求间隙 A_0 为 0.1～0.35mm。试确定各组成环的公差和极限偏差。

解：

根据图 10-9（b）的尺寸链判断 A_3 为增环，A_1、A_2、A_4 和 A_5 为减环。

由式（10-1）计算封闭环的基本尺寸：

$$A_0=A_3-(A_1+A_2+A_4+A_5)=43-(30+5+3+5)=0$$

由设计要求间隙为 0.1～0.35mm，得封闭环的极限偏差和公差为

$$\mathrm{ES}_0=+0.35\text{mm}$$

$$\mathrm{EI}_0=+0.10\text{mm}$$

$$T_0=+0.35-(+0.10)=0.25\text{mm}$$

按式（10-5）计算各组成环的平均公差

$$T_{\mathrm{av}}=\frac{T_0}{m}=\frac{0.25}{5}=0.05\text{mm}$$

根据各环基本尺寸的大小及加工难易程度，将各环公差调整为

$$T_1=T_3=0.06\text{（mm）}$$

$$T_2=T_5=0.04\text{（mm）}$$

按“入体原则”确定各组成环的极限偏差，A_1、A_2、A_4 和 A_5 为被包容件尺寸，则

$$A_1=30_{-0.06}^{\ 0}，A_2=5_{-0.04}^{\ 0}、A_4=3_{-0.05}^{\ 0}，A_5=5_{-0.04}^{\ 0}$$

根据式（10-2）和式（10-3），可得协调环 A_3 的极限偏差为

$$0.35=\mathrm{ES}_3-(-0.06-0.04-0.05-0.04)$$

$$\mathrm{ES}_3=+0.16\text{（mm）}$$

$$0.10=\mathrm{EI}_3-0-0-0-0$$

$$\mathrm{EI}_3=+0.10$$

故 $A_3=43^{+0.16}_{+0.10}$ mm。

事实上，各组成环的实际尺寸获得极值的概率本来是很小的，而全部增环和全部减环同时获得相反极值的概率就更小了。因此，用以全部增环和全部减环同时获得相反极值为前提的极值法解尺寸链，其优点是可以实现完全互换，且易于装配和组织流水生产线。

由式（10-4）可知，用完全互换法解尺寸链所得到的组成环的公差较小，为保证封闭环公差要求，组成环的环数越多，其公差值越小，加工越困难。因此，完全互换法通常用于组成环的环数较少（m=3～4）或只要求粗略计算的尺寸链。式（10-4）说明封闭环公差为各组成环公差之和，是尺寸链中公差最大的。因此，除装配尺寸链的封闭环取决于装配要求外，零件尺寸链的封闭环应尽可能选公差最大的环充当。此外，设计时应使形成此封闭环的尺寸链的环数越少越好，这称为设计中的最短链原则。

4．用大数互换法（概率法）解尺寸链

1）基本公式

封闭环的基本尺寸计算公式与式（10-1）相同。

2）封闭环公差

根据概率论关于独立随机变量合成规则，各组成环（独立随机变量）的标准偏差 σ_j 与封闭环的标准偏差 σ_0 的关系为

$$\sigma_0=\sqrt{\sum_{j=1}^{m}\sigma_j^2} \tag{10-7}$$

如果组成环的实际尺寸均按正态分布，且分布范围与公差带宽度一致，分布中心与公差带中心重合（见图 10-9），则封闭环的尺寸也按正态分布，各环公差与标准偏差的关系如下：

$$T_0=6\sigma_0$$

$$T_j=6\sigma_j$$

将此关系代入式（10-7），得

$$T_0=\sqrt{\sum_{j=1}^{m}T_j^2} \tag{10-8}$$

即封闭环的公差等于所有组成环公差的平方和的开方。

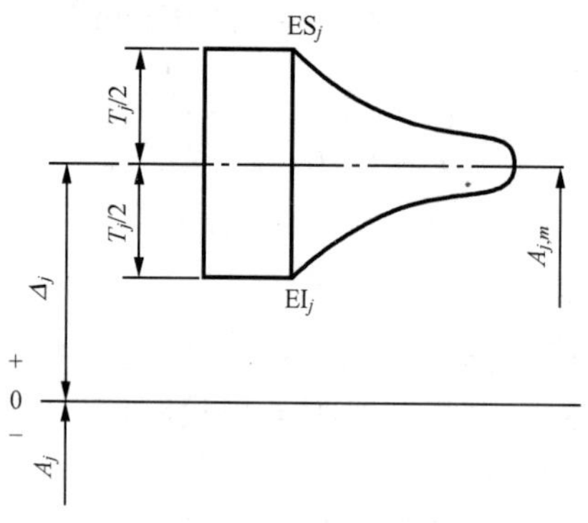

图 10-9 组成环按正态分布

当各组成环为不同于正态分布的其他分布时，应当引入一个相对分布系数 K，即

$$T_0=\sqrt{\sum_{j=1}^{m}K_j^2T_j^2} \tag{10-9}$$

不同形式的分布，K 值也不同。例如，正态分布时，K=1；偏态分布时，K=1.17。

3）封闭环的中间偏差和极限偏差

由图 10-9 可知，中间偏差Δ为上偏差与下偏差的平均值，即

$$\Delta_0=\frac{1}{2}(\mathrm{ES}_0+\mathrm{EI}_0) \tag{10-10}$$

$$\Delta_j=\frac{1}{2}(\mathrm{ES}_j+\mathrm{EI}_j) \tag{10-11}$$

封闭环的中间尺寸 A_{0m} 等于所有增环的中间尺寸之和减去所有减环的中间尺寸之和，即

$$A_{0m}=\sum_{j=1}^{n}A_{jm}-\sum_{j=n+1}^{m}A_{jm} \tag{10-12}$$

封闭环的中间偏差 Δ_0 为

$$\Delta_0=\sum_{j=1}^{n}\Delta_j-\sum_{j=n+1}^{m}\Delta_j \tag{10-13}$$

中间偏差 Δ、极限偏差（上偏差 ES 和下偏差 EI）和公差 T 的关系如下：

$$\mathrm{ES}=\Delta+\frac{T}{2} \tag{10-14}$$

$$\mathrm{EI}=\Delta-\frac{T}{2} \tag{10-15}$$

4）计算方法

用大数互换法计算尺寸链的步骤与完全互换法相同，只是某些计算公式不同。

【例 10-4】用大数互换法解例【10-2】。假设各组成环按正态分布，且分布范围与公差带宽度一致，分布中心与公差带中心重合。

解：

根据式（10-8）计算封闭环公差：

$$T_0=\sqrt{\sum_{j=1}^{m}T_j^2}$$
$$=\sqrt{0.13^2+0.075^2+0.16^2+0.04^2+0.075^2}\approx 0.235\text{mm}$$

所以封闭环公差符合要求。

根据式（10-13）计算封闭环的中间偏差：

Δ_1=−0.065mm，Δ_2=−0.0375mm，Δ_3=+0.080mm，Δ_4=−0.02mm，Δ_5=−0.0375mm

所以有

$$\Delta_0=\Delta_3-(\Delta_1+\Delta_2+\Delta_4+\Delta_5)$$
$$=0.080-(-0.065-0.0375-0.02-0.0375)$$
$$=+0.24\text{mm}$$

根据式（10-14）和式（10-15）计算封闭环的极限偏差：

$$\mathrm{ES}_0=\Delta_0+\frac{T_0}{2}=0.24+\frac{0.235}{2}\approx 0.358\text{mm}$$

$$EI_0 = \Delta_0 - \frac{T_0}{2} = 0.24 - \frac{0.235}{2} \approx 0.123\text{mm}$$

校核结果表明，封闭环的上、下偏差满足间隙为 0.1～0.45mm 的要求。

通过对要求相同的同一尺寸链进行两种方法的对比性计算，说明用大数互换法解尺寸链所得到的各组成环公差，比用完全互换法算得的结果要大，经济效益较好。对于校核计算，大数互换法的计算精度比完全互换法高。

因此，大数互换法通常用于计算组成环环数较多而封闭环精度较高的尺寸链。大数互换法解尺寸链只能保证大量同批零件中绝大部分具有互换性，如取置信水平为 99.73%，则有 0.27% 的废品率。对达不到要求的产品必须有明确的工艺措施，如修配法，以保证质量。

10.3 保证装配精度的其他方法

1．分组互换法

如果产品的装配精度要求很高，则若使用完全互换法或大数互换法，算出的各组成环公差会很小，从而给零件的加工带来困难。这时，可采用分组互换法。

分组互换法是指把组成环的公差扩大 N 倍，使其达到经济加工精度的要求。加工后将全部零件进行精密测量，按实际尺寸大小进行分组，装配时根据大配大、小配小的原则，按对应组进行装配，以满足封闭环要求。按分组法组织生产时，同组零件具有互换性，而组与组之间不能互换。

采用分组互换法给组成环分配公差时，为了保证装配后各组的配合性质一致，其增环公差值应等于减环公差值。

分组互换法的优点是：既可扩大零件的制造公差，又能保证高的装配精度。其主要缺点是：增加了检测费用，仅组内零件可以互换。由于零件尺寸分布不均匀，可能在某些组内剩下多余零件，造成浪费。

分组互换法一般宜用于大批量生产中高精度、零件形状简单易测、环数少的尺寸链。另外，由于分组后零件的形状误差不会减小，所以限制了分组数，一般为 2～4 组。

2．修配法

修配法是指根据零件加工的可能性，对各组成环规定经济、可行的制造公差。装配时，通过修配法改变尺寸链中预先规定的某组成环的尺寸（该环称为补偿环），以满足装配精度要求。

在选择补偿环时，应选择那些只与本尺寸链的精度有关而与其他精度无关的组成环，并选择易于装拆且修配面积不大的零件。同时要计算其合理的公差，既保证有足够的修配量，又不使修配量过大。

修配法的优点也是既扩大了组成环的制造公差，又能得到较高的装配精度。

修配法的主要缺点是：增加了修配工作量和费用；修配后各组成环失去互换性；不易组织流水线生产。

修配法常用于批量不大、环数较多、精度要求高的尺寸链，如机床、精密仪器等行业。

3．调整法

调整法是指将尺寸链各组成环按经济公差制造，由于组成环尺寸公差放大而使封闭环上产生的累积误差，可在装配时采用调整补偿环的尺寸或位置来补偿。

常用的补偿环分为固定补偿环和可动补偿环两种。

（1）固定补偿环。固定补偿环是指在尺寸链中选择一个合适的组成环作为补偿环（如垫片、垫圈或轴套等）。补偿环可根据需要按尺寸大小分为若干组，装配时，从合适的尺寸组中取一个补偿环，装入尺寸链中预定的位置，使封闭环达到规定的技术要求。

（2）可动补偿环。可动补偿环是指在装配时调整补偿环的位置，以达到封闭环的精度要求。这种补偿环在机械设计中应用很广，结构形式也很多样，如机床中常用的镶条、调节螺旋副等。

调整法的主要优点是：加大组成环的制造公差，使制造容易，同时可得到很高的装配精度；装配时不需要修配；使用过程中可以调整补偿环的位置或更换补偿环，以恢复机器的原有精度。

调整法的主要缺点是：有时需要额外增加尺寸链零件数（补偿环），使结构复杂，制造费用增高，结构刚性降低。

调整法主要应用于封闭环要求精度高、组成环数目较多的尺寸链，尤其是对使用过程中组成环的尺寸可能由于磨损、温度变化或受力变形等原因而产生较大变化的尺寸链，调整法具有独特的优越性。

修配法和调整法的精度在一定程度上取决于装配工人的技术水平。

作业题

1．某套筒零件的尺寸如图 10-10 所示，试计算其壁厚尺寸。已知加工顺序为：先车外圆至 $\phi 30_{-0.04}^{\ 0}$，其次镗内孔至 $\phi 20_{\ 0}^{+0.06}$。要求内孔对外圆的同轴度误差不超过 $\phi 0.02$mm。

2．当作业题 1 中的零件要求外圆镀铬时，问镀层厚度应控制在什么范围，才能保证镀铬后壁厚为 5±0.05mm。

3．如图 10-11 所示零件，由于 A_3 不易测量，现改为按 A_1、A_2 测量。为了保证原设计要求，试计算 A_2 的基本尺寸与极限偏差。

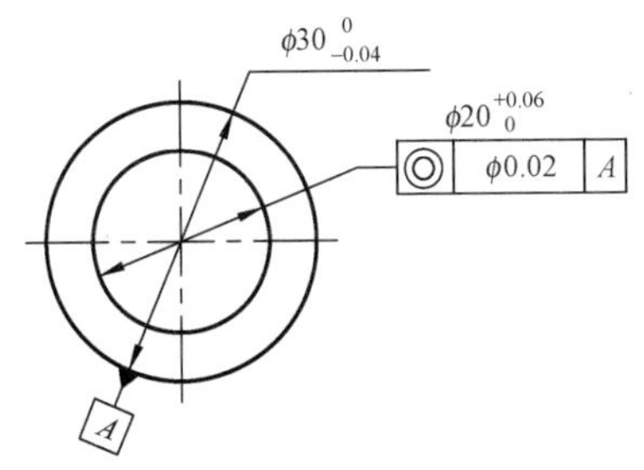

图 10-10　作业题 1 图

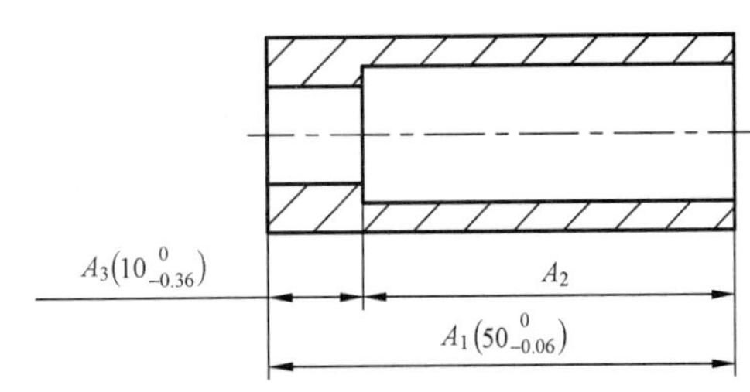

图 10-11　作业题 3 图

4．某厂加工一批曲轴、连杆及衬套等零件（见图 10-12）。经调试运转，发现有的曲轴肩与衬套端面有划伤现象。原设计要求 $A_0 = 0.1$～0.2mm，而 $A_1 = 150_{\ 0}^{+0.018}$，$A_2 = A_3 = 75_{-0.08}^{-0.02}$。试验算图样给定零件尺寸的极限偏差是否合理。

5．如图 10-13 所示零件上各尺寸为：$A_1 = 30_{-0.052}^{\ 0}$ mm，$A_2 = 16_{-0.043}^{\ 0}$ mm，$A_3 = 14 \pm 0.021$mm，$A_4 = 6_{\ 0}^{+0.048}$ mm，$A_5 = 24_{-0.084}^{\ 0}$ mm。试分析图 10-14 所示的四种尺寸标注中，哪种尺寸标注法可以使 A_6（封闭环）的变动范围最小。

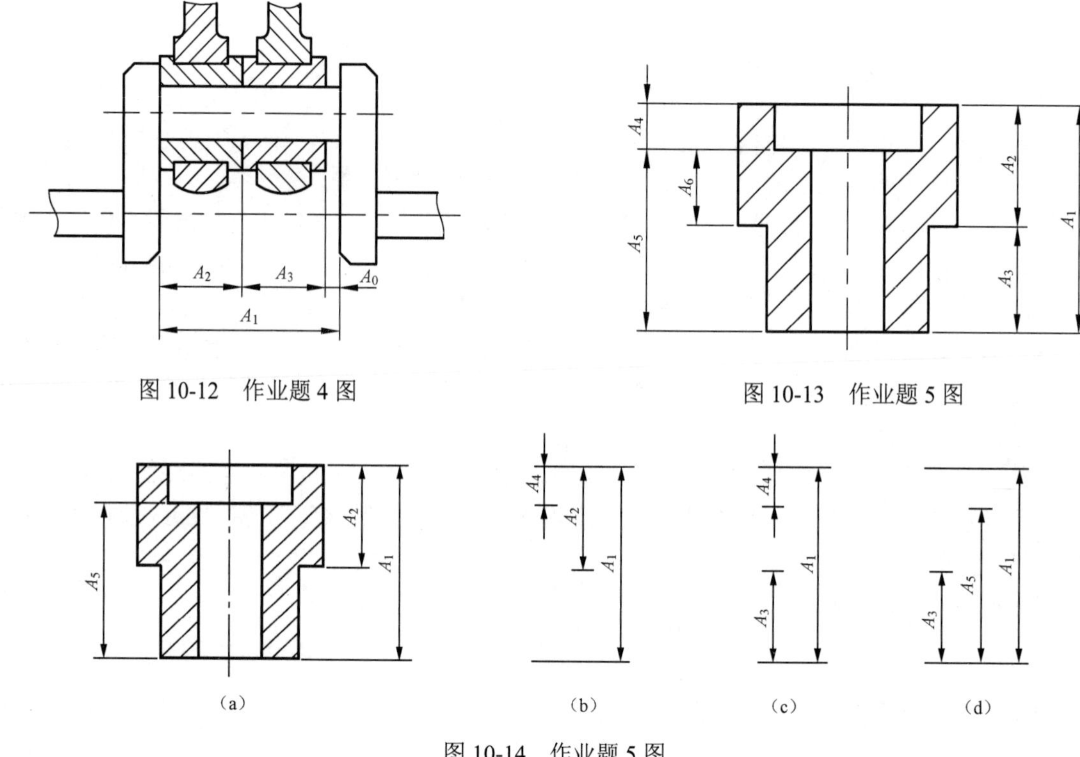

图 10-12　作业题 4 图

图 10-13　作业题 5 图

图 10-14　作业题 5 图

思考题

1．结合图 2-20 所示的铣削动力头主轴组件、图 2-21 所示的拖拉机带轮部件两个装配图，举出一个装配尺寸链的例子，并分析讨论。

2．结合图 2-20、图 2-21 所示的零件图（见第 2、5、8 章），以其中一个零件为例，就尺寸链的极值计算法和概率计算法进行分析讨论。

附录A 内插文章二维码汇总表

序　　号	文 章 名 称	章　　节
01	拿什么来保障你的测量精度?	3.1.2
02	长度标准：量块	3.1.2
03	卡尺的起源和变迁	3.2.1
04	你真的了解卡尺吗?	3.2.1
05	这些“奇怪”的千分尺，你见过吗?	3.2.1
06	术语集：常见量具的各部位名称知多少?	3.2.1
07	千万不能混淆：分度值、分辨力、分辨率	3.2.3
08	小知识：关于“不确定度”	3.2.3
09	千万不能混淆：精度·准确度·精密度	3.3.2
10	小知识：阿贝原理	3.4.2
11	一文读懂14项形位公差	4.3
12	形位公差	4.3.1
13	知识小梳理：浅聊“圆度”	4.3.1
14	一文看懂：什么是表面粗糙度	5.1.3
15	粗糙度测量	5.2.3
16	指示表 ——车间测量的万用“神器”	6.2.2
17	【Gaging Tips】外径测量——卡规	6.2.2
18	【Gaging Tips】内径、外径测量	6.2.2
19	【Gaging Tips】深度尺测量	6.2.2
20	齿轮齿厚测量——车间篇	9.3.2
21	【测量应用】——公法线测量	9.3.2

附录B　内插视频文件二维码汇总表

序　号	视频文件名称	章　节
1	百分数显内径量表	3.2.2
2	内径量表专用数显表	3.2.2
3	槽宽测量台	3.2.2
4	键槽对称度量规	4.3.3
5	带直线度测量偏摆检查仪	4.3.5
6	直线度/平面度测量规	4.6.2
7	可调极限卡规	6.3.1
8	高精度数显内卡规	6.3.1
9	快速卡规	6.3.1
10	数显管壁厚卡规	6.3.1
11	万能比较测量台	7.1
12	三点式万能比较测量台	7.1
13	数显键槽深度规	8.1.1
14	键槽对称度卡规	8.1.1